Die

Bewässerung und Entwässerung von Grundstücken

im

Anschluss an öffentliche Anlagen dieser Art.

Von

Gustav Assmann,

Ingenieur in Dresden.

Mit 436 in den Text eingedruckten Abbildungen.

München 1893.

Druck und Verlag von R. Oldenbourg.

Vorwort.

Der Verfasser hat sich die Aufgabe gestellt, die technischen Gebiete der Wasserversorgung und Entwässerung, soweit sich dieselben auf den engeren Kreis der Be- und Entwässerung von einzelnen Grundstücken im Anschlufs an öffentliche Anlagen beziehen, in möglichst gedrängter und übersichtlicher Form vorzuführen. Die Fortschritte, welche dieser Teil der Technik in den letzten Jahrzehnten gemacht hat, die durch die Thätigkeit des Deutschen Vereins von Gas- und Wasserfachmännern zur Erledigung gebrachten Fragen bezüglich der Verwendung einzelner Materialien, sowie die vielen in der Litteratur oft weit zerstreuten Mitteilungen über einzelne, das Wasserfach betreffende Gegenstände lassen es wohl als wünschenswert erscheinen, dieses Material zusammen zu fassen und, unterstützt durch eigene Erfahrungen, unter Weglassung des veralteten zu einem Gesamtbilde zu vereinigen. Inwieweit dies dem Verfasser gelungen ist, bleibt dem Urteile der Fachgenossen überlassen, nur kann die Bemerkung nicht unterdrückt werden, dafs derjenige, welcher nach langen mathematischen Formeln sucht, sich getäuscht finden wird, dafs aber der aufmerksame Leser wohl Gelegenheit finden dürfte, aus dem einen oder andern einen praktischen Nutzen zu ziehen.

Dresden, im März 1893.

Der Verfasser.

Inhaltsverzeichnis.

I. Teil.

Die Bewässerung von Grundstücken im Anschluss an eine öffentliche Wasserversorgung.

F. Allgemeines.

II. Teil.

Die Entwässerung von Grundstücken im Anschlufs an ein öffentliches Kanalnetz.

I. Teil.

Die Bewässerung von Grundstücken im Anschlufs an eine öffentliche Wasserversorgung.

Einleitung.

Die Beschaffung eines guten Nutz- und Trinkwassers ist von jeher eine Hauptaufgabe des wirtschaftlichen Lebens gewesen, wenn auch die Feststellung der wissenschaftlichen Grundlagen für eine richtige Beurteilung des Wassers erst in die neuere Zeit fällt. In der Fürsorge für das allgemeine Wohlbefinden der Mitglieder einer Gemeinde hat man es für notwendig gefunden, die Sorge für die Beschaffung eines reinen Wassers den einzelnen Gemeindegliedern abzunehmen und auf die Gemeindeverwaltung oder auf eine unter behördlicher Kontrolle stehende Gesellschaft zu übertragen, welche viel leichter in der Lage sind, ein zur Wasserversorgung geeignetes Wasser selbst aus gröfserer Entfernung beschaffen und über dessen Reinheit wachen zu können, als es dem einzelnen möglich ist.

Es ist somit die Frage der Wasserbeschaffung durch die Anlage der centralen Wasserversorgungen für den einzelnen bereits als gelöst zu betrachten und hat jeder Beteiligte nur nötig, die ihm durch die moderne Wasserversorgung gebotenen Vorteile in rechter Weise und seinen Interessen entsprechend auszunutzen.

Die centralen Wasserversorgungen bieten ihren Abnehmern das Wasser nicht allein zu jeder Zeit in reichlichster Menge, sondern auch unter einem Drucke dar, welcher seine Entnahme noch in den obersten Stockwerken der Häuser gestattet. Dieser Leitungsdruck beträgt in der Regel 3 bis 6 Atmosphären, selten mehr, während ein geringerer Druck unter Umständen bei niedriger Bauart der Häuser noch ausreichend sein kann.

Wenn nun dem Konsumenten auch die Sorge für die Qualität des Wassers abgenommen ist, so ist für denselben die Kenntnis der allgemeinen Beschaffenheit des Wassers doch von grofsem Interesse. Vor allem ist die Härte des Wassers für den Konsumenten von besonderer Wichtigkeit, da von derselben die gröfsere oder geringere Brauchbarkeit des Wassers zu wirtschaftlichen und gewerblichen Zwecken abhängt.

Ein Wasser wird als hart bezeichnet, wenn es gröfsere Mengen von Salzen, vorwiegend Kalk- und Magnesiasalzen, aufgelöst enthält. Ist der Gehalt des Wassers an diesen Salzen oder Härtebildnern gering, so nennt man das Wasser weich. Für den Verbrauch ist ein hartes Wasser zum Trinken angenehmer, da es von besserem Geschmack ist, als ein weiches Wasser, welches zumeist fade schmeckt. Für wirtschaftliche Zwecke hingegen ist das weiche Wasser von ungleich höherem Werte als das harte. Beim Waschen und Scheuern macht sich dieser Wert durch den minderen Verbrauch von Seife bemerkbar, während andrerseits hartes Wasser das Weichkochen von Hülsenfrüchten sehr erschwert und im technischen Verbrauche die Übelstände und Gefahren der Kesselsteinbildung herbeiführt.

Die Härte des Wassers wird nach Graden bestimmt, und zwar unterscheidet man deutsche und französische Härtegrade.

Die Härte in deutschen Graden gibt die Anzahl der Teile von Kalk (Ca O) oder Äquivalenten auf 100000 Teile Wasser an, oder, in mg auf das Liter bezogen: 1 deutscher Härtegrad gleich 10 mg Kalk oder Äquivalent auf 1 l Wasser. Nach der französischen Skala ist ein Härtegrad gleich 1 Teil doppelkohlensaurer Kalk oder Äquivalent auf 100000 Teile Wasser oder 1 Grad gleich 10 mg doppelkohlensaurer Kalk auf 1 l Wasser.

Wie bereits erwähnt, ist der Verbrauch von Seife, um Wasser zum Schäumen zu bringen, um so gröfser, je härter das Wasser ist. Dieser Umstand dient dazu, um auf empirischem Wege den Härtegrad des Wassers bestimmen und Vergleiche zwischen verschiedenen Wässern nach dieser Richtung anstellen zu können. Die Prüfung geschieht in der Weise, dafs man einer bestimmten Wassermenge aus einem graduierten Glasgefäfse so lange von einer titrierten Seifenlösung zusetzt, bis nach kräftigem Umschütteln der gebildete Schaum längere Zeit unverändert stehen bleibt. Ohne auf das Nähere einzugehen, sei hier auf die Verfahren von Boutron und Boudet, sowie von Clark hingewiesen.

Da ein Teil der härtebildenden Salze doppeltkohlensaurer Kalk ist; so ist man in der Lage, diesen Teil der Härtebildner durch Kochen zur Ausscheidung zu bringen, indem ein Teil der Kohlensäure hierdurch entweicht, und der im Wasser unlösliche kohlensaure Kalk zu Boden fällt. Es verbleiben dann im Wasser in der Hauptsache nur die schwefelsauren Salze, welche sich auf einfache Weise nicht entfernen lassen. Die dem Wasser nach dem Kochen verbleibende Härte wird als permanente Härte bezeichnet, während die ursprüngliche Härte des Wassers den Namen totale Härte führt.

Bei der Aufstellung eines einheitlichen Wasserversorgungsprojektes wird man selbstverständlich auch die Härte der verschiedenen in Vorschlag zu bringenden Wässer in Betracht ziehen müssen und demjenigen Wasser unter sonst gleichen Verhältnissen den Vorzug geben, welches die geringste Härte besitzt. Über die Gröfse dieses Härtegrades lassen sich zwingende Regeln nicht geben, da der Härtegrad des Wassers die geologische Beschaffenheit des Bodens der Gegend wiederspiegelt, eines Faktors, welcher für den bestimmten Fall unabänderlich ist. In kalkreichen Gegenden wird man sich daher mit einem härteren Wasser begnügen müssen, als in kalkarmen Gegenden, weil man eben kein weicheres Wasser ohne unverhältnismäfsige Kosten erhalten kann. Die für die Beschaffenheit von Wasser s. Z. aufgestellten Normalien geben als oberste Grenze 18 deutsche Härtegrade an, doch gibt es auch Wasserwerke, welche noch härteres Wasser liefern. Destilliertes Wasser und Regenwasser, letzteres im späteren Verlaufe eines gröfseren Niederschlages aufgefangen, liefern Beispiele von Wässern ohne Härte.

Da die Härte des Wassers indirekt mit der Zulässigkeit von bleiernen Röhren in Verbindung steht, so mufste dieser Eigenschaft des Wassers an dieser Stelle näherer Erwähnung geschehen.

Die centralen Wasserversorgungsanlagen liefern das Wasser durch ein alle Strafsen des Gemeinwesens durchziehendes Rohrsystem den Konsumenten bis vors Haus, von wo aus dann durch Zweigleitungen nach den einzelnen Grundstücken die weitere Verteilung und Nutzbarmachung des Wassers erfolgt.

Es ist nun die Aufgabe des ersten Teiles des vorliegenden Buches, diese nach den Gründstücken führenden Leitungen, die Verteilung der Leitungen im Grundstücke und die hierbei zur Verwendung kommenden Materialien, Apparate und Einrichtungen eingehend zu besprechen. Ein zweiter Teil dieses Buches behandelt dann die nicht minder wichtige Ableitung des verbrauchten Wassers im Anschlufs an ein städtisches Kanalnetz. Zu- und Ableitung des Wassers berühren sich aber in einzelnen Punkten so nahe, dafs bei einigen Einrichtungen der Bewässerung auch gleichzeitig die Anfänge der Entwässerung, z. B. die Überläufe, Entleerungen u. s. w. Erwähnung finden müssen.

Die vorerwähnte Aufgabe soll sich aber nicht erstrecken auf alles, was in diesem Fache je ausgeführt worden oder vielleicht nur versuchsweise zur Ausführung gekommen ist. Es würde dies bei der grofsen Mannigfaltigkeit des Materials den Umfang des Buches überflüssig vermehren und die Übersicht erschweren. Es sollen hingegen nur diejenigen Materialien und Einrichtungen Erwähnung finden, welche nach den gesammelten Erfahrungen sich bewährt haben oder als charakteristisch hervorzuheben sind, unseren mitteleuropäischen Verhältnissen entsprechen und den Fortschritt in diesem Fache darlegen.

A. Die Materialien für die zur Wasserversorgung von Grundstücken dienenden Rohrleitungen.

Allgemeines.

Als Materialien für die von den Strafsen-Hauptrohrleitungen abzweigenden Rohrleitungen zur Verteilung des Wassers innerhalb der Grundstücke der Konsumenten finden Anwendung

1. gufseiserne Röhren,
2. Bleiröhren,
3. Zinnbleiröhren oder sog. Mantelröhren und
4. verzinkte schmiedeiserne Röhren oder sog. galvanisierte Röhren.

Kupferne Röhren finden für ganze Verteilungsleitungen keine Anwendung, da dieselben zu teuer sind. Sie können jedoch für kurze Zweigleitungen und hauptsächlich dort zweckmäfsig sein, wo man der Raumverhältnisse halber nur möglichst dünnwandiges Rohr verwenden kann.

Die richtige Wahl unter diesen Materialien zu treffen, ist oft nicht so leicht, falls nicht bestimmte Vorschriften vorgesetzter Behörden über diesen Punkt hinweghelfen. Doch auch in dieser Richtung stehen sich die Ansichten oft diametral gegenüber, indem die eine Behörde dasjenige Material direkt vorschreibt, welches seitens einer andern Behörde verboten ist. Es kann aber auch die Thatsache nicht geleugnet werden, dafs im allgemeinen diejenigen Techniker, welche mit einem bestimmten Rohrmateriale arbeiten, auch mit demselben zufrieden sind, weil sie durch ausgedehnte Praxis die Vorteile kennen und die Übelstände derselben zu vermeiden gelernt haben. Dieselben verhalten sich daher dem Übergange zu einem neuen Materiale gegenüber oft ablehnend, falls nicht hierbei in die Augen springende Vorteile zu erreichen sind.

Bei der Beantwortung der Frage über die Zulässigkeit des einen oder andern Materials für die Hauswasserleitungen kommen nicht allein die technischen Eigenschaften, sondern auch die Einwirkungen des Materials auf die Beschaffenheit des Wassers in gesundheitlicher Beziehung in Betracht. Über dieses letztere Verhalten sind die Ansichten zeither sehr auseinandergehend gewesen, und ist erst in der neueren Zeit durch die im Auftrage des deutschen Vereins der Gas- und Wasserfachmänner angestellten Ermittelungen, sowie auch durch die seitens des kaiserl. Gesundheitsamtes in Berlin durch Herrn Regierungsrat Dr. Wolffhügel angestellten Untersuchungen über einen durch Wasserleitungswasser verursachten Vergiftungsfall eine Klärung der Ansichten herbeigeführt worden, Die Vor- und Nachteile der verschiedenen Materialien, sowie auch die Ergebnisse der zuletzt angeführten Untersuchungen werden bei Besprechung der einzelnen Rohrgattungen eingehende Beachtung finden.

Kapitel 1.

Die gufseisernen Röhren.

Die ausgedehnte Verwendung, welche diese Röhren im Wasserleitungsbaue für die Verteilungsrohrnetze fast ausnahmslos gefunden hat, dürfte die Verwendbarkeit dieses Materials aufser Frage stellen. Für Zweigleitungen ist ihre Anwendung jedoch eine beschränktere, weil dieselbe von bestimmten Verhältnissen abhängig ist, welche zumeist in dem Zwecke und der Leistungsfähigkeit der Leitung gipfeln.

Durch den Umstand, dafs der geringste Durchmesser der bisher in der Praxis verwendeten Röhren 40 mm beträgt, beschränkt sich die zweckmäfsige Anwendung dieser Röhren auf Zuleitungen, welche zufolge des zu erwartenden Wasserverbrauchs diesen oder einen gröfseren Durchmesser erhalten müssen. Es werden demnach gufseiserne Zweigleitungen bei der Versorgung von Kasernen, Hospitälern, Schlachthäusern, grofsen Badeanstalten, Fabriken, sowie für Feuerlöschleitungen und für Leitungen zur Speisung gröfserer Fontänen Anwendung finden. Für Hauswasserversorgungen hat sich ihre Anwendung in einzelnen Fällen auf denjenigen Teil der Rohrleitung erstreckt, welcher vom Strafsenhauptrohre nach dem Grundstücke führt und im allgemeinen den Namen der Anschlufsleitung trägt. Selbstverständlich mufs dieser Rohrstrecke ein lichter Durchmesser von 40 mm gegeben werden, während die sich an dieselbe anschliefsende Hausleitung mit geringerem Durchmesser und anderem Materiale weitergeführt wird.

In neuester Zeit sind auch einige der gröfseren Giefsereien, z. B. die Königin-Marienhütte zu Cainsdorf bei Zwickau im stande, Röhren von 35 und 25 mm Lichtweite herzustellen, so dafs auch dieses Material für Zweigleitungen unter 40 mm Durchmesser nicht vollständig ausgeschlossen ist. Diese Röhren besitzen jedoch nur eine geringe Baulänge, wodurch nicht allein die Ausführung dieser Leitungen anderen Materialien gegenüber bedeutend erschwert, sondern auch durch die grofse Zahl der Dichtungsstellen die Gefahr der Undichtheit der Leitung vermehrt wird.

Die Röhren sollen aus gutem grauen Roheisen in stehenden, gut getrockneten Formen gegossen und bald nach dem Gusse in angewärmtem Zustande mit einem Überzuge von Asphalt versehen werden. Dieser Überzug bildet einen Schutz gegen ein Verrosten des Gufseisens einesteils durch das Wasser im Innern der Röhre, andernteils durch die Bodenfeuchtigkeit von aufsen. Derjenige Teil des Rohres hingegen, welcher in die Muffe des Nachbarrohres hineingeschoben wird, bleibt von diesem Überzuge frei, da andernfalls die beim Eingiefsen der Bleidichtung auftretenden Dämpfe die hierbei beschäftigten Arbeiter belästigen würden.

Je nach der Art, wie die Röhren untereinander verbunden werden sollen, unterscheidet man Muffenröhren und Flanschenröhren. Die Form dieser Röhren war früher dem Ermessen des Konstrukteurs überlassen und demzufolge auch eine sehr mannigfaltige und oft nur von der Laune des einzelnen abhängige. Diesem Übelstande ist dadurch abgeholfen worden, dafs der deutsche Verein von Gas- und Wasserfachmännern in Verbindung mit dem Vereine deutscher Ingenieure und einer Anzahl grofser deutscher Eisenindustrieller im Jahre 1882 Normalien für die Herstellung gufseiserner Muffen- und Flanschenröhren festgestellt hat, welche nicht allein in ganz Deutschland, sondern auch in Österreich-Ungarn sich Eingang verschafft und die Fabrikation ungemein erleichtert haben.

Da der Rohrdurchmesser für Zweigleitungen das Mafs von 200 mm wohl nur äufserst selten erreichen oder gar überschreiten wird, so sind in den nachfolgenden Tabellen die Hauptdimensionen der normalen Muffen- und Flanschenröhren nur bis zu einem Durchmesser von 200 mm zusammengestellt worden, während für die gröfseren Rohrdurchmesser auf die in den meisten technischen Handbüchern, z. B. dem Handbuche der „Hütte", vorhandenen Normaltabellen hingewiesen werden mufs. Die Form einer normalen Muffe ist aus Fig. 1, die Form einer normalen Flansche aus Fig. 2

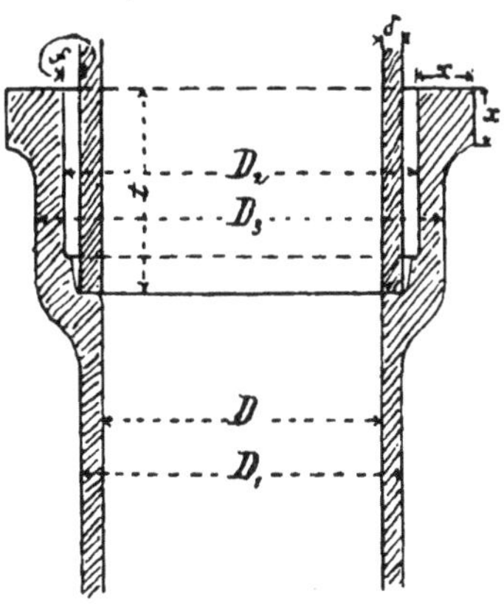

Fig. 1.

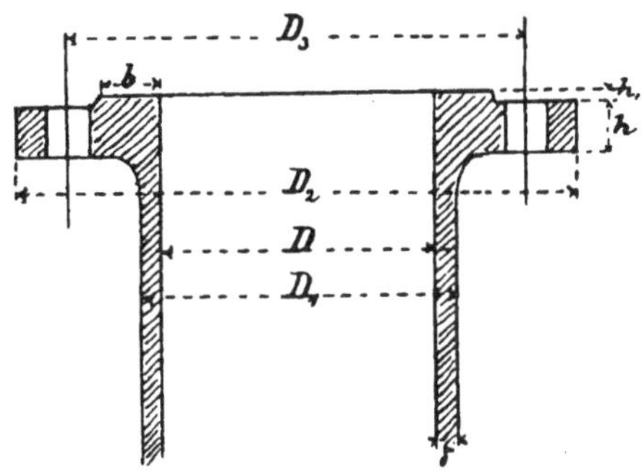

Fig. 2.

zu ersehen. Die in den Tabellen benutzten Buchstaben finden gleichzeitig durch diese Figuren ihre Erklärung.

Die im Jahre 1882 vereinbarten Normaltabellen beginnen bei einer Lichtweite der Röhren von 40 mm. Wie bereits erwähnt, liefern einige gröfsere Giefsereien zufolge der in der Zwischenzeit fortgeschrittenen Giefsereitechnik auch Röhren von 25 und 35 mm Weite. Da aber über dieselben eine allgemeine Einigung nicht besteht, und nur ein Teil der Giefsereien im stande ist, dieselben anzufertigen, so wird man die Röhren dieser Dimensionen im strengen Sinne nicht als normale bezeichnen können. Wenn diese Röhren in der nachfolgenden Tabelle Aufnahme gefunden haben, so geschah dies lediglich der Vollständigkeit halber, und in Rücksicht darauf, dafs die Aufnahme dieser Röhren in die Normaltabelle nur eine Frage der Zeit ist.

Bei den Röhren von 50, 60, 175 und 200 mm Durchmesser sind in derselben Tabelle veränderte Baulängen der Röhren in Parenthese beigefügt worden, deren Herstellung sich ebenfalls auf die Fortschritte der Giefsereitechnik gründet.

Normaltabelle für gufseiserne Muffenröhren.

Lichter Durchmesser D	Normale Wandstärke δ	Äufserer Rohrdurchmesser D_1	Übliche Baulänge	Muffentiefe t	Dichtungstiefe	Bleifugendicke F	Durchmesser D_2	Durchmesser D_3	Gewicht der Muffe	Gewicht eines lfd. Mtr. Rohr exkl. Muffe	Gewicht eines Rohres	Gewicht e. lfd. Mtr. Rohr inkl. Muffe abgerundet
mm	mm	mm	m	mm	mm	mm	mm	mm	kg	kg	kg	kg
25	6,5	38	1,5	65	55	6	50	69	1,55	4,67	8,55	5,7
35	7	49	2	72	61	7	63	83	2,18	6,70	15,58	7,8
40	8	56	2	74	62	7,5	70	92	2,68	8,75	20,18	10
50	8	66	2 (3)	77	65	7,5	81	103	3,14	10,57	24,28	12
60	8,5	77	2 (3)	80	67	7,5	82	116	3,89	13,26	30,41	15
70	8,5	87	3	82	69	7,5	102	126	4,35	15,20	49,95	16,5
80	9	98	3	84	70	7,5	113	138	5,09	18,24	59,81	20
90	9	108	3	86	72	7,5	123	148	5,70	20,29	66,57	22
100	9	118	3	88	74	7,5	133	159	6,20	22,34	73,22	24
125	9,5	144	3	91	77	7,5	159	186	7,64	29,10	94,94	32
150	10	170	3	94	79	7,5	185	213	9,89	36,44	119,21	40
175	10,5	196	3 (4)	97	81	7,5	211	240	12,00	44,36	145,08	48
200	11	222	3 (4)	100	83	8	238	268	14,41	52,86	172,99	58

Normaltabelle für gufseiserne Flanschenröhren.

Lichter Durchmesser D	Normale Wandstärke δ	Äufserer Rohrdurchmesser D_1	Übliche Baulänge	Flanschen- Durchmesser	Flanschen- Dicke h	Flanschen- Lochkreis-Durchmesser	Schrauben- Anzahl	Schrauben- Durchmesser in engl. Zoll	Schrauben- Durchmesser in mm	Dichtungsleiste Breite b	Dichtungsleiste Höhe h_1	Gewicht einer Flansche und Anschlufs	Gewicht eines lfd. m Rohr exkl. Flanschen	Gewicht eines lfd. m Rohr inkl. Flanschen
mm	mm	mm	m	mm	mm	mm				mm	mm	kg	kg	kg
25	7	39	1,5	120	16	88	3	1/2	13	22	2	1,50	5,13	7,13
35	8	51	2	140	18	110	4	1/2	13	25	3	2,00	7,89	9,89
40	8	56	2	140	18	110	4	1/2	13	25	3	1,89	8,75	10,64
50	8	66	2	160	18	125	4	5/8	16	25	3	2,41	10,57	12,98
60	8,5	77	2	175	19	135	4	5/8	16	25	3	2,96	13,26	16,22
70	8,5	87	3	185	19	145	4	5/8	16	25	3	3,21	15,20	17,34
80	9	98	3	200	20	160	4	5/8	16	25	3	3,84	18,24	20,80
90	9	108	3	215	20	170	4	5/8	16	25	3	4,37	20,29	23,20
100	9	118	3	230	20	180	4	3/4	19	28	3	4,96	22,34	25,65
125	9,5	144	3	260	21	210	4	3/4	19	28	3	6,26	29,10	33,07
150	10	170	3	290	22	240	6	3/4	19	28	3	7,69	36,44	41,57
175	10,5	196	3	320	22	270	6	3/4	19	30	3	8,96	44,36	50,33
200	11	222	3	350	23	300	6	3/4	19	30	3	10,71	52,86	60,00

Die normalen Wandstärken gelten für Röhren, welche einem Betriebsdrucke von 10 Atmosphären ausgesetzt sind. Für gewöhnliche Druckverhältnisse von Wasserleitungen (4 bis 7 Atmosphären) ist eine Verminderung der Wanddicken zulässig, welche in einem prozentualen Nachlafs vom Normalgewichte zum Ausdruck kommt. Dieser Gewichtsnachlafs beträgt in der Regel 5 bis 7 Prozent, für Leitungen mit sehr geringem inneren Drucke 10 und noch mehr Prozent.

Zufolge der Herstellungsmethode ist der äufsere Durchmesser des Rohres feststehend, und sind Änderungen in der Wanddicke nur auf den lichten Durchmesser des Rohres von Einflufs. Aus Gründen der Fabrikation und infolge von geringen Abweichungen im spezifischen Gewichte des Gufseisens sind bei geraden Normalröhren Abweichungen von den durch die Rechnung ermittelten Gewichten von $\pm$ 3 % zu gestatten.

Bei der Prüfung von gufseisernen Röhren ist darauf zu achten, dafs die Wandungen überall gleichmäfsig stark sind. Beträgt der Unterschied der Dicken gegenüberliegender Wandungen mehr als 2 mm, so ist das Rohr als untauglich zu bezeichnen. Die Dichtungsflächen der Flanschenröhren sind genau rechtwinklig gegen die Rohraxe abzudrehen, die Rohrenden der Muffenröhren genau rechtwinklig gegen die Rohraxe abzugleichen.

Um die Tauglichkeit der Röhren vor dem Verlegen festzustellen, werden dieselben auf der Hütte oder an der Verwendungsstelle einer Probe unterworfen, indem dieselben in eine Probiermaschine eingespannt, mit Wasser gefüllt und einem inneren Drucke ausgesetzt werden, welcher in der Regel ca. 5 Atmosphären höher ist, als der Maximalbetriebsdruck der Wasserwerksanlage, bei welcher die Röhren Verwendung finden sollen. In diesem Zustande werden die Röhren mit Handhämmern von 1 kg Gewicht kräftig abgeklopft. Hierbei werden sich die etwa vorhandenen Undichtheiten und Gufsfehler zeigen, eventuell wird das Rohr bei ungenügender Wandstärke oder mangelhaftem Materiale bersten. Besteht ein Rohr diese Probe, so steht seiner weiteren Verwendung nichts mehr im Wege, wenn auch nicht ausgeschlossen ist, dafs das Rohr beim Transport bis zur Verlegungsstelle und beim Abladen durch unvorsichtige Behandlung noch Schaden erleidet. Die öfters vorkommenden sog. Schwanzrisse, d. h. Einrissse am Schwanzende des Rohres, sind auf die vorgenannten Ursachen zurückzuführen, und ist daher beim Transporte der Röhren die Vorsicht geboten, durch zwischengelegte Strohseile das Aneinanderschlagen der Röhren zu verhüten. Beim Abladen der Röhren ist schliefslich darauf zu achten, dafs das Rohrende nicht heftig auf den Boden aufstöfst.

Der Vorteil des Gufseisens als Rohrmaterial liegt in der Festigkeit und Dauerhaftigkeit desselben gegenüber äufseren Einflüssen, abgesehen davon, dafs seine Hauptanwendung für Röhren bei einem lichten Durchmesser beginnt, bei welchem die vorteilhafte Anwendung der übrigen Materialien aufhört. Die grofse Festigkeit des Materials ist auch der Hauptgrund gewesen, dafs man in einigen Orten die im Boden liegenden Anschlufsleitungen aus diesem Materiale hergestellt und diesen daher einen verhältnismäfsig übergrofsen Durchmesser gegeben hat. Der Festigkeit des Materials steht aber seine Sprödigkeit gegenüber, und ist auf dieselbe besonders dann Rücksicht zu nehmen, wenn ein Wechsel in der Beschaffenheit der Rohrunterstützung eintritt, z. B.: wenn die Rohrleitung aus dem Erdreich in Mauerwerk übertritt.

Wie bereits früher erwähnt, erhalten die gufseisernen Röhren zum Schutze gegen das Rosten einen Asphaltüberzug. Bei neu in Gebrauch genommenen Leitungen wird dieser Überzug anfänglich einen geringen Beigeschmack des Wassers herbeiführen, welcher sich aber nach kurzer Zeit des Betriebes vollständig verliert.

Die Marienhütte bei Kotzenau erzeugt gufseiserne Röhren, welche im Innern zum Schutze gegen das Rosten mit einer Emaillemasse überzogen sind. Wenn dieselben auch in speziellen Fällen zweckmäfsigerweise Anwendung finden können, so steht ihrer allgemeinen Anwendung der wesentlich höhere Preis hindernd im Wege.

Kapitel 2.

Die Bleiröhren.

Die bleiernen Röhren finden zu Zweigleitungen von allen Rohrmaterialien die ausgedehnteste Anwendung, und zwar nicht allein in dem gröfsten Teile von Mittel- und Norddeutschland, sondern auch und fast ausschliefslich in Frankreich und England.

Der Hauptvorteil dieser Röhren liegt in der bequemen Hantierung mit denselben zufolge ihrer Eigenschaft, sich leicht biegen und den gegebenen Formen anpassen zu lassen, ohne dafs hierzu besondere Formstücke erforderlich sind. Es lassen sich ferner an jeder Stelle dieser Leitungen Abzweigungen und an einer bestehenden Leitung Reparaturen, Ergänzungen oder Veränderungen anbringen, ohne dafs hierzu besondere Formstücke oder sonstige Veränderungen an den Leitungen notwendig sind.

Die Weichheit und Biegsamkeit dieses Materials bilden aber auch anderseits die Schattenseiten desselben in technischer Beziehung, da es gegen äufsere Eindrücke wenig Widerstandsfähigkeit besitzt und daher leicht Einknickungen ausgesetzt ist, welche Querschnittsverengungen zur Folge haben. Hauptsächlich ist bei schärferen Biegungen eine Querschnittsverminderung kaum zu vermeiden, wenn diese Arbeit nicht mit gröfster Sachkenntnis vorgenommen wird. Bei wagrechter Führung des Rohres an einer Wand entlang ist dasselbe sorgfältig zu unterstützen, da es andernfalls infolge seiner Biegsamkeit leicht Einsackungen bildet. Selbst vor den Angriffen durch Ratten ist das Bleirohr nicht sicher, und sind Rohrdefekte aus dieser Ursache mehrfach zu verzeichnen.

Der Anwendung von bleiernen Röhren zu Wasserleitungszwecken sind vielfach sanitäre Bedenken entgegengetreten, hervorgerufen durch den Umstand, dafs Wasser unter bestimmten Verhältnissen Blei aufzulösen im stande ist.

Zur Klärung der Frage über die Ursachen dieser Erscheinung, über welche seit langer Zeit die widersprechendsten Meinungen verlautbart worden sind, wurde seitens des deutschen Vereins von Gas- und Wasserfachmännern im Jahre 1886 Herr Dr. Bunte in Karlsruhe beauftragt, das darüber vorhandene Material nach einem einheitlichen Gesichtspunkte zusammenzufassen und den jetzigen Standpunkt der Frage darzulegen. Dieser Bericht wurde im Jahre 1888 auf der Jahresversammlung des Vereins in Stuttgart erstattet. Aufser den eigenen Versuchen des Herrn Dr. Bunte boten einige inzwischen erschienene wichtige Arbeiten und Untersuchungen [1]), namentlich diejenigen des deutschen Gesundheitsamtes, durch Herrn Regierungsrat Dr. Wolffhügel ausgeführt, sehr wertvolles Material für die Beantwortung dieser Frage. Der Bericht des Herrn Dr. Bunte ist in der Zeitschrift »Schillings Journal für Gasbeleuchtung und Wasser-

---

[1]) Die Bleierkrankungen durch Leitungswasser in Dessau im Jahre 1886. Von Dr. Richter, Deutsche Vierteljahresschrift für öffentliche Gesundheitspflege, Band 19, Heft 3.

Wasserversorgung und Bleivergiftung, Gutachten über die zu Dessau im Jahre 1886 vorgekommenen Vergiftungsfälle. Von Regierungsrat Dr. Wolffhügel, Arbeiten aus dem kaiserl. Gesundheitsamte.

Versuche und Beseitigung des Bleiangriffs durch Leitungswasser. Chemische Untersuchung aus Anlafs der Dessauer Bleivergiftungen im Jahre 1886 von Dr. C. Heyer, staatlich vereidigter und chemisch-technischer Sachverständiger und Handelschemiker. Mit 1 Tafel in Steindruck. Dessau 1888. P. Baumann, Verlag.

versorgung«, Jahrgang 1888, sowie auch in den »Verhandlungen der 27. und 28. Jahresversammlung des Vereins der Gas- und Wasserfachmänner«, 1889, Verlag von R. Oldenbourg in München, zum Abdruck gelangt.

Auf Grund dieses Berichtes ist der Stand der Frage über die Schädlichkeit der Bleiröhren bei ihrer Verwendung zu Wasserleitungszwecken folgender:

Was die Beschaffenheit des Rohrmaterials, des Bleies, anlangt, so ist nach den bisherigen Erfahrungen die Beschaffenheit des Materials, ob dasselbe mehr oder weniger rein ist, von sehr untergeordnetem Einflufs. Es ist vielmehr die Beschaffenheit des Leitungswassers und die Art und Weise, wie dasselbe mit den Bleiröhren zusammenkommt, bezw. durch dieselben fliefst, als die eigentliche Ursache dafür anzusehen, ob Blei an das Wasser abgegeben wird oder nicht.

Bezüglich der chemischen Beschaffenheit des Wassers kommen zwei Punkte in Betracht: 1. die Menge und Art der gelösten festen Bestandteile, und 2. die Menge und Art der im Wasser gelösten Gase.

Der gröfste Teil der früheren Beobachter legte das Hauptgewicht auf den Gehalt des Wassers an festen Bestandteilen, und findet man allgemein die Ansicht vertreten, dafs die Gefahr der Auflösung von Blei um so geringer ist, je gröfser die Menge der im Wasser gelösten festen Bestandteile ist. Ist das Wasser sehr reichlich mit festen Bestandteilen gesättigt, so tritt auch oft die Erscheinung auf, dafs in den Rohrleitungen sich Ausscheidungen bilden, welche die Wandungen überziehen und auf diese Weise jede weitere Einwirkung des Wassers auf dieselben verhindern. Eine Anzahl Beobachter legen anderseits den gasförmigen Bestandteilen des Wassers eine besondere Bedeutung bei.

Da nun in einem normalen Wasser unter den festen Bestandteilen die kohlensauren und schwefelsauren Salze, d. h. die Härtebildner, die Hauptbestandteile bilden, so hat man die Härte des Wassers als Mafsstab für die gröfsere oder geringere Wahrscheinlichkeit der Lösung von Blei hingestellt. Es wurde dementsprechend von einer grofsen Anzahl von Chemikern das Vorhandensein eines bestimmten Härtegrades gewissermafsen als Schutz gegen eine Auflösung von Blei aus den Röhren betrachtet. Es ist diese Ansicht trotz mehrfacher Einsprüche bis in die neueste Zeit die herrschende gewesen, und vorzugsweise weiches Wasser als bleiauflösend hingestellt worden.

Über den Härtegrad, von welchem an die Verwendung von Bleiröhren zu Leitungszwecken als unbedenklich bezeichnet werden kann, sind die Ansichten ebenfalls abweichend. Während Graham und Lethby diese Grenze zu 2,4 deutsche Härtegrade angeben, gehen Belgrand und Leblanc bis auf eine 0,6° zurück, Diese Zahlen sind jedoch nur von geringer Bedeutung.

Aufser den die Härte des Wassers bedingenden Salzen finden sich andere Salze, für deren Menge man einen ungefähren Mafsstab erhält, wenn man die Härtezahl mit dem Gesamtrückstand des Wassers vergleicht. Diesen Salzen ist von verschiedenen Chemikern je nach Umständen ein gröfserer oder geringerer Einflufs auf die Lösbarkeit des Bleies im Wasser zugeschrieben worden. Von der einen Seite wird der Ammoniakgehalt, von der andern Seite der Salpetersäuregehalt als die Auflösung wesentlich befördernd bezeichnet. Einige halten die organischen Substanzen, andere die Chlorverbindungen für besonders wichtig in dieser Beziehung. Es scheint jedoch festzustehen, dafs alle diese Stoffe nur einen untergeordneten Einflufs auf das Verhalten des Wassers gegen das Blei ausüben, dafs vielmehr das Hauptgewicht auf die Menge und Art der im Wasser gelösten gasförmigen Bestandteile zu legen ist.

Es ist bereits durch die Untersuchungen, welche zufolge der in Paris im Jahre 1873 ausgebrochenen Bleipanik ausgeführt wurden, festgestellt worden, dafs die zur städtischen Versorgung dienenden Wasser im allgemeinen Bleileitungen nur dann angreifen, wenn die letzteren abwechselnd mit Luft und Wasser in Berührung kommen. Es ist deshalb eine notwendige Bedingung für den Schutz gegen Auflösung von Metall, dafs die Bleiröhren beständig mit Wasser gefüllt und unter Druck stehen, dafs aber andernfalls durch wechselnde Berührung der Rohrwände mit Luft und Wasser eine Oxydation und Auflösung des Metalls herbeigeführt wird. In demselben Sinne haben sich eine grofse Anzahl Hygieniker, u. a. Pettenkofer und Reichardt, ausgesprochen, und hat sich auch Wolffhügel in seinem angeführten Berichte dieser Ansicht angeschlossen.

Dieser Bedingung genügen nun unter normalen Verhältnissen unsere modernen Wasserversorgungsanlagen in Deutschland, wenn auch einzelne Ausnahmen nicht ausgeschlossen sind, wie der im Jahre 1886 in Dessau vorgekommene Fall von Bleierkrankungen beweist.

Der Umstand, dafs in England die Anzahl der Fälle von Erkrankungen durch Bleivergiftung eine häufigere ist, als in Deutschland, findet in der eigentümlichen Art der Wasserabgabe, welche bis vor kurzem in England üblich war, ihre Erklärung. Während nämlich bei den deutschen Wasserwerken mit wenig Ausnahmen eine konstante Versorgung stattfindet, mithin die Hausleitungen dauernd unter Druck stehen, ist in England die intermittierende Versorgung der Häuser bei künstlicher Hebung des Wassers die Regel gewesen. Es standen demnach die Zuleitungen nur während einiger Stunden des Tages unter Druck, und trat daher oft der Fall ein, daſs die Zweigleitungen in den Häusern sich entleerten.

Der oben angeführte Fall in Dessau ist zum Teil auf dieselbe Ursache zurückzuführen. Die Stadt hatte sich veranlaſst gesehen, als Ersatz des stark eisenhaltigen Wassers eine neue Wasserstation anzulegen, welche ein sehr weiches Wasser von 2 bis 3 Grad Härte liefert. Die vorhandenen Einrichtungen, namentlich die von der Pumpstation wegführenden Hauptrohrleitungen genügten aber nicht mehr dem erheblich gesteigerten Wasserverbrauche, um das Rohrnetz vollständig gefüllt zu erhalten. Die Folge davon war, daſs sich in einzelnen Stadtteilen die aus Bleirohr hergestellten Hausleitungen öfters entleerten, bei vermindertem Wasserbedarf sich aber später wieder füllten, somit die Rohrwandungen wechselsweise mit Wasser und Luft in Berührung traten, wodurch nahe an hundert Erkrankungen durch den Genuſs bleihaltigen Wassers herbeigeführt worden sind.

Die angestellten Untersuchungen haben die eben geschilderten Umstände als die Hauptursache der Auflösung des Bleis im Wasser ermittelt, und die infolgedessen getroffenen Anordnungen haben diese Diagnose vollkommen bestätigt. Zur Abhilfe wurde vor allem dafür gesorgt, daſs durch die Pumpen keine Luft mehr in die Rohrleitungen gelangen konnte. Dies geschah dadurch, daſs man sämtliches Wasser durch das Hochreservoir führte, woselbst dasselbe Gelegenheit fand, die mitgerissene Luft abzugeben, bevor es in die Leitungen eintrat. Durch Anlegung eines zweiten Hauptrohrstranges wurde ferner der Betriebsdruck so weit gesteigert, daſs eine Entleerung der Leitungen nicht mehr stattfand. Die hierauf angestellten Untersuchungen fanden den Bleigehalt des Leitungswassers erheblich vermindert, wenn auch noch nicht ganz beseitigt.

Es muſste daher noch eine zweite Ursache als wirksam angenommen werden, und wurde die Kohlensäure, bezw. der Kohlensäuregehalt des Wassers als solche erkannt. Auf Vorschlag des Dr. Heyer wurde der Gehalt des Wassers an freier Kohlensäure dadurch beseitigt, dafs feingepulverter kohlensaurer Kalk oder Kalkspatpulver in das Wasser eingestreut, und dadurch die Kohlensäure in den sogen. halbgebundenen Zustand (doppeltkohlensaurer Kalk) übergeführt wurde. Nachdem dieses Verfahren einige Zeit fortgesetzt worden war, zeigte sich das durch dieselben Bleirohrleitungen wie früher verteilte Wasser vollständig bleifrei. Es war somit die letzte Ursache der Auflösung des Bleies beseitigt.

Diese Dessauer Versuche geben die Erklärung, warum die harten Wässer im allgemeinen weit weniger die Neigung haben, Blei aufzulösen, als die weichen. Bei einem harten Wasser hat nämlich die aus der Grundluft vom einsickernden Niederschlagswasser absorbierte Kohlensäure Gelegenheit, den in den Gesteinsschichten vorhandenen kohlensauren Kalk aufzulösen und dadurch in den halbgebundenen Zustand überzugehen. Wie die Versuche von Heyer zeigen, geht die Auflösung des kohlensauren Kalkes und die Überführung der Kohlensäure in den halbgebundenen Zustand verhältnismäfsig rasch von statten, so dafs ein Wasser aus kalkhaltigen Gesteinsschichten nur ausnahmsweise freie Kohlensäure enthalten wird. Bei weichen Wässern, d. h. bei Wässern, welche aus kalkarmem Gestein entspringen, hat eine Bindung der Kohlensäure nicht stattfinden können, da die vom Wasser aufgenommene Kohlensäure hierzu keine Gelegenheit hatte. Bei solchen weichen Wässern ist daher die Möglichkeit des Bleiangriffes nicht ausgeschlossen, und es bietet daher die Härte des Wassers, wenn auch keinen direkten Anhalt für die Beurteilung des Verhaltens gegen Blei, so doch indirekt ein wertvolles Zeichen dafür, ob das Wasser auf seinem Wege Gelegenheit gefunden hat, die aufgenommene Kohlensäure in den halbgebundenen Zustand überzuführen. In den weitaus meisten Fällen, wo es sich um ein Wasser von mittlerer Härte handelt, wird dies der Fall sein, und wird man aus der Gebirgsformation des Quellgebietes schon einige Anhaltspunkte gewinnen, ob die Wahrscheinlichkeit einer Einwirkung des Wassers auf Bleirohr in Frage kommt. Handelt es sich um Flufswasser, so ist die Anwesenheit von freier Kohlensäure von vornherein ausgeschlossen, und wird deshalb selbst bei Flufswässern von sehr geringer Härte ein Bleiangriff, wenn nicht die andere Ursache, abwechselnde Bespülung der Rohrwandungen mit Luft und Wasser hinzukommt, nicht stattfinden.

Nach Kenntnis dieser auf die Lösung von Blei hinwirkenden Ursachen lehrt die Betrachtung der Verhältnisse öffentlicher Wasserversorgungen, dafs nur in Ausnahmefällen diejenigen Bedingungen vorhanden sind, welche zu einem Übergange von Blei in das Leitungswasser Veranlassung geben könnten.

Zu dieser Auffassung hat sich auch das kaiserl. Gesundheitsamt bekannt, indem der Bericht zu dem Gesetzentwurfe, betreffend den Verkehr mit blei- und zinkhaltigen Gegenständen, sagt:

> »In Bezug auf den Gebrauch von Blei zur Wasserversorgung kann man sich bei dem heutigen Stande des Wissens getrost den Ausführungen von M. v. Pettenkofer, A. Bobierre, E, Reichardt, H. Eulenburg u. a. anschliefsen, welche Bleiröhren. wenn dieselben ununterbrochen mit Wasser gefüllt bleiben, für unbedenklich erachten, dagegen Bleirohre als Material für Pumpbrunnen oder für Wasserleitungen, bei welchen diese Voraussetzung nicht zutrifft, verwerfen. Das letztere gilt auch für die Verwendung von bleiernen Behältern zur Aufbewahrung von Wasser etc.«

Dementsprechend sind auch die Bleiröhren in das am 1. Oktober 1888 in Wirksamkeit getretene Gesetz, betreffend den Verkehr mit blei- und zinkhaltigen Gegenständen nicht mit aufgenommen worden. Werden die obigen Bedingungen gewissenhaft erfüllt, so wird mit voller Sicherheit wie bisher, so auch ferner das Blei als Röhrenmaterial für Wasserleitungen verwendet werden können.

Wenn auch für die modernen Wasserversorgungen die Druckverhältnisse derartige sind, dafs die Hausleitungen stets gefüllt bleiben, so kann trotzdem der Fall eintreten, dafs unter gewissen Umständen wechselsweise eine Entleerung und Wiederanfüllung der Leitung stattfinden mufs. Liegt ein Hausleitung nicht durchgängig in frostfreien Räumen, oder dringt bei anhaltend strenger Kälte der Frost so weit in die sonst geschützten Räume vor, dafs ein Einfrieren der Leitung zu befürchten steht, so ist eine Abstellung und Entleerung dieser Leitung hauptsächlich während der Nachtzeit als geboten zu erachten. Macht sich diese Notwendigkeit geltend, so ist hierdurch der Fall gegeben, dafs eine Auflösung von Blei stattfinden kann. Da aber diese Verhältnisse weder von der Beschaffenheit des Wassers, noch von den Druckverhältnissen des Wasserwerkes abhängen, sondern rein lokaler Natur sind, und die Ausführung dieser Vorsichtsmafsregel lediglich dem Ermessen des Besitzers der Leitung anheimgegeben ist, so wird es auch Sache des letzteren sein, dafür zu sorgen, dafs beim Wiederanfüllen das erste in die Leitung eintretende Wasser ungenutzt und so lange zum

Abfluſs kommt, als es für eine kräftige Durchspülung der Leitung erforderlich ist. Für Leitungen, deren Wasser nicht zu Genuſszwecken dient, ist die Vorsicht selbstverständlich überflüssig.

Man hat versucht, dieser Gefahr der Auflösung des Bleies im Wasser dadurch entgegen zu wirken, daſs man das Innere der Röhren mit einem Überzuge von Schwefelblei überzieht. Die Erfahrung hat jedoch gelehrt, daſs ein derartiger Überzug nur von geringer Dauer ist und sich bald durch die Reibung des Wassers im Rohre ausschleift, wodurch das reine Blei wiederum freigelegt wird.

Die Bleiröhren sind aber nicht bloſs chemischen Angriffen von innen, sondern auch von auſsen ausgesetzt. So greift Kalk unter Anwesenheit von Feuchtigkeit die Bleiröhren sehr energisch an, und fanden sich Röhren nach kurzer Zeit durchgefressen, wenn dieselben zufällig durch die beim Baue des Hauses in Verwendung gewesene Kalkgrube gelegt wurden. Auch für Räume, in welchen Säuren aufbewahrt werden oder sich zu Zeiten saure Dünste entwickeln, sind Bleiröhren ohne äuſsere Schutzmittel nicht zu empfehlen, da die auf den kalten Röhren sich niederschlagenden Wasserdämpfe Säureteilchen enthalten, welche das Blei angreifen.

Die Herstellung der Bleiröhren erfolgt mittels hydraulischer Pressen in der Weise, daſs die heiſse Bleimasse durch eine ringförmige Öffnung gepreſst wird, welche dem Querschnitte des Rohres entspricht. Diese Fabrikationsmethode gestattet die Herstellung von langen Röhren, indem die ganze in die Presse eingebrachte Bleimasse ein einziges Rohr ergibt. Die Röhren werden behufs Transportes zusammengerollt und kommen, sorgfältig mit Stroh umwickelt, als sogenannte „Ringe“ in den Handel.

Ein derartiger Ring besitzt in der Regel ein Gewicht von 75 kg, und es läſst sich mit Hilfe des Einheitsgewichtes die Länge des betreffenden Rohres leicht ermitteln. Ein Ring Bleirohr mit einem Einheitsgewichte von 2,5 kg wird demnach eine Rohrlänge von 30 m enthalten.

Als ein Haupterfordernis für die Haltbarkeit der Röhren ist die Bedingung hinzustellen, daſs die Wandstärke des Rohres überall die gleiche ist. Schwächere Stellen in der Rohrwand werden durch den in der Leitung herrschenden Druck, sowie durch die zeitweise etwa auftretenden Stöſse und die der jeweiligen Entnahme entsprechenden Druckschwankungen infolge der Weichheit des Materials so lange ausgeweitet, bis ein Platzen des Rohres schlieſslich eintritt. Dieselbe Erscheinung zeigt sich auch bei Röhren, welche wohl eine gleichmäfsige, aber zu schwache Wandung besitzen, und sind Fälle zu verzeichnen, dafs das Rohr auf diese Weise nahezu auf das doppelte seines Durchmessers erweitert worden ist.

Die Stärke der Wandungen für Bleiröhren wird in den meisten Fällen seitens der Wasserwerksverwaltungen vorgeschrieben und kommt dann als Minimalgewicht eines Rohrstückes von 1 m Länge zum Ausdruck.

Für mittlere Druckverhältnisse, 3 bis 4 Atmosphären, sind den Bleiröhren folgende Minimalgewichte für die Längeneinheit zu geben:

Lichter Durchmesser des Rohres in mm	10	13	16	20	25	30
Minimalgewicht für 1 m Rohrlänge in kg	1,5	2,0	2,5	4,0	5,5	7,0

Für 5 Atmosphären Leitungsdruck erhöhen sich diese Gewichte wie folgt:

Lichter Durchmesser des Rohres in mm	10	13	16	20	25	30
Minimalgewicht für 1 m Rohrlänge in kg	2,0	3,0	3,5	4,8	6,25	8,0

Berlin schreibt folgende Minimalgewichte vor:

Lichter Durchmesser des Rohres in mm	13	20	25	30	40
Minimalgewicht für 1 m Rohrlänge in kg	2,2	3,8	6,3	7,5	11,0

Bleiröhren mit mehr als 30 mm Durchmesser kommen für Zweigleitungen von Wasserwerken selten vor, da dann das Gufseisen, weil billiger und dauerhafter, an die Stelle des Bleies tritt.

Die sanitären Bedenken, welche an manchen Orten gegen die Anwendung von bleiernen Röhren zu Leitungen für Genufswasser geltend gemacht wurden, haben zur Herstellung eines Röhrenmaterials geführt, welches unter Beibehaltung der guten Eigenschaften der Bleiröhren den Anforderungen in gesundheitlicher Beziehung voll gerecht wird. Es sind dies die Zinnbleiröhren, welche im folgenden näher betrachtet werden sollen.

Kapitel 3.

Die Zinnbleiröhren.

Dieselben bestehen in der Hauptsache aus Blei, und zwar in der Ummantelung, während die Innenwand des Rohres aus Zinn in der Stärke von mindestens 1/3 mm hergestellt ist. Die beistehende Figur 3 zeigt den Querschnitt eines solchen Rohres. Das Zinn ist dem Angriffe des Wassers gegenüber indifferent, so daſs also sanitäre Bedenken gegen die Verwendung dieses Materials nicht auftauchen können.

Fig. 3.

Alle Vor- und Nachteile des Materials, welche bei den Bleiröhren geltend gemacht wurden, gelten auch für die Zinnbleiröhren, da ja das Material in der Hauptsache dasselbe ist. Auch in ihrer äuſseren Erscheinung würden sie nicht von einander zu unterscheiden sein, wenn die Zinnbleiröhren, welche auch den Namen Mantelröhren führen, nicht durch erhöhte Riefen am Umfange des Rohres kenntlich gemacht wären. Die Bleiröhren sind hingegen an ihrem Umfange vollständig glatt.

Da die Herstellung dieses Rohrmaterials erst in die neuere Zeit fällt, so ist dessen Anwendung derjenigen von Bleiröhren gegenüber noch eine verhältnismäſsig geringe. Die ungünstige Beurteilung, welche dasselbe anfänglich von einigen Seiten gefunden hat, mag wohl darin ihren Grund haben, daſs die technische Herstellung dieser Röhren anfänglich noch eine weniger vollkommene war, als sie es gegenwärtig ist. Es wurde den Röhren vorgeworfen, daſs beim Biegen derselben das Zinn sich vom Blei löse, daſs das Zinn beim Löten schmelze, in die Röhren einflösse und dieselben stellenweise verenge. Der zuerst genannte Übelstand mag sich wohl bei den ersten Röhren, welche in den Handel kamen, gezeigt haben, die zweite Beschuldigung trifft aber nicht das Rohrmaterial, sondern den Verleger der Rohrleitung, indem derselbe bei der Behandlung des Rohrmaterials nicht die erforderliche Vorsicht gebraucht hat und in derselben Weise verfahren ist, als wenn er das altgewohnte einfache Bleirohr vor sich hat. Da das Zinn bereits bei 235°, das Blei hingegen erst bei 334° schmilzt, so wird bei unvorsichtiger Handhabung der zur Lötung von Bleirohrleitungen üblichen Lötlampe leicht ein Schmelzen des inneren Zinnmantels eintreten und eine Verengung des Rohres mehr oder weniger eintreten können. Geht man jedoch mit der nötigen Vorsicht zu Werke oder wendet zur Lötung den Lötkolben an, so sind diese vermeintlichen Übelstände ohne weiteres beseitigt.

Die üblen Erfahrungen, welche man mit diesem Rohrmateriale anfänglich machte, haben zum Teil auch darin ihren Grund, dafs man glaubte, die Wandstärken der Röhren in Hinsicht auf die gröfsere Festigkeit des Zinnes den reinen Bleiröhren gegenüber wesentlich vermindern zu können. Diese Voraussetzung ist durch die Praxis nicht bestätigt worden, die dünnwandigen Röhren wurden durch den inneren Druck erweitert, bis sie platzten. Hierzu trat der Umstand, dafs die Herstellung gleichwandiger Röhren dieser Art gröfsere technische Schwierigkeiten bietet, als diejenige der Bleiröhren, so dafs eine gröfsere Anzahl von Defekten auf diese Ursache zurückzuführen ist. Alle diese Erfahrungen hat man sich aber zu nutze gemacht und man betrachtet daher gegenwärtig das Zinn lediglich als ein Schutzmittel gegen die Gefahr der Bleiauflösung, ohne seine gröfsere Festigkeit in Rechnung zu ziehen.

In Dresden sind bei einem maximalen Betriebsdrucke von 5 Atmosphären folgende Minimalgewichte für Zinnbleiröhren vorgeschrieben:

Lichter Durchmesser des Rohres in mm	10	13	16	20	25	30
Minimalgewicht für 1 m Rohrlänge in kg	2,0	3,0	3,5	4,8	6,25	8,0

Wien und München schreiben für ähnliche Druckverhältnisse folgende Minimalgewichte vor:

Lichter Durchmesser des Rohres in mm		13	20	25	33	40
Minimalgewicht für 1 m Rohrlänge in kg	in München	3,0	4,5	6,5	9,0	12
	in Wien	2,8	4,55	7,25	10,3	12,7

Bei geringerem Leitungsdrucke wird man auch den Zinnbleiröhren schwächere Wandstärken geben, und genügen für einen Druck von 2,5 bis 3 Atmosphären folgende Minimalgewichte:

Lichter Durchmesser des Rohres in mm	10	13	16	20	25	30
Minimalgewicht für 1 m Rohrlänge in kg	1,25	1,75	2,25	3,25	4,0	5,0

Die Herstellung der Zinnbleiröhren ist derjenigen der Bleiröhren im Prinzipe ähnlich und erfolgt auch hier mittels hydraulischer Pressen, deren Druck der Härte des Zinns zufolge ein wesentlich höherer sein mufs. Während bei der Fabrikation der Bleiröhren das geschmolzene Blei direkt in den Prefscylinder eingegossen wird, ist für die Herstellung der Zinnbleiröhren die vorherige Anfertigung eines Werkstückes erforderlich, welches in der Form eines Bleicylinders mit einem Zinncylinder im Innern in die Presse eingesetzt wird. Die Güte des Produktes hängt von der Festigkeit der Verbindung zwischen Zinn- und Bleicylinder ab.

Auch bei diesen Röhren ist die Gleichmäfsigkeit der Wandstärke Hauptbedingung, und mufs nicht nur die Gesamtwandstärke überall die gleiche sein, sondern insbesondere auch der Zinnkern die gleiche Stärke von mindestens 0,5 mm besitzen.

Die Fabrikationslängen schwanken mit dem Gewichte des Rohres für die Längeneinheit. Der Transport dieser Röhren erfolgt in derselben Form, wie bei den Bleiröhren, und wiegt ein Ring Zinnbleiröhren oder Mantelröhren in der Regel ca. 75 kg.

Kapitel 4.

Die verzinkten schmiedeisernen Röhren.

Da die Verwendung der einfachen schwarzen schmiedeisernen Röhren zu Wasserleitungszwecken im allgemeinen unzulässig ist, indem das Wasser Rostbildung und daher ein Durchfressen der Rohrwandungen nach kürzerer oder längerer Zeit herbeiführen wird, so hat man durch einen die Rohrwandungen innen und aufsen bedeckenden Zinküberzug dieser Gefahr zu begegnen gesucht.

Die Verwendung dieser verzinkten schmiedeisernen Röhren ist in den europäischen Kulturstaaten nur eine beschränkte, sie erstreckt sich in der Hauptsache auf Süddeutschland, vor allem auf Württemberg. In Amerika finden hingegen die verzinkten Eisenröhren seit vielen Jahren eine ausgedehnte Verwendung.

Die Ansichten über die Brauchbarkeit dieses Materials sind sehr geteilt. Während in Württemberg dieses Material für die Hausleitungen von Staatswegen vorgeschrieben ist, ist es in Österreich von Staatswegen verboten.

Zur Klärung dieser Verhältnisse wurde seitens des Deutschen Vereins von Gas- und Wasserfachmännern Herr Dr. Bunte in Karlsruhe beauftragt, Erhebungen und Versuche anzustellen über die Nachteile, welche durch die Anwendung verzinkter schmiedeiserner Röhren bei Wasserleitungen entstehen können.

Dieser Bericht wurde auf der im Jahre 1886 in Eisenach tagenden Jahresversammlung des oben genannten Vereins erstattet. Die vom Verfasser desselben, Herrn Dr. Bunte, angestellten Erhebungen und Untersuchungen beziehen sich vor allem darauf, die Gründe kennen zu lernen, welche die k. k. österreichische Regierung veranlassen konnte, ein Verbot der verzinkten schmiedeisernen Röhren zu Trinkwasserleitungen auszusprechen. Es konnte jedoch nur festgestellt werden, daſs jener Ministerialerlaſs keine Normativbestimmungen enthalte, sondern nur allgemeine Grundsätze gibt, auf welche bei der Aufstellung von Regulativen für Wasserleitungen Bedacht zu nehmen sei. Es heiſst nämlich in dem betreffenden Paragraphen: „Allgemein zulässig sind etc. mit Ausnahme der verzinkten Eisenrohre“, so daſs deren Zulässigkeit in speziellen Fällen keineswegs ausgeschlossen ist. Als Motiv für den Ausschluſs dieses Röhrenmaterials wurden sanitäre Bedenken geltend gemacht, welche sich aus dem Verhalten des Zinkes zu Wasser ergeben, wenn dasselbe neben Salzen noch freie Kohlensäure und Luft absorbiert enthält. Auch eine öfters eintretende Entleerung der Zweigleitungen und die damit in Verbindung stehende wechselnde Berührung der Rohrwandungen mit Luft wurde als eine die Oxydation des Zinkes begünstigende Bedingung angegeben.

Es wurden infolgedessen vor allem Ermittlungen darüber angestellt, ob die in der Praxis angewendeten verzinkten schmiedeisernen Röhren auſser bezüglich ihrer technischen Brauchbarkeit zu sanitären Bedenken in irgend einer Weise Anlaſs gegeben haben.

Die hierauf bezüglichen Anfragen bei zwanzig deutschen Wasserwerken, welche verzinkte Eisenröhren verwenden, sowie bei dem früheren Leiter des Wasserleitungswesens in Württemberg, Herrn Oberbaurat v. Ehmann, wurden einstimmig dahin beantwortet, daſs sich sanitäre Bedenken gegen die Anwendung von verzinkten Eisenröhren nirgends geltend gemacht haben.

Die ausgedehnte Verwendung dieses Rohrmaterials in Amerika veranlaſste Herrn Dr. Bunte, mit Herrn Professor Ripley Nichols in Boston in Verbindung zu treten und denselben um Aufschluſs über den Stand dieser Frage in Amerika zu bitten. Seitens des vorgenannten Herrn wurden durch Rundschreiben an eine groſse Anzahl amerikanischer Wasserwerke zahlreiche Erfahrungen über die Verwendung der verzinkten Eisenröhren und sonstiges statistisches Material in dieser Richtung gesammelt und dem Berichtverfasser zur Verfügung gestellt.

Nach den auf die obigen Rundschreiben eingelaufenen Antworten scheint es, dafs da, wo verzinkte Eisenröhren nicht verwendet werden, dies meist aus zufälligen oder ökonomischen Gründen geschieht, in sehr seltenen Fällen aus sanitären Bedenken. Es scheint überhaupt diese Frage über sanitäre Bedenken der gröfseren Anzahl von Ärzten und Sanitätsbehörden eine vollständig neue gewesen zu sein, ein Zeichen dafür, dafs auffallende Bedenken, welche zu einem Verbote solcher Röhren führen könnten, sich wohl kaum geltend gemacht haben können. Diejenigen Antworten, welche auf diese Frage Auskunft geben, sprechen sich in den meisten Fällen für die Unschädlichkeit des Materials aus, doch beruhen dieselben meist auf persönlichen Ansichten, während eine wissenschaftliche Begründung für oder gegen die Zulässigkeit der verzinkten schmiedeisernen Röhren vermifst wird. Einen gründlichen Aufschlufs über die in Rede stehende Frage gibt hingegen ein Bericht des Dr. W. E. Boardman in Boston an das Gesundheitsamt in Massachusetts: „On the use of zinced or galvanised iron for the storage and conveyance of drinking water", welcher durch das Auftreten einer angeblich infolge der Anwendung von verzinkten schmiedeisernen Röhren verursachten Krankheit in Melrose, Vereinigte Staaten, veranlafst wurde. Mr. Boardman gelangt zu dem Schlusse, dafs Wasser, welches in sonstiger Beziehung zum Trinken als Genufsmittel tauglich ist, beim Durchgange durch verzinkte Rohrleitungen unmöglich so viel Zinksalz auflösen könne, um irgend einen schädlichen Einflufs auf den menschlichen Organismus auszuüben und endlich, dafs, wenn die im Trinkwasser bis jetzt beobachteten Zinkmengen in der schädlichsten Form, nämlich als Chlorid, vorhanden wären, auch dieses keine Gefahr in sich schlösse.

Die eigenen Untersuchungen des Dr. Bunte führen zu dem gleichen Schlusse. Wenn auch neue Röhren beim Durchflusse von Wasser Zink an dasselbe abgeben, so hat doch die quantitative Ermittlung ergeben, dafs die aufgelösten Zinkmengen selbst nach sehr langer Zeit der Berührung noch so gering sind, dafs sie als vollständig harmlos bezeichnet werden müssen.

Anderseits ist aber auch die Beobachtung gemacht worden, dafs sich bei vielen Wässern, namentlich bei kalkreichen, die Röhren im Innern mit einem Überzuge von unlöslichen Kalksalzen überziehen und derselbe der weiteren Auflösung des Zinküberzugs schützend entgegenwirkt. Es hat dieser Umstand bereits auch bei den Bleiröhren als Schutzmittel Erwähnung gefunden.

„Aus alledem geht hervor", so schliefst der Bericht des Dr. Bunte[1]), „dafs sanitäre Bedenken, soweit die praktischen Erfahrungen und die wissenschaftlichen Untersuchungen bisher überhaupt ein Urteil gestatten, in keiner Weise der Verwendung von Zinkröhren entgegenstehen."

Die Hauptgründe, welche gegen die Anwendung von verzinkten Röhren angeführt werden, sind rein ökonomische, und zwar folgende:

1. Dafs bei vielen Wassern die verzinkten Röhren wenig Vorzüge haben vor den gewöhnlichen schwarzen schmiedeisernen Röhren, da sie nach kürzerer oder längerer Zeit korrodiert werden und sich mit Rost füllen;

2. dafs sie bei Verlegung in bestimmten Bodenarten oder in Asche von aufsen den Zinküberzug verlieren und korrodieren;

3. dafs sie bei einem etwaigen Einfrieren im Winter aufplatzen, und zwar weit mehr, als starke Bleiröhren oder Zinnbleiröhren;

4. dafs sie oft von geringerer Qualität sind, da der Zinküberzug die Schäden der Eisenröhren nur vorübergehend deckt.

Diesen Bedenken steht das Gutachten des württembergischen Staatstechnikers, des Herrn Oberbaurat v. Ehmann gegenüber, dafs verzinkte Röhren aus Schmiedeisen für Wasserleitungen im Innern von Gebäuden sowohl in Rücksicht auf die Möglichkeit einer wirklich zweckmäfsigen und schönen Anordnung, als auch hinsichtlich Dauer und Widerstandsfähigkeit, jedem sonstigen, bis jetzt bekannten, resp. praktisch verwerteten Rohrmateriale voranstehen.

Wenn auch die ökonomische Seite der Verwendbarkeit der verzinkten schmiedeisernen Röhren zu Trinkwasserleitungen noch nicht vollständig klargelegt ist, so dürfte doch zufolge der bis jetzt gesammelten Erfahrungen folgendes als feststehend zu betrachten sein:

Die verzinkten schmiedeisernen Röhren eignen sich wegen der Widerstandsfähigkeit des Materials zu Wasserleitungen im Innern von Gebäuden und hauptsächlich dann, wenn ein aufsergewöhnlich hoher Druck in der Leitung herrscht und daher die Festigkeit des Materials vorwiegend in Betracht kommt. Ihre Anwendung für im Boden liegende Leitungen hingegen ist von der Beschaffenheit des Erdreichs abhängig und kann ihre Dauer durch dieselbe in Frage gestellt werden. Jedenfalls ist die Dauer der im Boden verlegten Röhren eine ungleich kürzere, als diejenige der Leitungen in Gebäuden.

Ein Punkt von höchster Wichtigkeit ist ferner, dafs nur Röhren von bester Qualität und mit reichlichen Wandstärken zur Anwen-

[1]) Schillings Journ. f. Gasbeleuchtung u. Wasserversorgung, Jahrgang 1886.

dung kommen, was in den meisten Fällen nur dadurch zu erreichen ist, dafs über die Lieferung der Materialien und die Ausführung der Arbeiten die strengste Kontrolle ausgeübt wird. Hierdurch ist es möglich geworden, dafs z. B. in Württemberg sehr gute Erfahrungen mit diesem Materiale gemacht worden sind und dieses Material von den dortigen Technikern anderen Materialien vorgezogen wird. Die Folgen der Anwendung von minderwertigem Material und von mangehafter Ausführung werden sich aber bei keinem Rohrmateriale so empfindlich fühlbar machen, als bei den verzinkten schmiedeisernen Röhren, da durch dieselben die Vorteile des Materials infolge der verminderten Dauerhaftigkeit vollständig verloren gehen können. Auch ist das Wasser, welches durch derartige korrodierte Leitungen geführt wird, einer Verunreinigung durch Eisenrost ausgesetzt. Die Schwierigkeit der Kontrolle der Güte des Materials ist daher oft die Ursache für ein Verbot desselben gewesen. Sanitäre Bedenken gegen die Anwendung dieser Röhren liegen nach dem früher Gesagten nicht vor, wenn sich auch, wie bei allen metallischen Leitungen, die Vorsicht empfiehlt, dasjenige Wasser, welches längere Zeit in der Leitung stagniert hat, unbenutzt abfliefsen zu lassen. Schliefslich ist auch die chemische Beschaffenheit des Leitungswassers, d. h. die Menge der gelösten Salze in demselben, auf die Verwendbarkeit dieser Röhren durch die gröfsere oder geringere Wahrscheinlichkeit der Bildung von unlösbaren Kalkabscheidungen im Rohre von Einflufs.

Die Herstellung der verzinkten schmiedeisernen Röhren, welche auch irrtümlicherweise mit dem Namen „galvanisierte Röhren“ bezeichnet werden, erfolgt in der Weise, dafs man schwarze schmiedeiserne Röhren in grofsen offenen Kesseln mit Chlorid und metallischem Zink einschmilzt und die Röhren so lange in diesem Behälter beläfst, bis sie vollständig mit Zink überzogen sind.

Die zu verwendenden schmiedeisernen Röhren müssen von vorzüglichster Qualität, innen und aufsen gut verzinkt, ohne Rifs und Naht sein, sich gut ab- und die Gewinde scharf anschneiden lassen, ohne aufzureifsen oder unganz zu werden.

Die Wandstärken und Gewichte der Röhren müssen den in nachstehender Tabelle aufgeführten Zahlen mindestens entsprechen:

Lichter Durchmesser des Rohres in mm	13	19	25	32	38
Wandstärke in mm	2,7	3,0	3,3	3,7	3,9
Gewicht für 1 m Rohrlänge in kg	1,15	1,7	2,45	3,4	4,5

Für Röhren von 38 mm Durchmesser, welche in den Boden zu liegen kommen, empfiehlt es sich, die Wandstärke auf 4,5 mm und dementsprechend auch das Gewicht für die Längeneinheit auf 5 kg zu erhöhen.

Die übliche Länge der im Handel vorkommenden Röhren beträgt ca. 5,0 m, während der Durchmesser derselben, soweit die Röhren zu Hauswasserleitungen Verwendung finden sollen, das Mafs von 40 mm nicht übersteigen wird. Wenn auch der Herstellung von Röhren gröfseren Durchmessers keine Schwierigkeiten entgegenstehen, so wird dieses Material für gröfsere Durchmesser durch das Gufseisen verdrängt, wenn nicht andere Verhältnisse mafsgebend sein sollten.

Statt die schmiedeisernen Röhren zu verzinken, hat man ihnen in neuerer Zeit in einzelnen Fällen innen und aufsen einen Überzug von Asphaltlack gegeben und damit günstige Resultate erzielt. Dieser Überzug bietet den Vorteil, dafs er sich dort wieder leicht ergänzen läfst, wo derselbe durch Gewindeanschnitt entfernt worden ist, was bei den verzinkten Röhren nicht geschehen kann.

B. Die zur Herstellung der Leitungen erforderlichen Formstücke.

Aufser den geraden Röhren, welche in den vorstehenden Kapiteln bezüglich der Eigenschaften ihres Materials und ihrer Dimensionen besprochen worden sind, sind aber zur Herstellung einer Rohrleitung eine Anzahl Formstücke notwendig, welche durch die Formen des Weges, den die Leitung nehmen mufs, durch die erforderlichen Abzweige, durch die einzuschaltenden Apparate durch Querschnittsänderungen oder aus anderen Gründen erforderlich werden.

Vor allem sind es die gufseisernen und schmiedeisernen Leitungen, welche zu ihrer Herstellung einer gröfseren Anzahl von Formstücken bedürfen, während die leichte Biegsamkeit der Blei- und Zinnbleiröhren und die Möglichkeit, an jeder Stelle dieser Röhren ohne weiteres Abzweigungen herstellen zu können, für diese Materialien derartige Formstücke für die glatte Rohrleitung im allgemeinen überflüssig machen.

Kapitel 5.

Die Formstücke der gufseisernen Leitungen.

Auch für diese Formstücke sind, gleich wie für die geraden gufseisernen Röhren Normalbestimmungen seitens des Deutschen Vereins von Gas- und Wasserfachmännern und des Vereins deutscher Ingenieure mit einer Anzahl hervorragender Eisenidustrieller vereinbart worden, welche die in diesen Stücken früher herrschende grofse Willkür in Form und Gröfse beseitigt und ihre Anzahl auf das richtige Mafs zurückgeführt hat.

Aus gleichem Grunde wie für die geraden Röhren sollen für die normalen Formstücke nur die Stücke bis zu 200 mm lichtem Durchmesser hier angeführt werden. Ausgedehntere Tabellen der Gewichte normaler Formstücke finden sich in den meisten technischen Handbüchern, z. B.: „Handbuch der Hütte“, Stühlens „Ingenieur-Kalender“.

Die charakteristische Form jedes Formstückes wird durch einen Buchstaben angedeutet, während durch beigeschriebene Zahlen die Hauptdimensionen näher angegeben werden.

Die für Wasserleitungszwecke zur Verwendung kommenden gufseisernen normalen Formstücke sind folgende:

1. Die Abzweigröhren für Muffenrohrleitungen.

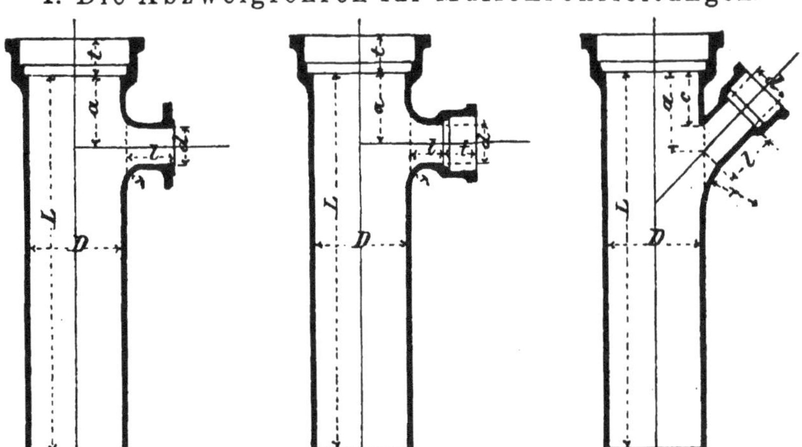

Fig. 4. Fig. 5. Fig. 6.

a) Die Flanschenabzweige oder **A**-Stücke (Fig. 4). Für dieselben gelten die Konstruktionsgleichungen

$$a = 100 + 0{,}2\,D + 0{,}5\,d,$$

$$l = 120 + \frac{d}{10};\ r = 40 + \frac{d}{20}.$$

b) Die Muffenabzweige oder **B**-Stücke (Fig. 5).

$$a = 100 + 0{,}2\,D + 0{,}5\,d,$$

$$t = \text{Muffentiefe}; \; r = 40 + \frac{d}{20}.$$

c) Die schrägen Muffenabzweige oder **C**-Stücke (Fig. 6).

$$a = 80 + 0{,}1\,D + 0{,}7\,d.$$

$$c = 80 + 0{,}1\,D; \; l = 0{,}75\,a; \; r = d.$$

Die Baulänge für diese drei Arten von Formstücken beträgt für

$D =$ 25 und 35 mm $L = 0{,}5$ m
$D =$ 40 bis 100 mm $L = 0{,}8$ m
$D =$ 120 bis 200 mm $L = 1{,}0$ m.

Die vorgenannten Formstücke werden durch die Buchstaben A, B und C bezeichnet, denen die beiden Durchmesser in Form einer Bruchzahl beigefügt werden. So bedeutet z. B. $A \frac{150}{80}$ einen Flanschenabzweig oder ein **A**-Stück, bei dem das Hanptrohr einen Durchmesser von 150 mm, das Abzweigrohr einen Durchmesser von 80 mm besitzt.

2. Die Bogenröhren für Muffenrohrleitungen.

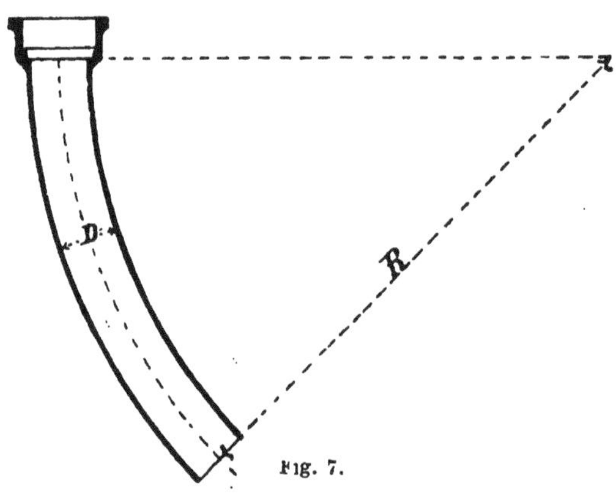

Fig. 7.

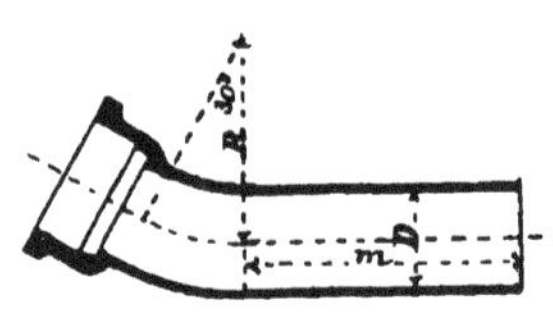

Fig. 8.

a) Die flachen Bogenröhren oder **K**-Stücke (Fig. 7). Der Krümmungsradius $R = 10\,D$.

Die Bezeichnung dieser Röhren erfolgt in ähnlicher Weise, wie bei den früheren, beispielsweise durch $K \frac{150}{2}$, wobei die obere Zahl den Durchmesser des Rohres, die untere Zahl aber die Anzahl der Teile angibt, welche zur Bildung eines Quadranten erforderlich sind.

b) Die kurzen Bogenröhren oder **I**-Stücke (Fig. 8).
Für die Röhrendurchmesser 40 bis 90 mm ist $R = 250$ mm, für die Röhrendurchmesser 100 bis 200 mm ist $R = D + {} + 150$ mm. Der Ablenkungswinkel beträgt bei diesen Röhren stets 30°. $m = D + 200$.

3. Sonstige Formstücke für Muffenrohrleitungen.

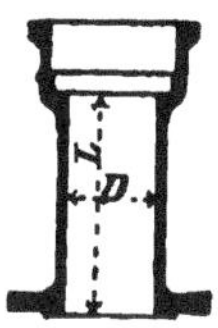

Fig. 9.

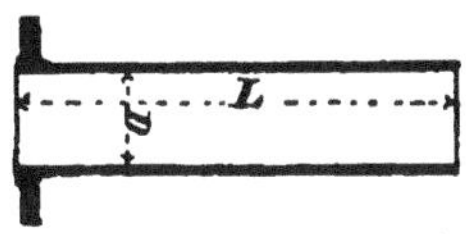

Fig. 10.

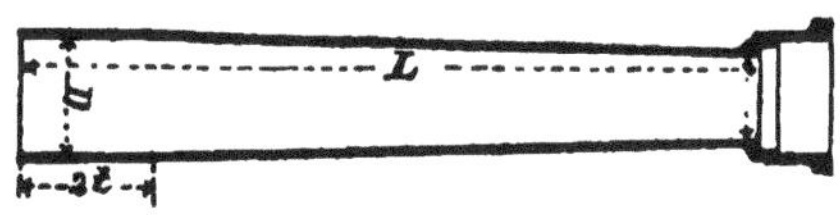

Fig. 11.

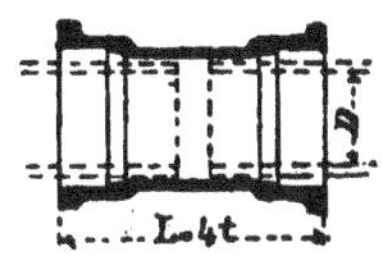

Fig. 12.

a) Das Flanschenmuffenstück oder **E**-Stück (Fig. 9). Baulänge $L = 300$ mm.
b) Das Flanschenschwanzstück oder **F**-Stück (Fig. 10). Baulänge $L = 600$ mm.
c) Das Übergangsrohr oder **R**-Stück (Fig. 11). Baulänge $L = 1{,}0$ m, cylindrischer Teil = 2 Muffentiefen.
d) Der Überschieber oder das **U**-Stück (Fig. 12). Baulänge $L = 4$ Muffentiefen.

Die Bezeichnung der einzelnen Stücke erfolgt durch die betreffenden Buchstaben unter Zusetzung des Rohrdurchmessers in Millimetern. Bei den **R**-Stücken ist die Angabe zweier Durchmesser erforderlich, z. B. $R\,\frac{150}{100}$ d. i. ein Formstück, welches den Übergang eines 150 mm weiten Rohres in ein 100 mm weites vermittelt.

4. Die Formstücke für die Flanschenrohrleitungen.

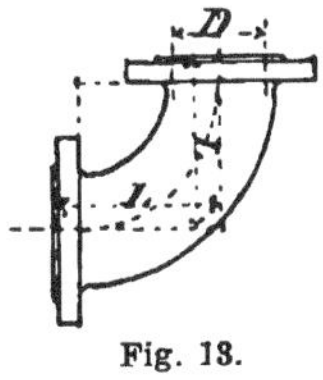

Fig. 13.

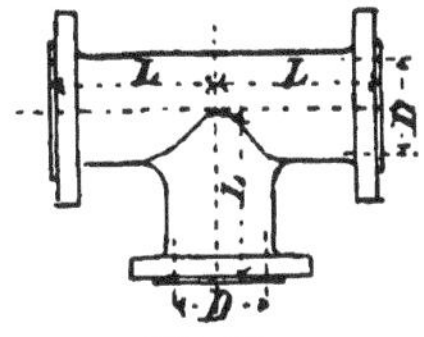

Fig. 14.

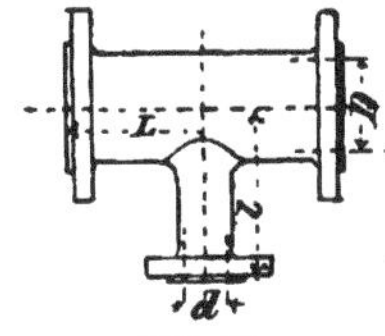

Fig. 15.

a) Die Flanschenkrümmer, Fig. 13.

$$L = D + 100.$$

b) Die Flanschenabzweigstücke oder Flanschen **T**-Stücke.

Für gleichweiten Abzweig, wie das Hauptrohr, siehe Fig. 14, ist

$$L = D + 100,$$

für reduzierten Abzweig, siehe Fig. 15, ist

$$L = D + 100;$$

$$l = \frac{D}{2} + \frac{d}{2} + 100.$$

Es muſs ferner einiger Formstücke Erwähnung geschehen, welche zwar nicht zu den normalen gehören, jedoch vielfach Verwendung finden, Ihre Dimensionen werden zum Teil durch die für die Muffen und Flanschen geltenden Normalien bestimmt. Hierzu gehören:

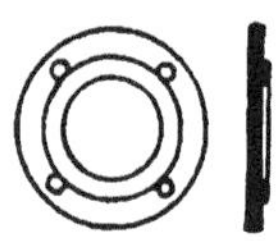

Fig. 16.

Fig. 17.

die Flanschendeckel, Fig. 16, und
die Muffenstöpsel, Fig. 17,

welche zum Verschluſs von Flanschen und Muffenröhren dienen, ferner

die Knieröhren für kurze rechtwinklige Abbiegungen von Muffenrohrleitungen, Fig. 18.

Bei den letzteren ist als wesentlicher Punkt darauf zu achten, daſs das anschlieſsende gerade Rohrstück mit dem Längenmaſse m nicht zu kurz bemessen ist, wie dies in vielen Fällen leider seitens der Gieſsereien oft geschieht. Ist dieses Rohrstück zu kurz, so ist es dem Ausführenden der Leitung fast unmöglich, eine sorgfältige Verstemmung der der Krümmung vorangehenden Muffendichtung vorzunehmen. Es empfiehlt sich daher, die Länge m des geraden Rohrstückes auf 0,5 m zu bemessen.

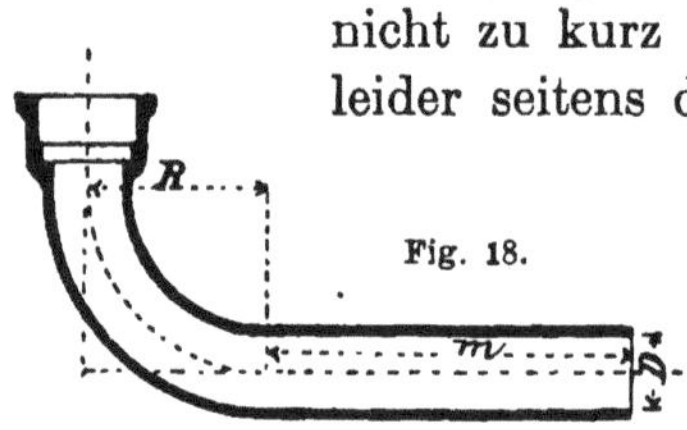

Fig. 18.

Der Krümmungsradius ist für

$$D = 25 \text{ bis } 100 \text{ mm.} \quad R = 200 + \frac{D}{2};$$

$$D = 125 \text{ bis } 200 \text{ mm.} \quad R = 300 + \frac{D}{2}.$$

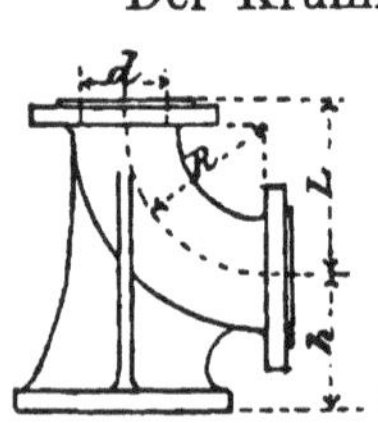

Fig. 19.

Ein anderes, ähnlichen Zwecken dienendes Formstück ist der Fuſskrümmer, Fig. 19. Derselbe besteht aus einem normalen Flanschenkrümmer, welcher auf einem Fuſsstück ruht. Er dient dazu, eine aufsteigende Rohrleitung in sicherer Weise zu unterstützen. Die Achshöhe h ist aus folgender Tabelle zu entnehmen:

Für $d =$	40	50	60	70	80	90	100	125	150	175	200 mm
ist $h =$	100	110	120	130	140	150	160	180	200	225	250 mm

Für die Anordnung der Schraubenlöcher gilt die Regel, dafs in der Vertikalebene durch die Achse des Rohres sich keine Schraubenlöcher befinden sollen.

Bei der Gewichtsberechnung von Formstücken ist zu den Gewichten, welche nach den normalen Dimensionen berechnet worden sind, ein Zuschlag von 15 %, bei Krümmern ein solcher von 20 % zu geben.

In den nachfolgenden Tabellen sind die Gewichte der gebräuchlichsten Formstücke bis zu einem Durchmesser des Hauptrohres von 200 mm zusammengestellt worden.

Gewichtstabellen der normalen Formstücke.

1. A-Stücke.

Durchmesser des Hauptrohres in mm	Durchmesser des Abzweiges in mm												
	25	35	40	50	60	70	80	90	100	125	150	175	200
25	6												
35	8	9											
40	12	13	14										
50	15	16	17	19									
60	18	19	20	21	22								
70	21	22	23	24	25	27							
80	24	25	26	27	28	29	30						
90	26	27	28	29	30	31	32	33					
100	29	30	31	32	33	34	35	36	37				
125	43	44	45	46	47	48	49	50	51	54			
150	53	54	55	56	57	58	59	61	63	66	68		
175	68	69	70	71	72	73	76	78	80	82	84	88	
200	78	79	80	81	82	83	84	85	86	88	93	95	97

2. B-Stücke.

Durchmesser des Hauptrohres in mm	25	35	40	50	60	70	80	90	100	125	150	175	200
25	6												
35	8	9											
40	13	14	15										
50	15	16	17	18									
60	19	20	21	22	23								
70	21	22	23	24	25	26							
80	25	26	27	28	29	30	31						
90	27	28	29	30	31	32	33	34					
100	30	31	32	33	34	35	36	37	38				
125	46	47	48	49	50	51	52	53	55	57			
150	55	56	57	58	59	60	61	62	64	67	70		
175	69	70	71	72	73	74	75	76	78	80	82	85	
200	81	82	83	84	85	86	87	88	90	92	94	97	100

3. C-Stücke.

Lichter Durchmesser des Hauptrohres in mm	Lichter Durchmesser des Abzweiges												
	25	35	40	50	60	70	80	90	100	125	150	175	200
25	7												
35	9	10											
40	14	15	16										
50	17	18	19	20									
60	20	21	22	23	24								
70	23	24	25	26	27	28							
80	28	29	30	31	32	33	34						
90	30	31	32	33	34	35	36	38					
100	33	34	35	36	37	38	39	41	43				
125	50	51	52	53	54	55	56	58	60	63			
150	60	61	62	63	64	65	66	68	70	73	78		
175	72	73	74	75	76	77	78	80	82	85	90	95	
200	86	87	88	89	90	91	92	94	96	100	105	110	115

4. R-Stücke.

Lichter Durchmesser des glatten Endes in mm	Lichter Durchmesser des Muffenendes												
	25	35	40	50	60	70	80	90	100	125	150	175	200
35	5												
40	6	7											
50	7	8	9										
60	9	10	11	12									
70	10	11	12	13	14								
80	—	12	13	14	15	16							
90	—	—	21	23	25	27	29						
100	—	—	23	25	27	29	31	33					
125	—	—	—	30	32	34	36	38	40				
150	—	—	—	34	36	38	40	42	44	50			
175	—	—	—	—	43	45	47	49	51	56	60		
200	—	—	—	—	—	52	54	56	58	63	68	74	

Für die Ausführung der Formstücke gelten dieselben Regeln, wie für die geraden Röhren. Die Flanschen und Rohrenden müssen genau rechtwinklig gegen die Rohrachse abgedreht sein und die Rohrenden bis auf den Grund der Muffe eingeführt werden können. Gleich wie die geraden Röhren erhalten auch die Formstücke einen im erhitzten Zustande aufgetragenen Asphaltüberzug zum Schutze gegen die Einwirkung des Wassers und des Erdbodens.

5. E-, F-, I-, K- und U-Stücke, Flanschenkrümmer und Flanschen T-Stück.

Lichter Durchmesser des Rohres	E-Stück	F-Stück	I-Stück	K-Stück 22,5°	K-Stück 30°	K-Stück 45°	U-Stück	Flanschen-krümmer	Flanschen-T-Stück
25	5	6	4	3	3	3	5	5	6
35	7	7	5	4	4	5	6	6	8
40	8	8	7	5	5	7	7	7	10
50	10	10	9	6	7	9	8	8,5	13
60	12	12	11	8	9	12	10	10	15
70	15	14	13	10	12	15	11	13	19
80	17	16	15	13	15	20	13	15	21
90	19	19	17	15	18	24	15	18	25
100	21	20	19	18	21	28	17	20	29
125	28	27	26	26	35	43	20	26	40
150	33	34	35	38	46	63	25	35	52
175	40	40	44	51	63	87	34	45	64
200	47	48	57	67	83	116	40	55	76

Gewichtstabelle der nicht normalen Formstücke.

Lichter Durchmesser des Rohres in mm	Fufs-krümmer	Flanschen-deckel	End-stöpsel	Muffen-Knierohr mit 0,5 m langem geraden Ansatzrohr
25	7	1,5	1	7
35	9	2	1	10
40	10	2	2	13
50	12,5	2,5	2	15
60	15	3	2	18
70	19	4	3	22
80	22	5	3	26
90	26	6	4	30
100	30	7	4	33
125	39	8	5	50
150	51	10	7	61
175	66	14	8	75
200	83	16	10	92

Kapitel 6.

Die Formstücke der schmiedeeisernen Leitungen.

Diese Formstücke haben den Zweck, einesteils die Verbindung der geraden Röhren, andernteils Richtungs- und Querschnittsänderungen, Abzweigungen, Rohrverschlüsse u. s. w. zu vermitteln. Das Material ist Schmiedeeisen oder schmiedbares Gufseisen, in beiden Fällen sorgfältigst verzinkt.

Die gebräuchlichsten Formen dieser Verbindungsstücke sind in Fig. 20 zur Darstellung gebracht, und zwar folgende:

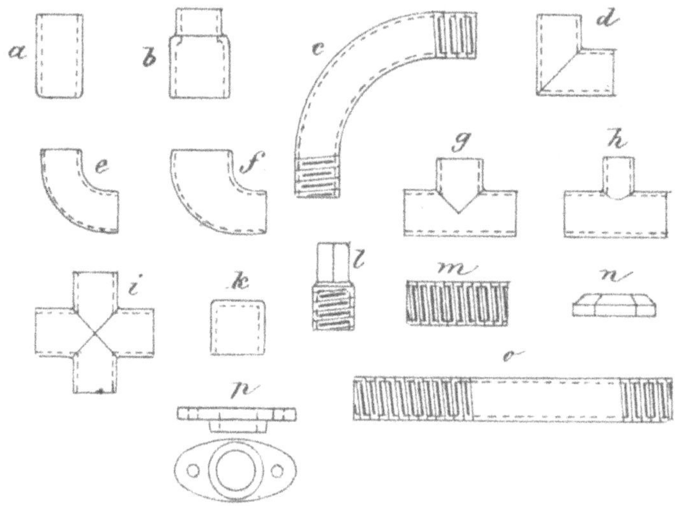

Fig. 20.

a gerade Muffe zur Verbindung zweier Röhren gleichen Durchmessers,
b Absatzmuffe als Übergangsstück bei Durchmesseränderungen,
c Bogenstück,
d Kniestück,
e gebogenes Kniestück mit gleichem Durchmesser,
f desgleichen mit reduzierendem Durchmesser,
g **T**-Stück mit gleich weitem Abzweig wie das Hauptrohr,
h **T**-Stück mit reduziertem Abzweig,
i Kreuzstück,
k Verschlufskappe für äufseres Gewinde,
l Verschlufsstöpsel für inneres Gewinde,
m Nippel, ein kurzes Rohrstück mit äufserem Gewinde,
n Kontremutter,
o Langgewinde, d. i. ein Rohrstück mit einem gewöhnlichen und einem langen Gewindeanschnitt. Der letztere mufs so lang sein, dafs man eine Muffe vollständig aufschrauben kann.
p Flansch zum Aufschrauben auf ein Rohrende behufs Herstellung einer Flanschverbindung.

C. Die Herstellung der Rohrleitungen.

Die Herstellung der Rohrleitungen erfolgt in der Weise, dafs man die einzelnen Röhren und Formstücke miteinander in eine dichte und dauerhafte Verbindung bringt und ihre örtliche Lage durch Einlegen in den Erdboden oder Befestigen an den Gebäudemauern sichert.

Man unterscheidet zwei Arten von Rohrverbindungen, und zwar

1. Rohrverbindungen, welche sich ohne weiteres wieder lösen lassen, ohne irgend einen Teil der Rohrleitung in Mitleidenschaft zu ziehen, und
2. Rohrverbindungen, deren Lösung mit Schwierigkeiten verbunden ist.

Zu den leicht lösbaren Verbindungen gehören alle Flanschenverbindungen und die Verbindungen mittels Verschraubung, zu den schwer löslichen Verbindungen die Muffendichtungen und Lötungen. Für jede Art, der früher genannten Rohrmaterialien sind beide Verbindungsarten anwendbar, und wird man nach den für die Leitung gegebenen Verhältnissen leicht beurteilen können, welche Verbindungsart an jeder Stelle die zweckmäfsigste ist.

Da bei der Herstellung der Leitungen die Eigentümlichkeiten des Materials in charakteristischer Weise zum Ausdruck kommen, so soll ihre Herstellung auch nach den Rohrmaterialien getrennt besprochen werden.

Kapitel 7.

Die Herstellung der gufseisernen Leitungen.

Für die gufseisernen Leitungen kommen in der Regel Muffenröhren zur Verwendung und nur an denjenigen Stellen, wo die Einschaltung eines Apparates erfolgen soll, oder ein Seitenrohr abzweigt, finden Formstücke mit Flanschenverbindungen Anwendung, wenn es auch nicht ausgeschlossen ist, dafs gufseiserne Wasserleitungen unter Umständen ganz oder zum Teil aus Flanschenröhren hergestellt werden können.

Die Herstellung einer Muffenverbindung erfolgt in der Weise, dafs das zu verbindende Rohr bis auf den Grund der Muffe des vorhergehenden Rohres eingeschoben wird, wobei der auf dem Grunde der Muffe eingegossene Wulstring die Centrierung des neuen

Rohres besorgt. Hierauf wird eine Lage reinen Hanfgarnes in den Grund der Muffe eingetrieben und, nachdem dies geschehen, die Muffe so weit mit geteertem Hanfstrick, welcher mittels Strickeisens festgestemmt wird, angefüllt, dafs nur noch der für die Bleidichtung erforderliche Raum frei bleibt. Nach Herstellung einer Gufsform um die Muffenöffnung mit Hilfe von Thon erfolgt der Eingufs des Bleies und wird der hierdurch gebildete Ring mittels Setzeisens in die Muffe eingetrieben und sorgfältig abgeglichen. Das Blei mufs mit einem Gusse eingebracht werden. Fig. 21 zeigt den Querschnitt einer mit Blei hergestellten Muffendichtung.

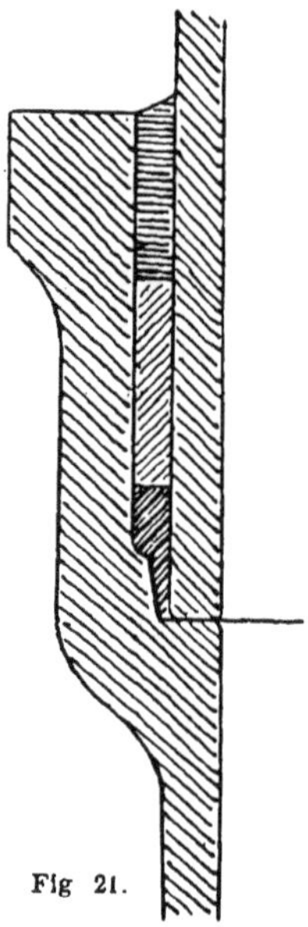

Fig. 21.

Die Breite der Bleidichtung soll betragen

bei Röhren im Durchm. von 40— 50 mm 36 mm
» » » » » 60— 70 mm 38 mm
» » » » » 80—100 mm 40 mm
» » » » » 125 mm 42 mm
» » » » » 150—200 mm 45 mm.

Unter Zugrundelegung dieser Dichtungsbreiten ergeben sich die Gewichte dieser Bleiringe wie folgt

Durchmesser des Rohres in mm	40	50	60	70	80	90	100	125	150	175	200
Gewicht des Bleiringes in kg	0,51	0,69	0,73	0,94	1,05	1,15	1,35	1,70	2,14	2,46	2,97

Die Herstellung dieser Muffendichtung stöfst auf Schwierigkeiten, wenn dieselbe im Boden unter Wasserzudrang stattfinden soll. Läfst sich das Wasser nicht auf irgend eine Weise von der Dichtungsstelle fernhalten, so empfiehlt es sich, von der Verwendung von Muffenröhren abzusehen und Flanschenröhren zur Anwendung zu bringen, welche sich ohne besondere Schwierigkeiten auch unter Wasser mit einander verbinden lassen. Bei geringem Drucke in der Leitung ist unter den vorstehenden Verhältnissen auch das kalte Verdichten der Muffe mittels eines aufserhalb der Baugrube hergestellten Bleiringes zulässig, welcher letzterer mittelst Setzeisens in die freigelassene Dichtungsfuge eingetrieben wird. Andere Arten der Muffendichtung, z. B. mittels eines Gummiringes, welcher sich beim Einschieben des Rohrendes in die Muffe mit hineinprefst und sich schliefslich gegen einen aufgezogenen Eisenring legt, kommen nur selten und in ganz speziellen Fällen zur Anwendung, hauptsächlich dann, wenn zufolge der Bodenverhältnisse eine gewisse Beweglichkeit der Leitung erforderlich ist. Diese Art der Dichtung kann aber hier nur erwähnungsweise Beachtung finden.

Die Verbindung der gufseisernen Flanschenröhren geschieht mittels Schrauben und Gummidichtungen, welche letztere zum Zwecke der gröfseren Haltbarkeit mit Hanfeinlagen versehen werden. Die Art dieser Verbindung ist so bekannt, dafs eine weitere Erklärung derselben wohl überflüssig ist. Es ist bei der Herstellung der Verbindung nur darauf zu achten, dafs die genügend langen Schrauben gleichmäfsig angezogen werden, und die Gummidichtung nicht excentrisch eingesetzt wird.

Für die Herstellung der Leitung im Freien ist die Aushebung eines Rohrgrabens erforderlich, dessen Breitendimension auf das geringste Mafs zu beschränken ist. Diese Beschränkung der Breite des Rohrgrabens darf aber keineswegs so weit gehen, dafs die gute und sichere Ausführung der Dichtungsarbeiten gefährdet ist. In der Regel beträgt die Breite des Rohrgrabens für Röhren bis zu 200 mm Durchmesser je nach dem Durchmesser des Rohres 0,6 bis 0,7 m.

Die Rohrleitung ist ferner mit ihrer Oberkante in frostfreie Tiefe unter dem Terrain zu verlegen, welche letztere in Gegenden mit mitteleuropäischem Klima 1,5 m beträgt.

An denjenigen Stellen, wo die Herstellung einer Verbindung zu erfolgen hat, ist eine gröfsere Vertiefung im Graben, ein sogenanntes Kopfloch auszuheben.

Bei der Herstellung des Rohrgrabens ist darauf zu achten, dafs die Sohle desselben eben ist und den zu verlegenden Röhren überall ein gleichmäfsiges und festes Auflager bietet. Ist der Boden von weicher oder wechselnder Beschaffenheit, so mufs die Grabensohle durch Einrammen von Kies befestigt werden. Findet sich im Rohrgraben altes Mauerwerk oder Felsen vor, so ist der Graben gegenüber dem erforderlichen Mafse um 10 cm zu vertiefen, hierauf jedoch mittels Sand und Kies auf das richtige Mafs wieder einzufüllen und die Sohle festzustampfen. Die Rohrleitungen auf einzelne Unterstützungen in Form von Unterlagsteinen oder Untermauerungen zu verlegen, mufs als bedenklich bezeichnet werden. Es ist praktisch kaum ausführbar, die Last des Rohres so gleichförmig auf die einzelnen Stützpunkte zu verteilen, dafs, abgesehen von der wechselnden Beschaffenheit des Untergrundes, ein vollständig gleichmäfsiges Setzen aller Stützpunkte zu erwarten wäre. Dieser Umstand kann aber das Rohr in die Lage versetzen, dafs es auf eine gröfsere Länge sich selbst und das darüber liegende Erdreich tragen mufs und dementsprechend auf Biegung beansprucht wird, was leicht zu einem Bruche des Rohres Veranlassung geben kann.

Von der Beschaffenheit des Bodenmaterials wird es abhängen, ob die Grabenwandungen durch Holzschalung zu versteifen sind oder nicht.

Nach dem Verlegen der Rohrleitung im Rohrgraben wird der letztere wieder eingefüllt. Dies geschieht in der Weise, dafs nach einem sorgfältigen Unterstopfen der Röhren mit Sand und Kies das Einbringen des Erdreichs schichtenweise unter Stampfen und Einschlemmen mittels Wasser vorgenommen wird. Von der guten Ausführung dieser Arbeit hängt es ab, ob nach dem Verlaufe einiger Zeit ein bemerbares Setzen des Erdreichs eintreten wird oder nicht. Ein geringes Setzen des Erdreichs ist selbst bei sehr sorgfältiger Arbeit nicht ganz zu vermeiden, doch begegnet man demselben dadurch, dafs man die Bodenfläche über dem Rohrgraben etwas überhöht, so dafs nach erfolgtem Setzen erst die gleichmäfsigen Höhenverhältnisse sich einstellen.

Geringfügige Richtungsänderungen in der Trace der Rohrleitung lassen sich mit geradea Röhren ausführen, indem die

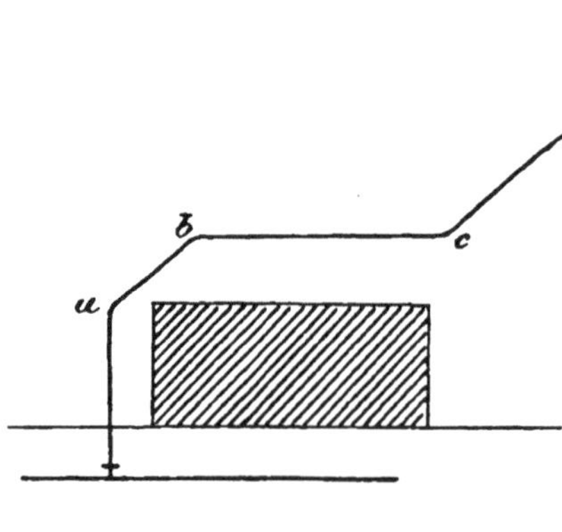

Fig. 22.

Muffenweite einen kleinen Spielraum gestattet. Gröfsere Richtungsänderungen vereinigt man auf einen oder mehrere Punkte, während man zwischen diesen Punkten gerade Rohrstrecken verlegt. Die beistehende Fig. 22 erläutert das soeben Gesagte, indem an den

Punkten *a*, *b* und *c* Bogenröhren zur Anwendung kommen werden, während die geringen Richtungsänderungen der Strecke zwischen *c* und *d* mit geraden Röhren ausführbar sind.

Die Anwendung der verschiedenen Formstücke läfst sich an einigen Beispielen am besten zur Anschauung bringen.

Zweigt von einer Rohrleitung eine zweite Rohrleitung ab, so wird in diejenige Leitung, von welcher abgezweigt wird, an der betreffenden Stelle ein **A**-Stück eingeschaltet, gleichviel ob die Zweigleitung einen Absperrschieber erhält oder nicht. Man könnte in dem Falle, dafs ein Absperrschieber nicht einzuschalten wäre, ein **B**-Stück statt eines **A**-Stückes anwenden, doch thut man dies in der Regel nicht, und zwar aus dem Grunde, um die Gattungen der zu einer Rohrleitung erforderlichen Formstücke nicht überflüssig zu vermehren.

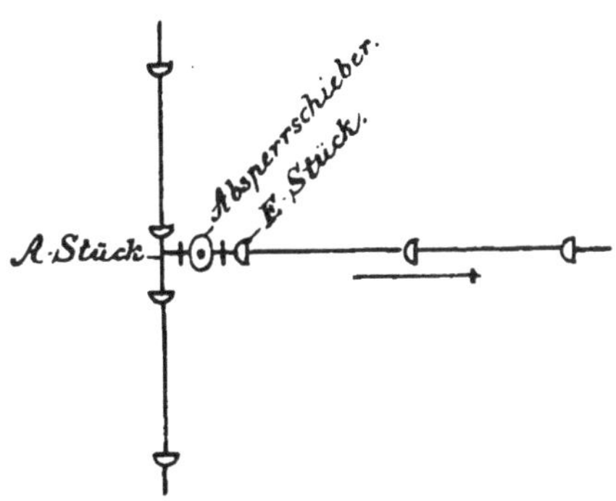

Fig. 23.

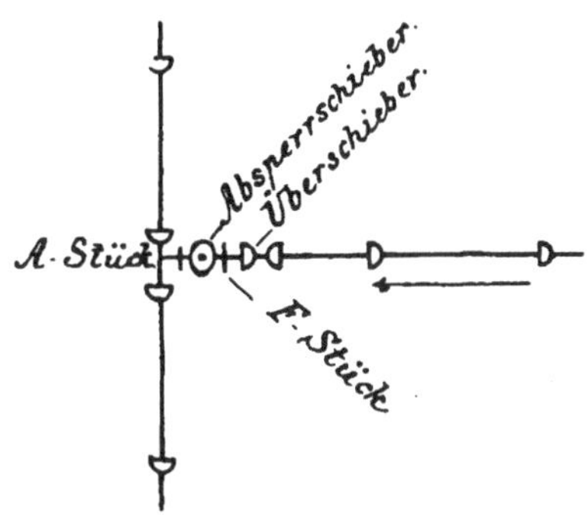

Fig. 24.

Erfolgt die Verlegung der Rohrleitung vom Hauptrohre aus in der Richtung der Zweigleitung, so ist die Anordnung der Formstücke und der anschliefsenden Röhren die in Fig. 23 angegebene. Der Pfeil zeigt die Richtung an, in welcher die Verlegung der Röhren erfolgt. Soll sich hingegen eine Leitung an eine andere Leitung rechtwinklig anschliefsen, die Verlegung der Leitung daher in der der obigen entgegengesetzten Pfeilrichtung erfolgen, so ist die in Fig. 24 angedeutete Anordnung am Platze. Es erfolgt dann der Anschlufs beider Rohrleitungen durch ein **F**-Stück und ein glattes Rohrstück ohne Muffe von der erforderlichen Länge, während die Fuge durch einen Überschieber geschlossen wird. Dieses vorerwähnte glatte Rohrstück oder Pafsstück wird durch Abtrennen von einem normalen Rohre auf die Weise hergestellt, dafs mittels eines Kreuzmeifsels an der Trennungsstelle eine ringförmige Nut um das Rohr eingehauen wird, und hierauf in dieser Nut an einigen Stellen eine Anzahl Keile so tief eingetrieben werden, bis die Abtrennung durch Bruch erfolgt.

Kommt in dem einen oder andern der angeführten Fälle der Absperrschieber in Wegfall, so schliefst das **E**- resp. **F**-Stück direkt an die Flansche des **A**-Stückes an.

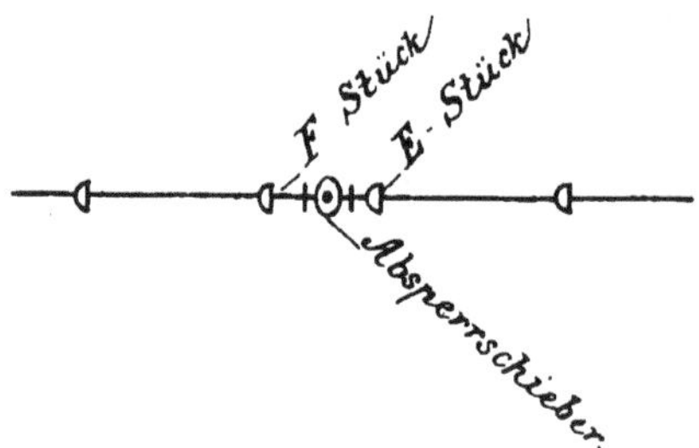

Fig. 25.

Laufende Schieber, d. h. Absperrschieber, welche im Laufe einer Rohrstrecke eingeschaltet werden, erfordern die in Fig. 25 angedeutete Rohrverbindung. Findet gleichzeitig eine Verminderung des Durchmessers statt, so wird der Schieber zur Verminderung der Kosten in den verjüngten Rohrteil eingeschaltet.

Zur Aufstellung eines Hydranten oder Feuerhahnes ist die Einschaltung eines **A**-Stückes erforderlich, dessen Flanschabzweig nach oben zu richten ist.

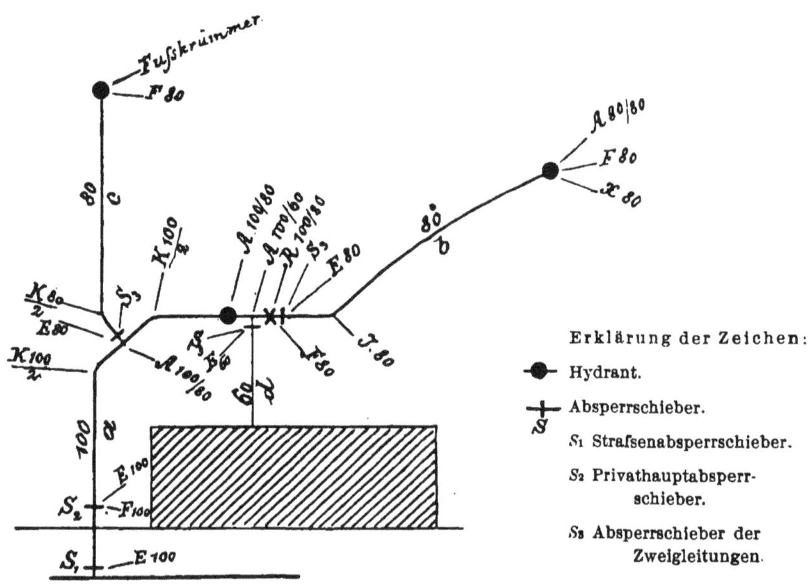

Fig 26.

Um das Vorstehende durch ein Beispiel möglichst anschaulich zu machen, soll für die Zweigleitung, Fig. 26, der Bedarf an Formstücken festgestellt werden.

Diese Zweigleitung besteht aus 4 Rohrsträngen, und zwar aus dem vom Strafsenhauptrohre abzweigenden Rohrstrange *a* mit einem Durchmesser von 100 mm, welcher in seinem weiteren Verlaufe in den Rohrstrang *b* von 80 mm Durchmesser übergeht, nachdem vorher die beiden Rohrleitungen *c* und *d* von demselben abgezweigt sind.

Für den Rohrstrang *a* sind erforderlich:

$2\ E\ 100,\ 1\ F\ 100,\ 2\ K\frac{100}{2},\ 2\ A\frac{100}{80},\ 1\ A\frac{100}{60},\ 1\ R\frac{100}{80};$

für den Rohrstrang *b*:

$2\ F\ 80,\ 1\ E\ 80,\ 1\ A\frac{80}{80},\ 1\ J\ 80,$ 1 Flanschendeckel oder *X*-Scheibe zum Verschlufs des Endes der Leitung, für welche eine spätere Verlängerung vorgesehen ist;

für den Rohrstrang *c*:

$1\ E\ 80,\ 1\ K\frac{80}{2},\ 1\ F\ 80,$ ein Flanschenkrümmer mit Fufsstück zum Aufsetzen eines Hydranten am Ende der Leitung;

für den Rohrstrang *d*:

$1\ E\ 60.$

Die Fig. 26 zeigt gleichzeitig die übliche Art, in welcher die in eine Leitung eingeschalteten Apparate zur Darstellung gelangen. Gufseiserne Leitungen, welche innerhalb der Gebäude an Wänden entlang oder nach oben geführt werden, müssen durch Rohrstützen und Rohrschellen an den Wänden befestigt werden. Die Rohrstützen (Fig. 27) dienen zur Unterstützung horizontal geführter Rohrleitungen, während die Rohrschellen (Fig. 28) dazu bestimmt sind, vertikal aufsteigende Rohrleitungen in ihrer Lage festzuhalten. Die Anzahl der Stützen richtet sich nach dem Wege der Rohrleitung, doch ist vor allem darauf zu achten, dafs jedes gerade Rohr zwei Unterstützungen erhält, damit die Dichtungsstellen nicht auf Biegung in Anspruch genommen werden. Für aufsteigende Rohrleitungen genügt es, in jedem Stockwerk eine Befestigung anzubringen.

Fig. 27.

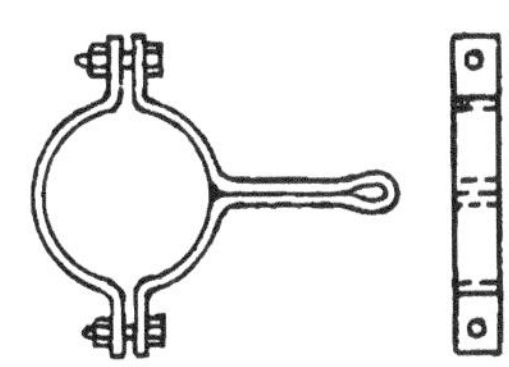

Fig. 28.

Kapitel 8.

Die Herstellung der schmiedeisernen Rohrleitungen.

Die Verbindung der schmiedeisernen Röhren und Formstücke zu einer Leitung erfolgt mittels Muffen und Gewinde. Jedes Rohrstück wird an beiden Enden mit Schraubengewinde versehen, welches letztere mittels einer Kluppe angeschnitten wird. Über das mit Gewinde versehene Rohrende wird eine Muffe zur Hälfte aufgeschraubt, während in die andere Muffenhälfte das nächst anschliefsende Rohr mit Hilfe der Rohrzange fest eingeschraubt wird (siehe Fig. 29). Zum Zwecke des dichten Abschliefsens werden die Gewinde mit einigen getalgten Hanffäden umwickelt. Für jeden Abzweig, jede Krümmung, jede Veränderung des Durchmessers ist ein besonderes Formstück (siehe Kap. 6) erforderlich, d. h. es mufs an diesen Stellen eine Muffe von der entsprechenden Form eingeschaltet werden. Die einzelnen Rohrstücke, aus welchen dementsprechend die Leitung zusammen gesetzt wird, werden mit Hilfe des Rohrabschneiders, Fig. 30, in den erforderlichen Längen abgeschnitten. Geringe Richtungsänderungen lassen sich bei Röhren von geringerem Durchmesser durch vorsichtiges Biegen des Rohres im kalten Zustande erreichen.

Fig. 29.

Die in die Leitung einzuschaltenden Apparate besitzen entweder Muffen mit innerem Gewinde, so dafs die Röhren direkt eingeschraubt werden können, oder sie besitzen Flanschen, und müssen dann die

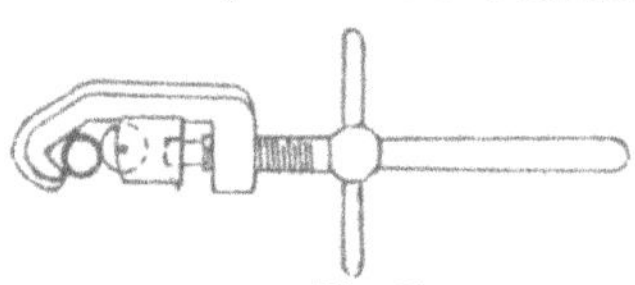

Fig. 30.

Fig. 31.

anschliefsenden Röhren mit aufgeschraubten Flanschen versehen sein. Die Dichtung der Flanschen erfolgt mittels Gummidichtungen und Schrauben. Die Flanschenverbindungen sind dort zu empfehlen, wo für ein leichtes Ausschalten des Apparates Sorge zu tragen ist, wie dies beispielsweise bei einem Wassermesser der Fall ist.

Um bei längeren Leitungen durch mehrere Stockwerke ein späteres Auseinandernehmen zum Zwecke einer Reparatur oder Änderung der Leitung leichter ausführen zu können, ist es zweckmäfsig, zur Verbindung der Röhren unter sich an geeigneten Punkten Flanschenverbindungen einzuschalten.

Das Ende jeder Leitung wird entweder durch eine Kappe (Fig. 20 *k*) oder, wenn das Ende durch eine Muffe gebildet wird, durch einen eingeschraubten Stöpsel (Fig. 20 *l*) geschlossen.

Die Leitungen werden innerhalb der Gebäude mittels Rohrhaken (Fig. 31) an den Mauern befestigt. Die Entfernung zweier Haken kann auch bei horizontal liegenden Leitungen wegen der Starrheit des Materials 2 m betragen.

Bezüglich des Verlegens dieser Röhren im Erdreich gilt für die Herstellung des Rohrgrabens und dessen Wiedereinfüllung das bei Besprechung der gufseisernen Leitungen Angeführte.

Kapitel 9.

Die Herstellung der Leitungen aus Blei- und Zinnbleiröhren.

Da die technischen Eigenschaften dieser beiden Röhrenarten sich decken, so soll die Herstellung dieser Leitungen unter einem zusammengefafst werden.

Die Verbindung der einzelnen Röhren unter sich erfolgt mittels Lötung. Zum Zwecke der Herstellung einer Lötung wird das Ende desjenigen Rohres, welches verlängert werden soll, mit einem konischen Dorne aus hartem Holz so weit aufgetrieben, dafs das konisch zugespitzte Ende des einzulötenden Rohres etwa 10 mm in das aufgetriebene Rohrende eingeschoben werden kann. Beide Rohrenden, welche gut ineinander passen und möglichst dicht schliefsen müssen, werden an den Stellen, wo sie mit dem Lot in Verbindung kommen sollen, metallisch rein geschabt, mittels des Lötkolbens oder der Lötlampe angewärmt, und hierauf die Fuge mit Hilfe der vorgenannten Lötinstrumente mit Bleilot angefüllt. Der letzteren Arbeit geht oft ein nur vorläufiges Anheften beider Rohre durch ein wenig Lot voraus, worauf die richtige gegenseitige Lage beider zu verbindenden Röhren nochmals geprüft, und hierauf erst das Ausfüllen der Fuge mit Lot vorgenommen wird. Eine auf diese Weise ausgeführte Lötung wird im Querschnitt die in Fig. 32 dargestellte Form haben.

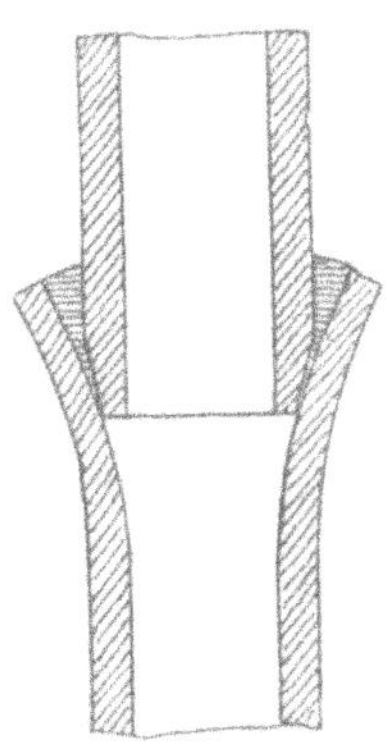

Fig. 32.

Wie bereits bei Besprechung der Röhrenmaterialen dargelegt wurde, soll die Lötung der Zinnbleiröhren nur mittels des Lötkolbens erfolgen in Rücksicht darauf, daſs das Zinn leichter schmilzt, als das Blei, und durch unvorsichtige Handhabung der Lötlampe leicht ein Zusammenflieſsen des Zinnes, und dadurch eine örtliche Verengung des Rohres hervorgerufen werden kann.

Passen die zu verbindenden Rohrenden nicht gut ineinander, so tritt die Gefahr ein, daſs das Lot in das Rohr einflieſst, und entweder dasselbe verengt, oder später beim Betriebe der Leitungen vom Wasser mitgerissen wird, hierbei in den Apparaten der Leitung hängen bleibt und zu Funktionsstörungen derselben Anlaſs gibt.

Bei der Herstellung einer Bleirohrlötung wird auf das in die Fuge eingebrachte Lot Kolophoniumpulver gestreut, und hierauf das Lot so lange erwärmt, bis es ringsum eine gleichmäſsig geschmolzene Masse bildet. Bei der Lötung von Zinnbleiröhren hingegen pflegt man die durch das Lot zu verbindenden und metallisch gereinigten Rohrenden mit etwas Säure (Salzsäure) zu bestreichen, wogegen die Anwendung des Kolophoniums in Wegfall kommt, und die gleichmäſsige Verteilung des Lötmaterials mittels des Lötkolbens herbeigeführt wird.

Das Lötmaterial besteht aus einer Legierung von Zinn und Blei, und zwar besteht das Lot für Lötungen mittels der Lötlampe aus 1 Teil Zinn und 1 Teil Blei, Schmelzpunkt 151 ° C., dasjenige für Lötungen mittels Kolben aus 2 Teilen Zinn und 1 Teil Blei, Schmelzpunkt 137 ° C.

Bei den Vorbereitungsarbeiten einer Lötung, hauptsächlich bei Zinnbleiröhren, ist darauf zu achten. daſs das Auftreiben des Rohrendes mittels eines schlanken Dornes und nicht zu schnell geschieht, damit ein Zerreiſsen der Rohrwandungen verhindert wird. Man wendet daher mit Vorteil mehrere Dorne mit verschiedener Kegelform an. Bei vorsichtiger Behandlung kann man das Rohrende zu einer Flansche umbiegen. Hat man vorher über das Rohr eine schmiedeeiserne Flansche aufgeschoben, so erhält man mittels Schrauben und Gummidichtung eine lösliche Verbindung von der in Fig. 33 dargestellten Form.

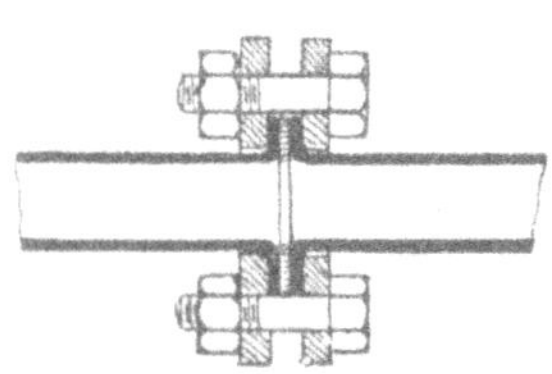

Fig. 33. 1/4 d. nat. Gröſse.

Die Herstellung eines seitlichen Abzweiges kann an jeder beliebigen Stelle des Rohres erfolgen, Das zugespitzte Ende des abzweigenden Rohres wird in eine entsprechende Öffnung des Hauptrohres sorgfältig eingepaſst, so daſs an keiner Stelle eine offene Fuge zu sehen ist. Nach Reinigung der Metallflächen wird das Abzweigrohr an entgegengesetzten Punkten durch je einen Tropfen Lot angeheftet, seine richtige Stellung kontrolliert, und hierauf die ganze Fuge gleichmäfsig mit Lot bedeckt. Zweckmäfsig ist es, beide Rohre in der gegenseitig richtigen Lage festzuklemmen, damit ein Verschieben beider während des Lötens verhindert wird. Die Lötmasse wird nach beiden Richtungen glatt verstrichen, die Unebenheiten derselben eventuell durch Abfeilen entfernt, und die ganze Stelle durch Abreiben mit Glaspapier äufserlich ansehnlich gemacht. Ein auf diese Weise hergestellter Abzweig hat dann im Querschnitt die in den Figuren 34 und 35 dargestellte Form, wobei es selbstverständlich gleichgültig ist, ob die Abzweigung unter einem rechten oder einem schiefen Winkel erfolgt.

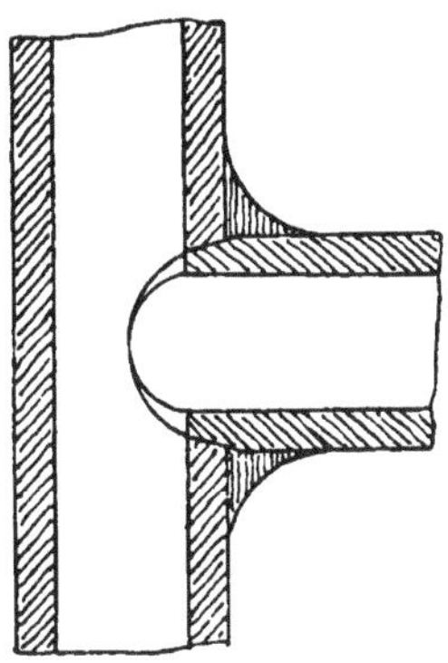

Fig. 34.

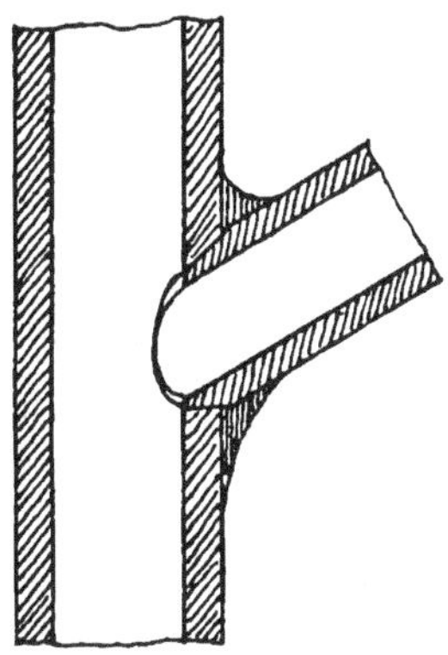

Fig. 35.

Bei der Herstellung der Abzweigöffnungen im Rohre, sowie bei dem Blankschaben der Rohrenden ist darauf zu achten, dafs keine Spähne in das Rohr fallen. Sie können zu denselben Betriebsstörungen Veranlassung geben, wie das eingeflossene Lot schlechter Lötungen. Die Maschinenfabrik von Kircheis in Aue (Sachsen) bringt einen patentierten Bleirohrfraiser in den Handel, welcher einerseits die bequeme und genaue Herstellung der konischen Enden an den Röhren und der konischen Auftreibungen bezweckt, anderseits aber auch das Einfallen der Metallspäne in das Rohr verhindern soll.

Zum Abschneiden der Röhren in den erforderlichen Längen bedient man sich einer Säge.

Der Anschlufs des Rohres an einen einzuschaltenden Apparat erfolgt ebenfalls mittels Lötung an ein cylindrisches oder schwach konisches, aus Messing hergestelltes kurzes Rohrstück, welches sich entweder an dem Apparate selbst befindet, wie z. B. bei den Durchgangsventilen, oder den Teil (Lötstutzen) einer lösbaren Verbindung, einer sogen. Verschraubung bildet. Diese Lötstutzen müssen vor dem Einlöten mit Lotmasse überzogen werden, was in der Weise geschieht, daſs man den betreffenden Teil mit Schmirgelpapier blank reibt, mit Säure bestreicht, und hierauf einige Tropfen Lot auf demselben mit dem Lötkolben dünn verstreicht. Häufig werden auch diese Rohrstutzen seitens der Fabrikanten bereits überzinnt geliefert, und hat man dann nur nötig, die Oberfläche des Überzuges vor der Verwendung blank zu reiben.

Da die Röhren ringförmig zusammengewickelt transportiert werden, so sind dieselben vor dem Verlegen wieder gerade auszustrecken. Kommen die Röhren in einen Rohrgraben zu liegen, so gelten für denselben die in Kap. 7 angegebenen Vorschriften. Die sorgfältig ausgestreckten Röhren müssen fest auf der ebenen Sohle des Rohrgrabens aufliegen.

Innerhalb der Gebäude werden die Röhren an den Wänden in gleicher Weise wie die schmiedeisernen Leitungen mittels Rohrhaken (siehe Fig. 31) befestigt, deren Entfernung von einander bei aufsteigenden Röhren auf 1,5 bis 1,75 m zu bemessen ist. Röhren, welche hingegen in horizontaler Richtung an Wänden hingeführt werden, sind in Zwischenräumen von höchstens 0,6 m zu unterstützen, weil sie sich sonst infolge ihres Gewichtes und der Weichheit ihres Materials bogenförmig durchbiegen, und an den Stellen, wo sie von den Haken getragen werden, leicht zusammendrücken. Es ist daher empfehlenswert, horizontale Rohrstrecken in ihrer ganzen Länge zu unterstützen, indem man sie auf Holzleisten legt, welche an der Wand befestigt sind.

Beim Biegen der Blei- und Zinnbleiröhren ist mit möglichster Sorgfalt zu verfahren, damit Querschnittsverminderungen durch Einknickung vermieden werden. Man gebe daher allen Krümmungen einen möglichst groſsen Radius.

Die Verbindung von kurzen Kupferröhren mit einer Blei- oder Zinnbleirohrleitung geschieht durch Lötung in der früher beschriebenen Weise. Das einzulötende Rohrende ist vorher mit Lötzinn zu überziehen. Das Ende des zu verlängernden Rohres ist, dem geringeren äuſseren Durchmesser des Kupferrohres entsprechend, nur schwach aufzutreiben. Um beim Biegen der schwachwandigen Kupferröhren Einknickungen zu vermeiden, gieſst man die Röhren vorher mit Kolophonium aus, worauf man denselben ohne Gefahr die erforderliche Form geben kann.

Kapitel 10.

Sonstige in einer Rohrleitung vorkommende Verbindungen und deren Formstücke.

Zu den lösbaren Verbindungen finden die einfachen V e r s c h r a u b u n g e n die meiste Anwendung. Eine einfache Verschraubung, Fig. 36, besteht aus 3 Teilen: aus dem Teile *a* mit dem Schraubengewinde, aus dem Rohrstutzen *b* und der Überwurfmutter *c*, mittels welcher die Teile *a* und *b* gegen einander gepreſst werden. Das Rohrstück *b* ist in das Rohrstück *a* entweder konisch eingeschliffen, oder es wird durch Einlegen eines schwachen Lederringes eine wasserdichte Verbindung beider Teile herbeigeführt. Die Teile *a* und *b* werden in die Enden der zu verbindenden Röhren eingelötet, doch kann sich auch der Teil *a* an einem Apparate direkt angegossen befinden, so daſs nur der Teil *b* mit der Überwurfmutter mit der Rohrleitung zu verbinden ist. Im ersteren Falle dient die Verschraubung nur als Formstück zur Herstellung einer leicht löslichen Verbindung zwischen zwei Rohrsträngen, im zweiten Falle gestattet die doppelseitige Anbringung dieser Verbindung das leichte Ein- und Ausschalten des betreffenden Apparates.

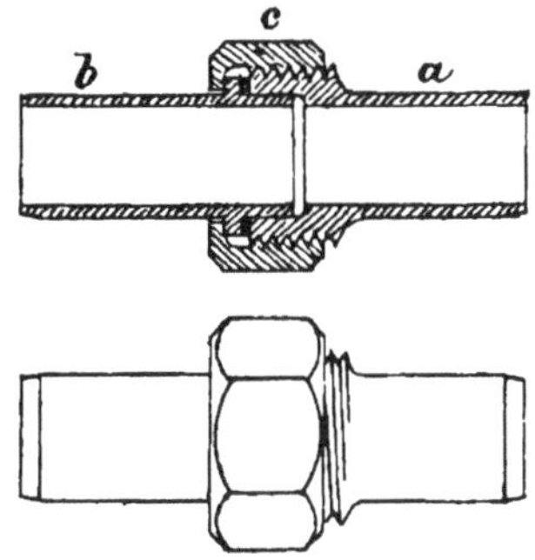

Fig. 36.
Verschraubung. 1/8 d. nat. Gröſse.

Diese Art der Verbindung wiederholt sich bei vielen der nachfolgenden Formstücke, und wird es für deren Darstellung genügen, dieselbe in der Ansicht zu bieten unter Hinweis auf den in Fig. 36 gegebenen Querschnitt.

Will man einen Abzweig mit lösbarer Verbindung herstellen, so benutzt man hierzu das in Fig. 37 dargestellte Formstück, ein sogen. T-Stück mit einer Verschraubung; soll hingegen die Verbindung nach beiden Richtungen lösbar sein, so muſs man das durch Fig. 38 dargestellte T-Stück mit zwei Verschraubungen zur Anwendung bringen. Schlieſslich können auch sämtliche drei Rohrstutzen mit Verschraubungen versehen sein.

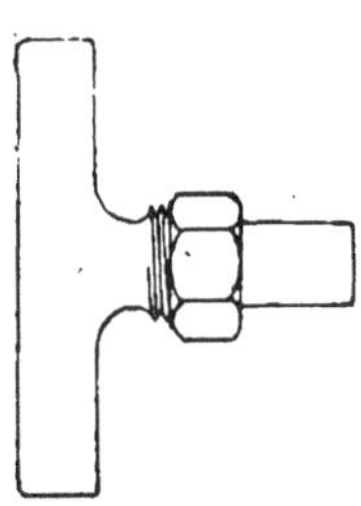

Fig. 37.

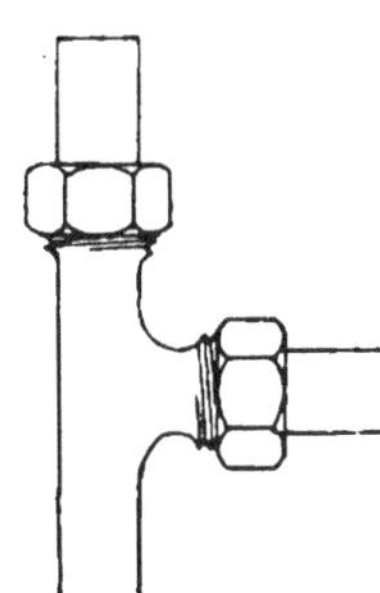

Fig. 38.

Unter dem Namen **Sauger** versteht man ferner ein Formstück, welches zum Zwecke des Anschlusses einer Rohrleitung in eine

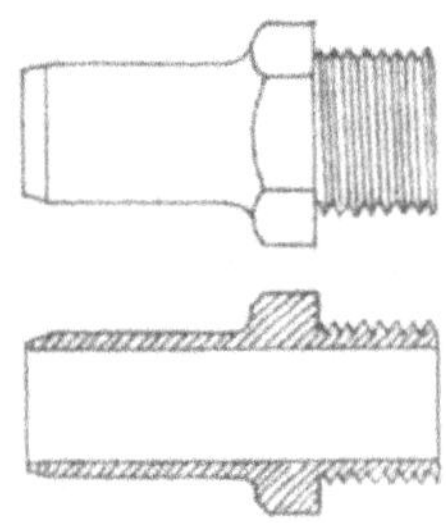

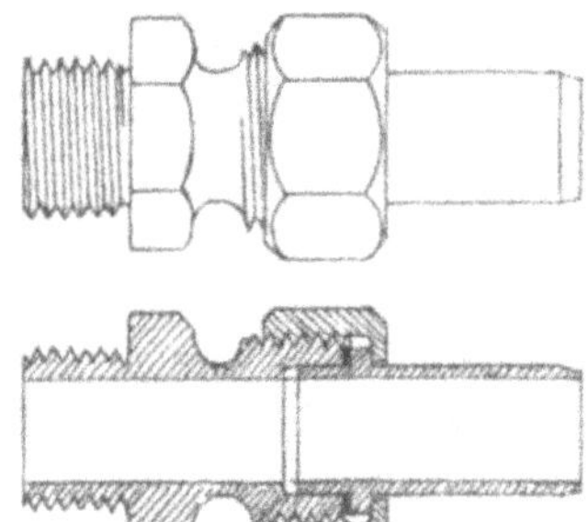

Fig. 39. Sauger, 1/3 d. nat. Gröfse. Fig. 40.

Wandung etc. eingeschraubt wird. Ist auf eine Lösbarkeit der Verbindung nicht Rücksicht zu nehmen, so genügt das Formstück Fig. 39

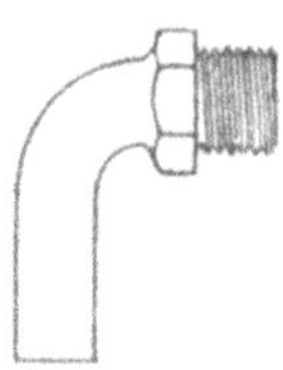

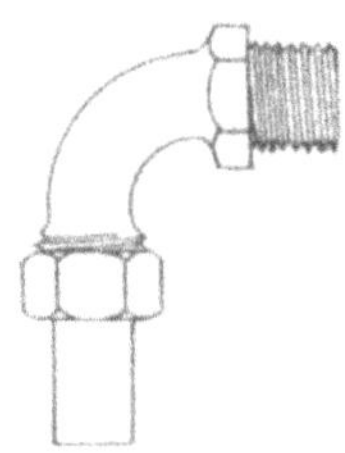

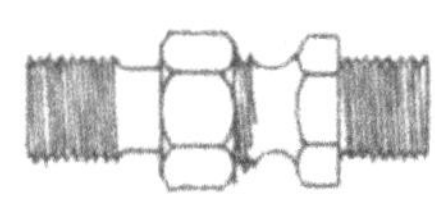

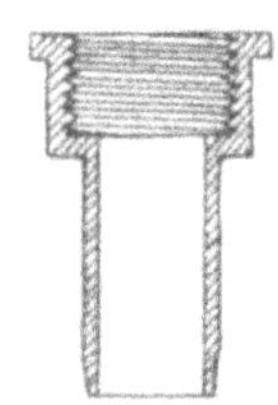

Fig. 41. Kniesauger. Fig. 42. Fig. 43. Fig. 44. Schwanzstück, 1/3 d. nat. Gröfse.

mit einfachem Lötzapfen, soll die Verbindung jedoch lösbar sein, so schliefst sich an das Schraubengewinde mit Sechs- oder Achtkant eine Verschraubung nach Fig. 40 an. Soll die Rohrleitung gleichzeitig eine rechtwinklige Biegung machen, so legt man diese Krümmung in das Formstück und erhält dann die sogen. **Kniesauger**, wie dieselben in den Fig. 41 und 42 zur Darstellung gebracht sind.

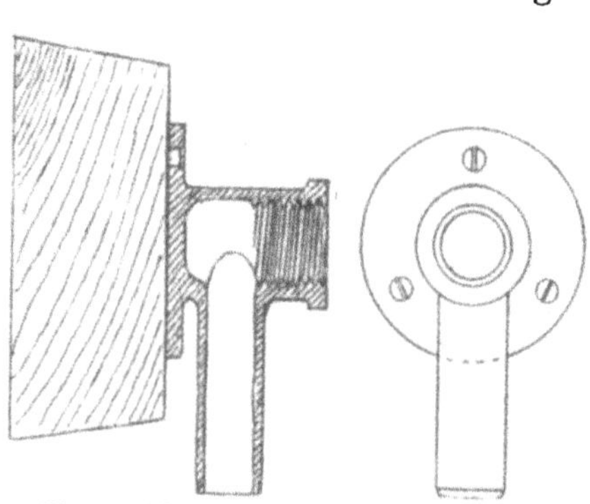

Fig. 45. Wandscheibe, 1/3 d. nat. Gröfse.

Die Formstücke Fig. 39 bis 42 sind für Bleirohrleitungen bestimmt. Für schmiedeiserne Leitungen ist der Lötstutzen dieser Konstruktionen mit einem Schraubengewinde nach dem Beispiel der Fig. 43 versehen.

Ein oft zur Verwendung kommendes Formstück ist das **Schwanzstück**, Fig. 44, bestehend aus einer Muffe mit Innengewinde und anschliefsendem Lötzapfen.

Zur Befestigung der Zapfhähne an der Wand und zum gleichartigen Anschlufs derselben an die Rohrleitung dienen die **Wandscheiben**, deren gebräuchlichste Form in Fig. 45 zur Darstellung

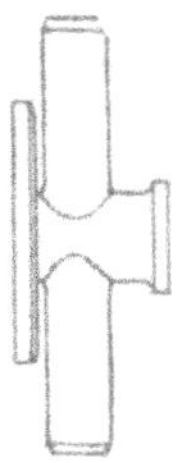

Fig. 46.

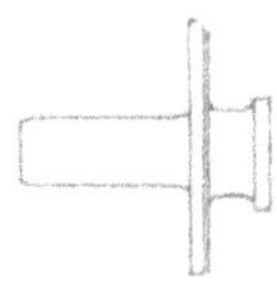

Fig. 47.

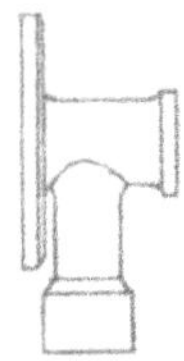

Fig. 48.

Fig. 49.

Wandscheiben verschiedener Form, 1/4 d. nat. Gröfse.

gebracht ist. Die Wandscheibe wird auf einem Holzstücke, welches in die Wand eingelassen und vergipst ist, mittels kleiner Schrauben befestigt. Der Anschlufs der Rohrleitung erfolgt für die dargestellte Wandscheibe mittels Lötung. Die Figuren 46—49 zeigen verschiedene Arten von Wandscheiben, und zwar:

Fig. 46 eine Wandscheibe für durchgehende Rohrleitung, daher mit 2 Lötzapfen,

Fig. 47 eine Wandscheibe mit geradem Lötzapfen,

Fig. 48 eine Wandscheibe mit Muffe für eine schmiedeiserne Leitung,

Fig. 49 eine einfache Wandscheibe mit vorliegender Befestigungsscheibe, wodurch es aber erforderlich wird, dafs für den Lötzapfen im Befestigungsholze eine Vertiefung ausgearbeitet werden mufs.

Soll ein Zapfhahn von der Wand weiter abstehen, als dies durch die Wandscheibe bedingt ist, so schaltet man zwischen der

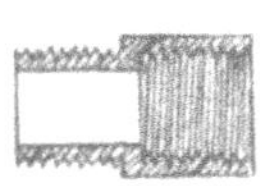

Fig. 50.

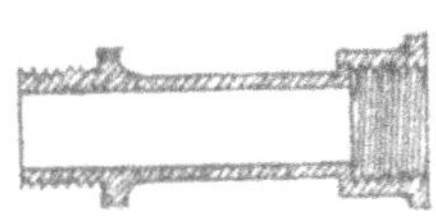

Fig. 51.

Wandscheibe und dem Hahn ein sogen. **Verlängerungsstück** ein. Kurze Verlängerungsstücke haben die Form Fig. 50, längere die Form Fig. 51.

Zum Anschlufs einer Rohrleitung an ein Gefäfs mit dünner Wandung dienen die Reservoirverschraubungen, Fig. 52. Das Rohrstück mit Gewinde wird durch eine Mutter und eine untergelegte Lederscheibe an der Wandung wasserdicht befestigt, während eine einfache Verschraubung eine lösbare Verbindung für die anschliefsende Rohrleitung bildet.

Soll das Formstück gleichzeitig zur Aufnahme eines Schwimmkugel- und Zapfhahnes dienen, so erhält das durch die Wandung

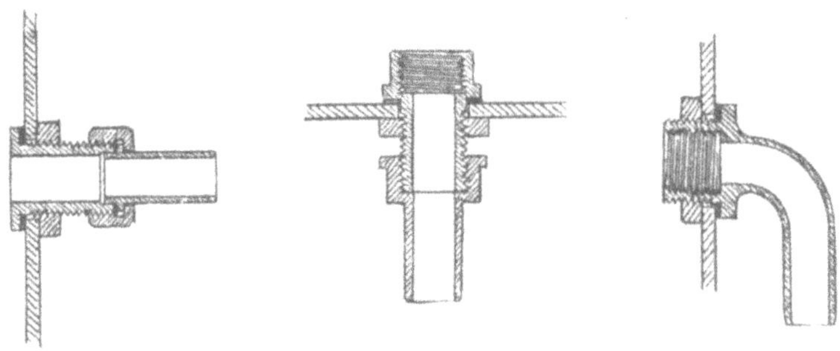

Fig. 52. Fig. 53. Fig. 54.
Reservoirschraubungen, $^1/_4$ d. nat. Gröfse.

führende Rohrstück der Verbindung einen Ansatz mit Innengewinde (siehe Fig. 53), während der Anschlufs der Rohrleitung entweder, wie dargestellt, durch ein Schwanzstück oder auch durch einen Rohrstutzen mit Überwurfmutter wie in Fig. 52 erfolgen kann. Den gleichen Zweck erfüllt in einfacher Art das Formstück Fig. 54, bei welchem die Befestigungsmutter im Innern des Reservoirs liegt,

Es lassen sich durch Kombination noch verschiedene Formstücke zusammenstellen, z. B. für den Anschlufs an schmiedeiserne Leitungen, doch dürften die hier angeführten Beispiele genügen, um die Verbindungen im Prinzipe darzulegen und wird es dem Ausführenden leicht sein, sich in jedem speziellen Falle die erforderlichen Formstücke zusammenzustellen.

Es ist ferner der Konstruktionen zu gedenken, welche den Anschlufs zweier Leitungen von verschiedenen Materialien resp. auch von verschiedenen Durchmessern zum Zwecke haben, und zwar:

1. die Übergänge einer gufseisernen in eine sehmiedeiserne Leitung,
2. die Übergänge einer gufseisernen Leitung in eine Blei- oder Zinnbleirohrleitung, und
3. die Übergänge einer schmiedeisernen Leitung in eine Blei- oder Zinnbleirohrleitung.

Zu 1. Die Übergänge einer gufseisernen Leitung in eine schmiedeiserne trennen sich wieder nach der Konstruktionsform, in welcher die gufseiserne Leitung endigt. Schliefst dieselbe mit einer Flansche ab, so mufs auch die schmiedeiserne Leitung eine Flansche erhalten, und erfolgt die Dichtung beider mittels Leder- oder Gummidichtung und Schrauben (siehe Fig. 55). Ein Flanschenabschlufs

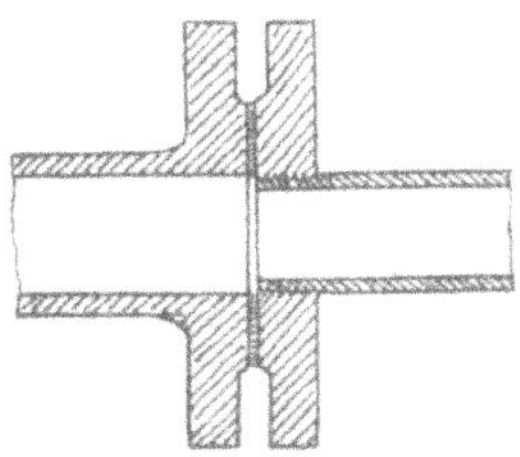

Fig. 55.

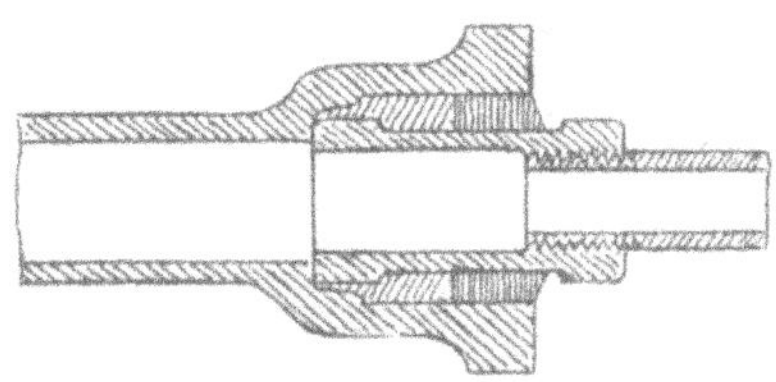

Fig. 56.

läfst sich auch für eine Muffenrohrleitung durch Einschaltung eines F-Stückes jederzeit erreichen. Endigt die gufseiserne Leitung mit einer Muffe, so ist die Einschaltung eines gufseisernen Zwischenstückes, eines sogenannten Endstöpsels, erforderlich, in welches die schmiedeiserne Leitung eingeschraubt wird (siehe Fig. 56).

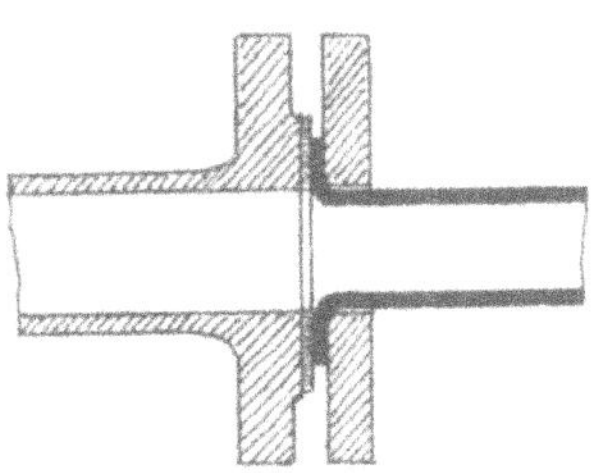

Fig. 57.

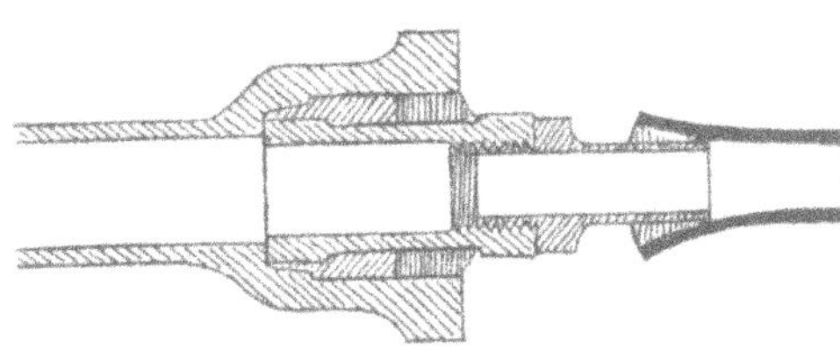

Fig. 58.

Zu 2. Die Übergänge einer gufseisernen Leitung in eine Bleirohrleitung teilen sich ebenfalls nach den vorstehend angeführten Abschlufsformen in den Anschlufs an eine Flansche und an ein eingedichtetes Übergangsstück (Endstöpsel). Der Anschlufs an eine Flansche erfolgt entweder durch eine über das anschliefsende Rohr geschobene schmiedeiserne Flansche und durch Umbördelung des Bleirohres (siehe Fig. 57) oder durch einen Flanschendeckel, in welchen ein Sauger zum Anschlufs des Bleirohres eingeschraubt wird. Je nachdem die Verbindung eine feste oder eine leicht lösbare sein soll (abgesehen von der Lösbarkeit der Flanschverbindung), wird sie die eine oder andere der in den Figuren 58 und 59 dargestellten Ausführungen erhalten.

Zu 3. Der Übergang einer schmiedeisernen Leitung in eine Bleirohrleitung kann ebenfalls durch eine Flanschenverbindung erfolgen, indem man sich nur an Stelle des in Fig. 57 dargestellten

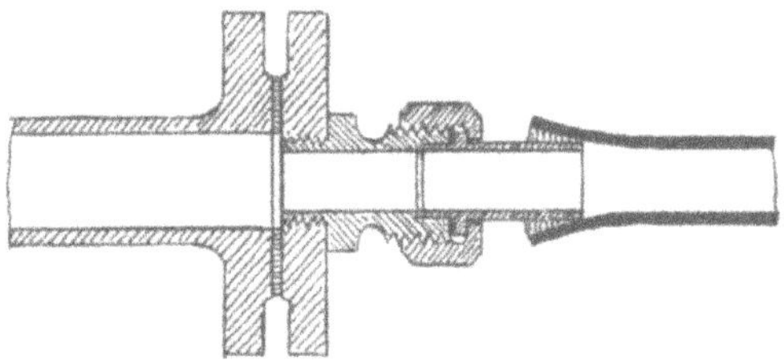

Fig. 59.

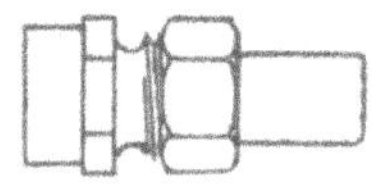

Fig. 60.

gufseisernen Rohres durch ein mit aufgeschraubter Flansche versehenes schmiedeisernes Rohr ersetzt zu denken braucht. Zweckmäfsiger jedoch ist das in Fig. 60 dargestellte Formstück, bei welchem das Gewindestück einer gewöhnlichen Verschraubung mit einer Muffe und Innengewinde versehen ist.

In vielen Fällen vermittelt auch eine eingeschaltete Absperrvorrichtung den Übergang zwischen zwei Leitungen von verschiedenen Materialien und Durchmessern, und sind diese Apparate zu diesem Zwecke oft auf der einen Seite mit einer Flansche, auf der andern mit einer Muffe oder einer Verschraubung versehen, je nach der Verbindungsart der sich anschliefsenden Rohrleitungen.

D. Die Anschlufsleitungen.

Kapitel 11.

Allgemeines über die Anschlufsleitungen.

Derjenige Teil einer Zweigleitung, welcher vom Hauptverteilungsrohre in der Strafse bis an die Grenze des mit Wasser zu versorgenden Grundstückes führt, wird mit dem Namen der Anschlufsleitung belegt.

Es ist dies insofern ein besonderer Teil einer Zweigleitung, als derselbe sich zumeist in dem Besitze der Verwaltung des Wasserwerkes befindet, selbst dann, wenn die Leitung auf Kosten des Eigentümers des Grundstückes ausgeführt wurde. In jedem Falle werden aber die Anschlufsleitungen seitens der Wasserwerksverwaltung hergestellt, zumeist auch auf Kosten derselben, so dafs die Eigentümer der Grundstücke nur für die Herstellung der Leitungen innerhalb der Grundstücke Sorge zu tragen haben.

Auf die Ausführung der Anschlufsleitungen ist besondere Sorgfalt zu verwenden, da sie einesteils wegen ihrer tiefen Lage dem gröfsten Leitungsdrucke ausgesetzt, anderenteils aber durch den Umstand, dafs sie im Strafsenkörper liegen, einer Kontrole entzogen sind, öfters wiederkehrende Defekte aber durch die damit verbundenen Aufgrabungen sehr störend auftreten und überdies stets mit gröfseren Unkosten verbunden sind. Es ist daher dringend zu empfehlen, für diese Anschlufsleitungen weder Material noch Arbeit zu sparen, um dieselben so dauerhaft wie möglich herzustellen.

Jede Anschlufsleitung besitzt eine Absperrvorrichtung, auf der Strafse, deren Handhabung der Wasserwerksverwaltung allein vorbehalten ist.

Da die Ausführung der Anschlufsleitungen durch die Wasserwerksverwaltungen erfolgt, so ist die Wahl des Materials dem Einzelnen nicht mehr überlassen, und kommt es daher oft vor, dafs die Anschlufsleitungen aus einem andern Material bestehen, als die anschliefsenden Hausleitungen. Im allgemeinen sind sämtliche früher angeführten Materialien: gufseiserne Röhren, Blei- und Zinnbleiröhren, sowie auch verzinkte schmiedeiserne Röhren für Anschlufsleitungen zulässig und Anschlufsleitungen in diesen Materialien ausgeführt worden, wenn auch die Verwendung von verzinkten schmiedeisernen Röhren für diesen Zweck in Deutschland wegen der Gefahr der Corrosion der Röhren im Boden nur eine geringe ist. In einer Anzahl von Städten und auch bei der Wasserversorgung der Rauhen Alp in Württemberg sind die Anschlufsleitungen aus gufseisernen Röhren hergestellt worden und haben dieselben daher einen Durchmesser von mindestens 40 mm erhalten müssen. Die grofse Widerstandsfähigkeit der gufseisernen Röhren gegen äufsere Einflüsse und die Festigkeit derselben in Hinblick auf hohe Druckverhältnisse in der Leitung mögen die bestimmenden Faktoren bei der Wahl dieses Materials gewesen sein. Bei der allgemeinen Anwendung der gufseisernen Anschlufsleitungen ist jedoch darin ein Übelstand zu finden, dafs für jeden Abzweig ein besonderes Formstück in die Hauptleitung eingeschaltet werden mufs, was bei der Herstellung der letzteren bereits zu geschehen hat. Hierdurch macht sich nicht allein eine sehr grofse Anzahl von Formstücken nötig, sondern es wird auch die Anzahl der Dichtungen und mithin die Gefahr der

Undichtheit des Verteilungsrohrnetzes wesentlich vermehrt. Überdies ist es bei der Ausführung der Hauptleitung oft schwer oder überhaupt nicht möglich, den Ort zu bestimmen, wo am zweckmäfsigsten die Einführung der Zweigleitung in die einzelnen, oft noch unbebauten Grundstücke erfolgen kann, auch läfst sich eine unvorhergesehene Vermehrung der Anschlüsse nicht ohne störende Veränderung an der Hauptleitung ausführen. Für Zweigleitungen, welche zufolge des Wasserbedarfs einen Durchmesser von mindestens 40 mm erhalten müssen, sind hingegen gufseiserne Röhren das einzige in Frage kommende Material.

Die meiste Verwendung zu Anschlufsleitungen finden die Bleiröhren, in neuerer Zeit auch die Zinnbleiröhren oder Mantelröhren, nicht allein zufolge der Vorzüge ihres Materials, als auch durch den Umstand, dafs diese Leitungen an jeder beliebigen Stelle des Strafsenhauptrohres durch Anbohrung angeschlossen werden können, ohne dafs die Einschaltung besonderer Formstücke notwendig ist.

Der Anschlufs einer gufseisernen Zweigleitung an die Hauptrohrleitung erfolgt mittels eines in die letztere eingeschalteten **A**-Stückes. Die Flansche des **A**-Stückes bietet nach Fig. 61 Gelegenheit, unmittelbar an dieser Stelle die Absperrvorrichtung einzuschalten, während ein an dieselbe anschliefsendes **E**-Stück die Weiterführung der Leitung vermittelt. Der Anschlufs der Zweigleitung hat bei entleertem Hauptrohre zu erfolgen, wenn nicht bei Ausführung der Hauptleitung die Absperrvorrichtung sofort mit eingeschaltet worden ist. Eine Ausnahme hiervon bildet der Fall, dafs man für eine gufseiserne Anschlufsleitung von 40 mm Durchmesser eine Anbohrung unter Druck mit 30 mm Durchmesser herstellt und an den Anbohrhahn die 40 mm weite gufseiserne Rohrleitung anschliefst. Anbohrungen von mehr als 30 mm Durchmesser werden in Rücksicht auf die Sicherheit des Hauptrohres nicht ausgeführt.

Ist es aus Zweckmäfsigkeitsgründen wünschenswert, dafs die Strafsenkappe der Absperrvorrichtung von der Fahrbahn hinweg in die geschütztere Lage des Fufssteiges gelegt wird, so ändert sich die Anordnung Fig. 61 in die Anordnung Fig. 62, doch macht sich bei der Ausführung dieser Anschlufsleitung während des Betriebes eine Entleerung des Hauptrohres notwendig.

Die Anordnung der Anschlufsleitungen aus Blei- und Zinnbleiröhren ist eine verschiedene, je nachdem die Ausführung derselben vor der Inbetriebsetzung des Strafsenrohres resp. nach Aufserbetriebsetzung desselben oder während des Betriebes und unter Druck erfolgt.

Werden die Anschlufsleitungen mit der Hauptrohrleitung zugleich ausgeführt, so kann man die Absperrvorrichtung unmittelbar an das Hauptrohr auf die Fahrbahn oder auch vom Hauptrohre entfernt in den Fufssteig legen. Im ersteren Falle ist die Anordnung im allgemeinen durch die Fig. 61 im letzteren Falle durch Fig. 62 veranschaulicht.

Erfolgt die Herstellung der Anschlufsleitung während des Betriebes des Hauptrohres, so kommt ein sogenannter Anbohrhahn zur Anwendung, welcher in der Folge entweder selbst als Absperrvorrichtung dient oder nur als Hilfsmittel der Anbohrung betrachtet

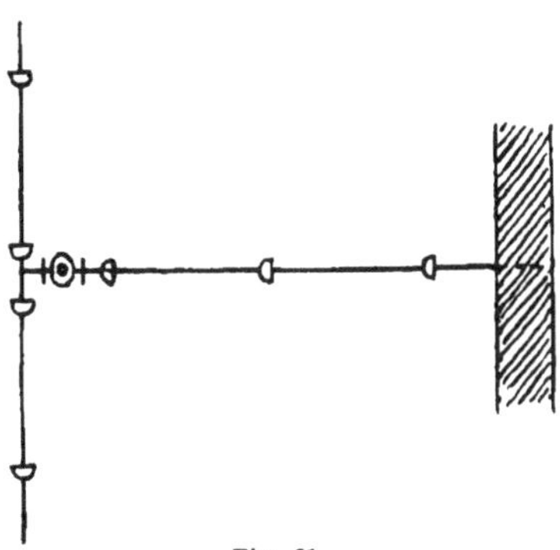

Fig. 61.

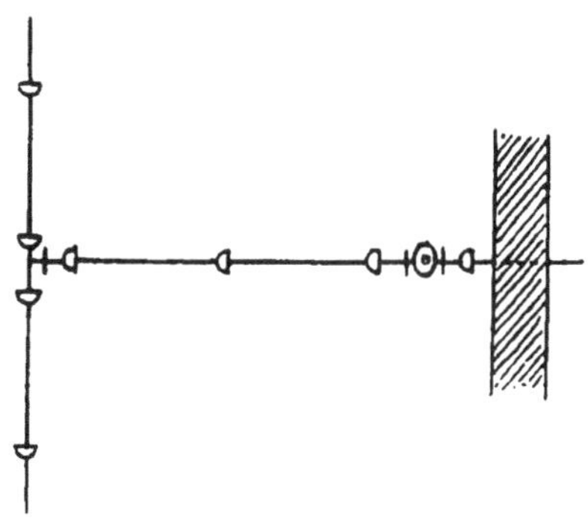

Fig. 62.

und nach der Benutzung verschüttet wird, während eine an jeder beliebigen Stelle anzubringende zweite Absperrvorrichtung zum Abschliefsen der Leitung dient, so dafs wiederum im Prinzipe die beiden durch die Figuren 61 und 62 angedeuteten Anordnungen entstehen.

Die Anordnung, die Absperrvorrichtung unmittelbar neben dem Hauptrohre anzubringen, bietet für den Betrieb den nicht zu unterschätzenden Vorteil, dafs man bei einem Defekte an der Anschlufsleitung dieselbe vom Hauptrohre absperren und reparieren kann, ohne den Betrieb des Hauptrohres unterbrechen zu müssen und andere Zweigleitungen in Mitleidenschaft zu ziehen. Verlegt man hingegen die Absperrvorrichtung auf den Fufssteig, so mufs man im Falle eines Defektes auf der Zuleitungsstrecke bis zu derselben die Hauptleitung mit allen daran befindlichen Zweigleitungen bis nach erfolgter Reparatur aufser Betrieb setzen, was empfindliche

Störungen herbeiführen kann. Die Anschlufsleitungen bieten vielfach Anlafs zu Reparaturen, und ist es aus diesem Grunde wünschenswert, dafs längere Zweigleitungen unter allen Umständen eine Absperrvorrichtung am Hauptrohre erhalten, und nur für kurze Leitungen die Verlegung der letzteren in eine geringe Entfernung vom Hauptrohre aus Betriebsrücksichten statthaft ist.

Die Anschlufsleitungen werden über die Grundstücksgrenze ca. 1,0 m weit in die Grundstücke hineingeführt und endigen hier mit einer Absperrvorrichtung, welche dem Besitzer der Leitung die Absperrung der ganzen Wasserleitungsanlage ermöglicht. Dieses Ventil wird im Gegensatze zu dem auf der Strafse befindlichen und nur im Dienste der Wasserwerksverwaltung stehenden Strafsenhauptventile (Strafsenhaupthahn) das Privathauptventil (Privathaupthahn) genannt. In vielen Fällen wird auch dieses Ventil seitens der Verwaltungen gestellt, und endigt mit demselben dann der den Namen der Anschlufsleitung führende Teil einer Zweigleitung.

Wird die Grenze des Grundstücks durch die Mauer eines Gebäudes gebildet, so mufs das Rohr durch die Mauer hindurchgeführt, die Mauer daher an der betreffenden Stelle in der nötigen Weite durchbrochen werden. Die Aufstellung des Privathaupthahnes erfolgt dann unmittelbar nach dem Eintritt des Rohres in den Kellerraum, wenn nicht besondere Gründe vorliegen, dieselbe an eine andere Stelle im weiteren Verlaufe der Leitung zu verlegen. Die Anordnung mufs jedoch stets so getroffen werden, dafs die gesamte Anlage durch dieses Ventil abgesperrt werden kann.

Tritt die Anschlufsleitung nach Überschreiten der Grundstücksgrenze nicht in ein Gebäude ein, sondern nimmt sie ihren Weg durch einen Garten oder über einen Hof, so macht sich die Anlage eines Schachtes an der Grundstücksgrenze zur Aufnahme des Privathauptventils resp. auch eines Wassermessers in dem Falle notwendig, dafs Nebenleitungen von der Zuführungsleitung abzweigen sollen, ehe die Leitung ein Gebäude erreicht, in welchem die Aufstellung des Privathauptventils erfolgen kann. Läfst sich jedoch die Leitung bis zu einem solchen Gebäude durchführen, ohne dafs an einer früheren Stelle eine Wasserabgabe erforderlich ist, so ist die Anordnung der Anschlufsleitung dieselbe, als ob die Leitung direkt von der Strafse aus in das Gebäude eintritt. Die hierdurch verursachten Mehrkosten der Anschlufsleitung werden in allen Fällen von dem Eigentümer des Grundstückes zu tragen sein.

Wenn es auch vom rein technischen Standpunkte aus zulässig

ist, dafs die Anschlufsleitung durch die vorgenannten Verhältnisse eine gröfsere Länge erhält, als zur Einführung des Wassers in das Grundstück erforderlich ist, so können doch seitens des Wasserwerkes aus Verwaltungsrücksichten gerechtfertigte Bedenken gegen eine wesentliche Verlängerung der Anschlufsleitung geltend gemacht werden, da die Leitung dann zwei Eigentümer besitzt, und die Versuchung nahe liegt, Abzweigungen auf dieser Strecke ohne Erlaubnis herzustellen. Es entspricht daher den Interessen des Wasserwerkes, die Anschlufsleitungen nicht über das erforderliche Mafs auszudehnen und die Verlegung des Privathauptventils in ein rückwärts stehendes Gebäude nur dann zu gestatten, wenn die Entfernung desselben von der Grundstücksgrenze eine so kurze ist, dafs die Anlage eines Schachtes als unthunlich erscheint.

Hat das anzuschliefsende Gebäude keinen Keller, so wird man, wenn möglich, die Leitung durch die Hausflur führen und beim Eintritte der Leitung daselbst einen Schacht anlegen, in welchem das Privathauptventil seinen Platz findet. Ist die Aufstellung eines Wassermessers unter allen Umständen ausgeschlossen, so kann auch das Privathauptventil in den Erdboden gesetzt werden.

Kapitel 12.

Die Anschlufsleitungen in ihren einzelnen Teilen und in ihrer Ausführung.

Als Absperrvorrichtung für gufseiserne Leitungen dienen die Absperrschieber. Die Figuren 63 und 64 zeigen die gebräuchlichsten Konstruktionen derselben im Querschnitt und in der Ansicht. Der keilförmig gestaltete Schieberkörper wird durch eine metallene Spindel auf- und abwärts bewegt. In gehobener Stellung befindet sich derselbe in dem oberen Teile des Schiebergehäuses, und läfst dabei die volle Öffnung des Rohrquerschnittes dem Wasserdurchflusse frei. Die beiden Schieberkonstruktionen, Fig. 63 und 64, unterscheiden sich nur durch die verschiedenartige Herstellung der Sitzflächen des Schieberkörpers. Während in Fig. 63 die metallenen Dichtungsringe an kurzen, gufseisernen Cylindern befestigt sind, welche letztere durch Blei eingedichtet werden, wird bei der Konstruktion Fig. 64 der Metallring in Nuten eingeprefst.

Kommt der Schieber im Erdreich zu stehen, so wird ihm ein Schutzrohr aufgesetzt, welches den Raum für die Schlüsselstange frei hält. Die letztere endigt in geringer Tiefe unter der Terrainoberfläche in einem Vierkante. Eine gufseiserne Strafsenkappe, welche mittels eiserner Haken auf einer hölzernen Unterlagsbohle befestigt ist, dient zum Schutze dieses Vierkants, während ein um einen Bolzen drehbarer Deckel dieser Strafsenkappe dasselbe leicht zugänglich macht. Mit Hilfe eines auf das Vierkant aufgesetzten Schieberschlüssels (Fig. 65) kann ein Öffnen oder Schliefsen des Schiebers bequem ausgeführt werden.

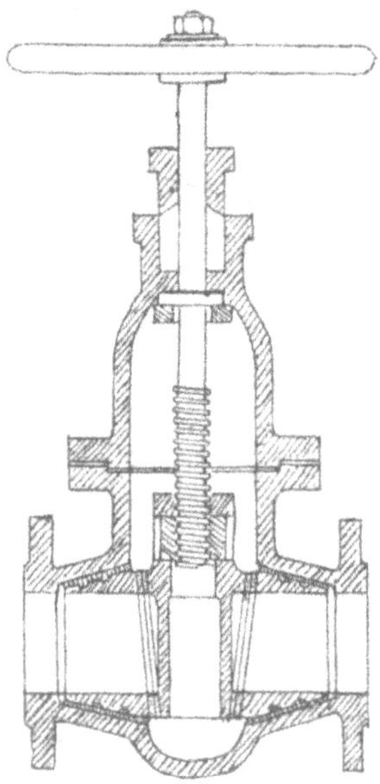

Fig. 63. Absperrschieber mit Handrad. 1/8 d. nat. Gröfse.

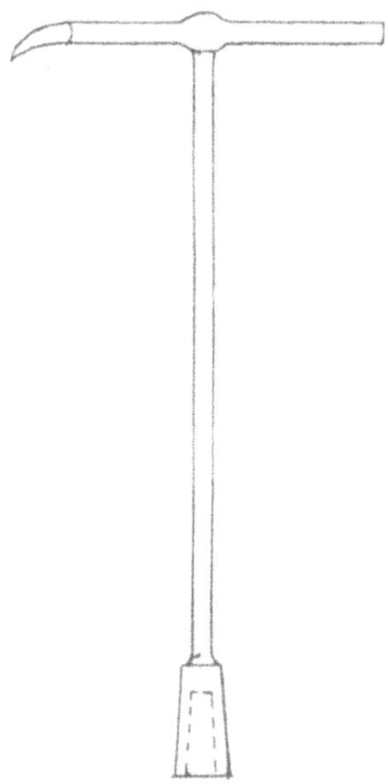

Fig. 65.

Sowohl alle Schieber, als auch die später angeführten Ventile und Schieberventile sollen sich bei Linksdrehung der Spindel öffnen, bei Rechtsdrehung schliefsen.

Der Schieber schliefst mit Flanschen an die benachbarten Rohrleitungen an, und es beträgt seine Baulänge in diesem Falle $L = D + 200$ mm. Schieber, bei denen die Flanschen durch Muffen ersetzt sind, finden für Wasserleitungen seltener Anwendung, ihre Baulänge berechnet sich nach der Formel $L = D + 250 - 2\,t$ mm, und zwar für Schieber mit eingebleiten Sitzringen (wie in Fig. 63), oder nach der Formel $L = 0{,}7\,D + 100$ m für Muffenschieber mit direkt eingetriebenen Sitzringen (wie in Fig. 64).

Für die Dauerhaftigkeit der Schieber ist die Stärke der Spindel von mafsgebendem Einflufs. Leider erstreckt sich die von den Fabri-

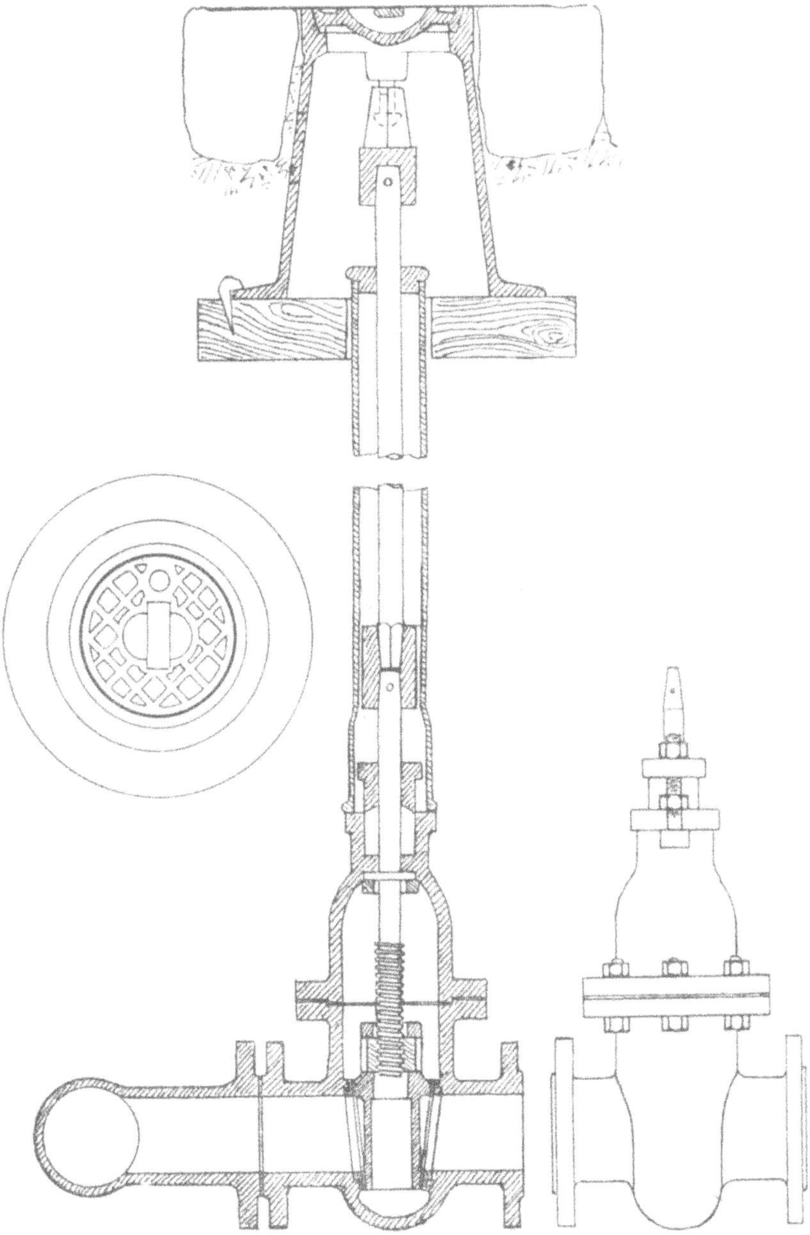

Fig. 64.

Absperrschieber mit Schutzrohr und Strafsenkappe.
$^1/_8$ d. nat. Gröfse.

kanten oft angestrebte Materialersparnis auch auf diesen Konstruktionsteil, wodurch derselbe sich im Betriebe als zu schwach zeigt, und infolgedessen Verbiegungen ausgesetzt ist. Dauerhafte Konstruktionen müssen folgende Spindelstärken besitzen:

Durchmesser des Schiebers in mm	40	50	60	80	100	125	150	175	200
Spindelstärke in mm	25	25	25	26	28	30	30	33	35

Eine Schieberkonstruktion für Leitungen von 40—50 mm Durchmesser zeigt die Fig. 66, welche in der Hauptsache mit den vorstehend angeführten Konstruktionen übereinstimmt.

Die Schieber dienen auch als Privat-Hauptabsperrvorrichtung, und erhalten dann, wenn sie zugänglich sind, ein Handrad zur leichten Bewegung aufgesetzt (s. Fig. 63). Für gufseiserne Leitungen kleinerer Durchmesser verwendet man für diesen Zweck auch Ventile nach Konstruktion Fig. 67, und sind dieselben den Schiebern vorzuziehen. Ablagerungen in dem unteren Teile des Schiebers sowohl, als auch das Zwischentreten eines Sandkorns oder sonstigen kleinen Körpers zwischen die Schieberflächen geben sehr oft die Veranlassung, dafs die Schieber nicht dicht schliefsen.

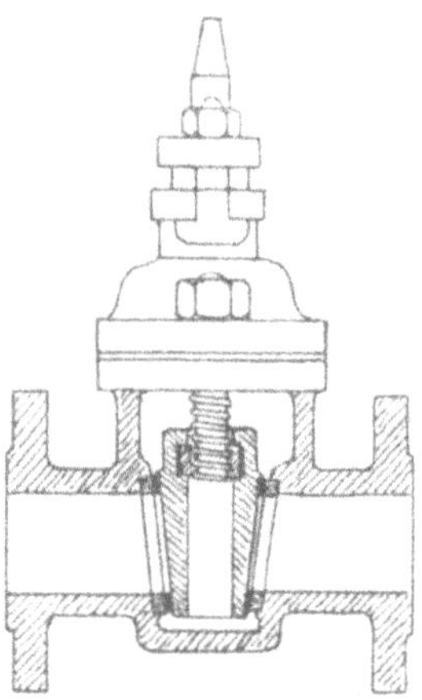

Fig. 66. Kleiner Absperrschieber. $^1/_6$ d. nat. Gröfse.

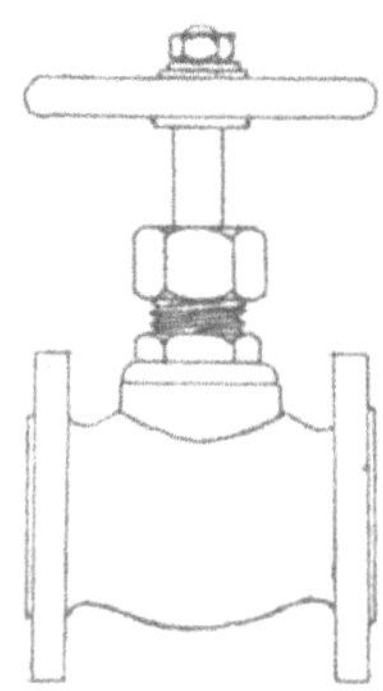

Fig. 67. Absperrventil. $^1/_5$ d. nat. Gröfse.

Für gufseiserne Anschlufsleitungen von kleinerem Durchmesser finden schliefslich auch einfache Kegelhähne Verwendung, welche durch Flanschen mit der Rohrleitung in Verbindung stehen. Ihre Bewegung von der Terrainoberfläche aus erfolgt in derselben Weise, wie bei den Absperrschiebern, falls nicht, wie dies in einigen Orten Süddeutschlands geschieht, der Hahn der Zugänglichkeit wegen mit einem gemauerten, durch eine eiserne Platte geschlossenen Schacht umgeben wird.

Ist ein bestimmtes Formstück zur Herstellung einer Zweigleitung nicht vorgesehen, die Einschaltung eines solchen auch nicht ein unbedingtes Erfordernis, so mufs der Anschlufs einer Zweigleitung mittels Anbohrung des Hauptrohres erfolgen. Wird diese Anbohrung während des Betriebes der Hauptleitung, d. h. unter Druck ausgeführt, so macht sich die Anwendung eines Anbohrhahnes erforderlich.

Die Figuren 68 und 69 zeigen zwei bewährte Konstruktionen von Anbohrhähnen. Bei der Konstruktion Fig. 68 wird der Hahn-

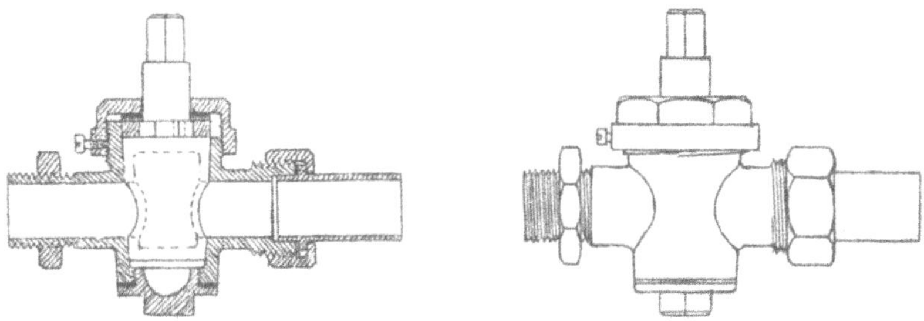

Fig. 68.
Anbohrhahn. 1/4 d. nat. Gröfse.

kegel durch eine Überwurfmutter, bei der Konstruktion Fig. 69 durch eine vorgeschraubte Mutter festgehalten. Der Kegel des letzteren Hahnes ist vollkommen massiv, und daher Formveränderungen durch

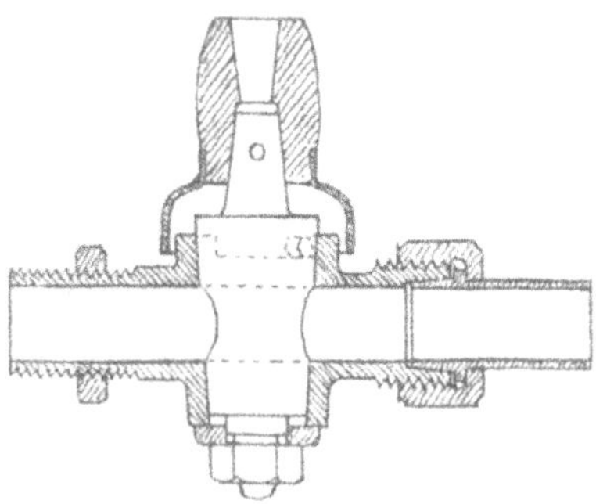

Fig. 69.
Anbohrhahn. 1/4 d. nat. Gröfse.

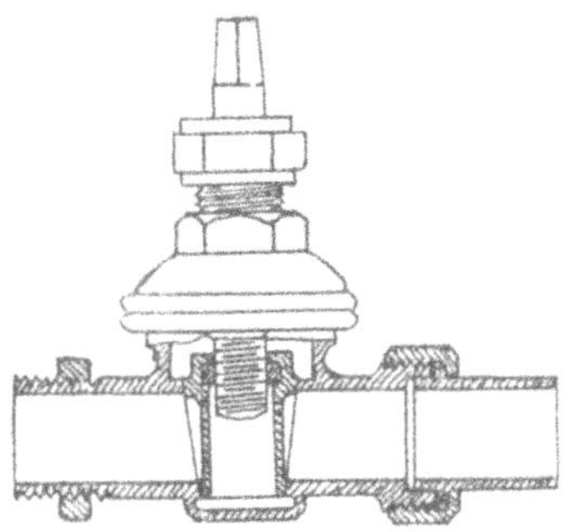

Fig. 70.
Schieberventil. 1/4 d. nat. Gröfse.

den Wasserdruck oder durch Stöfse nicht ausgesetzt, was auf die Dauer seiner Dichtheit von günstigem Einflufs ist. Die Muffe für den Hahnschlüssel ist mit einer Schutzhaube versehen, um das Eindringen von Schmutzteilen zu verhindern. Die Hähne erhalten auf der einen Seite ein Schraubengewinde mit Kontremutter, um mit diesem Teile in der Rohrschelle befestigt zu werden, auf der andern

Seite eine Verschraubung mit Überwurfmutter der bekannten Konstruktion zur Verbindung mit der anschliefsenden Rohrleitung.

Statt der Kegelhähne finden auch Schieberventile nach Konstruktion Fig. 70 zu obigem Zwecke Verwendung, doch sind dieselben weniger zu empfehlen, weil das dichte Abschliefsen derselben auf die Dauer nicht in dem Mafse gesichert ist, wie bei einem guten Hahne.

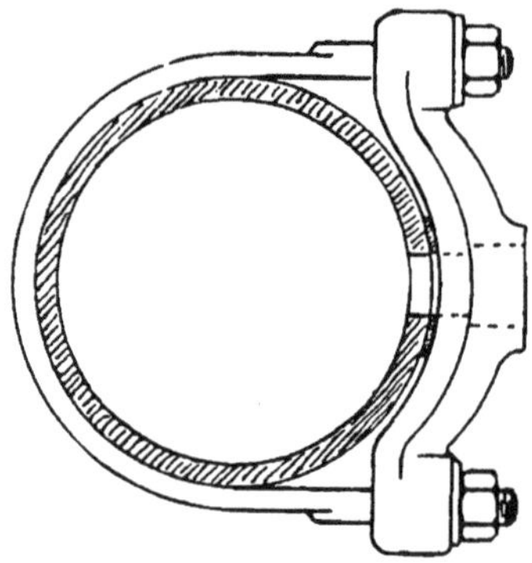

Fig. 71.

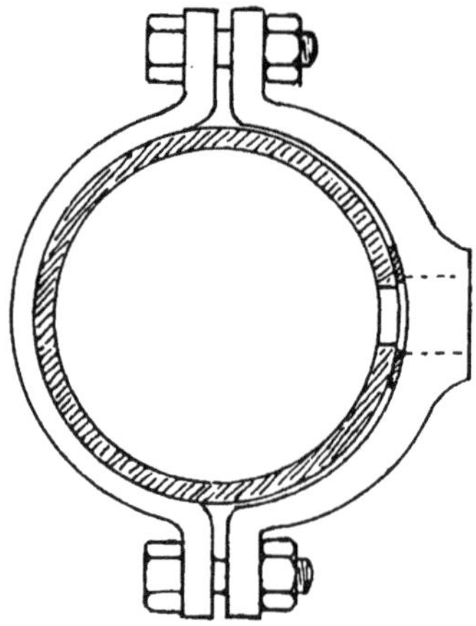

Fig. 72.

Rohrschellen. 1/6 d. nat. Gröfse.

Da gegenwärtig infolge der Fortschritte der Giefsereitechnik die Wandstärken der Röhren so schwach hergestellt werden, dafs das Einschrauben eines Verbindungsstückes für eine Zweigleitung als unzulässig erscheint, so ist man genötigt, für jeden durch Anbohrung herzustellenden Abzweig eine Rohrschelle am Rohre zu befestigen, welche als Zwischenglied die Verbindung zwischen dem Hauptrohre und dem Abzweigrohre vermittelt. Diese Schelle besteht in der gebräuchlichsten Ausführung (Fig. 71) aus einem gufseisernen Bügel, welcher durch ein schmiedeisernes Band, dessen Enden mit Schraubengewinden und Muttern versehen sind, auf dem Rohre befestigt wird.

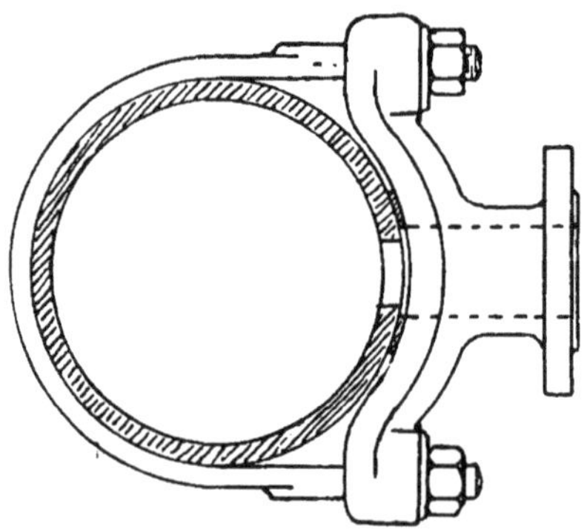

Fig. 73. Rohrschelle. 1/6 d. nat. Gröfse.

Eine Schelle aus Schmiedeisen zeigt die Fig. 72. Sie besteht aus zwei halbkreisförmigen Bügeln, welche das Rohr umschliefsen und durch Schrauben an demselben festgehalten werden. Soll der Anschlufs der Zweigleitung mittels einer Flansche geschehen, so mufs der Bügel die in Fig. 73 dargestellte Form erhalten, andernfalls wird der Anbohrhahn, das Absperrventil, oder der Sauger in die Schelle eingeschraubt.

Die Dimensionen des Bügels werden nach dem Durchmesser des Hauptrohres bemessen. Durch eine zwischen Schelle und Rohr gelegte Gummidichtung wird ein wasserdichter Anschlufs beider erreicht.

Die vorstehend aufgeführten Konstruktionen sind noch in zwei Punkten verbesserungsfähig. Der Umstand, dafs diese Konstruktionen

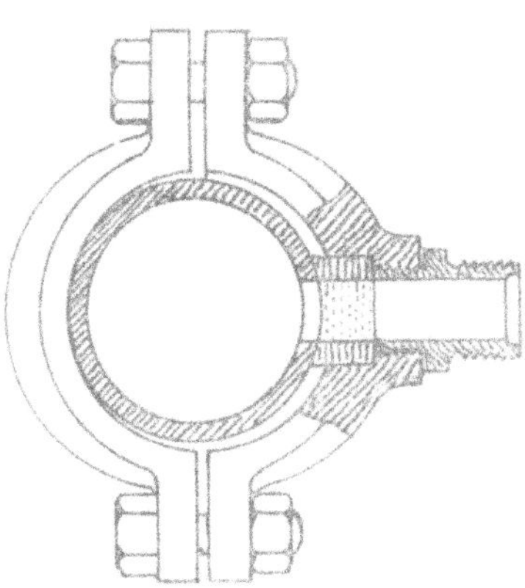

Fig. 74.
Gufseiserne Rohrschelle mit Sauger.
$^1/_5$ d. nat. Gröfse.

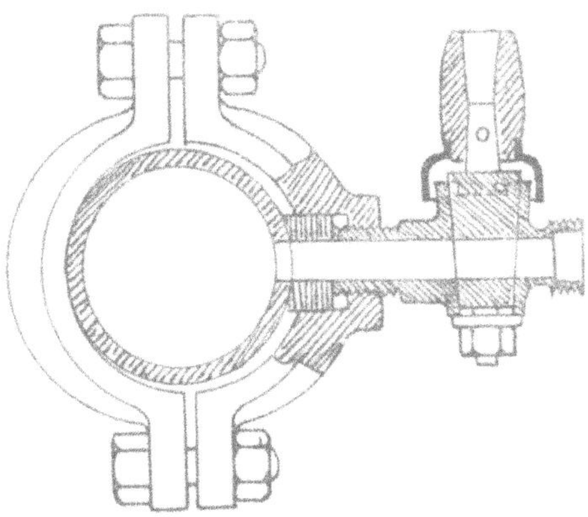

Fig. 75.
Gufseiserne Rohrschelle mit Anbohrhahn.
$^1/_5$ d. nat. Gröfse.

im feuchten Erdreich zu liegen kommen, macht es zur Aufgabe, alles zu vermeiden, was der Einwirkung von Feuchtigkeit eine geringe Widerstandsfähigkeit entgegensetzt. Hierzu gehört einerseits die Verwendung von Schmiedeisen zu den Bügeln und Schrauben, anderseits die Verwendung von Gummi als Dichtungsmaterial.

Die Ersetzung der schmiedeisernen Schraubenmuttern durch broncene Muttern führt nicht zu dem gewünschten Resultate, da sich die eigentümliche Erscheinung gezeigt hat, dafs schmiedeiserne Schrauben mit Broncemuttern der Einwirkung des Rostens in viel höherem Grade unterliegen, als wenn alle Teile aus Schmiedeisen angefertigt sind.

Man wendet daher in neuerer Zeit mit Vorteil Rohrschellen an, welche ganz aus Gufseisen hergestellt sind, und zwar so, dafs die beiden halbkreisförmigen Bügel durch broncene Schrauben mit einander verbunden werden (s. Fig. 74 und 75). Die Gummidichtung ersetzt man durch einen Bleiring, welcher in die Rohrschelle eingegossen wird. Das Gewindestück des in die Rohrschelle eingeschraubten Hahnes oder Saugers mufs so lang sein, dafs es gegen den Bleiring drückt, und denselben nach aufsen und abdichtend gegen das Hauptrohr prefst. Liegen Bedenken vor, das Wasser mit Blei in Berührung zu bringen, so mufs dem Bleiputzen ein innerer Kern von Zinn gegeben werden. Selbstverständlich ist diese Konstruktion teurer, als die früher beschriebenen Ausführungsarten.

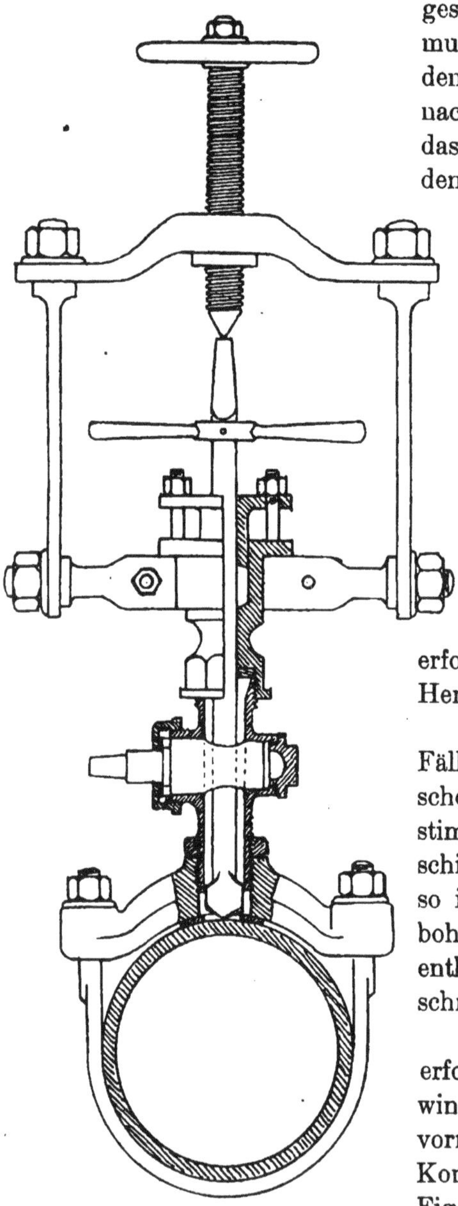

Fig. 76.
Anbohrvorrichtung. 1/5 d. nat. Gröfse.

Die **Anbohrung** eines Strafsenrohres erfolgt zumeist seitlich, sie kann aber auch an der Oberkante des Rohres geschehen. Je nachdem dieselbe bei gefülltem Hauptrohre und unter Druck, oder bei entleertem Hauptrohre erfolgt, werden die Vorgänge bei der Herstellung derselben folgende sein:

Die erste Arbeit besteht in beiden Fällen in der Befestigung einer Rohrschelle an der für die Anbohrung bestimmten Stelle des Strafsenrohres. Geschieht die Anbohrung unter Druck, so ist in diese Schelle vorher ein Anbohrhahn, geschieht sie hingegen bei entleertem Rohre, ein Sauger einzuschrauben.

Die **Anbohrung unter Druck** erfolgt in der Weise, dafs auf das Gewinde des Anbohrhahnes eine Bohrvorrichtung geschraubt wird, deren Konstruktion aus der beistehenden Fig. 76 zu entnehmen ist. Durch dieselbe erhält der Bohrer eine sichere und auch wasserdichte Führung. Nach Öffnung des Anbohrhahnes wird der Bohrer durch denselben hindurchgesteckt, und hierauf die Arbeit des Bohrens ausgeführt, wobei eine mit der Hand stellbare Prefsschraube den Druck in der Bohrrichtung ausübt, während der Bohrer selbst mittels Bohrknarre oder Bohrratsche bewegt wird. Ist die Wandung des Strafsenrohres durchbohrt, so wird der Bohrer bis hinter den Hahn zurückgezogen, der Hahn geschlossen, und der Apparat entfernt. Durch ein kurzes Öffnen des Hahnes stöfst man die Bohrspähne nach aufsen, und stellt hierauf mittels der Verschraubung die Verbindung des Hahnes mit der anschliefsenden Zweigleitung her.

Erfolgt die Anbohrung bei entleertem Rohre, so vereinfacht sich der Vorgang dahin, dafs der Bohrapparat auf das Gewinde des Saugers geschraubt, und hierauf die Durchbohrung der Wandung in der früheren Weise vorgenommen wird.

Bopp & Reuther in Mannheim haben eine Rohrschelle mit seitlicher Abzweigung konstruiert, welche die Anbohrung unter Druck ohne Anwendung eines Anbohrhahnes gestattet. Dieselbe erfolgt an der Oberkante des Rohres, und ist die Vorrichtung hierzu aus beistehender Fig. 77 ersichtlich. Die Rohrschelle *a* hat eine dem Zwecke entsprechende, veränderte Form erhalten, damit die Rohrleitung seitlich an dieselbe angeschlossen werden kann. Nach Anlegung der Rohrschelle wird der Anbohrapparat durch eine Schrauben- und Kettenverbindung *b* auf der Rohrschelle wasserdicht aufgesetzt, und besteht derselbe in der Hauptsache aus einem Hahne *c*, einer Stopfbüchsendichtung *d* für den Bohrer, und dem Bohrbügel *e* mit der Druckspindel *f*. Die Stopfbüchse *d* wird durch Bayonettverschlufs auf dem Hauptkörper festgehalten, kann daher leicht entfernt werden. Der Bohrer selbst besteht wiederum aus zwei Teilen, und zwar aus der Bohrstange und dem Spiralbohrer. Nachdem der Apparat aufgestellt und die Zweigleitung bis zur nächsten Absperrvorrichtung fertig gestellt und mit der Schelle verbunden worden ist, wird der Bohrer mit Stange durch den Hahn des Apparates geschoben, und die Anbohrung mit Hilfe der Bohrratsche vollzogen. Hierauf wird der Bohrer zurückgezogen, der Hahn abgesperrt, statt der Bohrerstange der Stopfenschlüssel *g* eingeführt, und die Rohrschelle oben mit einem Gewindestopfen verschlossen.

Die örtliche Lage der Anbohrung gestattet die Entlüftung der Strafsenleitung mit Hilfe der Hausleitungen, doch ist dieser Umstand nicht von wesentlicher Bedeutung, da nach einer Entleerung der Hauptleitung die Luft beim Wiederanfüllen derselben mit Hilfe der

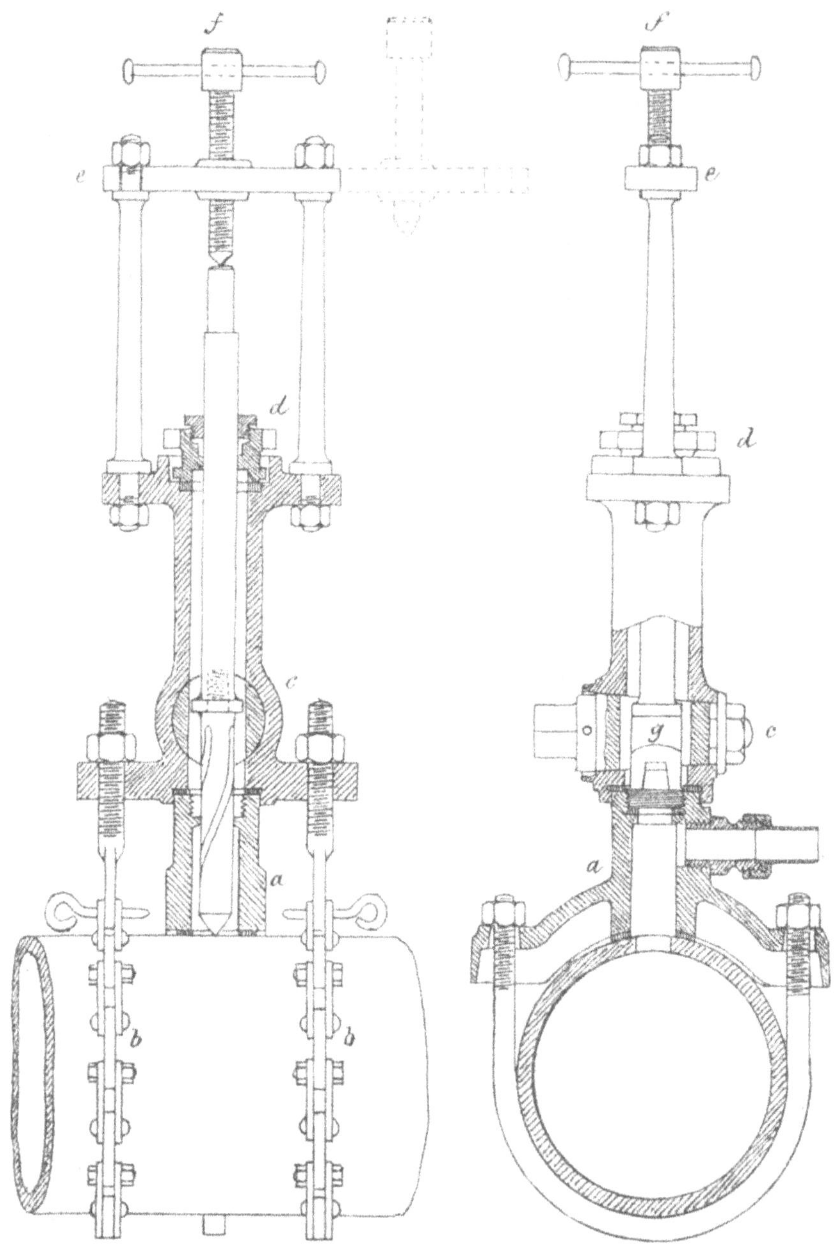

Fig. 77.
Anbohrvorrichtung von Bopp & Reuther.
$^1/_5$ d. nat. Gröfse.

auf der Leitung befindlichen Feuerhähne entfernt wird, während des Betriebes aber gröfsere, den Betrieb störende Luftansammlungen wohl kaum auftreten werden.

Schliefslich sei noch einer Anbohrmethode ihrer Eigentümlichkeit halber Erwähnung gethan, welche im Jahre 1882 dem Ingenieur Hanssen in Flensburg patentiert wurde. Dieselbe besteht in der Hauptsache darin, dafs mit Hilfe des Anbohrapparates in die Rohrschelle ein Anbohrstöpsel (s. Fig. 78) eingeschraubt wird, dessen innerer Teil auf seiner gröfseren Länge geriffelt, und mit hartem Zucker oder einer andern, in Wasser löslichen Masse angefüllt ist. Die dem angebohrten Rohre zugedrehte Seite dieser Füllmasse wird durch eine Schicht Paraffin oder eine andere, in Wasser nicht lösliche Masse geschützt, und dadurch diese Füllmasse befähigt, dem Drucke der Leitung so lange zu widerstehen, bis der Anbohrapparat beseitigt, und die zuvor hergerichtete Zweigleitung an die Hülse angeschraubt worden ist.

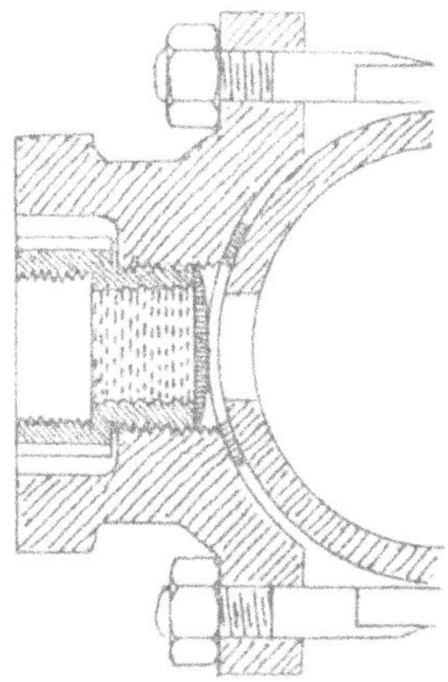

Fig. 78.
Anbohrverfahren von Hanssen in Flensburg. 1/3 d. nat. Gröfse.

Der Anbohrhahn wird in den meisten Fällen gleichzeitig als Absperrvorrichtung der Anschlufsleitung auf der Strafse, d. h. als Strafsenhaupthahn, dienen. Nach Herstellung der Anbohrung und der Verbindung mit der nach dem Grundstücke führenden Zweigleitung wird daher der Anbohrhahn nach Fig. 79 mit einem Schutzrohre und einer Schlüsselstange versehen, über welche in Terrainhöhe eine gufseiserne Strafsenkappe, auf einer Holzbohlenunterlage befestigt, gesetzt wird.

Die Anwendung von Kegelhähnen als Absperrvorrichtung bringt den Übelstand mit sich, dafs die Hahnkegel sich leicht festsetzen, wenn sie während einer Reihe von Jahren nicht zur Benutzung gekommen sind. Dieser Übelstand verschärft sich in diesem Falle um so mehr, als man nicht durch einfache Hilfsmittel im stande ist, Abhilfe zu schaffen, sondern erst genötigt ist, durch Ausgraben des Hahnes denselben zugänglich zu machen. Man kann demselben jedoch dadurch leicht begegnen, dafs jeder Strafsenhaupthahn seitens der Wasserwerksverwaltung auf seine Drehbarkeit in gewissen Zwischenräumen untersucht wird, was durch ein einmaliges Zu- und Aufdrehen geschieht, und daher nur eine geringe Mühe erfordert.

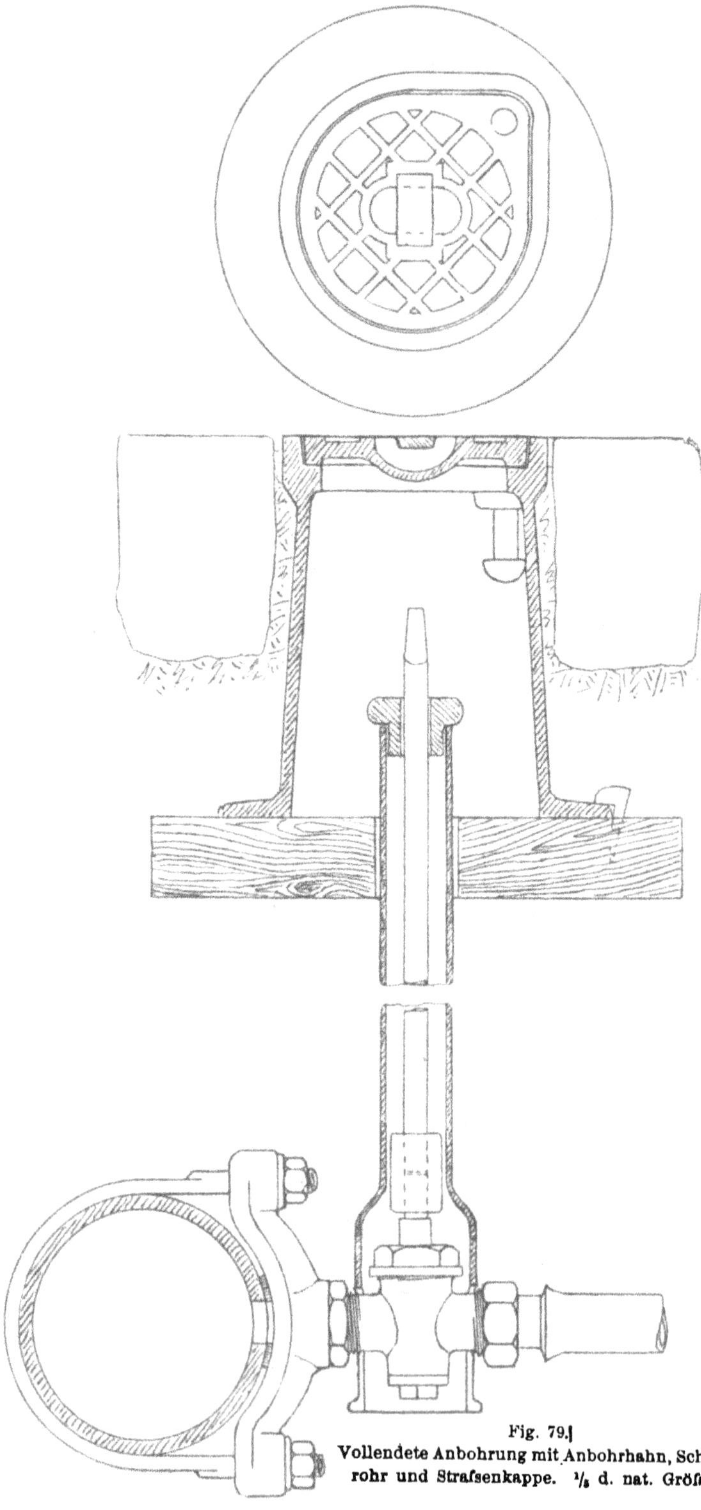

Fig. 79.
Vollendete Anbohrung mit Anbohrhahn, Schutzrohr und Strafsenkappe. 1/5 d. nat. Gröfse.

Bei Beobachtung dieser Vorsichtsmafsregel sind die Hähne sehr geeignete Absperrvorrichtungen, da sie in der Behandlung nicht so empfindlich sind, als andere Konstruktionen. Will man jedoch die Anwendung eines Kegelhahnes als Absperrvorrichtung vermeiden, so benutzt man den Hahn einfach nur als Anbohrvorrichtung, verschüttet hierauf denselben, und bringt an einer andern geeigneten Stelle der Anschlufsleitung ein Absperrventil zur Aufstellung.

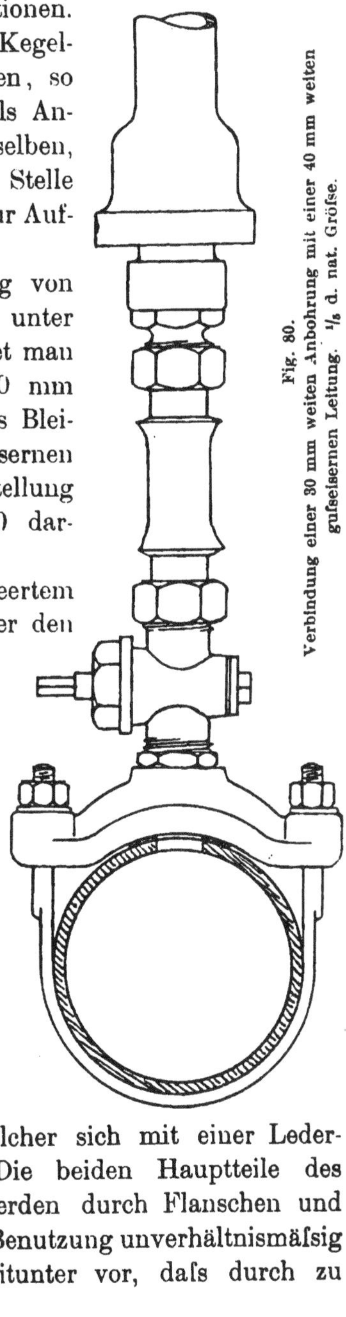

Fig. 80. Verbindung einer 30 mm weiten Anbohrung mit einer 40 mm weiten gufseisernen Leitung. 1/5 d. nat. Gröfse.

Um auch eine gufseiserne Leitung von 40 mm Durchmesser an ein Hauptrohr unter Druck anschliefsen zu können, verwendet man mit Vorteil einen Anbohrhahn von 30 mm Durchmesser, welcher durch ein kurzes Bleirohrstück mit dem Endstöpsel der gufseisernen Leitung verbunden wird. Nach Fertigstellung besitzt dieser Anschlufs die in Fig. 80 dargestellte Form.

Wird die Anschlufsleitung bei entleertem Hauptrohre hergestellt, so können aufser den früher angeführten Absperrvorrichtungen auch Ventile zur Anwendung kommen, zu welchem Zwecke dieselben mit dem erforderlichen Schraubengewinde zum Einschrauben in die Rohrschelle versehen sind. Die Fig. 81 zeigt ein Niederschraubventil in der Ansicht, welches zum Einschrauben in die Rohrschelle bestimmt ist. Soll dieses Ventil vom Hauptrohre entfernt unter dem Fufsweg zur Aufstellung gelangen, so erhält dasselbe die in Fig. 82 dargestellte Form. Durch Umdrehung der aus Rotgufs hergestellten Spindel wird ein Ventilkörper gehoben und gesenkt, welcher sich mit einer Lederfläche auf den Ventilsitz auflegt. Die beiden Hauptteile des Ventilgehäuses und die Stopfbüchse werden durch Flanschen und Schrauben miteinander verbunden. Bei Benutzung unverhältnismäfsig grofser Schlüssel kommt es jedoch mitunter vor, dafs durch zu kräftiges Zudrehen das Oberteil des Ventils in Fig. 81 und 82 abgedrückt, und dadurch die Verbindung dieser Teile undicht wird. Man wendet daher in neuerer Zeit für Absperrvorrichtungen,

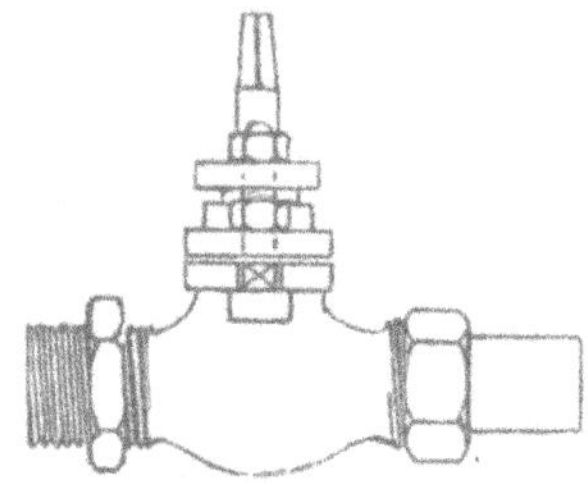

Fig. 81. Strafsenhauptventil mit Gewinde. $^1/_5$ d. nat. Gröfse.

insbesondere für solche, welche in die Erde zu liegen kommen Ventile mit aufgeschraubtem Oberteile an. Die Figuren 83 und 84 zeigen zwei Ausführungsarten dieser Ventile, wobei in Fig. 84 die Stopfbüchsenkappe noch mit einem, ein wenig konisch verlaufenden Sechskant versehen ist, welches gestattet, dafs man mittels eines Hohlschlüssels nach Entfernung der Schlüsselstange die Stopfbüchse anziehen kann.

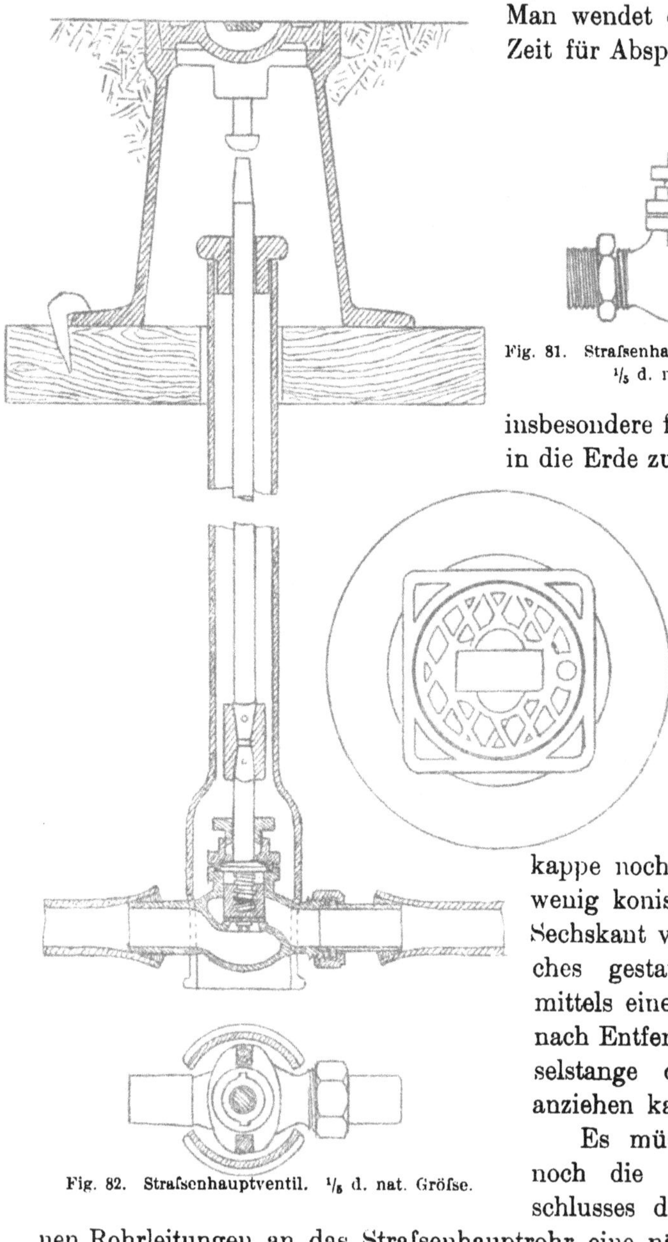

Fig. 82. Strafsenhauptventil. $^1/_5$ d. nat. Gröfse.

Es müssen schliefslich noch die Arten des Anschlusses der schmiedeisernen Rohrleitungen an das Strafsenhauptrohr eine nähere Beachtung finden. Da die verzinkten schmiedeisernen Leitungen hauptsächlich in Süddeutschland in Anwendung sind, so mögen die dort üblichen, in Württemberg gesetzlich angeordneten Konstruktionen hier vorgeführt werden.

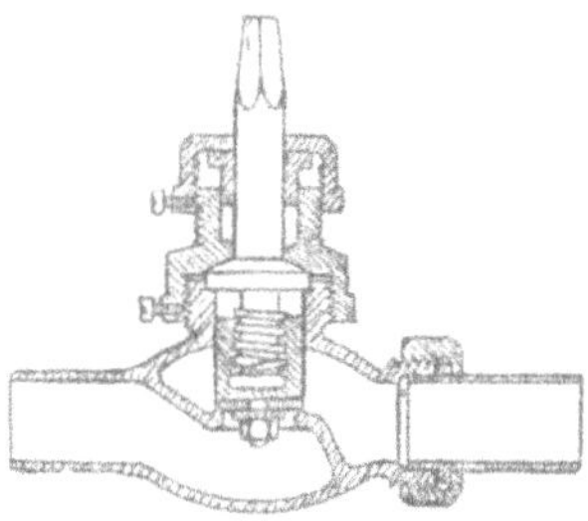

Fig. 83.

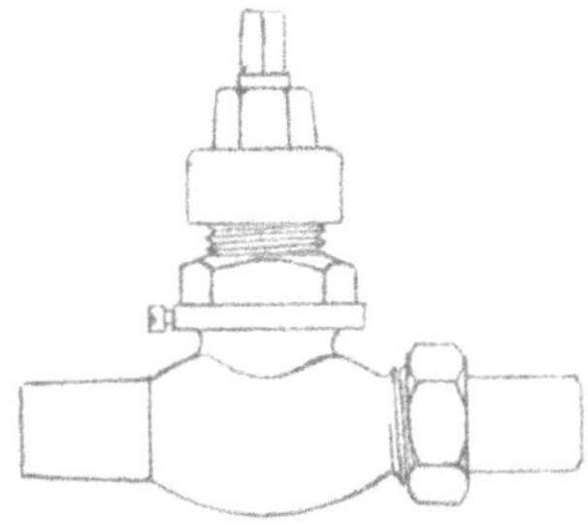

Fig. 84.

Nach diesen gesetzlichen Vorschriften erhält jeder Abzweig unmittelbar am Hauptrohre einen Absperrhahn, »Regulierhahn« genannt, welcher in einem gemauerten Schachte Aufstellung findet. Erfolgt der Anschlufs der Zweigleitung an einer Stelle, wo sich in der Hauptleitung ein für diesen Zweck eingeschaltetes Formstück befindet, so geschieht der Anschlufs in der in Fig. 85 angedeuteten Weise. Der Messinghahn mit Rotgufsreiber erhält an der einen Seite eine Flansche zum Anschlufs an das **A**-Stück des Strafsenrohres, auf der andern Seite hingegen eine Muffe zum Einschrauben der schmiedeisernen Leitung. Da der Hahn in einem Schachte steht, so erhält derselbe behufs Drehung einen schmiedeisernen Drehschlüssel aufgesetzt.

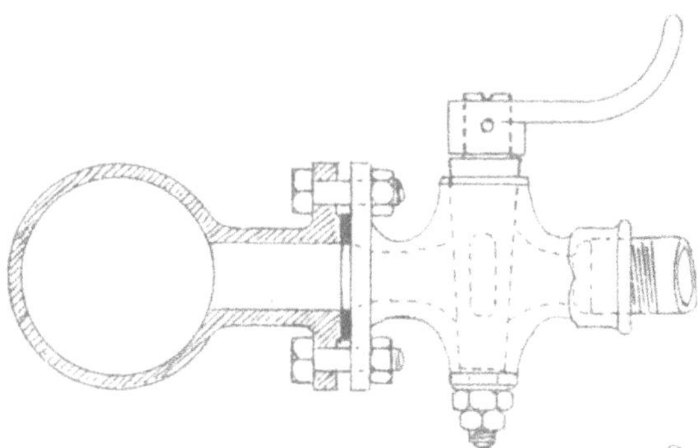

Fig. 85.

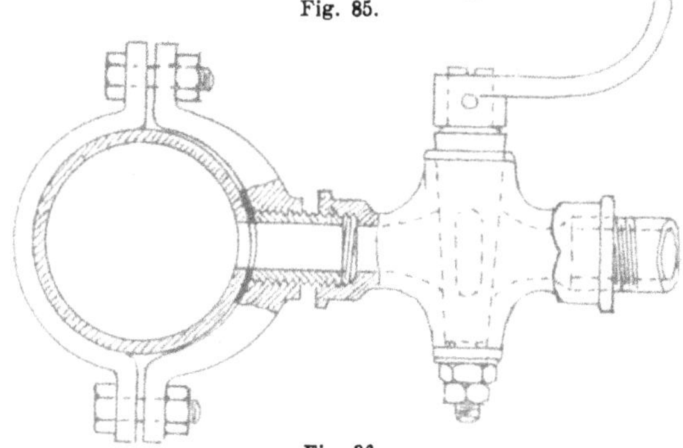

Fig. 86.

Soll hingegen der Anschlufs an einer Stelle vorgenommen werden, wo kein Abzweigstutzen vorhanden ist, oder soll derselbe während des Betriebes des Hauptrohres ohne Betriebsstörung, d. h. unter Druck ausgeführt werden, so ist die Anlegung einer Schelle erforderlich, in welche letztere ein kurzer, mit Gewinde versehener schmiedeiserner Rohrstutzen (Nippel) eingeschraubt wird (siehe Fig. 86). An diesen Rohrstutzen schliefst sich der Regulierhahn an, welcher in diesem Falle beiderseits mit Muffen und innerem Gewinde versehen ist und gleichzeitig als Anbohrhahn in der an früherer Stelle beschriebenen Weise dient. Der Anschlufs der schmiedeisernen Rohrleitung erfolgt wiederum durch Einschrauben.

Es dürfte ohne weiteres einleuchten, dafs der an einem Abzweigstutzen angeschraubte Hahn in Fig. 85 auch durch eine Ventilabsperrvorrichtung ersetzt werden kann, dafs ferner durch Aufsetzen eines Schutzrohres mit Schlüsselstange und Strafsenkappe die Ausführung eines gemauerten Schachtes überflüssig gemacht wird. Auch ist es nicht Erfordernis, dafs die Absperrvorrichtung sich unmittelbar am Hauptrohre befindet, sondern unter Umständen mit Vorteil von der Fahrstrafse auf den Fufssteig verlegt wird, wie dies bereits bei den Anschlufsleitungen von Bleiröhren erwähnt wurde. Im letzteren Falle schliefst die schmiedeiserne Rohrleitung mittels Flansche an den Abzweigstutzen der Hauptleitung an, wie dies in Fig. 87 zur Darstellung gebracht ist.

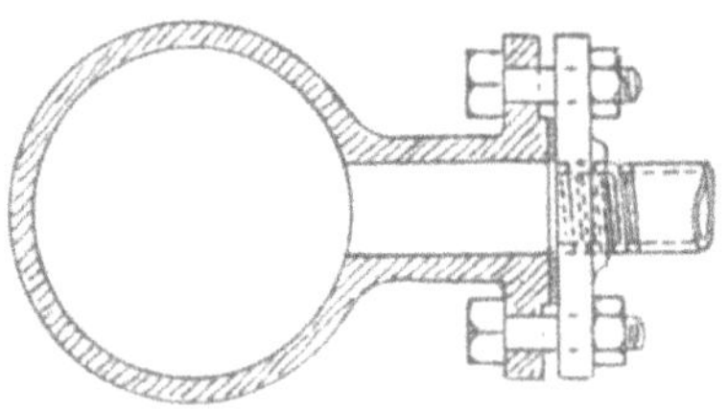

Fig. 87.

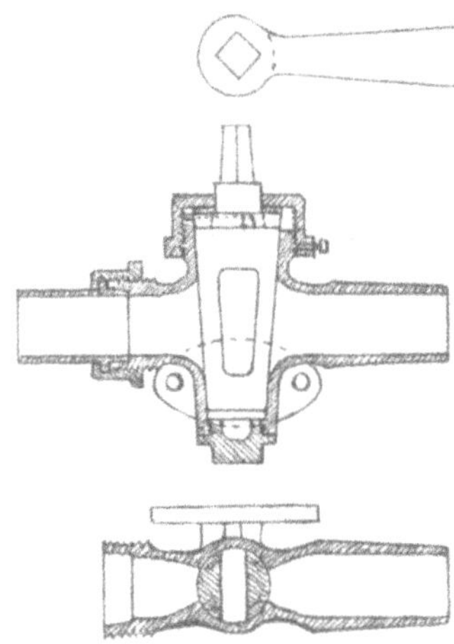

Fig. 88. Privathaupthahn. $^1/_5$ d. nat. Gröfse.

Die Anschlufsleitung endigt nach ihrem Eintritt in das Grundstück mit dem Privathauptventil. Als solche dienen mit geringen Abweichungen die für die Strafsenabsperrvorrichtungen angeführten Konstruktionen: Kegelhähne, Schieberventile und Niederschraubventile. Die Kegelhähne sind für diesen Zweck weniger geeignet, als die Ventile, da sie in gleicher Weise wie die Anbohrhähne sich festsetzen, wenn sie längere Zeit nicht bewegt worden sind. Es gibt dies vielfach Anlaſs zu einer Beschädigung der Hähne

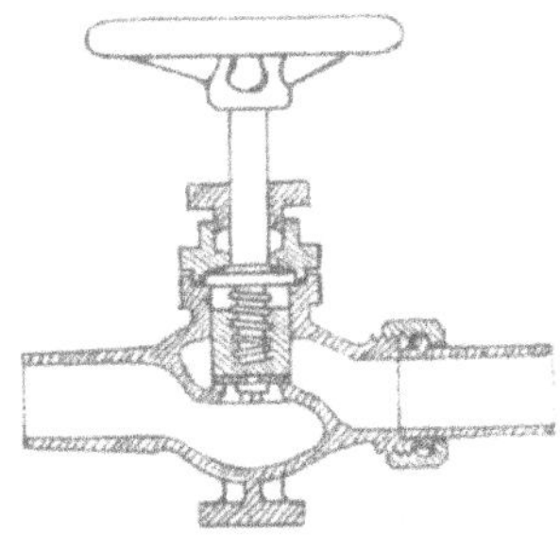

Fig. 89. Privathauptventile. $^1/_6$ d. nat. Gröſse. Fig. 90.

durch Anwendung von Gewalt, hauptsächlich dann, wenn sich im Falle eines Defektes an der Leitung die schnelle Schlieſsung des Hahnes notwendig macht. Der Privathaupthahn Fig. 88 ist mit einer Flansche versehen, um seitlich an der Wand befestigt zu werden. Die Privathaupthähne erhalten zur leichten Bewegung Drehschlüssel aufgesetzt.

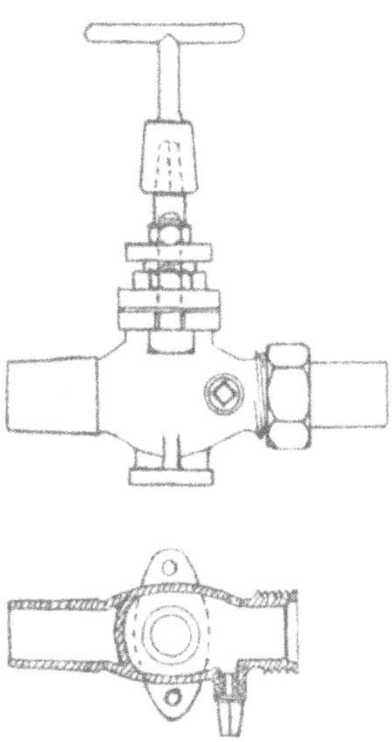

Fig. 91.

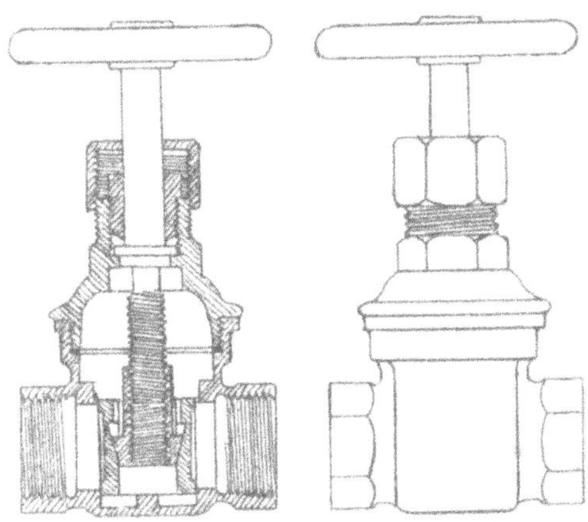

Fig. 92. Peets Ventil. $^1/_6$ d. nat. Gröſse.

Die Figuren 89 bis 92 mögen als Beispiele der zahlreichen Konstruktionen von Privathauptventilen dienen, und zwar zeigt

Fig. 89 ein Schieberventil,

Fig. 90 ein Niederschraubventil mit Handrad.

Fig. 91 ein Niederschraubventil mit Entleerungsschraube und Fig. 92 ein Peets-Ventil, d. i. ein Schieberventil, bei welchem die losen Schieberflächen durch einen Conus gegen die Sitzflächen des Gehäuses gedrückt werden. Das letztere Ventil besitzt Muffen zur Einschaltung in eine schmiedeiserne Leitung. Die Ventile Fig. 90 und 91 sind mit einer Flansche versehen, um entweder von unten gestützt oder seitlich an der Wand befestigt zu werden. In manchen Fällen versieht man die Absperrvorrichtung mit einer Entleerungsschraube (siehe Fig. 91), um mittels derselben die Hausleitung entleeren zu können. Diese Einrichtung ist nur dann von Nutzen, wenn das Privathauptventil auch den tiefsten Punkt der Leitung bildet, andernfalls wird aber noch eine zweite Entleerungsvorrichtung vorhanden sein, und letztere die Entleerungsschraube des Ventils entbehrlich machen. Diese Entleerungsöffnung hatte früher überdies den Zweck, die Verbindung der Hausleitung mit einer Druckpumpe zur Prüfung der Leitung zu ermöglichen. In neuerer Zeit hält man sich an diesen Punkt nicht mehr für gebunden, sondern setzt den Prüfungsapparat nach Ausschrauben eines Zapfhahnes an einer passend gelegenen Stelle an. Diese Entleerungseinrichtung kann daher auch aus diesem Grunde ohne Bedenken in Wegfall kommen.

Die Tieflage der Anschlufsleitungen zum Schutze gegen das Einfrieren soll in unserem mitteleuropäischen Klima in der Regel nicht unter 1,5 m betragen, hauptsächlich an den Stellen, wo die Leitung durch Mauerwerk hindurch geführt ist, da das letztere das Eindringen des Frostes mehr begünstigt, als das Erdreich. Liegt zwischen dem Strafsenhauptrohre und dem anzuschliefsenden Grundstücke ein Kanal, dessen Oberkante vom Erdreich weniger als 1,5 m hoch überdeckt ist, so wird man bis zu einer Tieflage von 1,2 m mit dem Rohre über dem Kanale hinweggehen, bei geringerer Erdüberdeckung aber die Rohrleitung durch den Kanal führen, wenn es nicht möglich ist, unter dem Kanal hindurch zu gelangen.

Die Kappen der Absperrschieber und Strafsenhauptventile, deren verschiedene Formen die Figuren 64, 79 und 82 zeigen, werden, sofern sie in die Fahrstrafse zu liegen kommen, möglichst stark aus Gufseisen hergestellt, und mittels eines, um einen Stift drehbaren, lose eingelegten Deckels verschlossen. Die Deckeloberfläche ist mit Vertiefungen versehen, um das Ausgleiten der Pferde auf derselben zu verhindern. Diesen Kappendeckel durch einen besondern Riegelverschlufs festzuhalten, hat sich nicht als empfehlenswert herausgestellt, da diese Riegel sehr bald einrosten und infolgedessen ihren Dienst versagen.

Legt man das Strafsenhauptventil in den Fufsweg, so kann man die Wandungen der Kappe schwächer wählen, man hat jedoch darauf Rücksicht zu nehmen, dafs die Fufsgänger im Winter nicht Gefahr laufen, auf dem durch den Verkehr geglätteten Eisen auszurutschen. Man gibt daher entweder der Kappe eine solche Form, dafs nur eine möglichst kleine

Fig. 93.

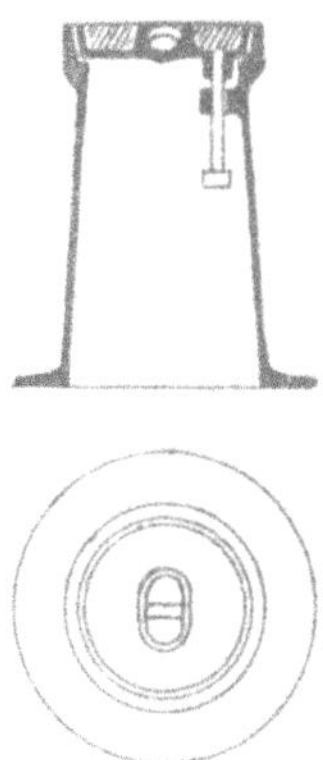

Fig. 94.

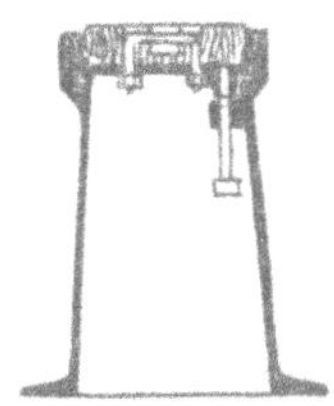

Fig. 95.

Fläche in der Fufsbahn sichtbar ist (siehe Fig. 93), oder man begegnet diesem Übelstande in der Weise, dafs man die Deckelfläche mit einem andern, weniger glatten Materiale ausfüttert. In Fig. 94 ist eine Strafsenkappe zur Darstellung gebracht, deren Deckel mit Asphalt ausgegossen, in Fig. 95 ein Deckel, welcher mit Holz ausgefüttert ist.

Die Strafsenkappe Fig. 93 zeigt noch einen, von den früher mitgeteilten abweichenden Deckelverschlufs. Der Deckel besitzt an seinem unteren Teile gegenüberstehend zwei Nasen, welche unter einen Ring in der Kappe greifen. In einer gewissen Stellung, welche durch Drehung des Deckels zu erreichen ist, sind in dem Umfange dieses Ringes Ausschnitte vorhanden, welche den Durchgang der Nasen und somit das Ausheben des Deckels gestatten.

Ist der Fufssteig aus Granit- oder Sandsteinplatten gebildet, so trifft man mit Vorteil die Anordnung, dafs die Kappe auf die Fuge zweier Platten zu stehen kommt.

Um jederzeit zu wissen, wo das betreffende Strafsenventil sich befindet, befestigt man an dem Gebäude, der Gartenmauer oder an einem sonstigen unverrückbaren Gegenstande der Grundstücksumfassung, womöglich gegenüber dem Ventile oder Schieber ein Blechschild, auf welchem die rechtwinkelige Entfernung, sowie die etwaige Seitenentfernung durch Zahlen angegeben sind. Die beistehende Figur 96 veranschaulicht das eben Gesagte, indem das durch dieses Schild markierte Ventil von der Befestigungsstelle in rechtwinkeliger Richtung 10 m absteht, vom Schilde aus gesehen aber 1,5 m in der Richtung nach seitwärts liegt. Die Zahlen und Buchstaben werden entweder mit Ölfarbe auf das Blech gemalt oder direkt in das Blech erhaben eingeprefst.

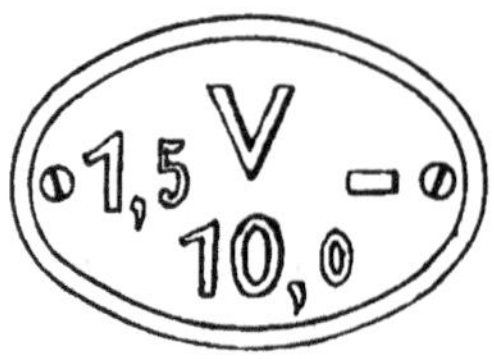

Fig. 96 Schild für Strafsenhauptventile.

Es ist bereits im vorigen Kapitel des Falles gedacht worden, dafs der Privathaupthahn unter Umständen statt in einem Kellerraume in einem besonders herzustellenden Schachte Aufstellung finden mufs. Diese Schächte werden aus Mauerwerk hergestellt und zum Schutze gegen äufsere Einflüsse mit Holzbohlen und in Terrainhöhe mit Steinplatten, resp. gufseisernen oder schmiedeisernen Platten abgedeckt, und sind so grofs anzulegen, dafs in ihnen aufser dem Privathauptventil gleichzeitig auch ein Wassermesser Aufstellung finden kann. Sie erhalten für Hausleitungen bis zu 30 mm Durchmesser, eine Breite von 0,75 m und eine Länge von 1,25 m. Für Zweigleitungen gröfseren Kalibers sind die Dimensionen der Schächte entsprechend zu vergröfsern, ihre Einsteigöffnungen aber auf mindestens 60 cm im Quadrat zu bemessen.

Man legt das Privathauptventil auch dann in einen Schacht von vorstehend angegebener Gröfse, wenn ein Wassermesser zur Zeit nicht zur Aufstellung kommt, die spätere Aufstellung desselben aber nicht als ausgeschlossen zu betrachten ist. Nur dann, wenn die

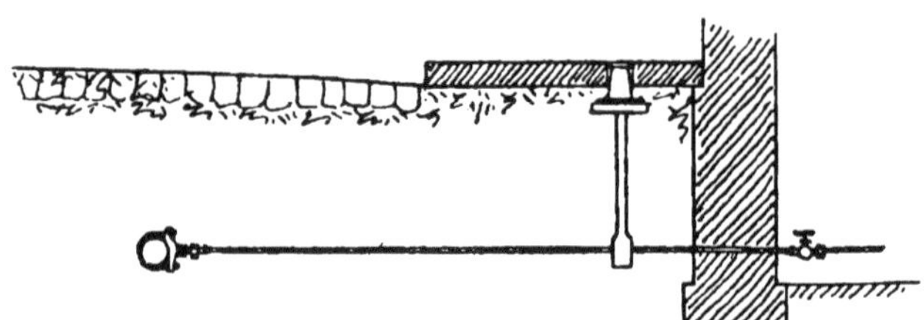

Fig. 97.

Anwendung eines Wassermessers unbedingt ausgeschlossen ist, wird man das Privathauptventil auch ohne weiteres ins Erdreich legen dürfen.

In den beistehenden Skizzen sind die Anordnungen einer Anzahl von Anschlufsleitungen bis zum Privathaupthahne im Zusammenhange zur Darstellung gebracht und dürften nach dem Früheren die Einzelheiten derselben wohl verständlich sein, so dafs es genügen wird, die einzelnen Ausführungen wie folgt zu bezeichnen:

Fig. 97. Anschlufsleitung mit Anbohrung bei entleertem Hauptrohre, Strafsenhauptventil auf dem Fufssteige, Privathaupthahn im Keller,

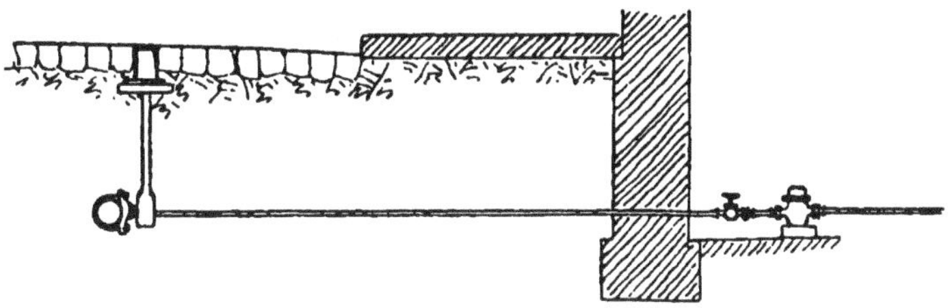

Fig 98.

Fig. 98. Anschlufsleitung mit Anbohrung unter Druck mittels Anbohrhahn, der Anbohrhahn als Absperrvorrichtung benutzt, Privathaupthahn und Wassermesser im Keller,

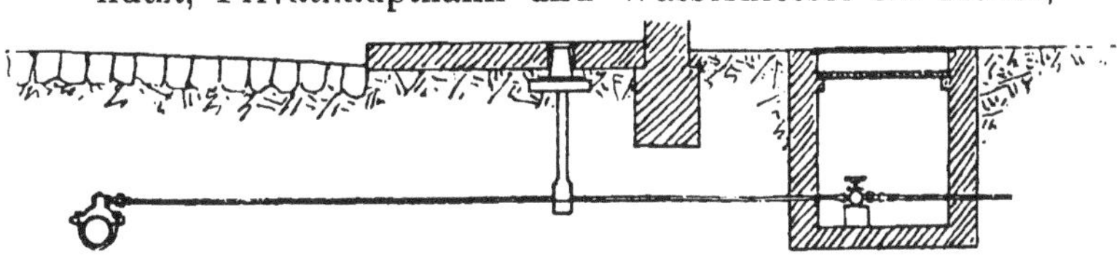

Fig 99.

Fig. 99. Anschlufsleitung mit Anbohrung an der Oberseite des Rohres, Strafsenhauptventil auf dem Fufssteige, Privathauptventil im Schachte, Möglichkeit vorhanden zur eventuellen späteren Aufstellung eines Wassermessers,

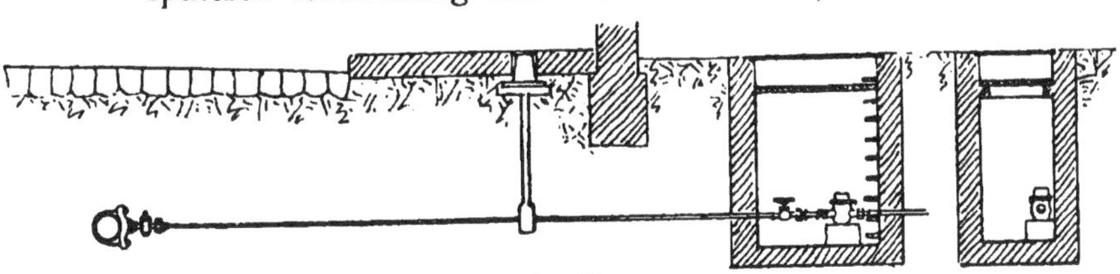

Fig. 100.

Fig. 100. Anschlufsleitung mit Anbohrung unter Druck mittels Anbohrhahn, Strafsenhaupthahn auf dem Fufssteige. Privathaupthahn mit Wassermesser im Schachte,

Fig. 101. gufseiserne Anschlufsleitung mit 2 Privatabsperrschiebern, Rückschlagventil und Wassermesser im Schachte.

Die in Fig. 101 dargestellte Anordnung mit zwei Absperrvorrichtungen empfiehlt sich für alle gröſseren Leitungen (mehr als 40 mm Durchmesser) mit Wassermesser, da hierdurch die Möglichkeit geboten ist, den Wassermesser ausschalten zu können, ohne die ganze Privatleitung entleeren zu müssen. Für Leitungen kleineren Durchmessers fällt dieser Umstand nicht so weit ins Gewicht, um die Aufstellung zweier Ventile zu rechtfertigen.

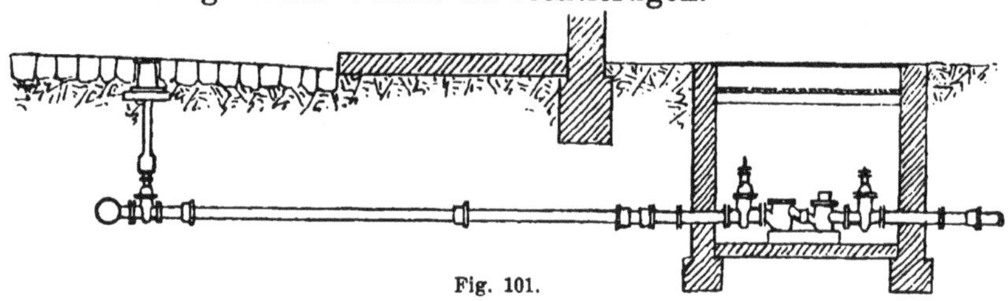

Fig. 101.

Wenn auch hiermit die möglichen Arten der Ausführung und Kombination nicht erschöpft sind, so wird man doch an der Hand der vorstehenden Beispiele leicht im stande sein, diese Modifikationen, welche sich infolge des anzuwendenden Rohrmaterials und der örtlichen Verhältnisse notwendig machen, selbst vorzunehmen.

E. Die Wasserleitungsanlagen innerhalb der Grundstücke.

Es ist in den Kapiteln 11 und 12 nur von demjenigen Teile einer Zweigleitung die Rede gewesen, welcher zwischen dem Straſsenhauptrohre und dem Privathauptventile liegt und den Namen der Anschluſsleitung führt. Das Privathauptventil bildet den Übergang zu der eigentlichen Privatleitung, indem dasselbe die für den Eigentümer zugängliche Hauptabsperrvorrichtung der ganzen Anlage bildet.

Je nach dem Zwecke der Zweigleitungen wird man unterscheiden können:

1. Leitungen zur Versorgung von Wohngebäuden mit Trink- und Nutzwasser,
2. Leitungen zur Bewässerung von Gärten, sowie Fontainenleitungen,
3. Feuerlöschleitungen, und
4. Leitungen für gewerbliche Zwecke.

Eine Wasserversorgungsanlage wird oft mehreren der vorgenannten Zwecke gemeinsam dienen, daher z. B. einesteils die

Wasserversorgung eines Wohngebäudes, andernteils aber auch die Bewässerung eines Gartens zum Zwecke haben. Die Anlagen für gewerbliche Zwecke werden in den meisten Fällen auf die Errichtung einer geringeren oder gröfseren Anzahl von Zapfstellen hinauslaufen, in ihrer Einrichtung daher mit den Anlagen für häusliche Zwecke zusammenfallen und keiner besondern Darlegung bedürfen. Es sollen aber diejenigen Apparate an der betreffenden Stelle näher besprochen werden, welche nicht das Wasser an sich, sondern nur die Temperatur des Wassers oder den Druck desselben auszunutzen bestimmt sind.

Kapitel 13.

Die allgemeine Disposition der Leitungen.

Die einfachste Form wird diejenige Privatleitung haben, welche nur eine Zapfstelle, und zwar im Erdgeschofs besitzt. Dieselbe findet dann entweder in der Küche oder im Flur ihren Platz, wenn es nicht aus besonderen Gründen vorgezogen wird, den Auslauf aufserhalb des Gebäudes an die nach dem Hofe etc. führende Frontmauer zu verlegen.

Ist ein mehrstöckiges Gebäude mit Wasser zu versorgen, so liegen in der Regel die hauptsächlich mit Wasser zu versorgenden Räume: Küchen, Badezimmer, Klosetts, in vertikaler Richtung übereinander, auch sind dieselben oft in einem Stockwerk nicht weit von einander entfernt angeordnet. Man errichtet daher so viele vertikale Steigrohre, als erforderlich sind, um diese Versorgungsstellen mit möglichst kurzen Zweigleitungen zu erreichen. Liegen z. B. Küche und Badezimmer nebeneinander, so wird man für beide ein gemeinschaftliches Steigrohr errichten, auch eine in einem benachbarten Zimmer aufzustellende Waschtoilette an dasselbe anschliefsen, weit ab liegenden Versorgungsstellen aber lieber eine eigene Steigeleitung, als eine längere horizontale Leitung geben. Ist eine solche nicht zu vermeiden, so führt man dieselbe am vorteilhaftesten oben an den Wänden entlang, doch ist hierbei darauf zu achten, dafs die Leitung vollständig entleert werden kann, d. h. dafs entweder keine Wassersäcke vorhanden, oder wenn solche nicht zu vermeiden, dieselben mit Entleerungsvorrichtungen versehen sind. Das Legen der Leitungen unter die Dielen ist nicht zu empfehlen, da die Röhren an diesem Orte schwer zugänglich sind, und ein etwaiger Defekt leicht gröfseren Schaden an der darunter liegenden Decke anrichten kann.

Den Zuleitungen für Klosetts wird man zweckmäfsigerweise eine besondere Steigeleitung geben, da diese Apparate öfter Betriebsstörungen ausgesetzt sind, als andere Zapfstellen, und es sich daher empfiehlt, den Betrieb der letzteren von diesen Störungen unabhängig zu machen.

Die gesamte Hausleitung vom Privat-Hauptventile an mufs vollständig entleert werden können, und befindet sich entweder am Privathauptventil selbst eine Entleerungsvorrichtung oder es sind an anderer, und zwar an der tiefsten Stelle der Leitung Einrichtungen zu treffen, um diesen Zweck zu erreichen.

Die Verteilung der Röhren erfolgt am zweckmäfsigsten im Keller, da hier dieselbe am leichtesten ausführbar ist, und die Leitungen in vielen Fällen vor Frost geschützt sind.

Jede von der Hauptleitung im Kellergeschofs abzweigende Steige- oder Nebenleitung ist mit einer Absperr- und Entleerungsvorrichtung zu versehen, damit jede einzelne derselben ausgeschaltet werden kann, wenn dies aus irgend einem Grunde notwendig werden sollte. Ist nur eine Steigeleitung vorhanden, so kommt diese Absperrung in Wegfall, da dann das Privathauptventil und die Hauptentleerung an diese Stelle tritt.

Die Aufstellung von Reservoiren im Bodenraume des Gebäudes zur Aufnahme des gesamten Bedarfs von Trink- und Nutzwasser kommt nur in dem Ausnahmefalle zur Anwendung, wenn in dem Gebäude eine ältere, für niedrigere Druckverhältnisse bestimmte Leitungsanlage vorhanden ist, welche für den höheren Druck einer modernen Wasserversorgung nutzbar gemacht werden soll. Anderseits finden aber derartige Reservoiranlagen für einzelne Zwecke der Wasserversorgung, z. B. für Klosettanlagen, hydraulische Aufzüge, zweckmäfsige Anwendung. Man führt in beiden Fällen das Wasser durch ein Steigerohr nach dem Reservoire und läfst es mittels Schwimmkugelhahn in dasselbe einfliefsen.

Die früher, hauptsächlich in England übliche intermittierende Wasserabgabe machte behufs Aufspeicherung des Wassers die Anlage eines Reservoirs erforderlich. Die Verteilung der Rohrleitungen erfolgt dann entgegengesetzt den früher dargelegten Prinzipien im Bodenraume, und führt eine Anzahl von Falleitungen das Wasser nach den Konsumstellen. Die wenigstens in Deutschland jetzt allgemein eingeführte ununterbrochene Wasserabgabe seitens der Wasserwerke macht diese Anordnung überflüssig, sie tritt aber als Notwendigkeit auf, wenn die Wasserversorgung des Grundstückes nicht durch eine allgemeine Anlage, sondern durch eine Einzelanlage und für das Grundstück allein bestimmte erfolgt. Das Reservoir hat dann die Aufgabe, das geförderte Wasser aufzuspeichern und die Differenzen zwischen Förderung und Konsum auszugleichen. Die für diese Einzelversorgungen erforderlichen Einrichtungen der Wasserbeschaffung und Wasserhebung liegen aber aufserhalb des Rahmens des vorliegenden Werkes. Hingegen gelten für die Ausführung der vom Reservoire abzweigenden Rohrleitungen und alle mit denselben in Verbindung stehende Einrichtungen dieselben Regeln und Vorschriften, welche für Zweigleitungen einer städtischen Wasserversorgung mafsgebend sind.

Die Rohrleitungen und Zapfstellen sollen in Räume gelegt werden, welche dem Einflusse des Frostes im Winter so weit entzogen sind, dafs ein Einfrieren des Wassers in den Leitungen nicht zu befürchten ist. Zu diesen Räumen gehören die Keller-. Küchen- und Wohnräume.

Die Rohrleitungen sollen ferner nicht an die der direkten Einwirkung des Frostes ausgesetzten Frontwände des Gebäudes, sondern stets an Zwischenmauern bewohnbarer Räume, wenn möglich in die Nähe der Schornsteinröhren gelegt werden. Ist es jedoch nicht zu umgehen, eine Leitung in kalte Räume zu legen, so mufs dieselbe an der Stelle, wo sie noch frostfrei liegt, eine Absperr- und Entleerungsvorrichtung erhalten, um die Leitung während der Zeit, wo sie nicht in Gebrauch und daher der Gefahr des Einfrierens am meisten ausgesetzt ist, d. i. vorwiegend während der Nachtzeit, eventuell aber auch während der ganzen Frostperiode aufser Betrieb setzen zu können. Wenn an einigen Orten die Einlegung der Rohrleitungen in die Kommunemauern nicht gestattet ist, so geschieht dies nicht aus technischen, sondern aus rechtlichen Gründen.

Die frostfreie Lage der Leitungen ist eine wesentliche Bedingung für eine gute Anlage, da andernfalls nicht allein Betriebsunterbrechungen durch Einfrieren des Wassers hervorgerufen werden können, sondern auch die Leitung selbst Gefahr läuft, durch die Eisbildung zerstört zu werden. Bei Blei- und Zinnbleirohrleitungen wird ein Einfrieren wegen der Dehnbarkeit des Materials nicht unbedingt zum Bruche führen, während bei gufseisernen und schmiedeisernen Röhren ein Aufreifsen fast unvermeidlich ist. Das Umhüllen der Röhren mit Strohseilen, Filz, Tuchsalleisten oder einem sonstigen schlechten Wärmeleiter, das Umfüllen derselben mit Asche, Sägespänen etc. bietet keinen sichern Schutz gegen das Einfrieren.

Dieses Einpacken der Röhren kann das Einfrieren derselben wohl verzögern, bei längerer Frostdauer jedoch nicht verhindern. Oft hat dasselbe auch den entgegengesetzten Zweck, nämlich im Sommer einer stärkeren Erwärmung des Wassers vorzubeugen.

Ein sicheres Mittel gegen das Einfrieren der Leitung besteht darin, daſs man am höchsten Punkte der bedrohten Leitung einen schwachen Wasserstrahl ununterbrochen laufen läſst. Das aus der Straſsenleitung eintretende Wasser wird stets so viele Wärmegrade besitzen, um bei dem langsamen Durchströmen der Leitung eine Eisbildung zu verhindern. Dieses Verfahren kann nur dann rechtlich zulässig sein, wenn der Besitzer der Leitung das Wasser mittels Wassermesser zugemessen erhält, nicht aber dann, wenn die Wasserabgabe auf Diskretion erfolgt, da eine Verschwendung des Wassers im letzteren Falle sehr nahe liegt. Steht jedoch der Wasserverbrauch unter Wassermesserkontrolle, und läſst man nur diejenige Wassermenge ausflieſsen, welche zur Erreichung des Zweckes unbedingt nötig ist — 60—80 l für die Stunde —, so wird der Kostenaufwand mit Rücksicht auf den erreichten Zweck nur ein geringer sein.

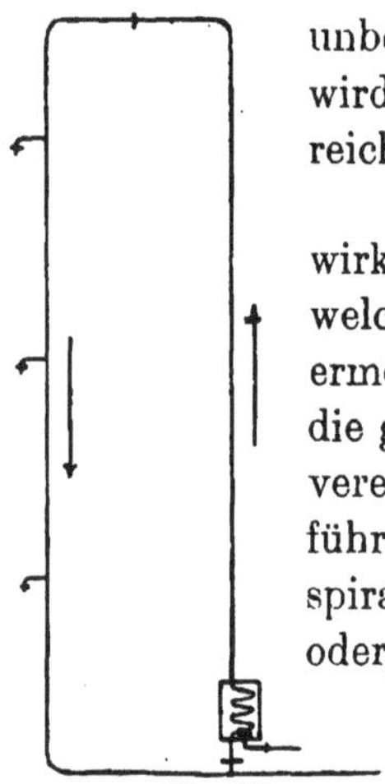

Fig. 102.

Man kann ferner den Leitungen, welche der Einwirkung des Frostes ausgesetzt sind, eine Form geben, welche eine Cirkulation des Wassers in den Leitungen ermöglicht. Es wird dies dadurch erreicht, daſs man die gefährdeten Steigeleitungen am oberen Ende wieder vereinigt und nach dem Hauptrohre im Keller zurückführt. Leitet man nun dieses Fallrohr an einer Stelle spiralförmig durch den Rauchkanal eines Küchenofens oder durch einen kleinen Raum, welcher speziell für diesen Zweck geheizt werden kann, oder bringt dasselbe mit einer Gasflamme in eine solche Verbindung, daſs die von derselben entwickelte Wärme zur Erwärmung des Rohres benutzt wird, so wird hierdurch eine Cirkulation des Wassers in der in beistehender Skizze Fig. 102 durch Pfeile angedeuteten Richtung hervorgerufen, welche ein Einfrieren der Leitung verhindert. Dieser Cirkulationsstrang kann während der milderen Jahreszeit durch Absperrventile abgetrennt und entleert werden.

Sind Klosetträume mit Gasbeleuchtung versehen, so genügt es in vielen Fällen, bei sorgfältiger Schlieſsung der Fenster einige Gasflammen während sehr kalter Nächte brennen zu lassen, um in diesen Räumen eine Temperatur zu erzeugen, welche ein Einfrieren der Leitungen nicht befürchten läfst.

Rohrleitungen, welche in den Erdboden zu liegen kommen, d. s. Leitungen in Höfen etc., werden in frostfreie Tiefe gelegt, welche für mitteleuropäisches Klima 1,5 m beträgt. Hingegen können Leitungen, welche nur während der wärmeren Jahreszeit in Betrieb sind, z. B. Gartenleitungen, Fontänenleitungen, eine geringere Tieflage (0,8 — 1,0 m) erhalten. Selbstverständlich sind diese Leitungen mit einer Entleerungsvorrichtung zu versehen und schwach steigend anzulegen, so dafs in jedem Falle die gesamte Leitung durch diese Vorrichtung entleert werden kann, und kein Wasser in derselben zurückbleibt.

Für die sonstige Ausführung der Leitungen sind noch folgende Regeln zu beachten.

Erfolgt die Abgabe des Wassers nach Wassermesser, so findet derselbe unmittelbar neben dem Privathauptventile seinen Platz. Jedenfalls ist aber der erste Abzweig vom Hauptrohre in einer Entfernung von mindestens 1,0 m vom Hauptventil zu legen, damit die Einschaltung eines Wassermessers jederzeit ausführbar ist. Kommt das Privathauptventil in einem Schachte zu stehen, so findet auch der Wassermesser daselbst seinen Platz.

Die Leitungen im Keller legt man gern in den Fufsboden, und zwar, wenn möglich, in einen aus losen Ziegelsteinen hergestellten und leicht abgedeckten Kanal. Es geschieht dies aus dem Grunde, damit bei einem Defekte die Gebäudemauern nicht Gefahr laufen, unterwaschen zu werden, sondern das Wasser, ohne Widerstand zu finden, nach oben treten kann. Kommen Absperrvorrichtungen und Entleerungen in die Kellersohle zu liegen, so umgibt man dieselben mit einem kleinen Schachte, welchen man durch einen Deckel schliefst.

Sowohl alle Absperr- und Entleerungsvorrichtungen, als auch der Wassermesser, sollen im Keller leicht zugänglich sein und nicht mit Gegenständen umstellt werden, welche der Handhabung der Einrichtungen im Bedarfsfalle hinderlich sind. Dasselbe gilt auch für die Wahl der Plätze für Zapfstellen und Feuerhähne, und sind daher Ecken für die Aufstellung dieser Apparate nicht geeignet.

Die Röhren werden entweder ohne weiteres direkt an den Wänden befestigt oder in eingespitzte Rinnen gelegt. Bei Neubauten nimmt man durch die Herstellung einer gemauerten Rinne auf die spätere Einführung der Wasserleitung Rücksicht. In vielen Fällen kommen das Wasserzuleitungsrohr und das Entwässerungsrohr nebeneinander zu liegen und werden beide, wenn sie an der Wand liegen, durch einen hölzernen Kasten, Fig. 103. vor Beschädigungen geschützt.

Die in Rinnen gelegten Rohrleitungen werden entweder mit Kalkmörtel verputzt und auf diese Weise dem Auge oft ganz entzogen, oder es werden die Rinnen durch ein Brett in der Fläche

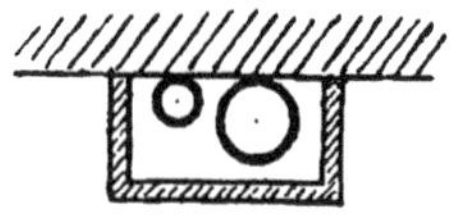

Fig. 103.

Fig. 104.

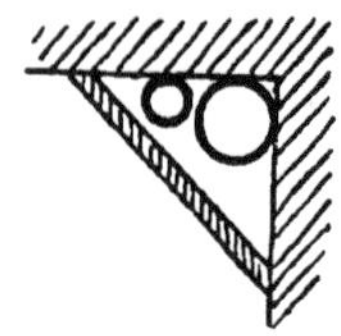

Fig. 105.

der Wand geschlossen (siehe Fig. 104). Auch kann eine Zimmerecke in wenig auffälliger Weise nach Fig. 105 für die Rohrlage benutzt werden.

Wird eine Leitung durch mehrere Stockwerke hindurchgeführt, so ist in jedem Stockwerke dafür Sorge zu tragen, dafs durch einen schalldämpfenden Körper, z. B. durch eine Filzplatte eine Trennung im Rohrkanale herbeigeführt wird, da andernfalls die Kanäle als Sprachrohre wirken, was leicht zu Unannehmlichkeiten führen kann.

Man unterscheidet zwei Arten von Hausleitungen, und zwar

1. solche, welche das Trink- und Nutzwasser für die Bewohner liefern und daher täglich in Gebrauch sind, und
2. solche, welche nur in speziellen Fällen in Thätigkeit kommen. Zu diesen letzteren gehören vornehmlich die Feuerlöschleitungen.

Der Einschaltung eines Feuerhahnes in eine den wirtschaftlichen Zwecken dienende Hausleitung steht kein Bedenken entgegen, sofern man dem Zuleitungsrohre zu demselben einen Durchmesser von mindestens 25 mm gibt. In vielen Fällen erhalten jedoch die Feuerlöschleitungen einen Durchmesser von mindestens 50 mm. Man wird daher aus diesen Leitungen stets ein mehr oder weniger abgestandenes Wasser erhalten, welches für Genufszwecke weniger geeignet ist. Überdies müssen diese Leitungen oft, den Verhältnissen entsprechend, durch kalte Korridore geführt und demzufolge im Winter entleert werden. Es empfiehlt sich daher, gröfsere Feuerlöschleitungen als selbständige Leitungen anzulegen und mit dem Strafsenrohre in Verbindung zu bringen, während das Wasser für häusliche Zwecke durch eine zweite Leitung gesondert einzuführen ist.

Der Durchmesser, welcher den Hausleitungen zu geben ist, richtet sich nach der Anzahl von Zapfstellen von je 13 mm Durchmesser. Hierbei müssen diejenigen Zapfstellen, welche einen gröfseren Durchmesser als 13 mm besitzen, in einer entsprechenden Anzahl von 13 mm weiten Zapfstellen ausgedrückt werden, wobei jedoch ein Klosetthahn stets für zwei Zapfstellen gilt.

Für eine Zuleitung mit ein oder zwei Zapfstellen im Erdgeschofs genügt ein Durchmesser von 15 mm, für eine Leitung

mit	3—10 Zapfstellen	ein	Durchmesser	von	20 mm
»	10—20 »	»	»	»	25 mm
»	20—40 »	»	»	»	30 mm
»	40—60 »	»	»	»	40 mm
»	mehr als 60 Zapfst. »		»	»	50 mm.

Selbstverständlich ist hierbei der Druck, unter welchem die Leitung steht, entsprechend zu berücksichtigen, und werden sich die Grenzen nach der einen oder andern Richtung verschieben, je nachdem der Druck ein geringerer oder gröfserer ist als 3—4 Atmosphären. In der Regel ist ein Rohrdurchmesser von 25 mm genügend, um ein Wohnhaus mittlerer Gröfse und von vier Stockwerken Höhe vollständig mit Wasser zu versorgen.

Die Durchmesser der einzelnen Steigeröhren lassen sich nach dem vorstehenden ebenfalls leicht bemessen, auch kann der Durchmesser derselben gemäfs der zu versorgenden Zapfstellen nach dem Ende zu abnehmen.

Der Durchmesser von Leitungen, welche industriellen Zwecken dienen sollen, mufs in jedem Falle besonders, und zwar nach dem zu erwartenden Maximalwasserbedarfe bemessen werden. Der Durchmesser von Feuerlöschleitungen richtet sich nach der Anzahl und dem Durchmesser der aufzustellenden Feuerhähne. In allen Fällen gibt man jedoch dem Leitungsrohre einen gröfseren Durchmesser, als die Zapfvorrichtung besitzt, so dafs also ein Zapfhahn von 10 mm Durchmesser eine Zuleitung von 13 mm, ein Zapfhahn von 15 mm Durchmesser nur eine solche von 20 mm erhalten kann.

Bei der Versorgung von ausgedehnten Gebäuden mit einer grofsen Anzahl von Zapfstellen empfiehlt es sich, sofern die Lage des Strafsenrohres es zuläfst, statt e i n e r g r o f s e n Zuleitung deren mehrere mit geringerem Durchmesser auszuführen. Die örtliche

Verteilung der Zapfstellen wird leicht erkennen lassen, an welchen Stellen diese Zuleitungen am zweckmäſsigsten anzulegen sind. Man vermeidet hierdurch nicht allein lange horizontale Leitungen, sondern man wird es auch einzurichten verstehen, daſs diese Leitungen einen Durchmesser von nicht über 30 mm erhalten und dieselben daher aus den für Zweigleitungen am meisten geeigneten Materialien (Blei- und Zinnbleiröhren, resp. verzinkte schmiedeiserne Röhren) hergestellt werden können. Schlieſslich bietet auch eine doppelte Zuleitung eine gröſsere Sicherheit im Betriebe dar, als wenn die ganze Versorgung nur von einer Hauptleitung abhängig ist.

Bezüglich der Konstruktion der Zapfhähne gilt die allgemeine Regel, daſs Kegelhähne zur Wasserentnahme nicht benutzt werden dürfen, weil dieselben durch ein schnelles Schlieſsen heftige Stöſse in der Leitung verursachen können Keine Leitung wird im stande sein, derartigen Stöſsen auf die Dauer zu widerstehen. Es dürfen daher nur Zapfhähne zur Anwendung kommen, welche sich durch mehrmalige Umdrehung einer Spindel öffnen und schlieſsen, so daſs der Abschluſs des Wassers langsam und daher möglichst stoſsfrei erfolgt. Apparate, welche bei ihrem Abschluſs eine stoſsweise Druckerhöhung von mehr als zwei Atmosphären zeigen, sind für den direkten Anschluſs an eine Druckleitung als vollständig unbrauchbar zu verwerfen.

Die Kegelhähne sind als Absperrvorrichtungen nur dann zulässig, wenn ihre Schlieſsung bei vollständiger Ruhe des Wassers im Leitungsrohre stattfinden kann. Dies trifft zu bei den Absperrvorrichtungen einzelner Zweigleitungen, und finden die Kegelhähne an dieser Stelle vielfache Anwendung.

In einer Anzahl von Fällen ist die Herstellung einer Unterbrechung zwischen der Druckleitung und der Konsumstelle erforderlich, welche in der Form eines Reservoirs geschieht, in welches das Wasser mittels Schwimmkugelhahn einströmt, dessen Höhenlage aber zur Versorgung eines Apparates, z. B. eines Wasserklosetts, vollständig ausreicht. Das Reservoir hat dann den Zweck, den Druck der Leitung auf ein geringeres Maſs zurückzuführen, um etwaige Stöſse im Apparat beim Abschluſs zu vermindern und dieselben von der Hauptleitung abzuhalten. Die Reservoire dienen in einzelnen Fällen auch dazu, die Verbrauchsmenge abzumessen.

Auch die Speisung von Dampfkesseln darf nur in der Weise geschehen, daſs das Wasser in ein Bassin geliefert wird, aus welchem die Speisevorrichtung des Kessels dasselbe zur Weiterbeförderung entnimmt. Ein direkter Anschlufs der Druckleitung an den Dampfkessel zum Zwecke der Speisung unter Druck ist unzulässig.

Schliefslich soll an jeder Entnahmestelle auch für die Abführung des ausfliefsenden und benutzten Wassers Sorge getragen werden. Die Dimensionen dieser Ableitungen sind so grofs zu bemessen, dafs das sämtliche, bei geöffnetem Hahne ausfliefsende Wasser durch dieselben weggeführt werden kann.

Kapitel 14

Die in die Leitungen einzuschaltenden Apparate, welche nicht zur Wasserabgabe dienen.

Zu den Apparaten einer Privatleitung, welche nicht zur Wasserabgabe dienen, gehören alle Vorrichtungen zum Absperren und Entleeren der einzelnen Leitungen, ferner diejenigen Vorrichtungen, welche zum Messen des Wasserverbrauchs, d. s. die Wassermesser, sowie zur Sicherung des Betriebes dienen, d. s. die Druckreduktions-, Luft- und Rückflufsventile.

a) Die Durchgangsventile und Entleerungsvorrichtungen.

Diejenigen Absperrvorrichtungen, welche den Wasserdurchflufs einer Leitung regulieren sollen, führen den Namen Durchgangsventile (Durchgangshähne) im Gegensatz zu den Zapfventilen (Zapfhähnen), welche zur Wasserentnahme dienen. Sie erhalten Einrichtungen, um beiderseits mit Rohrleitungen verbunden zu werden (Lötstutzen, Muffen mit innerem Gewinde, Flanschen). Der Hauptrepräsentant dieser Absperrvorrichtungen ist das Privathauptventil, welches bereits im Kapitel 12 eingehende Darlegung gefunden hat. Es sind daselbst einige der bewährtesten Konstruktionen in den Figuren 67, 83 und 88 bis 92 zur Darstellung gelangt, und mufs daher auf dieselben verwiesen werden.

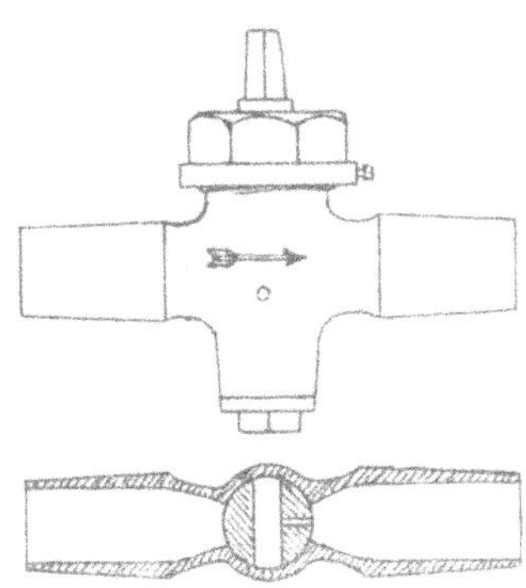

Fig. 106.
Durchgangshahn. 1/3 d. nat. Gröfse.

Als Absperrvorrichtungen für Leitungen geringeren Durchmessers werden Kegelhähne nach Fig. 106, Ventilhähne nach Fig. 107 und Gumminiederschraubhähne nach Fig. 108 verwendet.

Bei den Ventilhähnen (Fig. 107) erfolgt der Wasserabschluſs durch ein kleines Ventil mit Ledersitz, welches durch eine Spindel gehoben und gesenkt, bei den Gumminiederschraubhähnen durch eine zwischen zwei Flanschen eingedichtete Gummiplatte mit Hanfeinlage, welche durch eine Spindelvorrichtung auf den Ventilsitz gedrückt wird.

Das Ventil Fig. 107 ist einseitig zur Herstellung einer lösbaren Verbindung mit einer Verschraubung, der Gumminiederschraubhahn

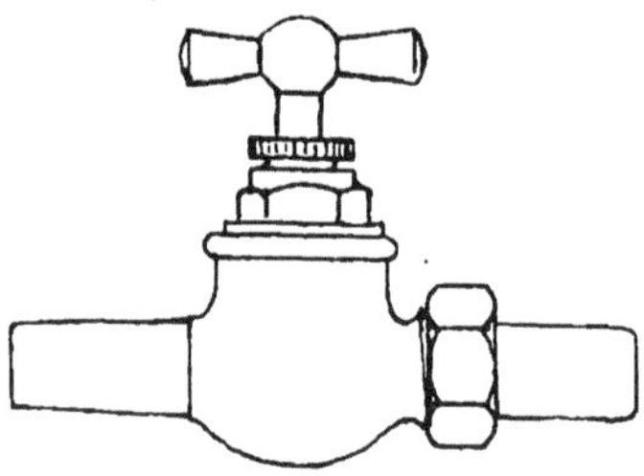

Fig. 107.

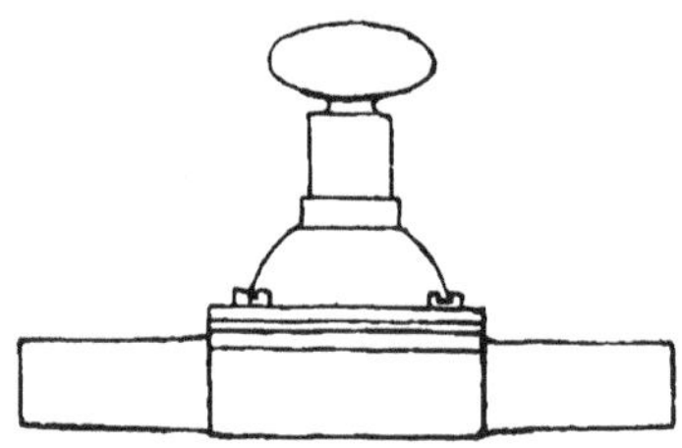

Fig. 108.

Durchgangsventile. 1/8 d. nat. Gröſse.

(Fig. 108) jedoch beiderseits mit Lötstutzen versehen. Beide Konstruktionen dienen auch in entsprechend veränderter Form als Zapfvorrichtungen, als welche sie in den Figuren 131 u. 132 im Kapitel 15 im Querschnitt zur Darstellung gelangt sind.

Die Entleerungsvorrichtungen sind in vielen Fällen direkt an der Absperrvorrichtung angebracht und bestehen dann entweder in einer Entleerungsschraube (siehe Fig. 91), nach deren Lüftung der Ausfluſs des Wassers erfolgt, oder in einem kleinen Ventilhahne, welcher sich direkt am Durchgangsventile befindet (siehe Fig. 109), oder bei den Kegelhähnen in einer Seitenöffnung des Hahngehäuses (siehe Fig. 106), welche beim Schlieſsen des Hahnes mit dem Innern der Zweigleitung in Verbindung tritt. Die letztere Einrichtung hat den Vorteil, daſs ein Abschluſs ohne Entleerung nicht möglich ist, was besonders dann ins Gewicht fällt, wenn die Absperrung zum Schutze gegen das Einfrieren der Leitung vorgenommen wird, und ein Vergessen der Rohrentleerung mit Sicherheit das Einfrieren und Schadhaftwerden der Leitung herbeiführen würde.

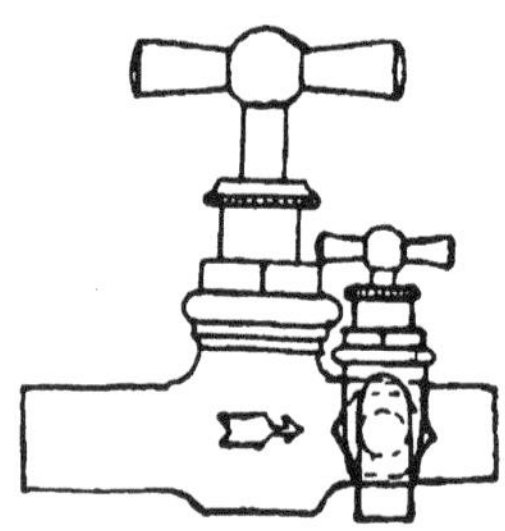

Fig. 109.
Durchgangsventil mit Entleerungshahn. 1/8 d. nat. Gröſse.

Ist eine Entleerungsvorrichtung nicht direkt an der Absperrvorrichtung vorhanden, oder die örtliche Lage der letzteren nicht zugleich der tiefste Punkt der Leitung, so wird man dieselbe an einer andern, jedenfalls aber an der tiefsten Stelle der Leitung anordnen. Das Rohr erhält an dieser Stelle einen kurzen Abzweig, welcher durch einen Hahn geschlossen wird. Soll das Entleerungswasser direkt ausfliefsen, so genügt ein einfacher Zapfhahn, soll jedoch das Wasser nach einer Entwässerungsanlage geleitet werden, so ist ein Durchgangshahn zu wählen. In Rohrleitungen mit Wassersäcken geringer Ausdehnung, wie solche bei Badeleitungen öfter vorkommen, werden kleine Kegelhähnchen nach Fig. 110 in die Rohrleitung an der betreffenden Stelle eingelötet. Die Entleerungen für gufseiserne Hausleitungen werden mittels Anbohrung hergestellt.

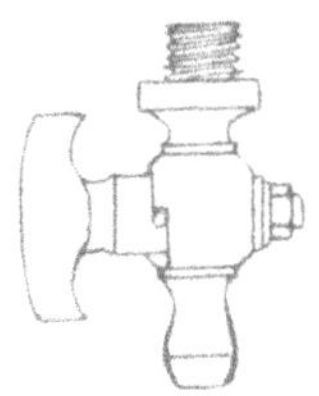

Fig. 110. Entleerungshähnchen Nat. Gröfse.

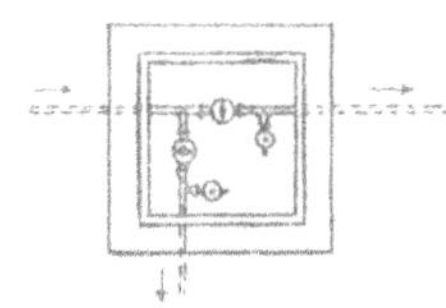

Fig. 111. Entleerungsschacht.

Liegen die Entleerungseinrichtungen in einem kleinen Schachte in der Kellersohle (siehe Fig. 111), so kann man das Entleerungswasser ohne weiteres in den Schacht ausfliefsen und im Boden versickern lassen. Liegt die Rohrleitung über Fufsbodenhöhe, so geben es die örtlichen Verhältnisse an die Hand, ob man das Entleerungswasser frei ausfliefsen lassen darf, oder ob man es durch ein schwaches Röhrchen nach dem Fufsboden leiten mufs, um es daselbst entweder versickern zu lassen oder mittels eines Gefäfses aufzufangen. Ist die Kellersohle gepflastert, so legt man wohl auch zum Zwecke des Versickerns einen kleinen, mit einem Deckel zu verschliefsenden Schacht an, in welchen man das Entwässerungsrohr einmünden läfst.

Gufseiserne Leitungen mit gröfserem Durchmesser entleert man am besten durch Herstellung einer Rohrverbindung mit der nächstgelegenen Entwässerungsanlage oder einem sonstigen tiefer gelegenen Abflufspunkte (Teich, Flufslauf). Die Durchmesser und die Ausdehnung der zu entwässernden Leitung werden mafsgebend sein, ob man die Entleerungsleitung ebenfalls aus gufseisernen Röhren herstellen mufs, oder ob eine Bleirohrleitung resp. schmiedeiserne Leitung genügt.

b) Die Wassermesser.

Die Wassermesser haben die Aufgabe, den Wasserverbrauch in einem Grundstücke zahlenmäfsig festzustellen, um hiernach den für den Wasserbezug zu zahlenden Geldbetrag bemessen oder wenigstens den Wasserverbrauch kontrollieren zu können. Sie finden daher ihren Platz am Anfange der Privatleitung, unmittelbar nach dem Eintritt der Anschlufsleitung in das Grundstück, und zwar hinter dem Privathauptventile, so dafs auch der Wassermesser durch Absperrung der ganzen Leitung aufser Betrieb kommt.

Man unterscheidet zwei Hauptsysteme von Wassermessern, und zwar:

1. die Kolbenwassermesser und
2. die Geschwindigkeits- oder Flügelmesser.

Das Prinzip der Kolbenwassermesser besteht darin, dafs ein Raum von gewissem Inhalte abwechselnd gefüllt und entleert, die Anzahl dieser Füllungen aber und damit die durchgeflossene Wassermenge durch ein Zählwerk registriert wird. Die Kolbenwassermesser haben in ihren besten Konstruktionen die Eigenschaft, dafs sie sowohl die gröfste, als auch die geringste in der Zeiteinheit durchfliefsende Wassermenge mit gleicher Genauigkeit anzeigen. Das Konstruktionsprinzip ergibt jedoch zumeist Apparate, welche ihrer Gröfse und Schwere und des damit zusammenhängenden hohen Preises wegen nur in vereinzelten Fällen und unter speziellen Verhältnissen zur Bemessung der Wasserentnahme aus öffentlichen Wasserversorgungsanlagen in Deutschland Anwendung gefunden haben. In Wien und Paris hat sich jedoch dieses System (Wassermesser von Frager) in neuer Zeit Eingang verschafft.

Bewährte Konstruktionen von Kolbenwassermessern sind:

der Wassermesser von Kennedy,
» » » Frost,
» » » Schmid.
» » » Frager.

Es würde zu weit führen, die Detailkonstruktionen dieser einzelnen Apparate näher ins Auge zu fassen. Im allgemeinen sei nur erwähnt, dafs sich bei den Wassermessern von Frost und Kennedy ein Kolben in einem Cylinder auf und ab bewegt, dessen Kolbenstange an den Endpunkten der Bewegung die Umsteuerung des Wasserzuflusses durch entsprechende Mechanismen bewirkt. Die Anzahl der Hübe kommt dann, in Kubikmetern ausgedrückt, auf den Zählscheiben des Zählwerkes zum Vorschein. Die beistehende Fig. 112 zeigt einen Frostschen Wassermesser älterer Konstruktion im Querschnitt, welcher jedoch nur in der örtlichen Lage einzelner Teile von der neueren Konstruktion abweicht, im Prinzipe aber derselben gleicht und durch die Zeichnung leichter verständlich zu machen ist, als die neuere Anordnung. Die Kolbenstange bewirkt am Ende ihres Laufes die Umsteuerung eines kleinen Schiebers, durch dessen Vermittelung erst der Hauptverteilungsschieber mit Hilfe des Wasserdrucks indirekt umgesteuert wird.

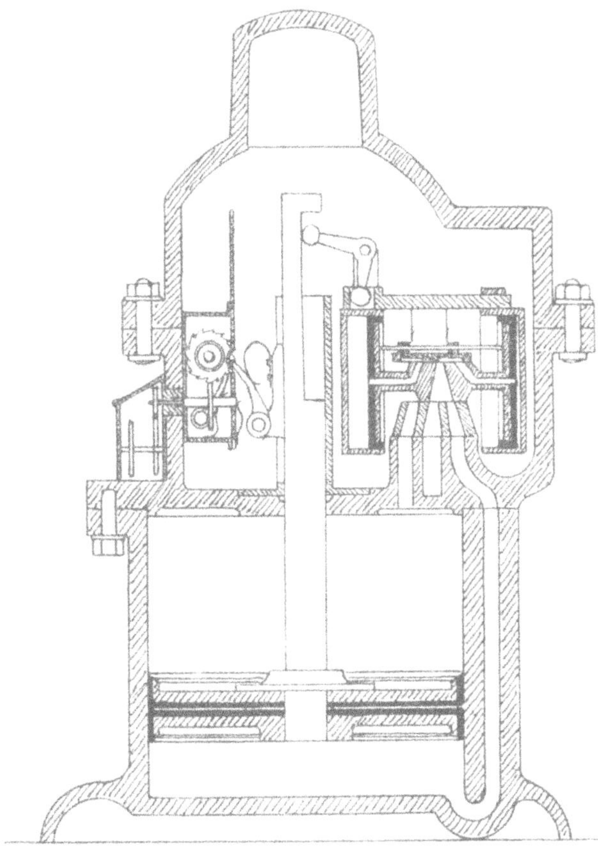

Fig. 112.
Wassermesser von Frost. 1/6 der nat. Gröfse.

Der Schmidsche Wassermesser besteht aus einem Wassermotorenpaare, dessen Kurbelzapfen um 90° verstellt sind. Die Anzahl der Umdrehungen wird auch hier durch ein Übersetzungswerk in Kubikmeter umgewandelt.

Der Wassermesser von Frager besitzt zwei feststehende Mefscylinder mit beweglichen Kolben.

Die zweite Klasse der Wassermesser, die Klasse der Flügelmesser, ist diejenige, welche sich für die Zwecke einer allgemeinen Wasserversorgung am meisten Eingang verschafft hat. Sie liefert kleine, handliche Apparate, welche daher auch bedeutend billiger im Preise sind.

Das Prinzip dieser Wassermesser besteht darin, dafs das Wasser in tangentialer oder schräger Richtung gegen die Flügel eines Rädchens geführt und dadurch letzteres in Umdrehungen versetzt wird. Ein Übersetzungsmechanismus überträgt die Anzahl der Umdrehungen nach einem Zählwerke, welches dieselben in durchgeflossene Wassermenge umsetzt. Man hat es daher in diesem Falle nicht mit einer direkten Messung, sondern mit einer Umdrehungszählung zu thun.

Wären die Umdrehungen des Flügelrädchens den in der Zeiteinheit durchgeflossenen Wassermengen direkt proportional, so würde es leicht sein, durch richtige Wahl des Übersetzungsverhältnisses einen genau gehenden Wassermesser zu erhalten. Es ist dies aber nicht der Fall, sondern die Umdrehungen stehen zu den Durchflufsgeschwindigkeiten in einem wechselnden Verhältnis und ist es Aufgabe des Wassermesserfabrikanten, dieses Verhältnis durch günstige Wahl der Gröfsenverhältnisse der einzelnen Teile zu einem möglichst gleichmäfsigen zu gestalten.

Das Flügelrad mit dem Übertragungsmechanismus und dem Zählwerke werden eine gewisse Kraft erfordern, um in Bewegung gesetzt zu werden, d. h. das Wasser mufs mindestens mit einer gewissen Geschwindigkeit gegen das Flügelrad stofsen, um diesen Widerstand zu überwinden. Ist die Geschwindigkeit des Wassers eine geringere, so wird das Flügelrädchen in seiner Ruhe verbleiben und das Wasser den Messer unangezeigt durchfliefsen. Diejenige Wassermenge, welche in der Zeiteinheit den Wassermesser passieren mufs, um überhaupt diesen Widerstand zu überwinden, gibt den Mafsstab für die Empfindlichkeit des Wassermessers an. Je geringer diese Wassermenge ist, desto gröfser ist die Empfindlichkeit des Wassermessers. Da diese Widerstände niemals gleich Null sein können, so wird jeder Flügelmesser geringe Wasserentnahmen pro Zeiteinheit nicht oder nur mit grofsen negativen Fehlern anzeigen. Von einer gewissen Wassergeschwindigkeit an kommt jedoch dieser Widerstand im Vergleiche zur stofsenden Kraft des Wassers nicht mehr in Betracht und der Wassermesser wird dann innerhalb gewisser Fehlergrenzen die durchgeflossene Wassermenge richtig anzeigen. Ist die Justierung des Wassermessers eine gute, so können unter Umständen die bei verschiedener Durchflufsgeschwindigkeit sich ergebenden positiven und negativen Fehler sich soweit ausgleichen, dafs das Endergebnis ein fast genau richtiges ist.

Es dürfte ohne weiteres einleuchten, dafs der Widerstand für gröfsere Mechanismen unter sonst gleichen Verhältnissen ein gröfserer sein mufs, als für kleinere, dafs daher ein Wassermesser gröfseren Kalibers weniger empfindlich sein wird, als ein solcher kleineren Kalibers. Bei der Wahl eines Wassermessers kommt es daher vor allem darauf an, zu ermitteln, in welcher Weise die Wasserabgabe aus der Leitung erfolgen soll, und ob die Möglichkeit vorliegt, dafs andauernd kleine Wassermengen aus derselben entnommen werden. Ist das letztere der Fall, so wird man einen empfindlichen Wassermesser oder einen Wassermesser kleinen Kalibers anwenden. Es ist aber nicht zu verlangen, dafs ein grofser Flügelmesser die gröfsten und die kleinsten Wassermengen mit der gleichen Genauigkeit anzeigt; will man dies erreichen, so mufs man zu einem Kolbenwassermesser greifen.

Da der gröfsere Teil der Widerstände in einem Fügelradmesser auf die Reibung in dem wasserdichten Stopfbüchsendurchgange für das Zählwerk entfällt, so hat man auch Wassermesser konstruirt, bei welchen sich das Zählwerk ebenfalls unter Wasser befindet. Man bezeichnet dieselben mit dem Namen Nafsläufer, während man den Wassermessern mit Zählwerk im trockenen Raume den allgemeinen Namen Trockenläufer beilegt. Die ersten sind wohl infolge dessen empfindlicher als die letzteren, leiden jedoch an dem Übelstande, dafs die Glasscheibe für die Ablesung bald erblindet und die Zählscheiben sich mit Rost belegen, was die sichere Ablesung sehr erschwert, eventuell oft ganz unmöglich macht.

Vielfach trifft man die Anordnung, dafs man neben einem gröfseren Flügelmesser (50 mm Durchmesser und mehr) in einer Umgangsleitung einen kleineren Wassermesser eingeschaltet hat (siehe Fig. 113). Ein Rückschlagventil schliefst die gröfsere Leitung solange, bis ein dem Gewichte des Ventils entsprechender Überdruck erreicht ist, wodurch das Ventil dann geöffnet und der grofse Wassermesser in Betrieb gesetzt wird, während für geringen Wasserdurchflufs nur der kleine Wassermesser in Thätigkeit ist. Die Abzweige für den Umgangsmesser befinden sich in der Regel am Hauptmesser selbst. Man ergänzt in der Regel

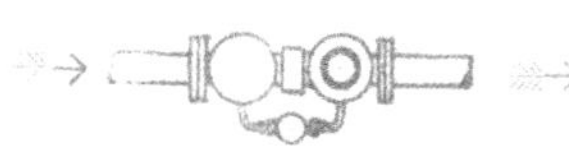

Fig. 113.

einen 50 mm Wassermesser durch einen 13 mm Wassermesser
» 60 mm » » » 15 mm »

einen 80 mm Wassermesser	durch	einen	20 mm	Wassermesser
» 100 u. 125 mm »	»	»	25 mm	»
» 150 mm »	»	»	30 mm	»
» 200 mm »	»	»	40 mm	»

Der Nutzen dieser Einrichtung liegt jedoch nur darin, daſs geringere Durchfluſsmengen vom kleineren Wassermesser richtig angezeigt werden. Da aber der Wasserdurchfluſs durch den groſsen Wassermesser stets von Null an beginnt, so wird der hierdurch bedingte Fehler nicht vermieden, sondern nur auf eine andere Gesammtdurchfluſsmenge verschoben.

Ein Wassermesser für eine gröſsere Hauptleitung läſst sich nur dadurch umgehen, daſs man die schwächeren Zweigleitungen einzeln unter Wassermesserkontrolle stellt, sofern die Hauptleitung nicht selbst unmittelbar zur Wasserentnahme dient. Andernfalls ist es aber zu empfehlen, statt eines groſsen Flügelmessers einen Kolbenmesser aufzustellen, da die hierdurch verursachten Mehrkosten durch die sichere Messung auch der kleinsten Durchfluſsmengen reichlich aufgewogen werden.

Die Bewegung des Mechanismus eines Kolbenwassermessers wird durch die Differenz des Druckes vor und hinter dem Kolben hervorgerufen, welche Differenz dem Leitungsdrucke verloren geht. Dieser Druckverlust steigert sich mit der Kolbengeschwindigkeit, resp. der Durchfluſsgeschwindigkeit des Wassers. Dieser Druckverlust ist für Kolbenwassermesser nie gleich Null, da zur Bewegung des Mechanismus überhaupt eine gewisse Arbeit gehört, welche vom Wasserdruck verrichtet werden muſs. Bei Flügelmessern macht sich für geringe Durchfluſsgeschwindigkeiten ein Druckverlust kaum bemerkbar, doch wächst derselbe für gröſsere Durchfluſsgeschwindigkeiten zufolge der Stoſswirkung des Wassers und den Richtungsänderungen der Wasserströmung oft zu einer beachtenswerten Gröſse. Es muſs daher von zwei Wassermesserkonstruktionen diejenige als die bessere angesehen werden, welche unter sonst gleichen Verhältnissen den geringsten Druckverlust bei gleicher Durchfluſsgeschwindigkeit zeigt. Herrschen in einer Wasserversorgungsanlage reichliche Druckverhältnisse, so wird ein gröſserer oder geringerer durch den Wassermesser herbeigeführter Druckverlust weniger ins Gewicht fallen. Bei Leitungen mit geringem Drucke hingegen ist auch auf diesen Faktor bei der Wahl des Wassermessers Rücksicht zu nehmen.

Ein Hauptfaktor für die gute Arbeitsleistung eines Wassermessers liegt in der Behandlung desselben. Es ist dringend notwendig, denselben in gewissen Zeitabständen auf seinen Zustand zu untersuchen. Unterläfst man dies, so läuft man Gefahr, dafs durch Abnutzung und durch Ansammlung von Rost und sonstigen Unreinigkeiten der Wassermesser seine Thätigkeit ganz oder zum Teil einstellt. Bei Kolbenwassermessern wird sich ein Stillstand sofort bemerklich machen, da derselbe dann kein Wasser mehr hindurchfliefsen läfst, ein Flügelmesser hingegen stellt dem weiteren Durchflufs des Wassers kein Hindernis entgegen, und sind in diesem Falle geldliche Verluste für die Verwaltung des Wasserwerkes unvermeidlich. Kontrolliert man aber öfter, z. B. monatlich, den Wasserverbrauch eines Konsumenten, so wird man durch Vergleich bald bemerken, ob der Wassermesser richtig anzeigt oder ob Zweifel in die Richtigkeit seiner Messung gesetzt werden müssen. Eine Kontrolle des inneren Mechanismus ist aber von Zeit zu Zeit notwendig und soll damit niemals solange gewartet werden, bis eine Störung in der Thätigkeit des Apparates eingetreten ist. Die Länge des Zeitraumes, welcher zwischen zwei inneren Reinigungen und Untersuchungen der Abnutzung liegen darf, richtet sich einesteils nach der Beschaffenheit des Wassers, andernteils nach dem durchgeflossenen Wasserquantum. Es empfiehlt sich, diesen Zeitraum nach den gemachten Erfahrungen nicht wesentlich über ein Jahr auszudehnen.

Die Gehäuse der Flügelmesser werden jetzt vollständig aus Metall hergestellt, da die früher mehrfach zur Anwendung gekommenen Gufseisengehäuse der Rostbildung nicht widerstanden. Bei den letzteren zeigte sich die Erscheinung, dafs die aus der Strafsenleitung eingeführten feinen Rostteilchen durch die drehende Bewegung des Wassers im Messer an die Peripherie getrieben wurden, dort am Gehäuse haften blieben und auf diese Weise Rostansammlungen bildeten. Durch die Anwendung von Metallgehäusen wird dieser Übelstand vermieden.

Die durchgeflossene Wassermenge wird durch ein Zählwerk angezeigt. Dasselbe ist in dem oberen, in den meisten Fällen trocknen Raume des Wassermessers untergebracht und von aufsen hinter einer Glasscheibe sichtbar. In allen Fällen sind Vorkehrungen zu treffen, dafs der Konsument nicht in betrügerischer Absicht Veränderungen in der Zeigerstellung herbeiführen kann. Es geschieht dies entweder durch Verschlufs des Deckels mittels Hohlschlüssels, oder durch Plombierungen, oder durch versiegelte Stellschrauben. Die das Zählwerk überdeckende Glasscheibe wird durch das Aufsetzen eines blechernen oder gufseisernen Deckels gegen Schmutz und Beschädigung geschützt.

Der Wassermesser mufs bei seiner Einschaltung in gehöriger Weise unterstützt werden, indem man denselben entweder auf eine Untermauerung oder auf ein in der Wand befestigtes schmiedeeisernes Konsol (siehe Fig. 114) stellt.

Während der Zeit der Ausschaltung eines Wassermessers behufs dessen Reinigung oder Reparatur wird ein Interimsrohrstück

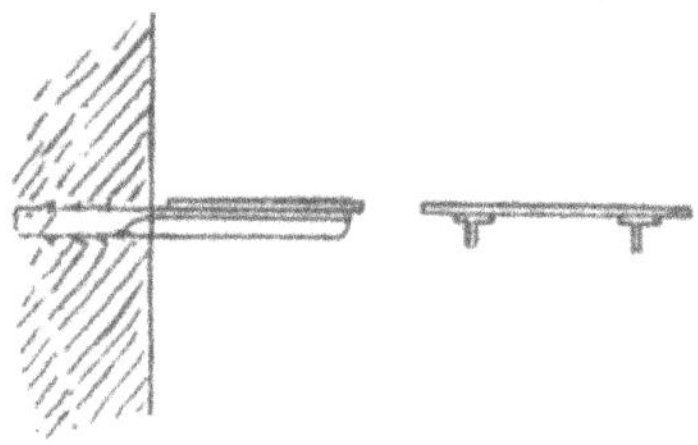

Fig. 114.

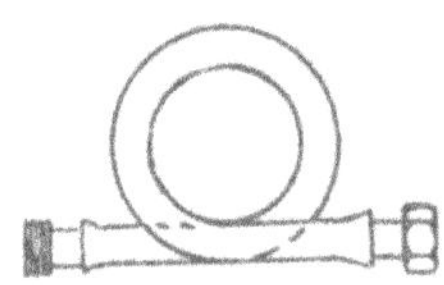

Fig. 115.

von der in Fig. 115 dargestellten Form an seiner Stelle in die Rohrleitung eingeschaltet.

Aus der Klasse der Flügelmesser haben sich in Deutschland folgende Wassermesser gröfseren Eingang verschafft:

1. der Wassermesser von Siemens & Halske in Berlin,
2. » » » Meinecke in Breslau,
3. » » » Dreyer, Rosenkranz & Droop in Hannover,
4. » » » Faller in Wien und Aachen,
5. » » » Valentin in Frankfurt a. M.

Die Wassermesser unter 1., 2. und 3. werden nur als Trockenläufer, die Wassermesser unter 4. und 5. sowohl als Trockenläufer, als auch als Nafsläufer hergestellt. Im Prinzipe stimmen sämtliche vorgenannten Wassermesser überein, indem das Wasser durch runde oder schlitzförmige Öffnungen tangential gegen ein Flügelrad strömt, dessen Umdrehungen gezählt werden, und weichen dieselben daher nur hinsichtlich ihrer äufseren Form und den Konstruktionsdetails von einander ab. Während z. B. die Flügelräder der Wassermesser unter 1., 2., 4. und 5. aus Metall oder Metallblech hergestellt sind, wird das Rädchen des Rosenkranzschen Wassermessers aus Hartgummi angefertigt. Die Zählwerke bestehen entweder aus einer gröfseren Anzahl einzelner Zahlscheiben mit Zeigern (Fig. 116), welche die Einer, Zehner, Hunderte und

Tausende von Kubikmetern anzeigen, oder es ist eine grofse Zählscheibe vorhanden, welche die Einer, Zehner und Hunderte, sowie eine kleine Zählscheibe mit Zeiger, welche die Tausende von Kubikmetern anzeigt (siehe Fig. 117). Die erstere Art der Zählwerke bezeichnet man mit dem Namen der Zählwerke mit feststehenden Zifferblättern, die zweite Art der Zählwerke mit dem Namen der

Fig 116.

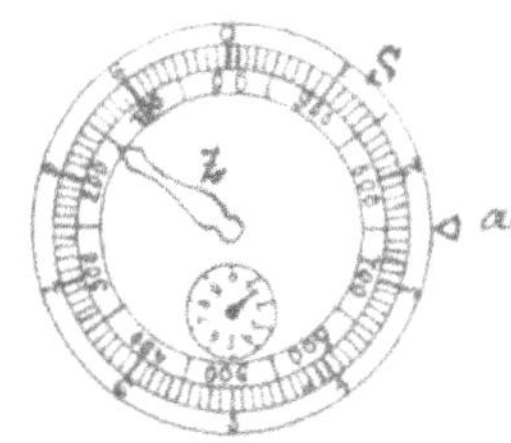

Fig. 117.

Zählwerke mit rotierender Zählscheibe. Abweichungen von diesen Konstruktionen finden sich bei den Wassermessern von Faller (rotierende Nummerscheiben unter schlitzartigen Öffnungen) und von Schmid (Zählwerk nach Art der Hubzähler).

Die Zählwerke mit feststehenden Zifferblättern besitzen oft noch einen Zeiger, welcher das Ablesen geringer Entnahmemengen bis zu einem Liter herab gestatten. Wenn auch die Angaben dieses Zeigers für die Ablesung des allgemeinen Wasserverbrauches aufser Betracht bleiben, so bietet derselbe doch jederzeit die günstige Gelegenheit dar, durch die Entnahme einer verhältnismäfsig geringen Wassermenge den Wassermesser auf seinen Gang prüfen zu können. Der Wassermesser dieser Konstruktion dient dann gleichzeitig als Defektanzeiger, indem man nach Schliefsung sämtlicher Auslaufstellen leicht beobachten kann, ob dieser Zeiger sich ebenfalls in Ruhe befindet oder ob derselbe dessenohngeachtet einen Wasserkonsum anzeigt. Die Wassermesser von Rosenkranz, sowie die neuesten Wassermesser von Meinecke besitzen beispielsweise einen derartigen Beobachtungszeiger.

Weniger einfach als die Ablesung der Zählwerke mit feststehenden Zählscheiben ist die Ablesung der Zählwerke mit rotierender Zählscheibe. Das Zählwerk besteht in letzterem Falle aus einer grofsen drehbaren Zählscheibe S mit dem Zeiger Z (siehe Fig. 117), während ein kleiner Zeigerstift a am Gehäuse des Wassermessers festsitzt. Dieser Stift a zeigt an der Peripherie der Zählscheibe die

Einer der Kubikmeter an, während der grofse bewegliche Zeiger Z die Zehner und Hunderte an der inneren Seite des Teilkreises registriert. Ein kleines Zifferblatt mit Zeiger gibt die Tausende von Kubikmetern an. Für grofse Wassermesser ist noch eine zweite kleine Zählscheibe vorhanden, welche die Zehntausende zählt.

Die Fig. 118 zeigt einen Wassermesser von Meinecke, die Fig. 119 einen Wassermesser von Rosenkranz im Querschnitte an. Nach dem Vorstehenden werden beide Figuren leicht verständlich sein und bezeichnet in denselben R das Flügelrad und Z das Zählwerk des Messers, während der Durchflufs des Wassers in der Pfeilrichtung erfolgt. Die Durchflufsrichtung ist oft am Gehäuse durch einen angegossenen Pfeil kenntlich gemacht.

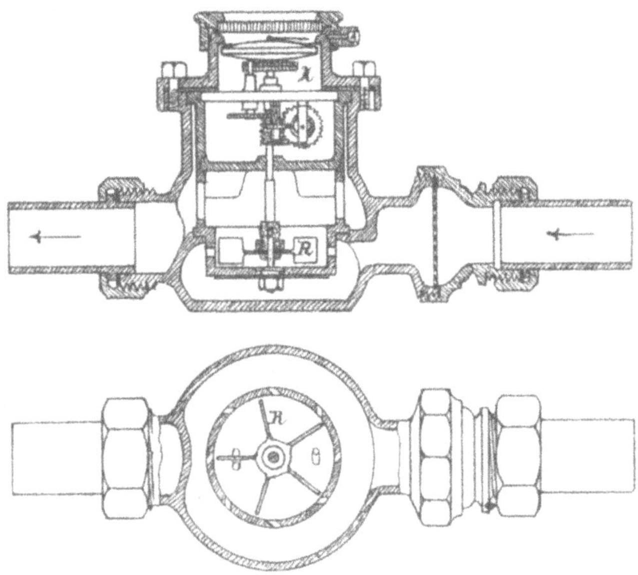

Fig. 118.
Wassermesser von Meinecke in Breslau. $^1/_3$ d. nat. Gröfse.

Zur Abhaltung von gröberen Unreinigkeiten, welche dem Gange des Wassermessers hinderlich sein könnten, z. B. von Bohrspänen und Lötzinn, ist jeder Wassermesser am Wassereintritte mit einem Siebe versehen. Überdies wird jeder Wassermesser im Besitze gewisser Reguliervorrichtungen sein müssen, welche bei den Flügelmessern darauf hinauslaufen, die Umdrehungen des Flügelrädchens für eine gewisse Durchflufsmenge zu vermehren oder zu vermindern. Dieselben bestehen zumeist in Öffnungen, welche nach Bedarf mehr oder weniger, unter Umständen auch ganz geschlossen werden, oder in einem beweglichen Strahl, durch dessen Richtungsstellung Bewegungsänderungen herbeigeführt werden, oder in einer verstellbaren Öffnung, durch welche ein Teil des Wassers, ohne auf das Rädchen zu wirken weggeführt wird. Bei den Kolbenmessern besteht die Regulierung in vielen Fällen in einer Verstellbarkeit des Kolbenhubes. Von der richtigen Einstellung des Wassermessers mittels dieser Vorkehrungen hängt es ab, ob derselbe bezüglich der Genauigkeit — die Brauchbarkeit für den Zweck vorausgesetzt — den an ihn zu stellenden Anforderungen entspricht. Bei einem gut justierten Flügelmesser werden sich die positiven und negativen Fehler bei den verschiedenen Durchflufsgeschwindigkeiten nahezu decken, so dafs das Gesamtresultat der Wahrheit in einem Mafse entspricht, welches für die Praxis als vollkommen ausreichend bezeichnet werden mufs. Wassermesser, welche die wirkliche Wassermenge mit einer Abweichung von ± 3% genau angeben, sind als gut justierte Wassermesser zu bezeichnen. Die Fortschritte der Wassermessertechnik lassen die Stellung weiterer Grenzen als ungerechtfertigt erscheinen.

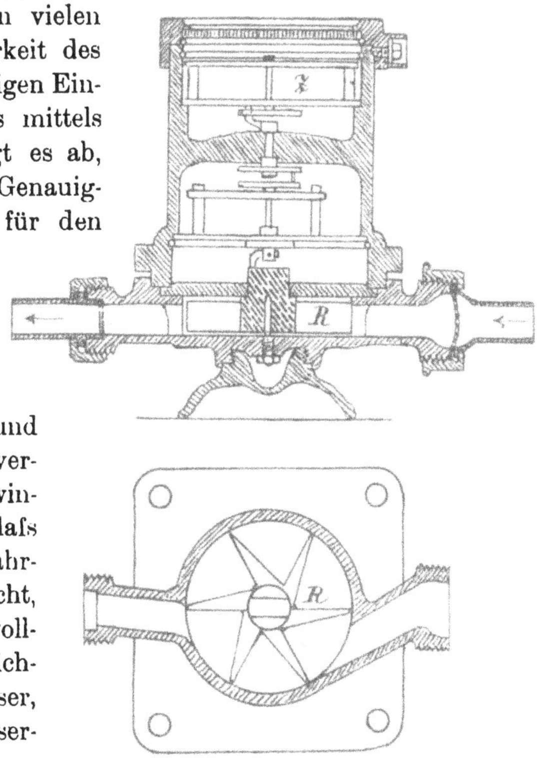

Fig. 119.
Wassermesser von Dreyer, Rosenkranz & Droop in Hannover. 1/3 d. nat. Gröfse.

c) Die Sicherheitsventile, Luftventile, Druckreduktionsventile und Rückschlagventile.

Diese Apparate dienen zur Sicherheit und zur Erleichterung des Betriebes einer Zweigleitung.

Soll der Druck in einer Leitung ein gewisses Mafs nicht überschreiten und für stärkeren Druck ein Wasseraustritt geschaffen werden, so ist an einer geeigneten Stelle dieser Leitung ein Sicherheitsventil nach Fig. 120 aufzusetzen.

Die Luftventile haben den Zweck, entweder die in einer Leitung sich sammelnde Luft während des Betriebes derselben auszustofsen, oder den Zutritt von Luft in eine Leitung zu gestatten, wenn dieselbe entleert, den Austritt hingegen, wenn dieselbe wieder

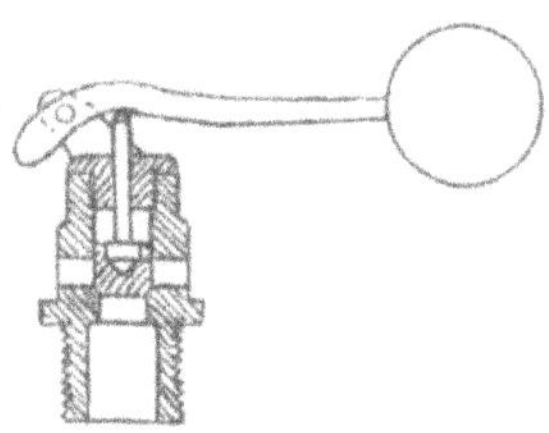

Fig. 120.
Sicherheitsventil. 1/8 d. nat. Gröfse.

Fig. 121.
Entlüftungsschraube.
1/2 d. nat. Gröfse.

angefüllt, oder schliefslich das Auftreten eines negativen Druckes in einem Teile der Leitung verhindert werden soll.

Diese Entlüftungseinrichtungen sind entweder von Hand stellbar und bestehen dann in einer Luftschraube (siehe Fig. 121), durch deren Drehung eine in dieselbe eingebohrte Kanalöffnung frei wird, oder sie wirken selbstthätig und zwar entweder nur einfach für den Lufteintritt oder doppelt sowohl für den Lufteintritt, als auch für den Luftaustritt.

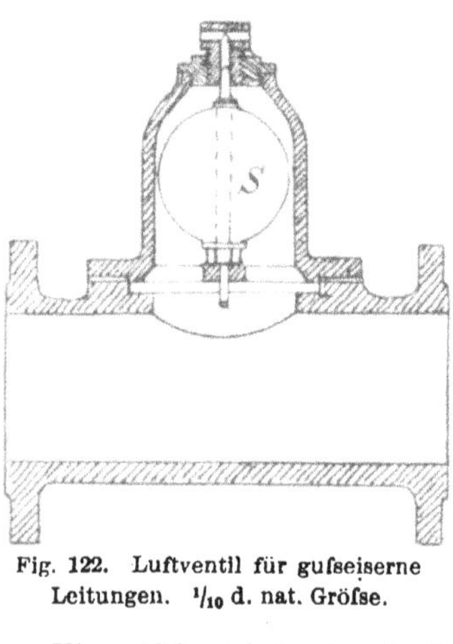

Fig. 122. Luftventil für gufseiserne Leitungen. 1/10 d. nat. Gröfse.

Das Auslassen von Luft aus einer gröfseren gufseisernen Bodenleitung geschieht in der Regel durch die auf der Leitung aufgesetzten Hydranten. Finden während des Betriebes an hochliegenden Punkten der Rohrleitung Luftansammlungen statt, welche störend wirken, so setzt man an diesen Punkten Luftventile auf, welche die Luft selbstthätig entfernen.

Fig. 122 zeigt ein Luftventil für gufseiserne Leitungen, bestehend aus einem Schwimmerkörper *S*, welcher doppelseitig geführt und in seiner oberen Führung als Ventil ausgebildet ist. Die Luft sammelt sich in dem glockenförmigen Gehäuse und zwar solange, bis der Schwimmerkörper *S* von Luft umgeben ist, sich infolgedessen senkt und der Luft durch das Ventil den Austritt gestattet. Das nachströmende Wasser hebt dann den Schwimmerkörper wieder und schliefst dadurch das Ventil.

Für das Einlassen der Luft in eine Hausleitung bei einer Entleerung derselben genügt es in den meisten Fällen, den höchstgelegenen Zapfhahn zu öffnen, um den gewünschten Zweck

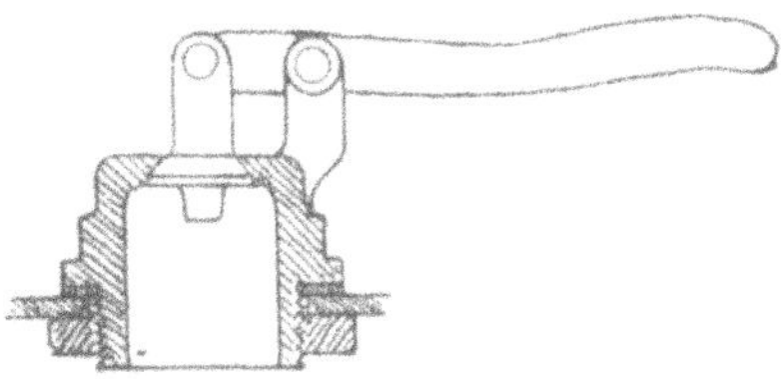

Fig. 123.

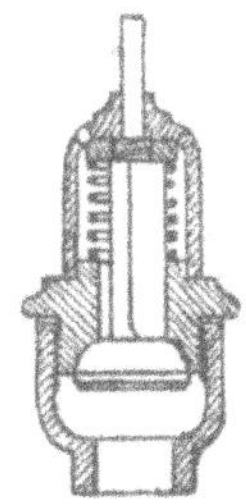

Fig. 124.

Luftventile. $^1/_2$ d. nat. Gröfse.

zu erreichen. Findet sich kein geeigneter Zapfhahn vor, so wird man entweder am höchsten Punkte der Leitung einen solchen speziell nur zum Lufteinlafs einschalten oder sich eines Luftventils bedienen. (Fig. 123—127.)

Die Luftventile Fig. **123** bis **127** öffnen sich nur dann, wenn man entweder den Ventilhebel anhebt, oder auf einen Knopf oder

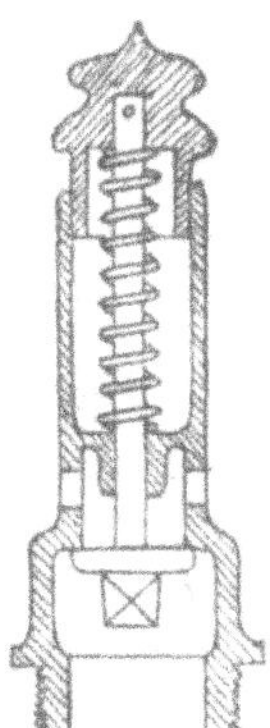

Fig. 125.

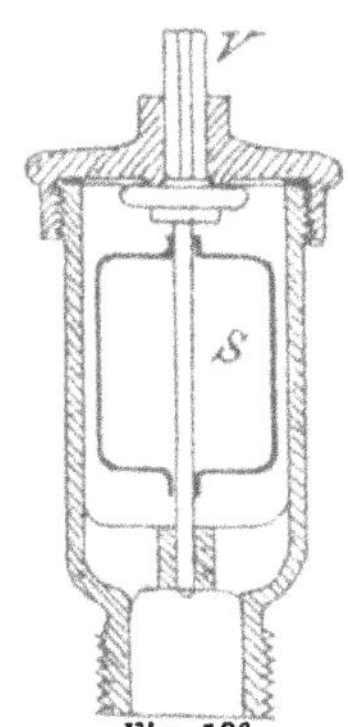

Fig. 126.

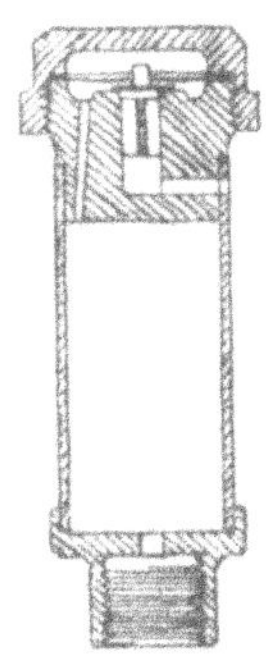

Fig. 127.

Luftventile. $^1/_2$ d. nat. Gröfse.

Stift drückt. Das Ventil wird durch eine Feder oder durch das geringe Übergewicht des Hebels an seinem Sitze festgehalten. Beide Kräfte sind nur so stark, dafs das Ventil bei einer Entleerung der Leitung oder bei einem entstehenden negativen Drucke sich durch den Luftdruck von aufsen von selbst öffnet und der Luft den Eintritt gestattet.

Fig. 126 zeigt ein Luftventil von Erbrecht in Bernburg (D. R. P. No. 51130), welches sich nur für den Lufteintritt selbstthätig öffnet.

Das Luftventil Fig. 127 beruht auf demselben Prinzip, wie das früher beschriebene Luftventil für gufseiserne Leitungen. Wird die Hausleitung entleert, so öffnet sich das Ventil zufolge seines Gewichtes und des Druckes von aufsen, tritt aber das Wasser in die Leitung wieder ein, so entweicht die Luft durch das geöffnete Ventil so lange, bis das Wasser den Schwimmer erreicht hat und denselben anhebend das Ventil schliefst.

Ist es erforderlich, den Druck in einer Hausleitung oder in einem Teile derselben dauernd zu vermindern, so schaltet man an der Stelle der Leitung, von welcher an die Druckverminderung eintreten soll, ein Druckreduktionsventil ein.

Die Druckreduktionsventile beruhen auf dem Prinzipe, dafs ein Teil des Leitungsdruckes beim Durchgange des Wassers durch ein Ventil durch einen Gegendruck aufgehoben wird, und dafs sich das Ventil schliefst, wenn der Druck diese bestimmte Höhe erreicht hat.

In Fig. 128 ist dieses Prinzip dadurch zum Ausdruck gelangt, dafs das Ventil V durch einen einarmigen Hebel H auf seinen Sitz festgeprefst wird, die drückende Kraft aber durch einen unter dem Leitungsdrucke stehenden Kolben K erzeugt wird. Die Regelung des Druckes in der Abflufsleitung erfolgt durch das Auflegen einer gröfseren oder geringeren Anzahl von Gewichten. Das Wasser durchströmt den Apparat in der Pfeilrichtung.

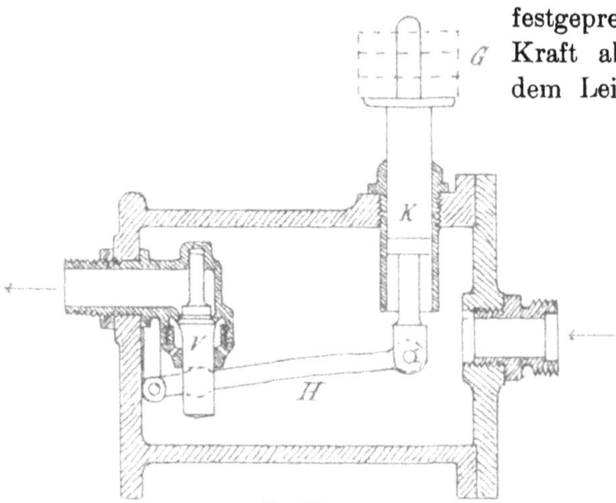

Fig. 128.

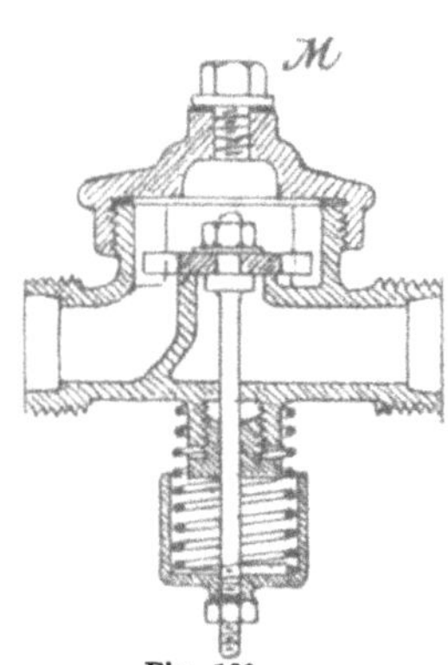

Fig. 129.

Druckreduktionsventile. $^1/_4$ d. nat. Gröfse.

Bei dem Druckreduktionsventile Fig. 129 wird der Gegendruck durch eine Spiralfeder erzeugt, welche mit Hilfe einer Schraubenmutter mehr oder weniger gespannt werden kann, wodurch eine Regelung des Druckes bewirkt wird. An Stelle der Verschlufsschraube *M* kann ein Manometer zur Kontrolle des Druckes Platz finden.

Ein Rückflufsventil besteht nach Fig. 130 aus einem einfachen Kegelventile, welches sich beim Wasserdurchflufs in der Pfeilrichtung hebt, beim Aufhören der Wasserbewegung sich schliefst, eine Bewegung des Wassers in der entgegengesetzten Richtung aber hindert. Hieraus ergibt sich, dafs der Zweck ihrer Verwendung darin liegt, die Bewegungsrichtung des Wassers durch Hinderung einer Rückwärtsbewegung zu sichern. Sie finden ihre Hauptanwendung bei Wasserleitungen mit Wassermesser. Stehen beispielsweise zwei Hausleitungen mit einander in Verbindung, von denen eine jede einen Wassermesser besitzt, so mufs jede der beiden Leitungen ein Rückflufsventil erhalten, um hierdurch zu verhindern, dafs das Wasser auf der einen Seite in die eine Hausleitung ein- und auf der anderen Seite wieder in die Strafsenleitung zurückfliefst. Es kann ferner der Fall eintreten, dafs bei sehr ausgedehnten Rohrleitungen, wo sich unter Umständen auch Luftmengen an einzelnen Stellen sammeln, durch die Druckschwankungen in der Strafsenleitung und die hierdurch bedingten Ausdehnungen der elastischen Rohrwandungen und der etwa vorhandenen Luftmengen bei festem Abschlusse sämtlicher Zapfstellen ein Vor- und Zurücktreten kleiner Wassermengen im Wassermesser stattfindet. Zufolge der Konstruktion des Wassermessers (Flügelmesser vorausgesetzt) wird derselbe die Vorwärtsbewegung als Wasserverbrauch, die Rückwärtsbewegung aber nicht anzeigen. Diese kleinen Vorwärtsbewegungen werden sich während einer längeren Zeitdauer zu grösseren Wassermengen summieren, während in der That eine Wasserentnahme nicht stattgefunden hat. Durch Einschaltung eines Rückflufsventils vor dem Wassermesser wird diesem Übelstande abgeholfen.

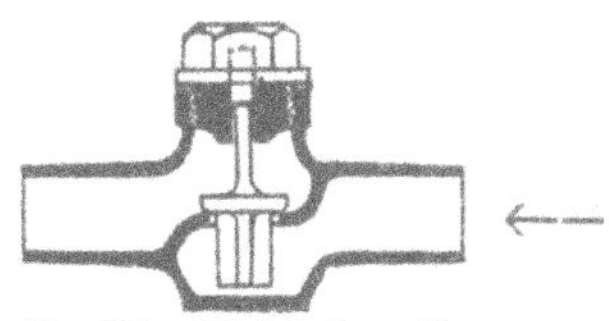

Fig. 130. Rückflufsventil. $^1/_5$ d. nat. Gröfse.

Ein Rückflufsventil kommt schliefslich bei allen denjenigen gröfseren Wassermessern zur Anwendung, welche mit einem Umgangsmesser versehen sind. Das Gewicht des Ventilkörpers dient dazu, den Wasserdurchflufs für geringere Geschwindigkeiten nach dem Umgangsmesser zu leiten. Erst dann, wenn der Überdruck eine gewisse Höhe erreicht hat, öffnet sich das Rückflufsventil und setzt den Hauptwassermesser in Thätigkeit.

Kapitel 15.

Die Apparate und Einrichtungen zur einfachen Wasserabgabe.

Die ausgebreitetste Anwendung zur Wasserabgabe finden die Zapfhähne, das sind Vorrichtungen, mittels welchen durch eine Handthätigkeit das Wasser nach Bedarf aus der Leitung entnommen werden kann.

Kommt das ausfliefsende Wasser nicht unmittelbar zur Benutzung, sondern wird dasselbe in einem besonderen Behälter — Reservoir — aufgefangen und von dort aus erst zur Verwendungsstelle weiter geführt, so dient zur Wasserabgabe in diesen Behälter ein selbstthätig wirkender Hahn, Schwimmkugelhahn genannt, welcher das verbrauchte Wasser mit Hilfe der Bewegung eines Schwimmers selbstthätig und so lange ergänzt, bis ein gewisser Wasserstand erreicht ist und durch den Schwimmer der Schlufs des Ventils erfolgt.

Zur einfachen Wasserabgabe auf Höfen dienen aufser den gewöhnlichen Auslaufhähnen die Hofbrunnen und Druckständer.

Da eine Zapfstelle zumeist auch mit einer Vorrichtung zur Ableitung des Wassers in innigster Verbindung steht, so soll bei Vorführung der verschiedenen Arten von Zapfstellen auch die Wasserableitung, soweit dieselbe hier in Betracht kommt, nähere Erwähnung finden.

a) Die Zapfhähne.

Wie bereits an einer früheren Stelle angeführt wurde, sind Kegelhähne als Zapfhähne für Druckleitungen nicht zulässig und dürfen nur Niederschraubhähne, welche sich erst durch mehrmalige Umdrehung einer Spindel öffnen und schliefsen, Anwendung finden.

Ein guter Zapfhahn mufs das Wasser in einem geschlossenen Strahle ohne absonderliches Geräusch zum Ausflufs bringen, im Gegensatze zu Konstruktionen, welche das Wasser kegelförmig zerstreuen und dadurch zum Überspritzen Veranlassung geben, oder einen singenden oder pfeifenden Ton bei der Wasserabgabe hören lassen.

Die grofse Anzahl der Konstruktionen der Zapfhähne zerfällt in zwei Hauptkategorien:

in die Gummiederschraubhähne und

in die Ventilhähne.

Eine besondere Klasse bilden ferner die selbstschliefsenden Hähne, welche sich durch eine Einwirkung von aufsen öffnen, nach dem Aufhören derselben aber von selbst schliefsen. Sie haben den Zweck, eine Vergeudung des Wassers durch Offenlassen des Hahnes zu verhindern. Ihre Anwendung als Zapfhähne ist jedoch eine verhältnismäfsig geringe, auch die Gefahr, dafs der Abschlufs des Ventils nicht ganz stofsfrei erfolgt, eine ziemlich grofse.

Fig. 131 zeigt die Konstruktion eines Gummiederschraubhahnes. Der Hahn zerfällt in ein Unterteil mit den Kanalführungen und ein Oberteil mit der Spindel. Zwischen beiden ist eine mit einer Hanfeinlage versehene Gummiplatte wasserdicht eingeschraubt und durch eine Führungsplatte und eine Schraube mit Mutter mit der Spindel verbunden. Durch die Drehung des Handgriffes wird

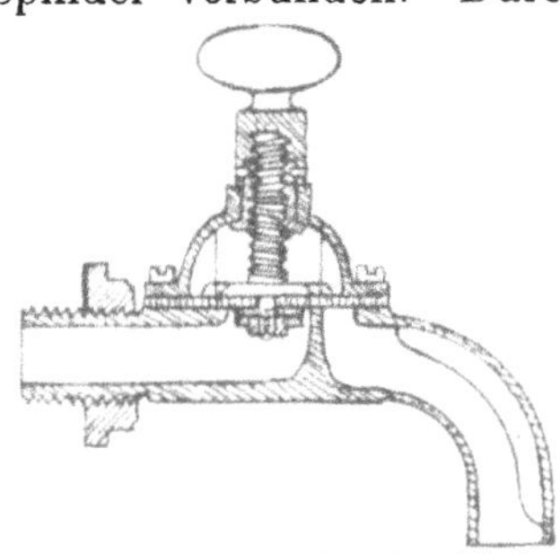

Fig. 131. Gummiederschraubhahn. 1/3 d. nat. Gröfse.

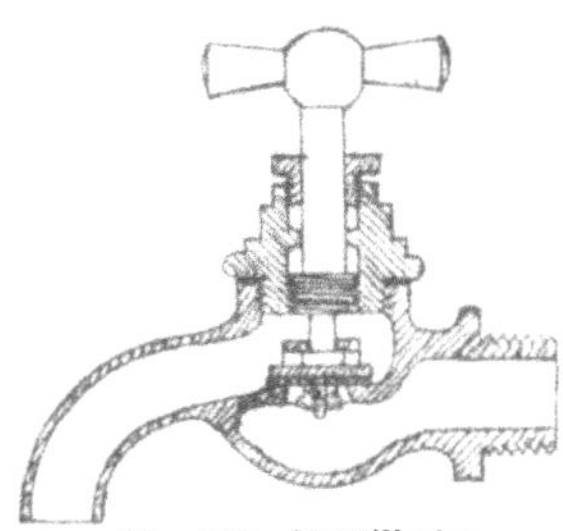

Fig. 132. Ventilhahn. 1/3 d. nat. Gröfse.

die Gummiplatte gehoben und gesenkt. Der Steg im Auslaufstutzen soll dem Wasser die drehende Bewegung nehmen und dadurch ein Streuen des Wasserstrahles verhindern.

In Fig. 132 ist ein Ventilhahn im Querschnitt zur Darstellung gelangt. Ein kleines Ventil mit Ledersitz wird durch eine Spindel, welche durch eine Stopfbüchse abgedichtet ist, mittels Handgriff bewegt.

Abweichungen von diesen Ausführungen können darin bestehen, dafs man das Ende des Auslaufstutzens mit einem Gewinde versieht, um an dasselbe eine Schlauchverschraubung zur Weiterleitung des Wassers mittels Schlauch zu befestigen (Fig. 133), oder dafs man den Handgriff des Hahnes zum Abheben einrichtet, um die

Entnahme von Wasser durch Unbefugte zu verhindern (Fig. 134), oder dafs man dem Auslaufe ein sauber gedrehtes Mundstück vor-

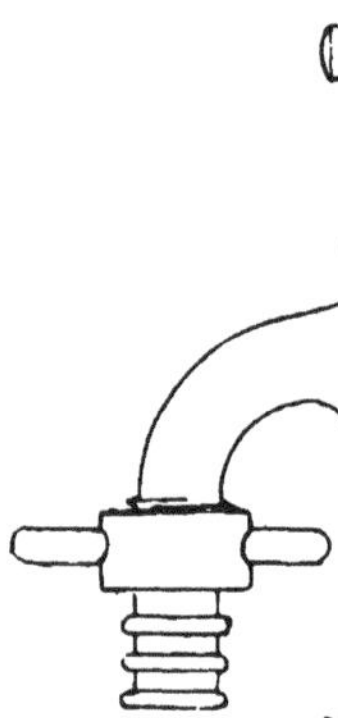

Fig. 133.

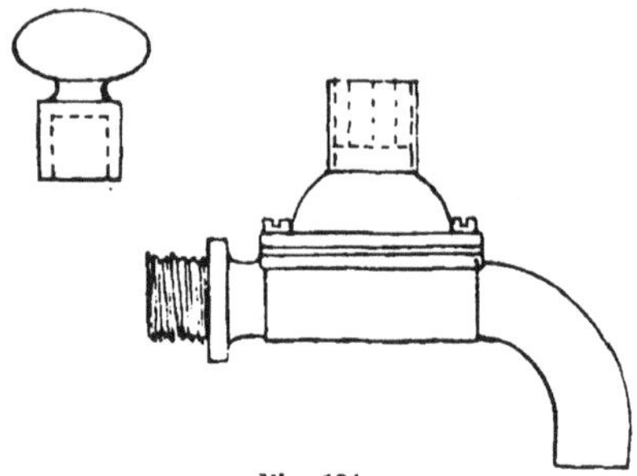

Fig. 134.

schraubt, um einen gut geschlossenen Wasserstrahl zu erhalten (Fig. 135).

Den Hähnen wird ferner für gewisse Zwecke eine elegantere äufsere Form gegeben, welche in dem Aufsetzen eines Kristallknopfes als Handgriff (Fig. 136), in der künstlerisch gestalteten Form des Handgriffes und des Auslaufes, oder in einer Vernicklung oder Versilberung des ganzen Hahnes bestehen kann.

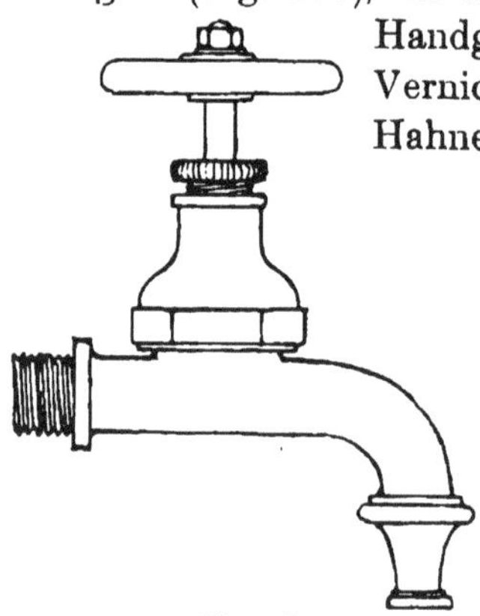

Fig. 135.

Fig. 136.

Sämtliche Hähne werden aus Messing hergestellt, doch kommt für Luxuszwecke auch Neusilber zur Anwendung.

Die vorstehend angeführten Konstruktionen sind die allgemein verbreiteten. Es gibt aber auch eine grofse Anzahl von Hahnkonstruktionen, welche aufser ihrem Hauptzwecke der Wasserentnahme auch gleichzeitig anderen Zwecken dienen. Hierzu gehören diejenigen Hähne, bei denen man eine Reparatur, z. B. das Einsetzen einer neuen Lederdichtung ausführen kann, ohne dafs man die Rohrleitung aufser Betrieb zu setzen braucht, und welche daher eine zweite, oft selbstthätige Abschlufsvorrichtung besitzen, oder Hähne, welche selbstthätig der Luft den Eintritt gestatten, wenn die Leitung entleert wird etc. Diese Konstruktionen haben es darauf abgesehen, den Betrieb einer Leitung möglichst zu vereinfachen und zu erleichtern, doch geschieht dies sehr oft auf Kosten des Hauptzweckes durch vermehrten Stofs beim Wasserabschlufs, durch summendes Geräusch oder durch zu geringe Stärke einzelner Teile. Es ist daher eine eingehende Prüfung derartiger Neuerungen vor ihrer Anwendung dringend zu empfehlen.

Gumminiederschraubhähne sowohl, wie auch hauptsächlich Ventilhähne, sind keineswegs vollständig stofsfrei beim Wasserabschlufs. Die Gröfse des Stofses hängt von dem in der Leitung herrschenden Drucke ab und zwar wird der Stofs um so gröfser sein, je höher der Leitungsdruck ist. Diejenigen Ventile und Apparate müssen als unzulässig bezeichnet werden, welche bei einem Leitungsdrucke von 4—5 Atmosphären beim Abschlufs einen Stofs von mehr als zwei Atmosphären verursachen. Diese Stöfse können für eine Zweigleitung sehr verhängnisvoll werden, da denselben auch die beste Leitung auf die Dauer nicht widerstehen kann. Es ist daher dringend anzuraten, jeden Zapfhahn nur langsam zu öffnen und zu schliefsen und vor allem das Dienstpersonal, welches mit diesen Einrichtungen viel umzugehen hat, auf diesen Punkt aufmerksam zu machen.

Die Konstruktion der Hähne hat auf diese Erscheinung insofern Einflufs, als dem Gewinde der Spindel oft eine zu grofse Steigung gegeben und dadurch schon bei geringer Drehung der Spindel ein weites Öffnen des Ventils herbeigeführt wird. Sehr feines Gewinde hingegen hat den Nachteil, dafs es sich sehr schnell abnutzt, bei hohem Drucke auch Gefahr läuft, abgeprefst zu werden. Eine gute Konstruktion wird den Mittelweg innehalten.

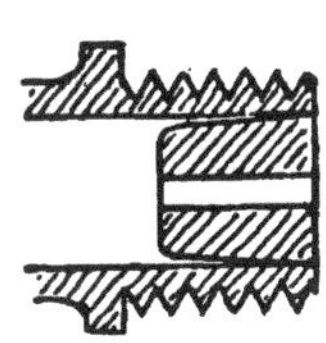

Fig. 137.

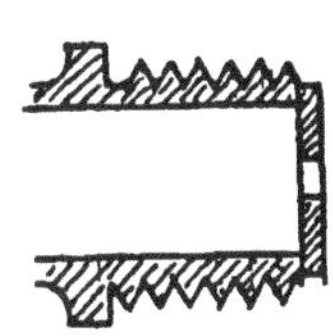

Fig. 138.

Als Sicherheitsvorkehrung gegen das Schlagen der Ventile wendet man eine Querschnittsverengung an, welche man in Form einer kleinen messingnen Patrone (siehe Fig. 137) in die Einströmungsöffnung des Hahnes einsetzt. Auch durch eine kleine gelochte Messingscheibe, welche dem Hahne beim Einschrauben vorgelegt wird (siehe Fig. 138), kann derselbe Zweck erreicht werden.

Bei der grofsen Wichtigkeit, welche die Vermeidung von Stöfsen in den Rohrleitungen hat, mufs auf eine Hahnkonstruktion aufmerksam gemacht werden, welche diesem Übelstande selbst bei hohem Leitungsdrucke in wirksamer Weise dadurch begegnet, dafs das Ventil als Kolben ausgebildet ist und beim Anheben eine dreieckige Öffnung freilegt, deren Spitze nach dem Ventilsitze zu gerichtet ist. Fig. 139 stellt diesen Ventilhahn im Querschnitte dar, gleichzeitig mit einer Einrichtung, um den Hahn bei einer Reparatur am Ventile von unten schliefsen zu können, doch kann die letztere

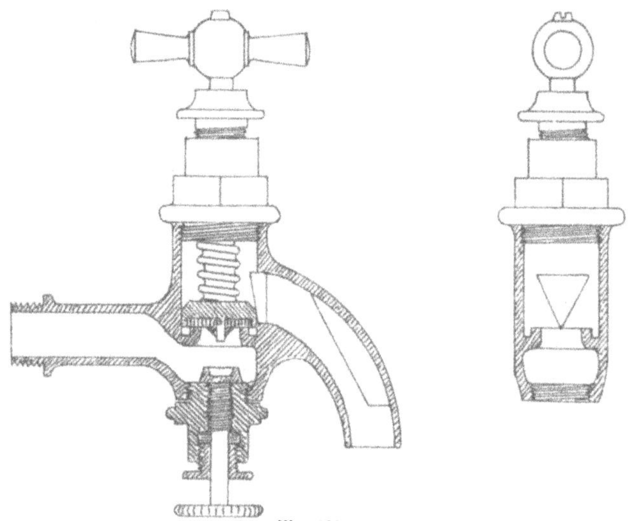

Fig. 139.
Stofsfreier Ventilhahn von Buschbeck & Hebenstreit in Dresden.
$1/2$ d. nat. Gröfse.

auch ohne weiteres in Wegfall kommen. Der Hahn besitzt gegen das Ende des Abschlusses zufolge der Dreiecksform des Querschnittes nur einen kleinen Durchflufsquerschnitt, und mufs das Ventil an sich höher gehoben werden, als bei den Hähnen anderer Konstruktionen, um mit demselben eine gewisse Ergiebigkeit zu erzielen. Demzufolge erfordert auch das Schliefsen des Hahnes mehr Zeit, was im Vereine mit der Dreiecksform des Querschnittes stofsvermindernd wirkt.

Eine andere Form eines Hahnes derselben Konstruktion zeigt die Fig. 140. Derselbe bietet den Vorteil, dafs das Wasser den Hahn ohne wesentliche Richtungsänderungen durchströmt, wodurch derselbe wesentlich leistungsfähiger ist, als die Hähne gleicher Gröfse der früher angeführten Konstruktionen. Die beiden vorbeschriebenen

Hähne werden von Buschbeck & Hebenstreit in Dresden in den Handel gebracht.

Von der grofsen Anzahl der selbstschliefsenden Hähne mögen nur folgende Erwähnung finden:

Fig. 141, der Selbstschlufshahn von Tylor. Die Eigentümlichkeit desselben besteht darin, dafs ein kleiner Ventilkörper lose in einem Cylinder sitzt, welcher letztere durch eine Spindel gehoben und gesenkt wird. Der Raum zwischen den Wandungen beider läfst jedoch Spuren von Wasser durchfliefsen, so dafs sich über dem

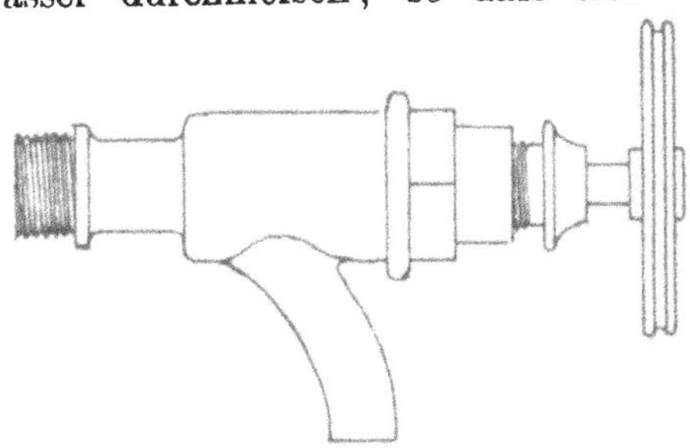

Fig. 140.

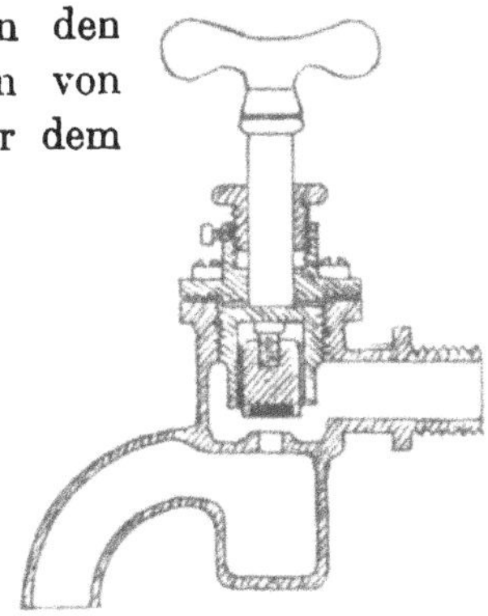

Fig. 141. Selbstschlufshahn von Tylor. 1/2 d. nat. Gröfse.

Ventilkolben Wasser ansammeln wird, wenn das Ventil auf seinem Sitze ruht. Um nun das Ventil zu heben, mufs man den äufseren Cylinder durch die Spindel niederschrauben und dann wieder heben. Durch das Niederschrauben wird das Wasser aus dem Raume über dem Ventilkolben verdrängt, beim Hochschrauben hingegen kann das Wasser nicht so schnell wieder eindringen, der Wasserdruck hält daher den Ventilkolben fest und hebt ihn mit dem äufseren Cylinder. Während der Dauer des Auslaufes dringt jedoch wieder langsam Wasser in den Raum über den Ventilkolben, derselbe sinkt durch sein Gewicht langsam abwärts, bis er endlich die Ausflufsöffnung vollständig verschliefst. Die Dauer einer Zapfperiode ist daher von dem sorgfältigen Einpassen dieses Ventilkolbens und nicht von dem Willen des Abzapfenden abhängig. Genügt die vom Hahne gelieferte Wassermenge nicht, so mufs durch Nieder- und Hochschrauben der Hahn wiederholt in Thätigkeit gesetzt werden.

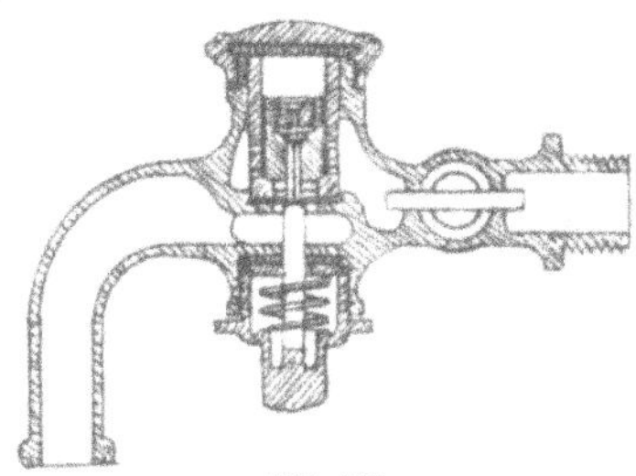

Fig. 142. Selbstschlufsventil von Baumgärtner. 1/2 d. nat. Gröfse.

Der Selbstschlufshahn von Baumgärtner, Fig. 142, beruht ebenfalls auf dem Prinzipe, dafs durch die allmähliche Füllung eines kleinen Raumes über dem Kolben ein langsames Schliefsen des Ventils herbeigeführt wird. Der Ausflufs des Wassers dauert jedoch

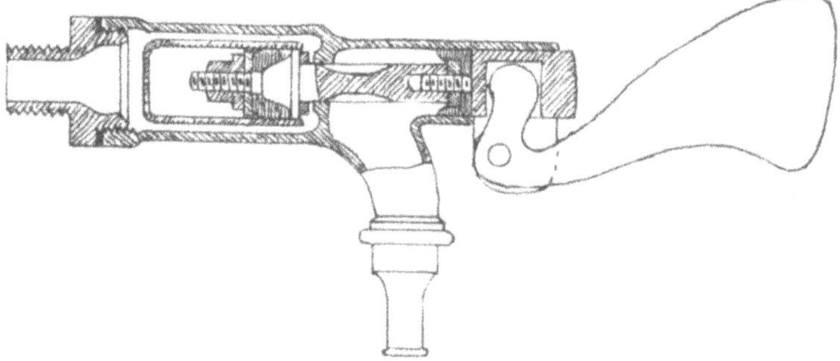

Fig. 143.
Selbstschlufsventil von Valentin. $^{1}/_{2}$ d. nat. Gröfse.

so lange, als ein Druck auf einen, an der Unterseite des Hahnes befindlichen Knopf erfolgt.

Auch der Selbstschlufshahn von Valentin, Fig. 143, zeigt dasselbe Konstruktionsprinzip. Der durch die Ventilöffnung hindurchführende Ventilkörper besitzt flach verlaufende Austiefungen, welche den Durchflufsquerschnitt nach und nach verengen und daher ebenfalls auf Stofsverminderung wirken.

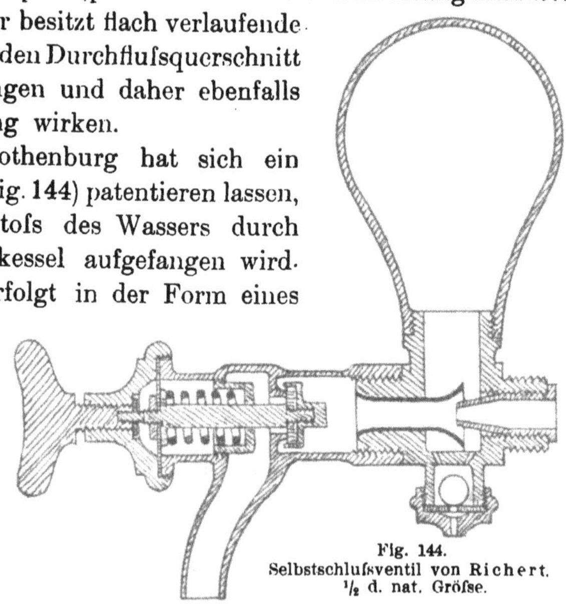

Fig. 144.
Selbstschlufsventil von Richert.
$^{1}/_{2}$ d. nat. Gröfse.

Richert in Gothenburg hat sich ein Selbstschlufsventil (Fig. 144) patentieren lassen, bei welchem der Stofs des Wassers durch einen kleinen Windkessel aufgefangen wird. Der Wasserzuflufs erfolgt in der Form eines Ejektors, dessen Düse den Wasserstrahl in ein erweitertes Rohrende hineinbläst. Öffnet man den vorgeschraubten Zapfhahn, so saugt der Ejektor das Wasser aus dem Windkessel, gleichzeitig aber auch Luft durch eine mittels Kugelventil verschlossene Öffnung unterhalb des Windkessels. Sobald der Drehling des Hahnes losgelassen wird und die Spiralfeder das Ventil schliefst, bleibt das Wasser noch in Bewegung und füllt allmählich den Windkessel, bis die Pressung der Luft dem Drucke des Wassers in der Leitung entspricht.

Schliefslich mufs noch einer Art von Hähnen Erwähnung geschehen, welche jedoch nur unter ganz bestimmten Verhältnissen und daher selten Anwendung findet. Es sind dies die sogenannten Kaliberhähne. Sie kommen dort in Gebrauch, wo das Wasser fortdauernd in einer gewissen Menge für die Zeiteinheit zum Ausflusse kommen soll, und die Bezahlung auf Grund dieser zugemessenen und stetig ausfliefsenden Wassermenge erfolgt.

Ohne auf spezielle Konstruktionen eingehen zu wollen, läfst sich dieser Zweck sehr einfach dadurch erreichen, dafs man beim Einschrauben eines einfachen Zapfhahnes eine kleine Metallscheibe mit einer, der Ausflufsmenge entsprechenden Öffnung einsetzt, wie dies bereits in Fig. 138 zur Darstellung gebracht ist, oder dafs man vor dem Ausflufshahn einen Kegelhahn anordnet, durch dessen Hahnstellung der Wasserdurchflufs genau geregelt wird. Dieser Regulierhahn mufs aber durch Festschrauben des Hahnkegels, durch versiegelte Stellschrauben oder durch Plombierung einer Verstellung durch Unbefugte entzogen sein.

b) Die Schwimmkugelhähne.

Die Schwimmkugelhähne sind Ventile, welche mittels Hebelübersetzung von einem Schwimmer aus bewegt werden. Die Figuren 145—149 zeigen fünf verschiedene Konstruktionen von Schwimmkugelhähnen. Die Konstruktion Fig. 145 besitzt ein entlastetes Ledersitzventil, dessen Spindel von oben durch einen Hebel mit Schwimmer bewegt wird. Soll die Schwimmvorrichtung verstellbar sein, um die Wasserhöhe regeln zu können,

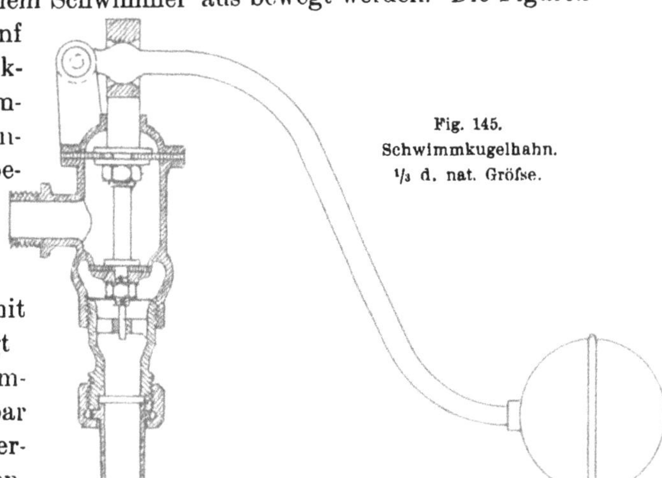

Fig. 145. Schwimmkugelhahn. 1/3 d. nat. Gröfse.

so mufs sie die in Fig. 145 a angedeutete Form erhalten. In Fig. 146 wird ein kleines Ventil, dessen konische Dichtungsfläche aus Leder hergestellt ist, durch einen, mit dem Schwimmer in Verbindung stehenden Daumen gehoben, während der Schlufs durch das eigene

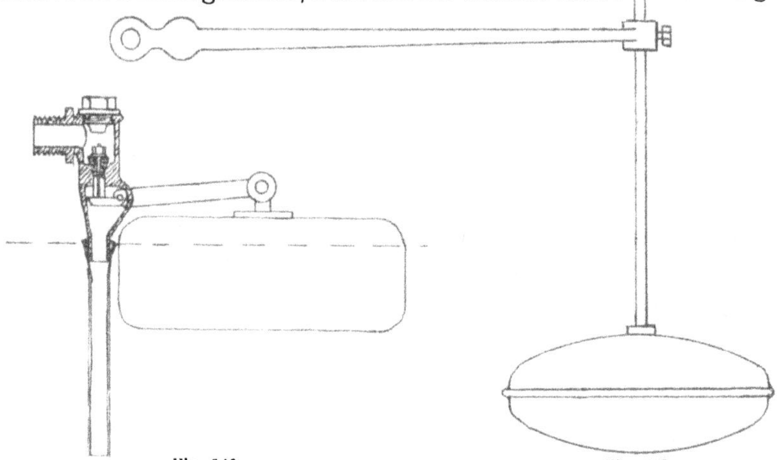

Fig. 146. Fig. 145 a.

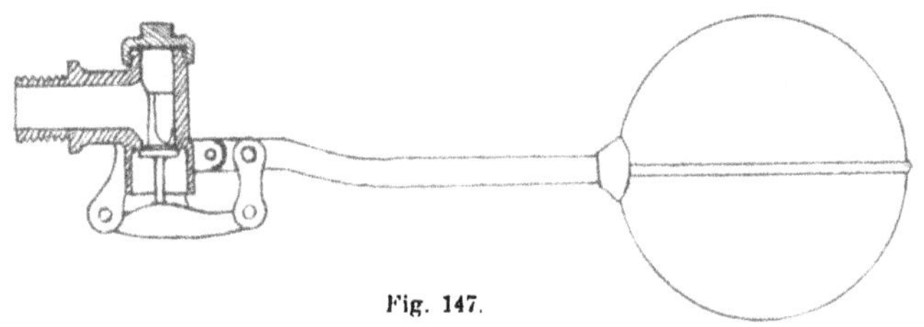

Fig. 147.

Fig. 148.

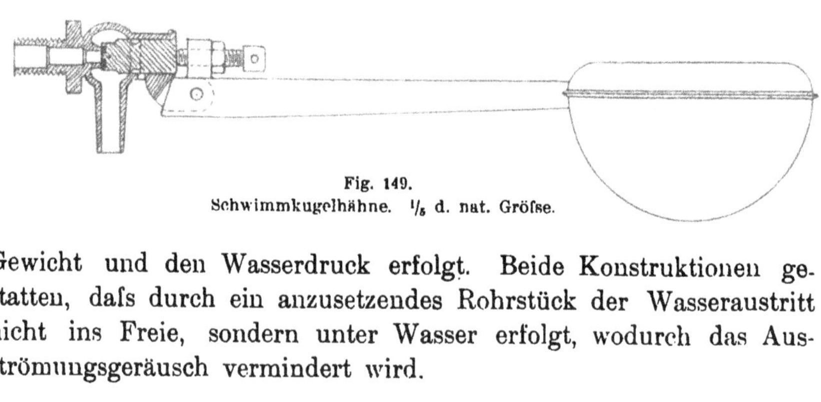

Fig. 149.
Schwimmkugelhähne. $1/_5$ d. nat. Gröfse.

Gewicht und den Wasserdruck erfolgt. Beide Konstruktionen gestatten, dafs durch ein anzusetzendes Rohrstück der Wasseraustritt nicht ins Freie, sondern unter Wasser erfolgt, wodurch das Ausströmungsgeräusch vermindert wird.

Die Konstruktion Fig. 147 läfst hingegen das Wasser ins Freie austreten, da das Anheben des Ventils von unten durch die Ventilmündung geschieht. Die verschiedene Form der Schwimmer ist aus den vorstehenden Figuren ebenfalls zu entnehmen.

Der Schwimmkugelhahn Fig. 148 eignet sich besonders zur Speisung kleinerer Reservoire, z. B. der Spülkästen für Wasserklosetts. Auch bei diesem Hahne kann durch Ansetzen eines Rohrstückes der Wasseraustritt unter Wasser erfolgen.

Der Schwimmkugelhahn Fig. 149 (als Gebrauchsmuster geschützt) ist durch eine Schraube für verschiedene Wasserstände stellbar eingerichtet.

Es ist darauf zu achten, dafs die Gröfse des Schwimmkugelhahnes richtig gewählt wird. Ein zu grofser Schwimmkugelhahn wird bei der Füllung eines verhältnismäfsig kleinen Reservoirs die Wassermenge desselben in heftige Bewegung setzen, wodurch aber der Schwimmer ebenfalls eine schwankende Bewegung erhält, welche letztere in dem Zeitpunkte, wo das Reservoir nahezu gefüllt ist, in ein wechselweises plötzliches Öffnen und Schliefsen der Leitung übergeht und dadurch Stöfse verursacht, welche sich selbst in entfernteren Leitungen bemerkbar machen werden und der Dauerhaftigkeit der Leitung gefährlich sind. Man greift daher oft zu dem Ausweg, dafs ein Steg beim Sinken des Wasserspiegels den Schwimmerhebel in einer gewissen Lage festhält, so dafs ein zu weites Öffnen des Schwimmkugelhahnes und daher ein zu heftiges Einströmen des Wassers in das Reservoir nicht eintreten kann. Bei der Konstruktion Fig. 149 legt sich zu demselben Zwecke die Rückwärtsverlängerung des Hebels gegen eine Anschlagsfläche am Hahne, ein weiteres Herabsinken des Hebels hiedurch verhindernd.

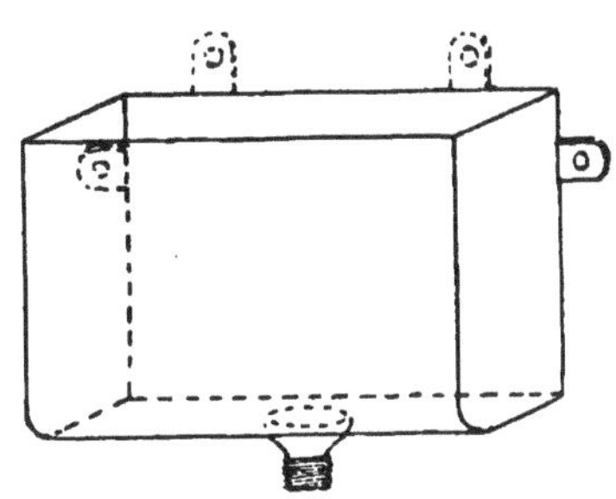

Fig. 150.

Die Reservoire, in welche die Schwimmkugelhähne ihr Wasser abgeben, werden aus Zink- oder Eisenblech oder aus Gufseisen hergestellt. Die Reservoire aus Blech werden zum Schutze gegen das Rosten mit einem Ölfarbenanstrich, die gufseisernen Reservoire mit einem Anstrich von Eisenlack, eventuell auch im Innern mit einem Emailleüberzug versehen.

Kleinere Reservoire mit 8—10 l Inhalt (Fig. 150) werden an der Wand befestigt, gröfsere Reservoire aber auf in die Wand eingelassene Konsole gesetzt, wie dies Fig. 151 zeigt. Grofse Reservoire, welche unter Umständen in Bodenräumen aufgestellt werden, sind durch Hölzer in gehöriger Weise zu unterstützen.

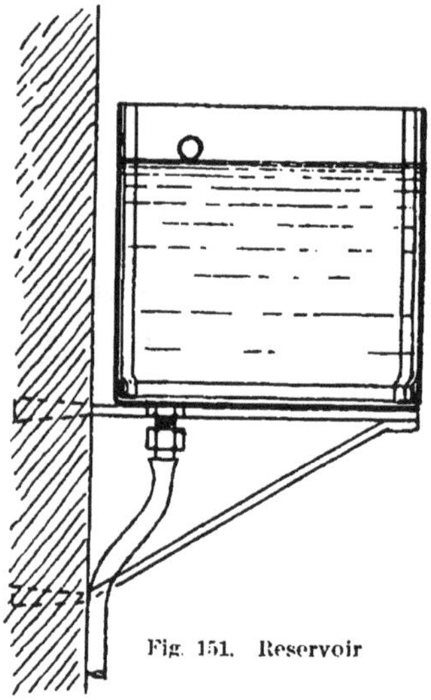

Fig. 151. Reservoir

Sämtliche Reservoire sind mit einem Überlaufe zu versehen, während ihre Entleerung durch die am Boden wegführende Ableitung erfolgen kann.

c) Die Zapfstellen innerhalb der Gebäude.

Die einfachste Ausführung einer Zapfstelle besteht in der Befestigung eines Zapfhahnes an der Wand oder an einem andern feststehenden Körper mit Hilfe einer Wandscheibe (Figuren 45—49 S. 51). Soll der Hahn weiter von der Wandfläche abstehen, als durch eine einfache Wandscheibe zu erreichen ist, so mufs zwischen dieser und dem Hahne ein Verlängerungsstück (Fig. 51 S. 51) eingeschaltet werden.

Unter jedem Zapfhahne ist, wenn möglich, ein Ausgufsbecken anzuordnen, welches mit einer Entwässerungsanlage in Verbindung steht. Die Verbindungsleitung mit letzterer soll eine solche Weite erhalten, dafs sämtliches Wasser, welches bei voller Öffnung des Hahnes ausströmt, zum Abflufs gelangen kann.

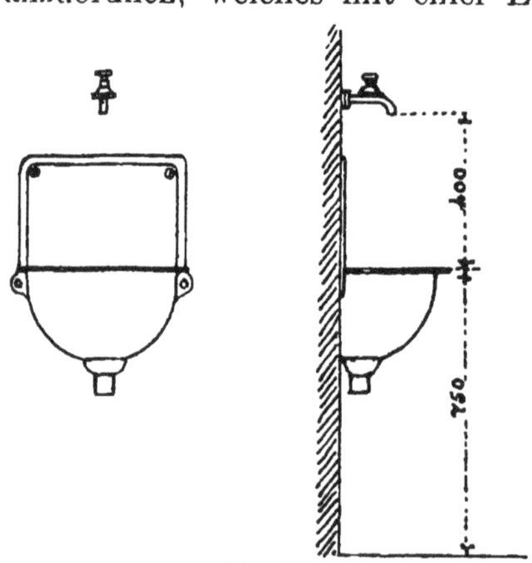

Fig 152.
Ausgufsbecken. 1/25 d nat. Gröfse.

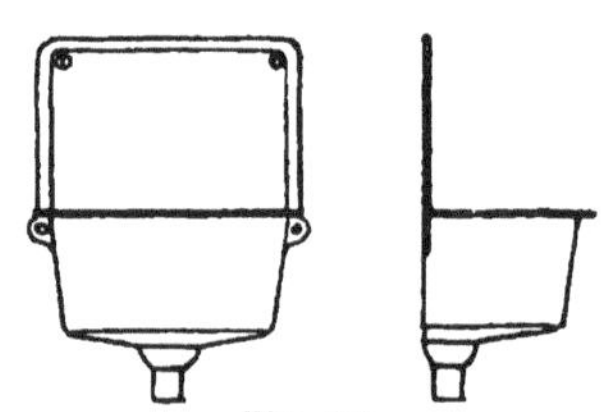

Fig 153.

Diese Ausgufsbecken werden für Ausgüsse zu hauswirtschaftlichen und gewerblichen Zwecken aus Gufseisen mit innerer Emaillierung und äufserem Lackanstrich hergestellt und erhalten die in den Figuren 152 und 153 angedeuteten Formen. Sie bestehen in der Hauptsache aus einem Becken, auf dessen Boden sich ein Sieb befindet, um den Eintritt von gröberen Unreinigkeiten in die Ableitung zu verhindern. An dieses Becken schliefst sich nach oben eine Schutzwand an. Die Höhe des Beckenrandes über dem Fufsboden beträgt zweckmäfsig ca. 75 cm; die Höhe des Hahnes über dem Ausgufsbecken 40 cm. Eckbecken sind nicht zu empfehlen, da sie die Hantierung am Becken wesentlich beschränken.

Die Ableitung jedes Ausgufsbeckens ist mit einem sogen. Wasserverschlufs zu versehen,

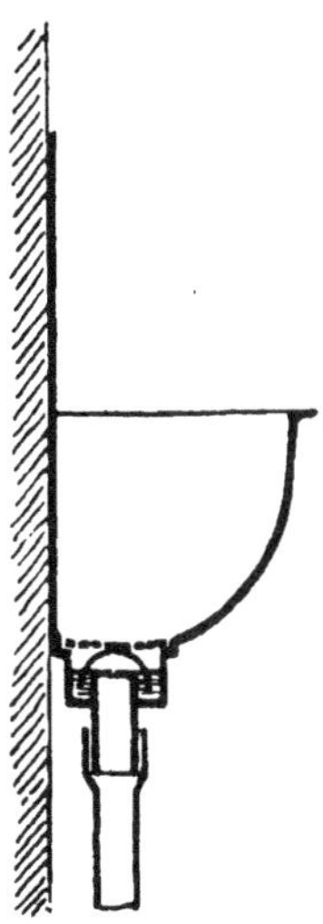

Fig. 154.
Ausgufsbecken.
$^1/_{15}$ d. nat. Gröfse.

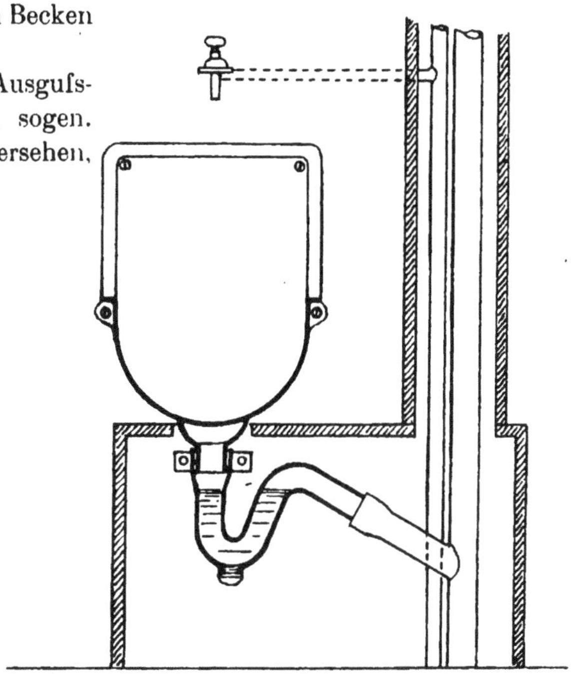

Fig. 155.
Zapfstelle mit Ausgufsbecken.
$^1/_{15}$ d. nat. Gröfse.

d. h. mit einer Einrichtung, welche das Austreten der in der Ableitung sich entwickelnden übelriechenden Gase in die Wohnräume verhindert.

Fig. 154 zeigt ein Ausgufsbecken, bei welchem der Ablauf durch eine, an der Unterseite des beweglichen Bodensiebes befindliche Glocke überdeckt wird. Die Ränder der Glocke werden stets in das in dem Gefäfse zurückbleibende Wasser eintauchen und auf diese Weise eine Abtrennung der Kanalluft herbeiführen. Der vom Ausgufswasser mitgeführte Sand sammelt sich in dem Gefäfse unter der Glocke und wird bei einer gewissen Höhe den Abflufs hindern. Es ist dann leicht, durch Aufheben des Siebes denselben zu entfernen. Die Beweglichkeit des oberen Siebes kann aber dadurch zu Unzuträglichkeiten führen, daſs die Glocke nach einer solchen Reinigung aus Nachlässigkeit oder aus einem andern Grunde nicht sorgfältig oder gar nicht wieder eingesetzt wird. Es können dann die Kanalgase ungehindert in den Wohnraum austreten. Würde letzteres auch durch die Anwendung eines in Fig. 155 dargestellten syphonartigen Wasserverschlusses vermieden werden, so tritt doch in diesem Falle bei losem Siebe die Gefahr auf, daſs durch die leichte Entfernung dieses Siebes die Möglichkeit gegeben ist, daſs auch gröbere Unreinigkeiten in die Ableitung gelangen und dadurch zu Verstopfungen der letzteren Anlaſs geben können. Es besteht daher vielerorts die behördliche Vorschrift, daſs die Bodensiebe der Ausguſsbecken nicht abhebbar sein dürfen (siehe Fig. 155).

Die syphonartigen Wasserverschlüsse werden am zweckmäſsigsten aus Blei hergestellt und erhalten an ihrem tiefsten Punkte eine

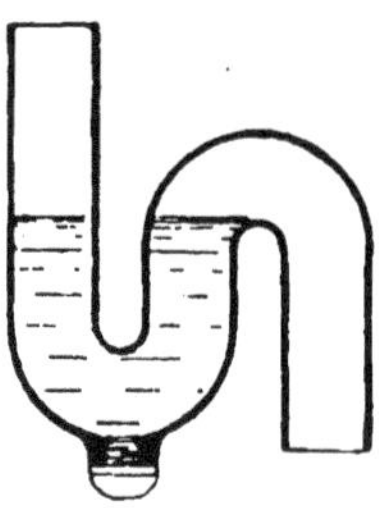

Fig. 156.

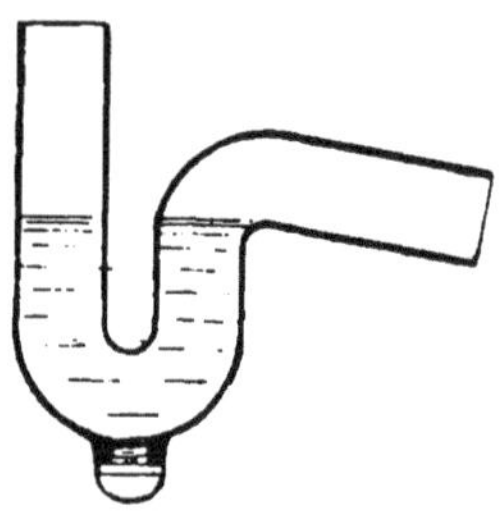

Fig. 157.

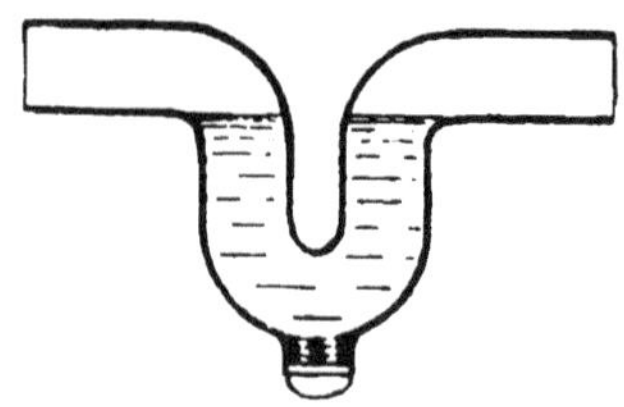

Fig. 158.

Bleierne Syphon-Wasserverschlüsse. $^1/_8$ d. nat. Gröſse.

durch eine Schraube verschlossene Reinigungsöffnung. Ihre Verbindung mit dem Ausguſsbecken erfolgt durch eine schmiedeeiserne Schelle. Der Wasserverschluſs und die Rohrverbindung bis zum Abfallrohre werden durch einen Holzverschlag vor Beschädigungen von auſsen geschützt.

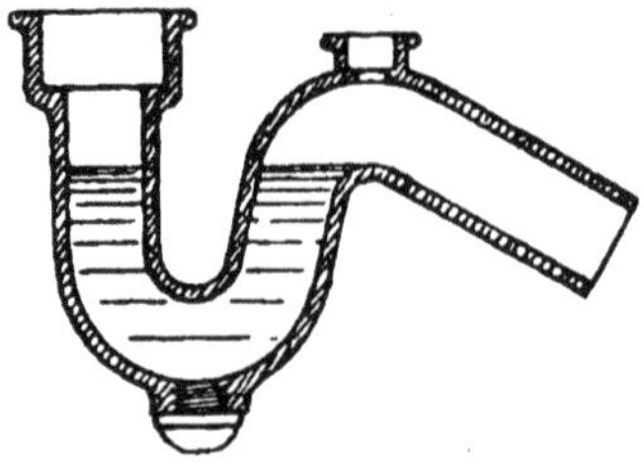

Fig. 159.
Guſseiserne Syphon-Wasserverschlüsse. $^1/_{10}$ d. nat. Gröſse.

Die Wasserverschlüsse können je nach der örtlichen Lage der Ableitung mit schrägem oder mit vertikalem Abzweige versehen sein. Fig. 156 zeigt einen bleiernen Wasserverschluſs für vertikalen Abfluſs, Fig. 157 einen Wasserverschluſs mit seitlichem Ablauf, Fig. 158 einen Wasserverschluſs, welcher nicht unmittelbar am Ausguſs, sondern an einem Zwischenpunkte der Leitung eingeschaltet werden kann, während in Fig. 159 ein gufseiserner Wasserverschlufs dargestellt ist.

Für diese Wasserverschlüsse gilt die Regel, dafs die verschliefsende Wassersäule mindestens 6 cm hoch sein mufs, um von genügender Wirksamkeit zu sein. Die in der Ableitung oft auftretenden verschiedenartigen Spannungen können bei geringer Höhe der abschliefsenden Wassersäule Veranlassung geben, dafs entweder Kanalgase durch den Verschlufs hindurchgeprefst werden, oder der Wasserverschlufs leergesaugt wird. Diesen Übelständen begegnet man für alle Fälle durch eine Lüftung des Syphons, indem man am höchsten Punkte des aufsteigenden Schenkels desselben ein Rohr ansetzt, welches mit einem Luftrohre in Verbindung steht. Letzteres

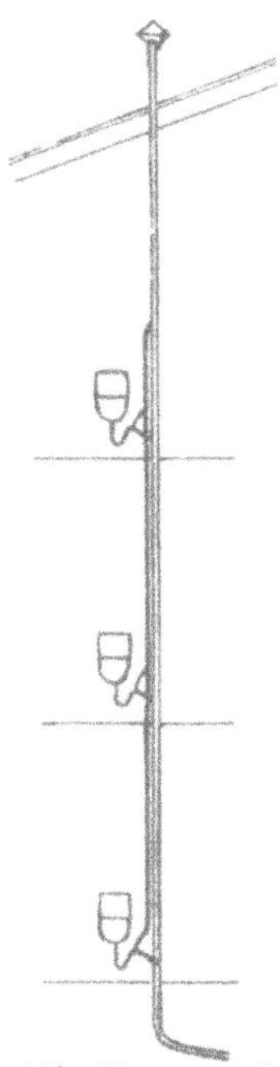

Fig. 160. Wasserausgüsse mit Lüftung der Syphons.

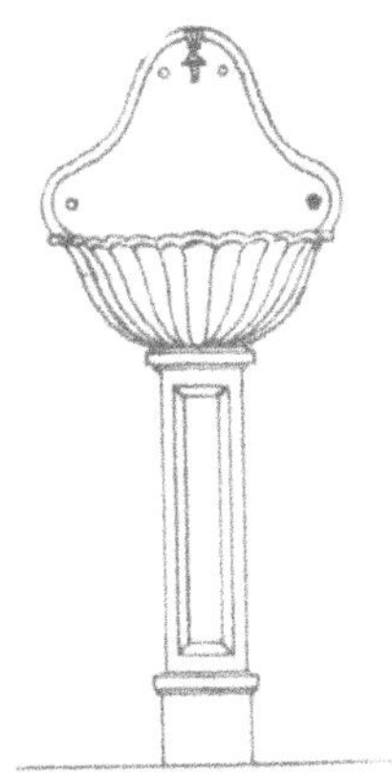

Fig. 161.

Fig. 162. Wandbrunnen.

nimmt aufsteigend die einzelnen Luftröhren der Syphons auf und mündet entweder über der Dachfläche ins Freie oder bei einer geringeren Anzahl von Entlüftungsstellen oberhalb des obersten Ausgusses in das über Dach geführte Abfallrohr, wie in Fig. 160 angedeutet ist.

Die an dem Ausgufsbecken vorhandene Rückwand ist nicht genügend, um die nächste Umgebung der Wand vor dem Bespritzen zu schützen. Man legt daher zum Schutze gegen die Feuchtigkeit, sowie der Reinlichkeit halber die umgebenden Wandflächen entweder mit Fliefsen aus, oder man überzieht sie mit einem Cementputze, oder versieht sie mindestens mit einem Ölfarbenanstriche.

Zapfstellen für elegant ausgestattete Wohnräume werden aus Porzellan oder Majolika hergestellt, und bildet dann oft das Becken mit dem Oberteile und dem Auslaufe ein künstlerisch geformtes Ganze. Die Figuren 161 und 162 geben zwei Beispiele geschmackvollerer Ausführungen, und zwar zeigt Fig. 161 eine Zapfstelle mit Porzellanbecken, Fig. 162 einen sogenannten Wandbrunnen.

Es muſs an dieser Stelle noch derjenigen Einrichtungen gedacht werden, welche zwar auch als Zapfstellen dienen, gleichzeitig aber auch eine Reinigung des Wassers bezwecken. Es sind dies die kleinen Hausfilter zur Erzeugung eines reinen Trinkwassers. Wenn nun auch die Anlage einer allgemeinen Wasserversorgung diese Einrichtungen in der Regel überflüssig macht, indem dieselben erforderlichen Falles die Reinigung im ganzen vornimmt, so kann doch ausnahmsweise die Anwendung eines solchen Apparates am Platze sein.

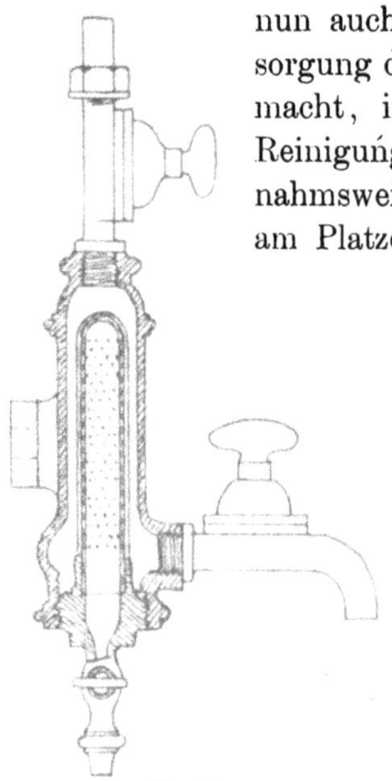

Fig. 163. Hausfilter von Salbach.

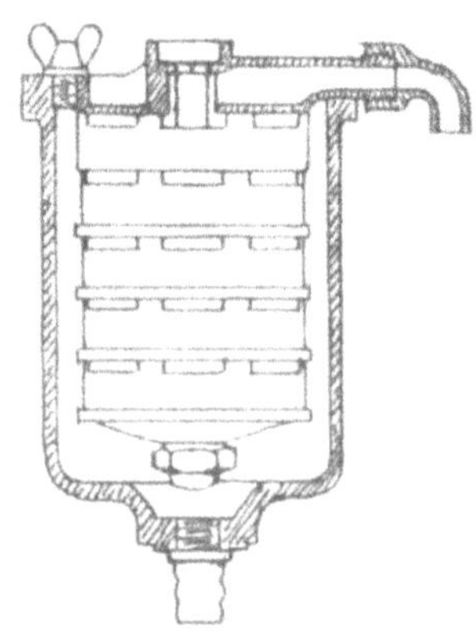

Fig. 164. Hausfilter von Piefke.

$^1/_5$ d. nat. Gröſse.

Die Reinigung des Wassers erfolgt dadurch, daſs das Wasser durch eine filtrierende Schicht seinen Weg nehmen muſs und auf der Oberfläche dieser Schicht seine Verunreinigungen zurückläſst. Bei dem in Fig. 163 dargestellten Filter von Salbach ist ein siebartig gelochter Messingcylinder mit Filz überzogen. Das filtrierte Wasser, welches in der Regel in geringen Mengen und nur zum Trinken entnommen wird, gelangt durch einen kleinen Hahn zum Ausfluſs, während ein zweiter Zapfhahn für die Entnahme desjenigen Wassers bestimmt ist, welches nicht gereinigt zu werden braucht. Piefke benutzt für seine Hausfilter (Fig. 164) Cellulosefasern, welche entweder als Scheiben oder breiartig in das Filter eingebracht und auf siebartigen Unterlagen ausgebreitet werden. Die Filterkammern sind übereinanderliegend angeordnet. Bei richtigem Gebrauche des Piefke'schen Filters kann eine gute Reinigung des Wassers, selbst von organischen Keimen, erzielt werden.

d) Die Zapfstellen auf dem Hofe.

Die Zapfstellen auf dem Hofe erhalten eine verschiedene Ausführung, je nachdem dieselbe nur in der milderen Jahreszeit oder auch während des Winters in ununterbrochenem Betriebe sein sollen.

Die einfachste Form der Ausführung ist die Anbringung eines Zapfhahnes an der Aufsenseite einer Gebäudemauer. Diese Anordnung erfordert aber bei eintretendem Froste eine Absperrung und Entleerung der Leitung, so dafs dieselbe während des Winters nicht zur Wasserversorgung dienen kann.

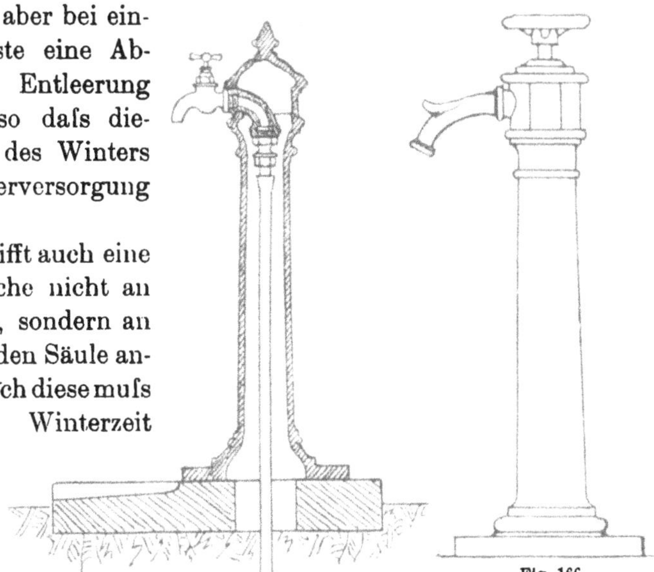

Fig. 165. Fig. 166. Hofständer 1/15 d. nat. Gröfse.

Dasselbe betrifft auch eine Zapfstelle, welche nicht an einem Gebäude, sondern an einer freistehenden Säule angebracht ist. Auch diese mufs während der Winterzeit aufser Betrieb gesetzt werden, da ein Einfrieren derselben andernfalls nicht zu verhindern ist. — Fig. 165 zeigt einen Hofständer mit einem Zapfhahne. Erforderlichenfalls lassen sich auch zwei Zapfstellen an einer Säule anbringen. Die Höhe dieser Säulen beträgt 0,9 bis 1,10 m, der Durchmesser der Anschlufsleitung bei einem Zapfhahne 15 mm, bei zwei Zapfhähnen von 15 mm Weite 20 mm.

Die Anordnung dieser Zapfstellen läfst sich auch dahin abändern, dafs man das Absperrventil in das Innere der Säule verlegt und durch einen Auslauf das Wasser ins Freie führt. Die Zapfstelle erscheint dann in der durch Fig. 166 angedeuteten Form

Hofzapfstellen, welche auch während des Winters in Betrieb bleiben sollen, müssen die in Fig. 167 dargestellte Anordnung erhalten. Das Zuleitungsrohr, welches im Keller einen Absperrhahn mit Entleerung besitzen mufs, wird an der Innenseite der Umfassungsmauer hochgeführt und in der erforderlichen Höhe mit einem Durchgangsventile versehen, dessen Schlüssel durch eine Stange verlängert ist, um von aufsen bewegt werden zu können. Die Rohrleitung biegt dann nach abwärts und mündet in einen Auslauf. Will man das Rohr noch besonders schützen, so kann man es mit Strohseilen oder Tuchleisten umwickeln oder den Schutzkasten mit Asche oder Häcksel füllen. Das Auffangen und Wegführen des Abwassers dürfte aus der Fig. 165 ohne weiteres verständlich sein.

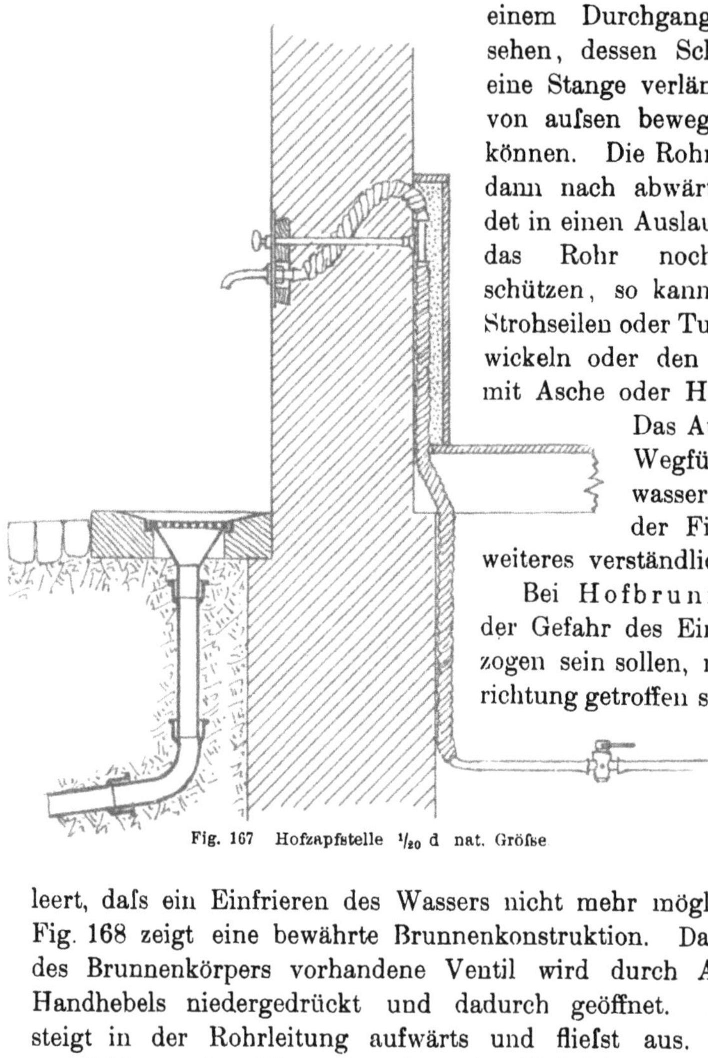

Fig. 167 Hofzapfstelle $^1/_{20}$ d nat. Gröfse

Bei Hofbrunnen, welche der Gefahr des Einfrierens entzogen sein sollen, mufs die Einrichtung getroffen sein, dafs sich das Steigerohr nach jedesmaliger Benutzung so weit entleert, dafs ein Einfrieren des Wassers nicht mehr möglich ist. Die Fig. 168 zeigt eine bewährte Brunnenkonstruktion. Das am Boden des Brunnenkörpers vorhandene Ventil wird durch Anheben des Handhebels niedergedrückt und dadurch geöffnet. Das Wasser steigt in der Rohrleitung aufwärts und fliefst aus. Läfst man am Schlusse der Wasserentnahme den Hebel los, so bewegt sich der Kolben *K* mit dem Gestänge zufolge eines Gegengewichts und des Wasserdrucks nach aufwärts, und da bereits vorher der Schlufs des Einströmungsventils stattgefunden hat, so wird das im

Steigerohr befindliche Wasser in den durch den Kolben frei gewordenen Raum treten und dadurch der Frostwirkung entzogen sein.

Der Brunnenmechanismus steht in einem gufseisernen Gehäuse und kann ohne Ausgrabung herausgezogen und nachgesehen werden. Für die Anschlufsleitung genügt ein Durchmesser von 20 mm. Die Höhe der Unterkante des Auslaufes über dem Brunnenstein beträgt 57 cm.

Die Auffangvorrichtung für das Spritz- und Überwasser besteht in Fig. 168 aus einem Brunnensteine, in welchen ein Trichter mit Sieb eingelassen ist. Die Schneide der dreikantigen Roststäbe ist nach oben anzuordnen, damit ein Spritzen des Wassers beim Auffallen möglichst vermieden wird. Der Trichter des Siebes führt das Wasser in einen aus Steinzeugröhren hergestellten Schacht, von wo aus es durch einen Wasserverschlufs hindurch zum Ablauf gelangt.

Die Fig. 169 zeigt eine, auch in der äusseren Form von der vorbeschriebenen Konstruktion abweichende Ausführung eines Brunnens. Den Hauptteil bildet wieder ein Kegelventil, welches durch Federkraft geschlossen gehalten wird, mittels Anheben eines Hebels aber geöffnet werden kann. Das durch das Ventil tretende Wasser durchströmt einen Ejektor und hebt dadurch das in dem unteren Raum des Gehäuses zurückgetretene Wasser des Steigerohrs mit empor, so dafs beide vereinigt austreten. Wird der Hebel herabgelassen,

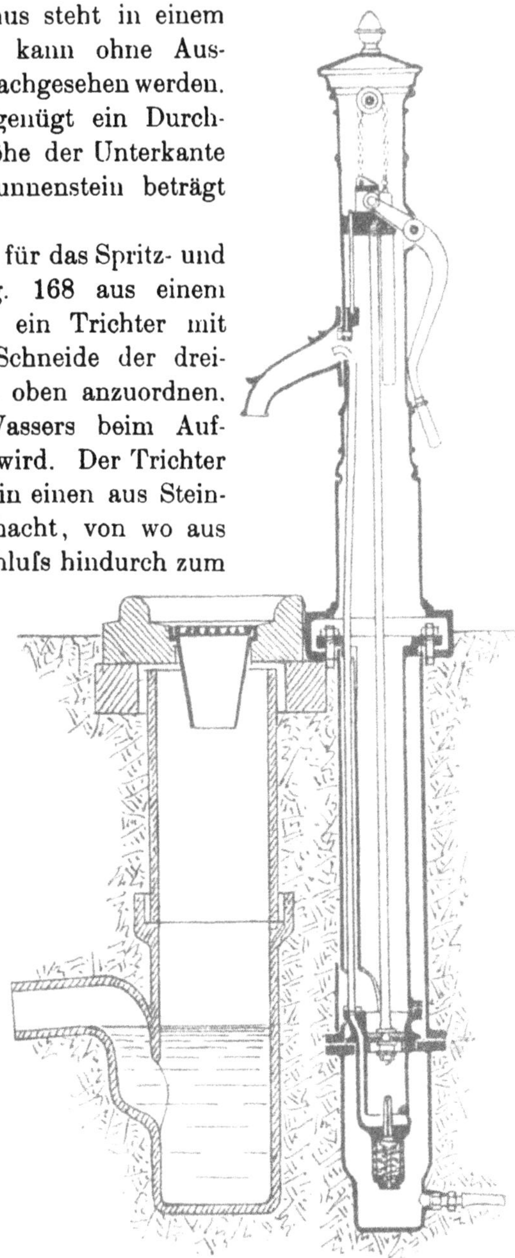

Fig. 168. Hofbrunnen. $^1/_{20}$ d. nat. Gröfse

und dadurch das Ventil geschlossen, so tritt das Wasser des Steigerohrs, letzteres entleerend, durch die Saugöffnungen des Ejektors in das Gehäuse aus. Das Auffangbecken des Brunnens ist mit einem Gitter geschlossen, welches gleichzeitig zum Aufsetzen der Gefäfse dient. Das Abwasser wird nach einem Schachte geführt, in welchem sich Sand und gröbere Unreinigkeiten absetzen können und welcher in dem vorliegenden Falle gleichzeitig als Regenwassereinlauf für die Hofentwässerung dient. Dieser Schacht wird aus Mauerwerk oder Stampfbeton hergestellt. Ein bis unter den Wasserspiegel eintauchender Rohrstutzen führt das Abwasser hinweg, verhindert jedoch durch sein Eintauchen den Austritt von Gasen aus der anschliessenden Kanalanlage.

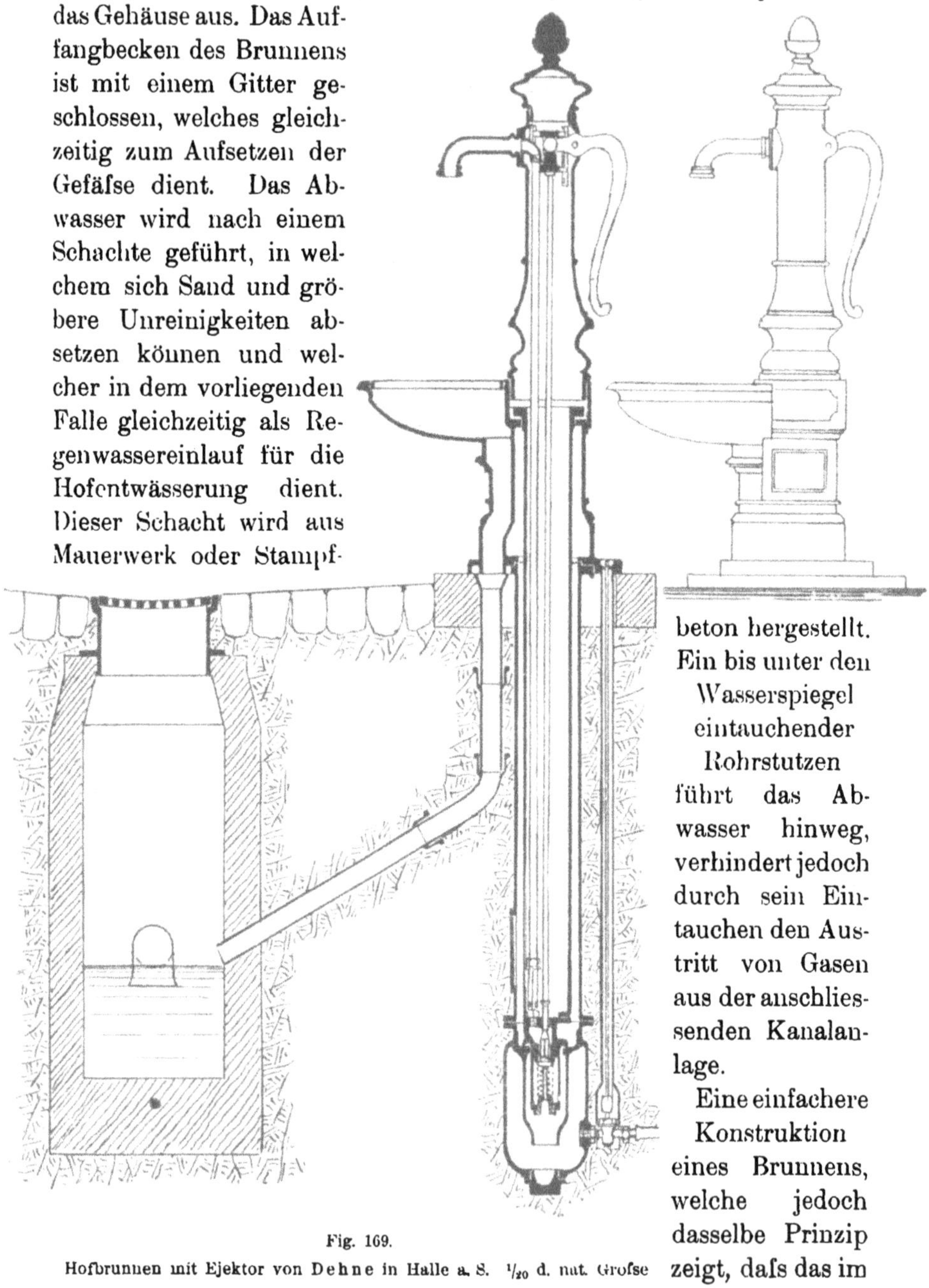

Fig. 169.
Hofbrunnen mit Ejektor von Dehne in Halle a. S. $^1/_{20}$ d. nat. Grofse

Eine einfachere Konstruktion eines Brunnens, welche jedoch dasselbe Prinzip zeigt, dafs das im

Steigerohr befindliche Wasser in einen tiefliegenden Raum zurücktritt. ist aus Fig. 170 zu ersehen. In Fig. 171 ist das Brunnenventil in gröſserem Maſsstabe im Querschnitte dargestellt und dasselbe wohl ohne weiteres verständlich. Ein an der Druckstange befindlicher Ventilkolben öffnet beim Niederdrücken nach und nach eine Anzahl Löcher, welche in der cylinderförmigen Wandung spiralförmig angeordnet sind. Über dem Ventilkolben sitzt in einem weiteren Cylinder der Kolben für den Wasserrückfluſs. Das Gewicht der Druckstange und der Kolben ist durch eine Feder ausbalanciert.

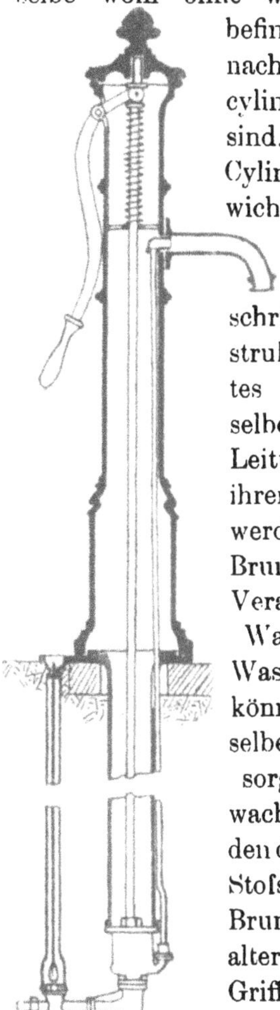

Fig. 170. Hofbrunnen. 1/20 d. nat Gröſse.

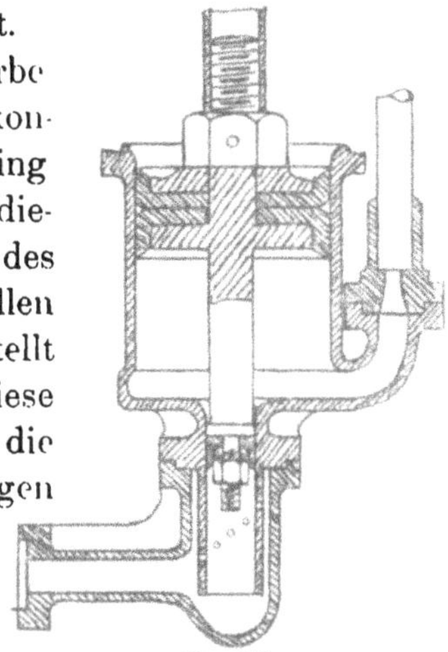

Fig. 171. Brunnenventil 1/5 d. nat. Gröſse.

Bei allen vorbeschriebenen Brunnenkonstruktionen ist es unbedingtes Erfordernis, daſs dieselben nach der Höhe des Leitungsdruckes in allen ihren Teilen genau eingestellt werden, andernfalls diese Brunnen sehr leicht die Veranlassung zu heftigen Wasserstöſsen beim Wasserabschluſs sein können. Auch sind dieselben in ihrem Betriebe sorgfältig zu überwachen, da auch durch längere Betriebsdauer und den damit im Zusammenhange stehenden Abnutzungen Stoſswirkungen auch bei anfänglich gut regulierten Brunnen eintreten können. Infolge Unkenntnis oder alter Gewohnheit kommt es oft vor, daſs mit dem Griffhebel die hin- und hergehende Bewegung des Plumpens gemacht wird, während doch das einfache Anheben des Hebels genügt, den Brunnen in Thätigkeit zu setzen. Eine derartige Handhabung wirkt aber auf die ganze Einrichtung sehr verderblich, und zwar um so mehr, je weniger stoſsfrei der jedesmalige Abschluſs des Ventils erfolgt. Man bringt daher oft an den Brunnen leicht ersichtlich die Worte an: »Nur anheben«, während auch eine Unterrichtung der Dienstboten u. s. w. in dieser Richtung jedenfalls wünschenswert ist.

Kapitel 16.

Die Einrichtungen zur Wasserabgabe für bestimmte Zwecke im Hausgebrauche.

Zu denjenigen Einrichtungen, bei denen die Wasserabgabe für einen bestimmten Zwecke im Hausgebrauch erfolgt, gehören:

a) die Aufwaschtische für Küchen,
b) die Waschtoiletten (Waschtische),
c) die Badeeinrichtungen,
d) die Doucheeinrichtungen,
e) die Klosettanlagen mit Wasserspülung,
f) die Pissoiranlagen mit Wasserspülung,
g) die Feuerhähne im Anschlufs an eine gewöhnliche Hausleitung.

Schliefslich sind hierzu auch die Zimmerfontänen zu rechnen, jedoch soll auf diese untergeordnete Art der Wasserbenutzung nicht näher eingegangen werden. Sie gleichen in der Anordnung im allgemeinen den Gartenfontänen, so dafs auf die diesbezüglich gemachten Angaben in Kap 19 verwiesen werden mufs. Die Mundstücke dieser Zimmerfontänen werden entsprechend klein sein, und oft nur in einer kleinen Brause bestehen. Zuweilen wird der Druck des ausströmenden Wassers zur Bewegung von Figuren etc. benutzt.

Einrichtungen, welche beim Treten des Fufses auf eine bestimmte Stelle eine feine Brause in Thätigkeit setzen oder einen Wasserstrahl hervortreten lassen, können einen ernstlichen Zweck nicht verfolgen und sollen daher aufser Beachtung bleiben.

a) Die Aufwaschtische für Küchen.

Die Spültische für Küchen dienen zum Reinigen der Kochgeschirre und Efsgeräte, sowie auch zu Vorbereitungsarbeiten für die Nahrungsmittel. Dieselben bestehen in der Hauptsache aus einem in Tischhöhe befindlichen, viereckigen Gefäfse, über welchem ein Zapfhahn für kaltes Wasser, und mit Vorteil auch ein solcher für warmes Wasser angeordnet ist. Das letztere kann selbstverständlich nur dann stattfinden, wenn eine Warmwasserleitung (siehe Kap. 20) vorhanden ist. Der Lage der Sache nach mufs dieses Waschgefäfs mit einem Überlauf und einer Abflufsvorrichtung versehen sein, und die letztere eine Verschlufsvorrichtung gegen die Kanalgase besitzen.

Die Gefäfse werden zumeist aus Holz hergestellt, und mit Zink-, Blei- oder Kupferblech ausgeschlagen, doch finden auch Becken aus emailliertem Eisen, Steingut, Marmor, Schiefer, sowie auch Haustein, besonders aus Granit, Anwendung. Die Härte der letzteren Materialien begünstigt das Zerbrechen der Geschirre, doch kann dieser Übelstand durch Einlegen eines aus Holzstäben hergestellten, herausnehmbaren Rostes auf dem Boden des Waschgefäfses vermindert werden. Der Boden dieser Waschgefäfse erhält nach dem Auslauf zu ein geringes Gefälle, damit eine schnelle und vollständige Entleerung durch letztere möglich ist. Für gröfsere Küchen ordnet man eine Anzahl gleicher

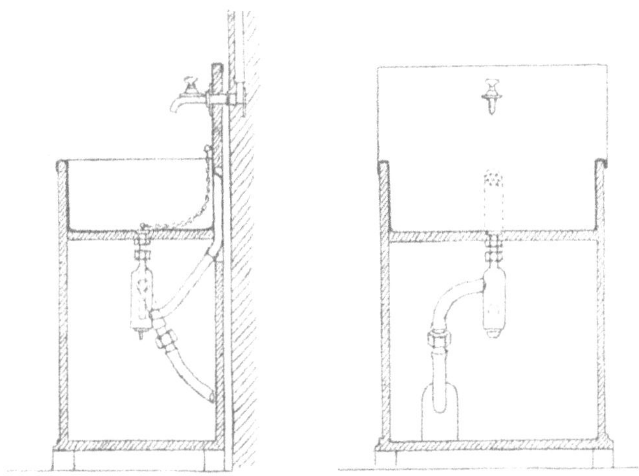

Fig. 172. Aufwaschtisch. 1/20 d. nat. Gröfse

Becken nebeneinander an, damit mehrere Personen gleichzeitig bei dieser Arbeit thätig sein können, oder in einem oder mehreren das Aufwaschen, in einem andern Becken das Abspülen der Geräte etc. vorgenommen werden kann.

Die kleinsten Mafse dieser Waschbehälter sind: 50—60 cm Länge, 40 cm Breite, und 15—20 cm Tiefe. Der obere Rand ist in Tischhöhe zu legen.

Da diese Spültische zumeist an die Wand gestellt werden, so ist diese Wandfläche durch Einlegen von Fliesen gegen Verunreinigung zu schützen, zum mindesten aber mit einem Ölfarbenanstrich zu versehen.

Die Fig. 172 zeigt die Einrichtung eines einfachen Spültisches, welcher aus Holz hergestellt und mit Zinkblech ausgeschlagen ist. In der Mitte des Bodens befindet sich der mit einem Konus verschlossene und mit einem Siebe versehene Wasserauslafs, welcher das verbrauchte Wasser nach einem Fettfange führt. Der letztere bildet zugleich den Wasserverschlufs, und mündet in denselben auch der Überlauf ein, während am höchsten Punkte die Abwasserleitung abzweigt, um das Schmutzwasser wegzuführen. Die Rückwand ist erhöht und ebenfalls mit Zinkblech beschlagen.

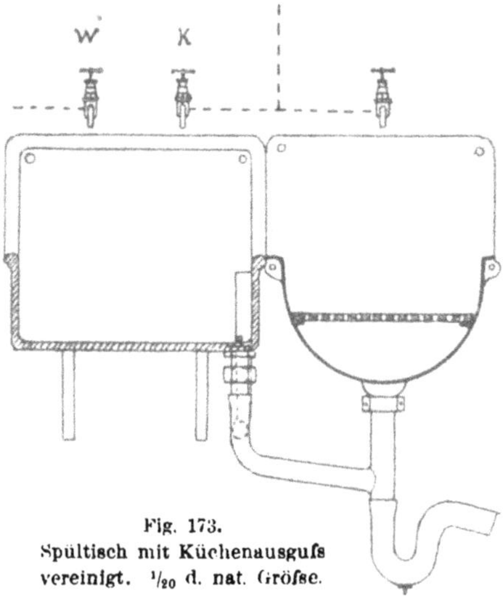

Fig. 173.
Spültisch mit Küchenausgufs vereinigt. $^1/_{20}$ d. nat. Gröfse.

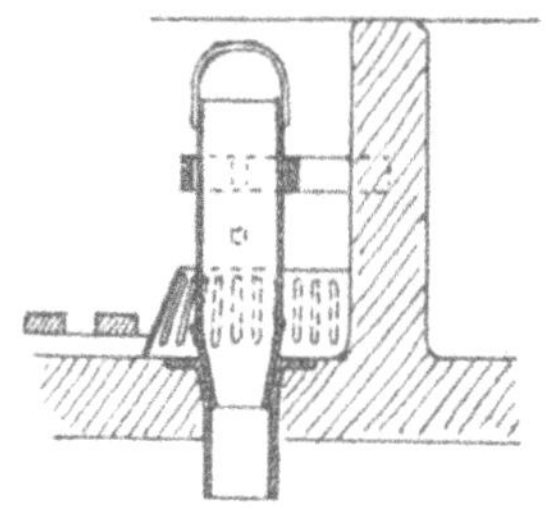

Fig. 175.
Überlauf- und Entleerungsvorrichtung. $^1/_{10}$ d. nat. Gröfse.

In Fig. 173 ist ein Küchenausgufs mit einem Spültische in der Weise vereinigt angeordnet, dafs der Küchenausgufs durch Einlegung eines Siebes zum Abspülen und

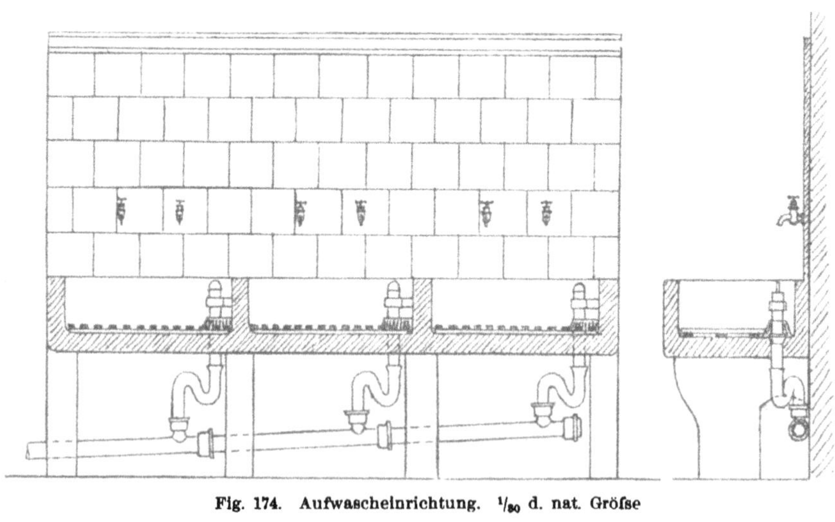

Fig. 174. Aufwascheinrichtung. $^1/_{30}$ d. nat. Gröfse

Einstürzen der Geschirre benutzt werden kann. Der Spültisch ist überdies mit je einer Zuleitung für warmes und kaltes Wasser versehen.

Die Fig. 174 stellt eine Spüleinrichtung mit 3 Gefäſsen dar, welche letztere aus Stein hergestellt sind. Die mit Geruchverschluſs versehenen Abläufe werden von einem gemeinschaftlichen Ableitungsrohre aufgenommen. Der Beckenablauf Fig. 175 ist durch ein Konusrohr verschlossen, welches letztere zugleich als Überlauf dient. Durch Anheben des Rohres mittels eines Handgriffes wird der Ablauf geöffnet. Ein schräg liegendes Sieb hält die gröberen Unreinigkeiten zurück. Die Böden der Gefäſse sind mit einem Holzgatter belegt, um die Gefahr des Zerbrechens der Geschirre herabzumindern. Über jedem Spülgefäſse befindet sich je ein Zapfhahn für warmes und kaltes Wasser. Die Rückwand ist mit Fliesen ausgelegt.

b) Die Waschtoiletten.

Unter diesem Namen sind diejenigen Einrichtungen zur Reinigung des menschlichen Oberkörpers zu verstehen, welche mit einer Druckwasserleitung in einer festen Verbindung stehen. Die Hauptteile einer Waschtoilette sind: das Becken, welches in Tischhöhe befestigt ist, der Wasserzulauf und der Wasserablauf. Das Becken erhält eine Überlaufvorrichtung, welche im stande sein muſs, sämtliches, bei voll geöffnetem Hahne zuflieſsende Wasser wegführen zu können. Im Wasserablauf ist auch hier zur Verhinderung des Austretens von Kanalgasen ein Wasserverschluſs einzuschalten.

Je nach Maſsgabe des Ortes, wo diese Toiletten zur Aufstellung gelangen sollen, wird man denselben eine einfachere Form oder eine elegantere Ausstattung geben, welche letztere sich jedoch in der Hauptsache auf das Material und die äuſsere Form des Toilettentisches, auf die Verwendung von Marmorplatten etc. als Tischplatte, sowie von besonders verzierten Zapfhähnen bezieht, im allgemeinen daher nur einen Einfluſs auf das äuſsere Ansehen des Waschtisches, weniger auf die Funktion desselben ausüben wird. Ebenso bietet die Anordnung mehrerer Waschbecken nebeneinander nur eine Wiederholung derselben Einrichtung.

Die Toiletten werden zumeist an der Wandfläche eines Zimmers angeordnet, doch ist auch die Benutzung von Zimmerecken für diesen Zweck nicht ausgeschlossen, und geht dann die quadratische oder rechteckige Grundriſsform dieses Zimmermöbels (s. Fig. 176 u. 177) in eine viertelkreisförmige über (Fig. 178).

Bei einer groſsen Anzahl nebeneinanderliegender Waschvorrichtungen, wie solche in Seminaren, Pensionaten etc. erforderlich sind, werden dieselben oft freistehend und symmetrisch gegenüberliegend angeordnet, wie dies in Fig. 179 zur Darstellung gebracht ist.

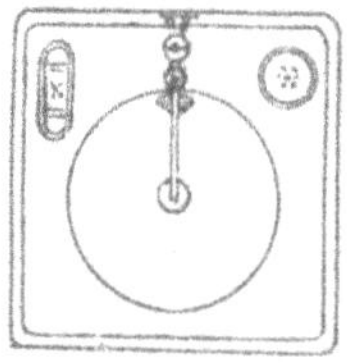

Fig. 176.

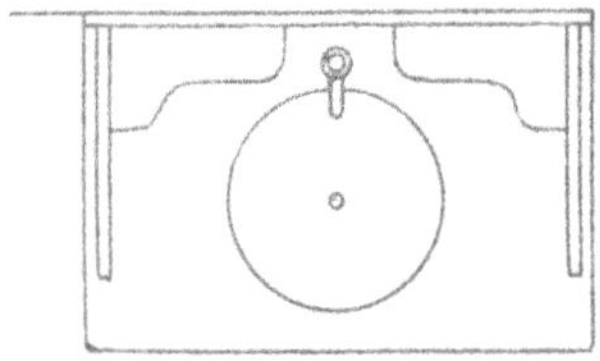

Fig 177.

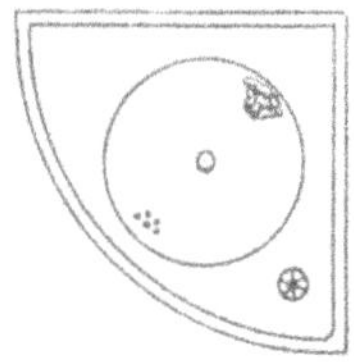

Fig 178.

Grundrifsformen von Toiletten. $^1/_{20}$ d. nat. Gröfse.

Die Waschschüsseln werden aus Porzellan, Steingut oder emailliertem Eisen gefertigt und bilden entweder einen gesonderten Teil, welcher in der Tischplatte befestigt wird, oder sie sind mit der Tischplatte aus einem Stück hergestellt. Ihr Durchmesser beträgt in der Regel 30 bis 35 cm.

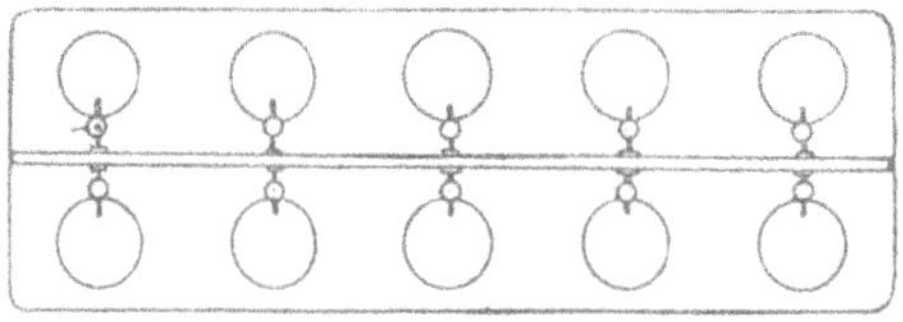

Fig. 179.

Ist das Waschbecken und die Tischplatte nicht aus einem Stück gefertigt, so mufs das Becken in einen der Form des Beckens entsprechenden Ausschnitt des Tisches eingekittet werden, und ist man dann in der Lage, für diese Tischplatte andere Materialien, hauptsächlich Marmor und Schiefer, zur Anwendung zu bringen. Die Benutzung von hölzernen Tischplatten ist zwar nicht ausgeschlossen, jedoch des guten Ansehens und der Dauerhaftigkeit wegen

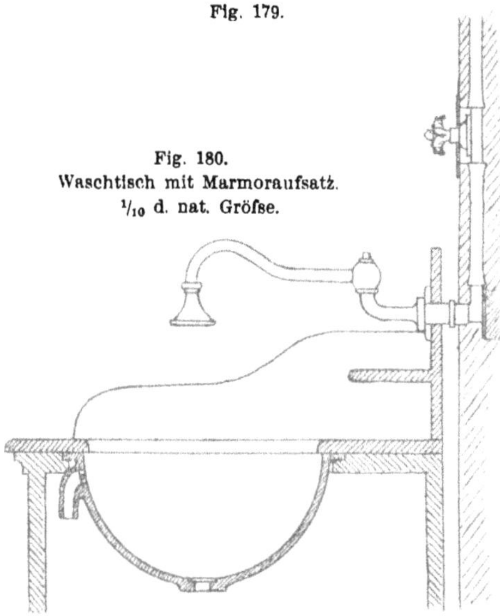

Fig. 180.
Waschtisch mit Marmoraufsatz.
$^1/_{10}$ d. nat. Gröfse.

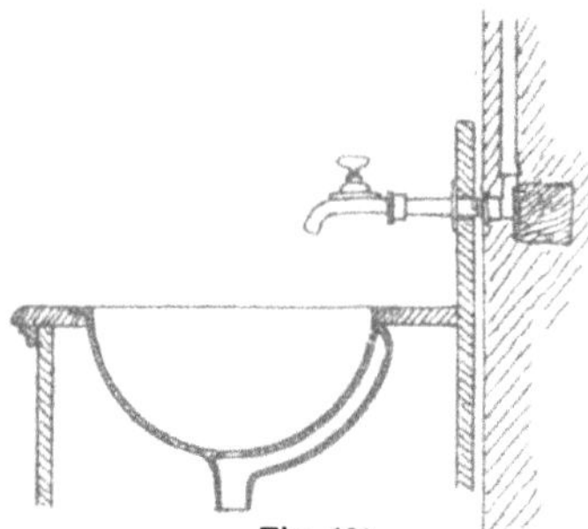

Fig 181
Einfacher Waschtisch mit Zapfhahn.
$^1/_{15}$ d. nat. Gröfse.

nicht zu empfehlen, und nur für untergeordnete Ausführungen zulässig. In neuerer Zeit hat man für diesen Zweck auch Xylolith (Steinholz) mit Vorteil zur Anwendung gebracht.

Da die Fuge, welche durch das Einkitten eines Beckens entsteht, einesteils durch das Freiliegen mit der Zeit undicht wird, andernteils aber einen unschönen Anblick bietet, so legt man für bessere Ausführungen das Becken in einen Holzrahmen, und deckt das Ganze mit einer Marmor- oder Schiefertafel ab, wie dies aus Fig. 180 ersichtlich ist.

Der Wasserzutritt erfolgt entweder aus einem Zapfhahn über dem Becken in Form eines einfachen Wasserstrahls oder als

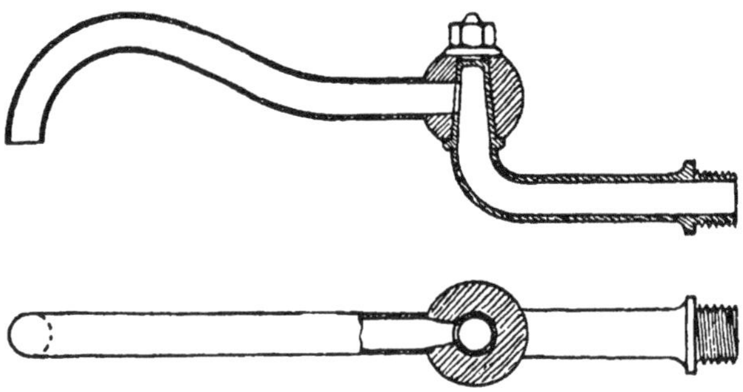

Fig. 182. Einfacher Schwenkhahn. 1/8 d. nat. Gröfse.

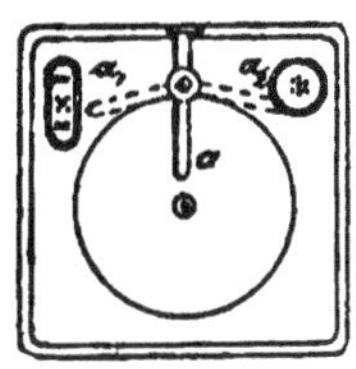

Fig. 183.

Brause, oder am Becken selbst durch eine freiliegende oder überdeckte Austrittsöffnung.

Als einfacher Ausflufs über dem Becken kann ein gewöhnlicher Zapfhahn der früher beschriebenen Konstruktionen in der aus Fig. 181 ersichtlichen Weise Anwendung finden. Der Zapfhahn mufs so weit über den Rand des Beckens reichen, dafs der Wasserstrahl voll in das Becken einfliefst, ohne die Umgebung des Beckens zu bespritzen. In der Regel ist zwischen der Wandscheibe und dem Hahn ein den Verhältnissen entsprechendes Verlängerungsstück einzuschalten.

Aufser den gewöhnlichen Zapfhähnen finden jedoch Konstruktionen Anwendung, welche speziell für diesen Zweck bestimmt sind und den Namen Toilettenhähne führen.

Unter diesen Toilettenhähnen zeigen die sogen. Schwenkhähne eine von den früher angeführten Hähnen abweichende Konstruktion. Das für den Ausgufs bestimmte Rohrstück ist bei denselben nach Fig. 182 um einen Konus drehbar, in welchen letzteren das Wasser in der Axenrichtung eintritt, und durch eine Seitenöffnung in das Ausgufsrohr strömt. Beide Teile stehen miteinander voll in Verbindung, wenn das Ausguſsrohr auf die Mitte des Beckens gerichtet ist, wie bei Stellung *a* in Fig. 183. Eine Seitwärtsdrehung verringert aber den Durchfluſsquerschnitt. und schlieſst den Wasserdurchfluſs ganz ab, wenn die Ausguſsmündung den Rand des Beckens nahezu erreicht hat (Stellung a^1 und a^2 in Fig. 183). Diese Schwenkhähne bieten die groſse Annehmlichkeit, daſs man beim Gebrauche des Beckens durch hervorragende Teile des Wasserausgusses nicht gehindert ist, sie haben aber auch anderseits den Nachteil, dass sie, als die Umkehrung eines Kegelhahnes, beim schnellen Seitwärtsdrehen die Veranlassung zu Wasserstöſsen in der Zuleitung sein werden. Dieser Übelstand wird zum Teil dadurch beseitigt, daſs man den Schwenkhahn niemals als alleinige Abschluſsvorrichtung benutzt, sondern einen Niederschraub- oder Ventilhahn als solche

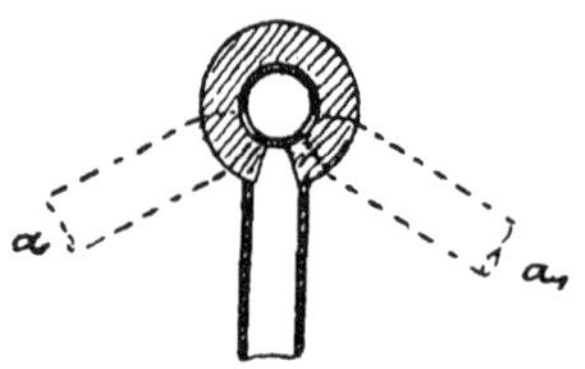

Fig. 184.

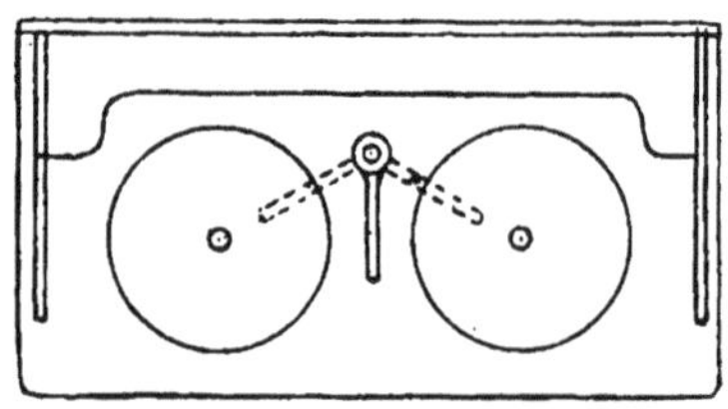

Fig. 185. Doppeltoilette mit Schwenkhahn. $^1/_{30}$ d. nat. Gröſse.

hinzufügt, mit deren Hilfe man den Ausfluſs des Schwenkhahnes so regeln kann, daſs bei voller Öffnung des letzteren der Wasserstrahl nur mit mäſsiger Geschwindigkeit und ohne Überspritzen ausflieſst. Da hierzu meistens nur ein geringes Öffnen des Ventils genügt, so werden auch die Stöſse bei schnellerem Schlieſsen des Schwenkhahnes nur mäſsig auftreten. Immerhin empfiehlt es sich aber, darauf bedacht zu sein, den Schwenkhahn langsam zu bewegen, statt denselben durch einen kurzen Ruck seitwärts zu drehen.

Die Konstruktion der Schwenkhähne läſst auch die Anordnung zu, daſs man mittels eines Hahnes zwei Becken einer Toilette bedienen kann. Der Konus des Schwenkhahnes besitzt dann zwei Austrittsöffnungen für das Wasser, sodaſs in den Stellungen *a* und a_1 der Fig. 184 das Wasser ausflieſst, während in der Mittelstellung a_2 der Hahn geschlossen ist. Unter Benutzung eines doppelten Schwenkhahnes erhält dann die Toiletteneinrichtung den in Fig. 185 dargestellten Grundriſs.

Die Ausläufe der Schwenkhähne werden zumeist mit einem Brausemundstück versehen.

Aufser den in den Figuren 180 u. 182 bereits zur Darstellung gelangten Schwenkhähnen zeigen noch die Figuren 186—188 gebräuchliche Formen derselben. Bei den letzteren steht die Absperrvorrichtung mit dem Schwenkhahne in direkter fester Verbindung, im Gegensatz zu der Anordnung Fig 180, wo der Absperrhahn abgesondert über der Toilette in die Wandfläche eingelassen ist.

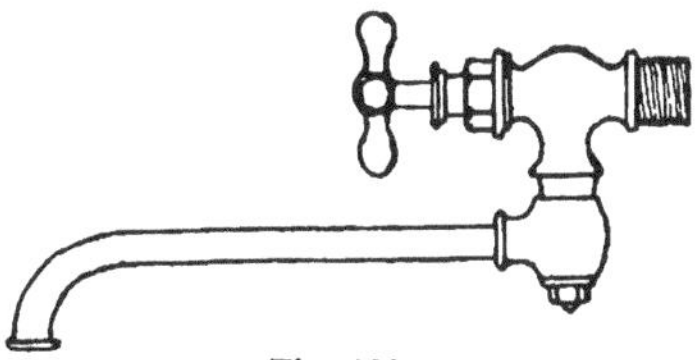

Fig. 186.

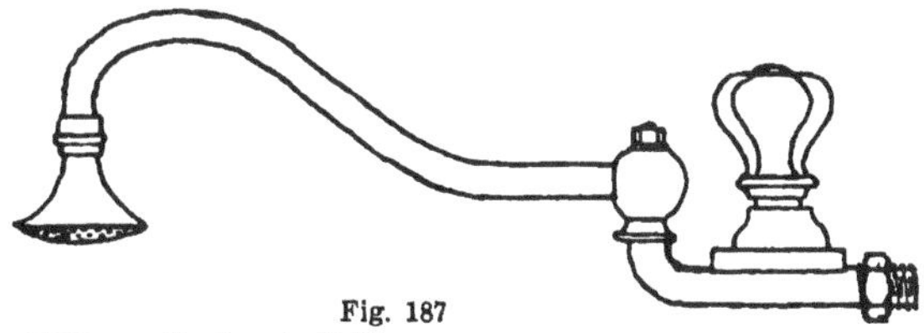

Fig. 187

Schwenkhähne ¼ d. nat. Gröfse.

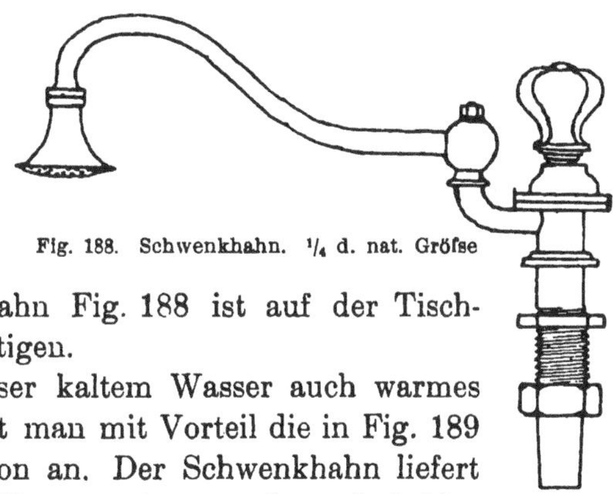

Fig. 188. Schwenkhahn. ¼ d. nat. Gröfse

Die Schwenkhähne Fig. 186 und 187 sind an der Wandfläche, der Schwenkhahn Fig. 188 ist auf der Tischplatte der Toilette zu befestigen.

Wird der Toilette aufser kaltem Wasser auch warmes Wasser zugeführt, so wendet man mit Vorteil die in Fig. 189 dargestellte Hahnkonstruktion an. Der Schwenkhahn liefert sowohl kaltes und warmes Wasser getrennt, als auch beides gemischt, und kann, zwischen zwei Becken angeordnet, zur Versorgung beider dienen.

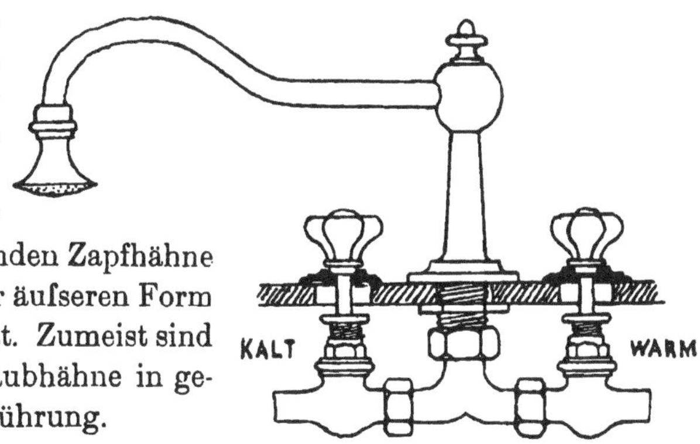

Fig. 189. Schwenkhahn für kaltes und warmes Wasser. ⅙ d. nat. Gröfse.

Die sonstigen zur Verwendung kommenden Zapfhähne sind lediglich in ihrer äufseren Form dem Zwecke angepafst. Zumeist sind es Gumminiederschraubhähne in geschmackvollerer Ausführung.

Fig. 190 zeigt einen auf der Tischplatte zu befestigenden Hahn, dessen Ausgufs sich nur in geringer Höhe über dem Beckenrande befindet und somit eine Behinderung beim Gebrauche nicht erwarten läſst. Der Toilettenhahn Fig. 191 ist dazu bestimmt, im Innern des Toilettenschrankes angeordnet zu werden. Der Krystallknopf mit Rosette ragt aus der Tischplatte hervor und vermittelt die Bewegung der verlängerten Spindel eines einfachen Gummi-Niederschraubhahnes. Die letztere Konstruktion findet dann Verwendung, wenn der Wassereinlauf nicht über dem Becken, sondern durch eine Öffnung am oberen Rande des Beckens erfolgen soll. Die Fig. 192 zeigt diese Art der Ausführung in der Zusammenstellung. Dieselbe dürfte ohne weitere Erklärung verständlich sein.

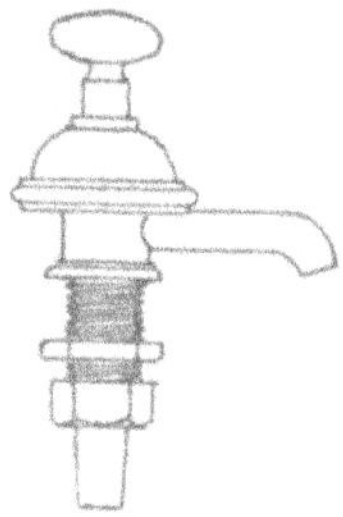

Fig. 190. Toilettehahn. 1/5 der nat. Gröſse.

Die für Toiletten bestimmten Hähne, Zapfhähne sowohl, als auch Schwenkhähne, erhalten eine der Gesamteinrichtung angepaſste, mehr oder minder elegante Ausführung. Die Hähne sind dann oft poliert, vernickelt oder versilbert, die Ausläufe und Handgriffe verziert, oder die letzteren mit Krystallknöpfen versehen, wie aus den vorstehenden Figuren zu entnehmen ist.

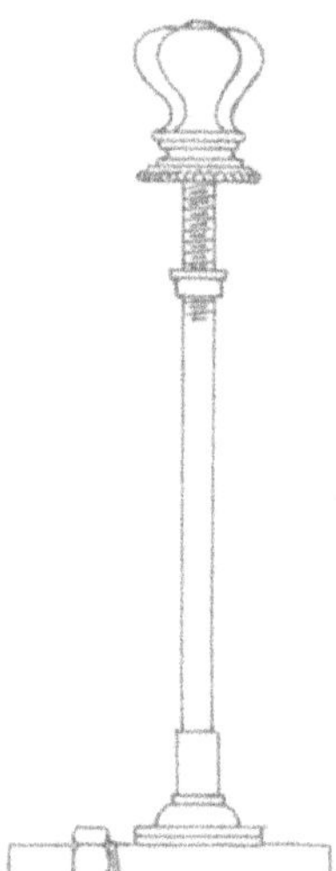

Fig. 191. Toilettenhahn. 1/5 d. nat. Gröſse.

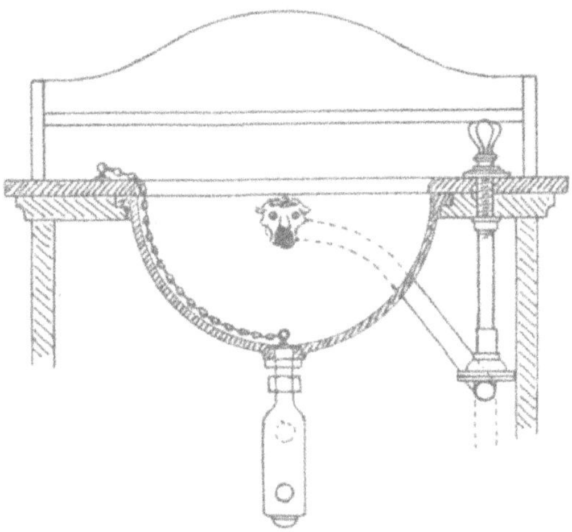

Fig. 192. Waschtisch mit Wassereinlauf am Becken. 1/10 d. nat. Gröſse.

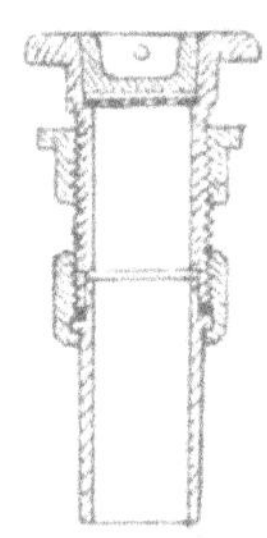

Fig. 193. Toiletteventil. 1/2 der nat. Gr.

Die Abfluſsöffnung am Grunde des Beckens wird durch ein Ventil geschlossen, dessen Konstruktion aus Fig. 193 zu ersehen ist. Um kleinere Gegenstände vor dem Einfallen zu schützen, ist die Ventilöffnung überdies durch ein kleines Sieb abgedeckt. Eine über den Rand des Beckens führende und daselbst befestigte Kette gestattet, den Abflufs zu öffnen, ohne mit der Hand ins Wasser greifen zu müssen, soll aber auch gleichzeitig ein Abhandenkommen des Ventils verhindern. Das Ventil mufs gut eingeschliffen sein, auch die Sitzfläche desselben frei von Sand und sonstigen Unreinigkeiten gehalten werden, da sonst das eingelassene Wasser während des Gebrauches entweichen wird. Dieses Bodenventil kommt bei den Kippwaschbecken in Wegfall, da bei denselben das Becken um eine horizontale Axe drehbar ist, und die Entleerung des Beckens durch Anheben des dem Benutzenden zugekehrten Beckenrandes nach Art des Ausgiefsens erfolgt. Die Lage des Schwerpunktes des leeren, sowie auch des gefüllten Beckens ist eine derartige, dafs dasselbe stets in aufrechter Stellung gehalten wird. Die Fig. 194 zeigt die Einrichtung einer Toilette mit Kippwaschbecken. Das Becken ist um Zapfen drehbar, welche an der Tischplatte der Toilette befestigt sind. Der Raum unter dem Waschbecken ist mit Zink ausgeschlagen und nimmt das ausgegossene Wasser auf, um es an der tiefsten Stelle in die Ableitung überzuführen. Die Öffnung der Abflufsleitung ist durch ein Sieb geschlossen. Bei diesen Toiletten ist es ein Haupterfordernis, dafs der Raum unter dem Becken stets reingehalten wird; andernfalls werden die daselbst zurückbleibenden Unreinigkeiten, Seifenschaum etc., sich durch einen unangenehmen Geruch bemerklich machen, Um diese Reinigung bequem vornehmen zu können, richtet man die Tischplatte zum Auf-

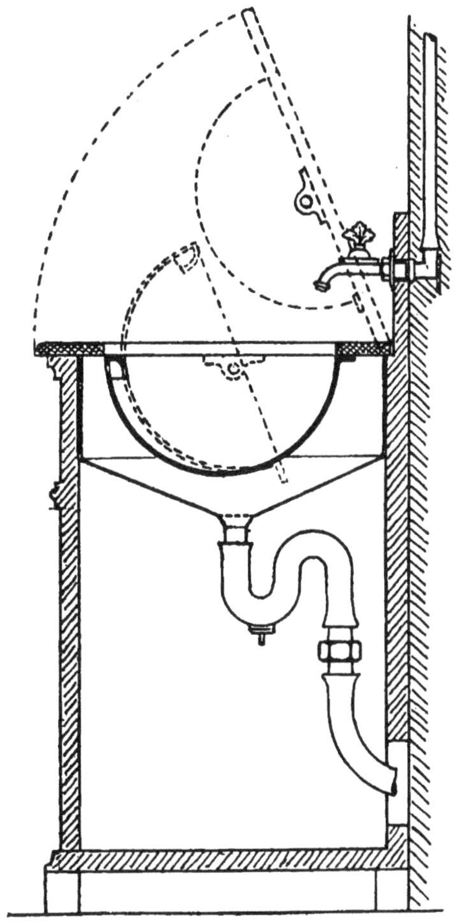

Fig. 194.
Toilette mit Kippwaschbecken. $^1/_{10}$ d. nat. Gröfse.

klappen oder Abheben ein, wodurch man gleichzeitig das Becken hochhebt und daher den Blechkasten vollkommen zugänglich macht. Tischplatten von Holz, Xylolith oder Schiefer richtet man in der Regel zum Hochklappen mittels Scharniere ein, Marmorplatten hingegen werden durch Abheben entfernt. Die letzteren werden durch Stifte, welche in Vertiefungen der Platte eingreifen, in der richtigen Lage festgehalten.

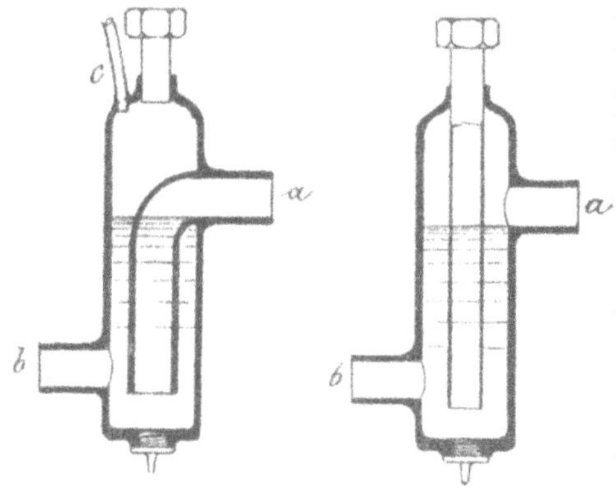

Fig. 195. Fig. 196

Geruchverschlüsse für Toiletten. $^1/_5$ d. nat. Gröfse.

Jede Toilette ist mit einem Geruchverschlufs zu versehen. Derselbe wird entweder durch ein *S*-förmig gebogenes Rohr (Syphonwasserverschlufs) oder durch eine der beiden in den Figuren 195 und 196 dargestellten Konstruktionen herbeigeführt. Die letzteren Wasserverschlüsse führen auch den Namen S e i f e n f a n g. Sie werden aus Blei hergestellt, und mittels einer Überwurfmutter an

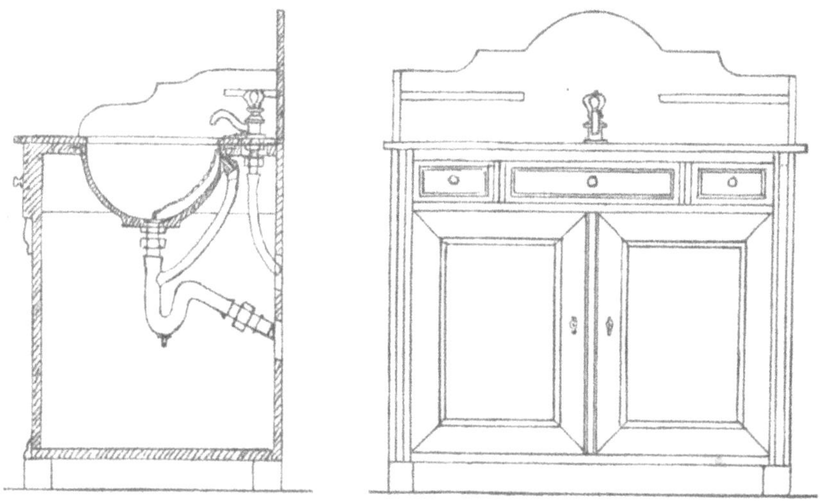

Fig. 198. Waschtoilette. $^1/_{15}$ d. nat Gröfse.

dem Gewinde des Toilettenventils festgeschraubt. Bei *b* tritt das Überlaufwasser in das Gefäfs ein, während der höher gelegene Stutzen *a* für den Wasserabflufs bestimmt ist. Um einen ruhigen Abflufs des Wassers zu erzielen, ist es bei Anwendung des Wasserverschlusses

Fig. 194 erforderlich, dafs durch ein kleines Kupferröhrchen *c*, welches bis unter die Tischplatte hochzuführen ist, der Seifenfang gelüftet wird. Reihen sich mehrere gleichartige Wascheinrichtungen nebeneinander, so genügt es, die Abwässer in einem gemeinsamen Rohre zu sammeln, und am Ende der Zusammenführung einen einzigen, gemeinsamen Wasserverschlufs anzuordnen. Dieses Sammelrohr ist zu lüften, d. h. am höchsten Punkte mit einer Rohrleitung zu versehen, welche in aufsteigender Richtung ins Freie oder in einen Luftabzugskanal führt.

Toiletten, welche längere Zeit nicht in Benutzung kommen, wie dies in Fremdenzimmern oft geschieht, sind von Zeit zu Zeit mit Wasser zu füllen und hierauf zu entleeren, damit der Wasserverschlufs erneuert wird, und nicht etwa durch ein völliges Verdunsten des Wassers ein Übertreten der in den Abflufsleitungen sich entwickelnden, übelriechenden Gasen in bewohnte Räume stattfinden kann.

Die Fig. 197 zeigt eine vollständige Toiletteneinrichtung im Querschnitt und in der Ansicht. Ein auf der Tischplatte befestigter Toilettenhahn gibt das Wasser in das Becken ab. Der Überlauf und Ablauf, sowie der Geruchverschlufs sind aus der Zeichnung leicht zu erkennen. Die schrankartige Holzumkleidung zeigt die allgemein übliche Form.

Bei der Toilette Fig. 198 ist die Tischplatte und das Becken aus einem Stück hergestellt. In derselben Platte sind aufserdem zwei Vertiefungen für Zahnbürste und Seife vorhanden, von welchen aus je ein Kanal nach dem Überlaufe führt. Die Ränder der Platte sind nach aufwärts gebogen, so dafs überspritzendes Wasser nach dem Becken zurückgeleitet wird. Diese Platten, welche von Villeroy & Boch in Dresden aus Steingut in bester Ausführung geliefert werden, kommen in einen Holzrahmen zu liegen, welcher jedoch nur schmal (10 mm breit) ist und das Ansehen des Ganzen nicht beeinträchtigt.

Für manche Zwecke ist es nicht erforderlich, der Wascheinrichtung die Form eines Möbels zu geben, sondern es genügt, ein Becken mit den erforderlichen Zu- und Abflufseinrichtungen an der Wand zu befestigen. Will man die unteren Teile einigermafsen verdecken, so umkleide man das Becken mit einer Lamperie von Blech. Aus Fig. 199 ist eine derartige Einrichtung zu ersehen.

Für die Wasserzuführung zu einer Toilette genügt ein Rohr von 15 mm Durchmesser, für die Wasserabführung ein Rohr von 25 mm Durchmesser.

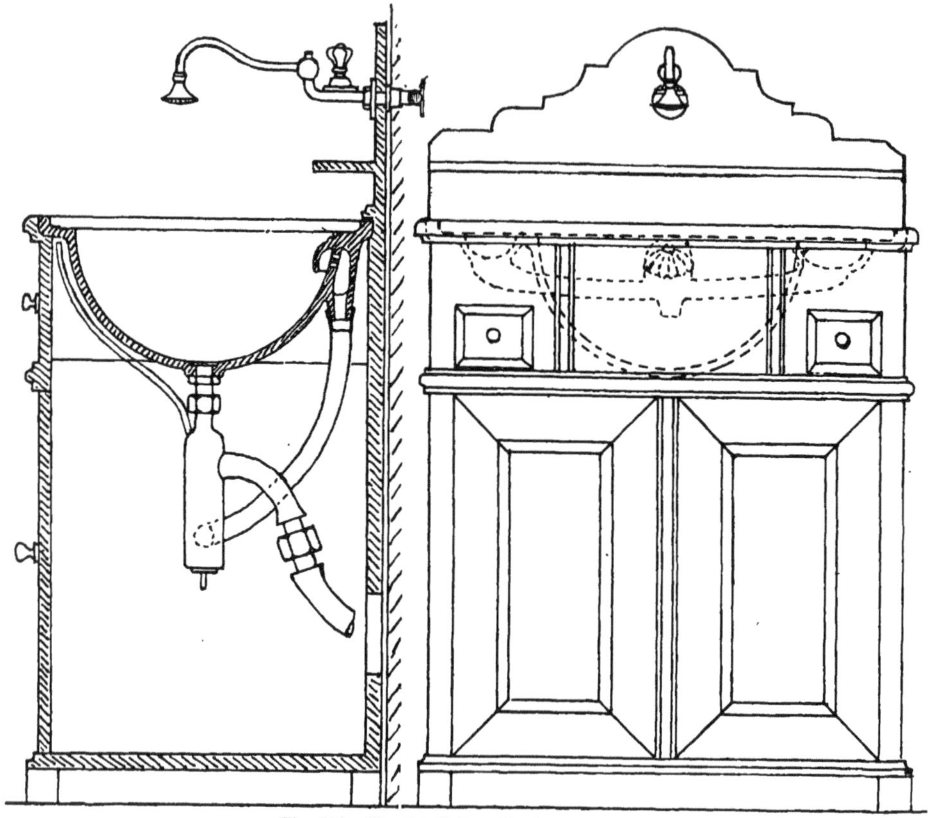

Fig. 198. Waschtoilette. 1/10 d. nat. Gröfse

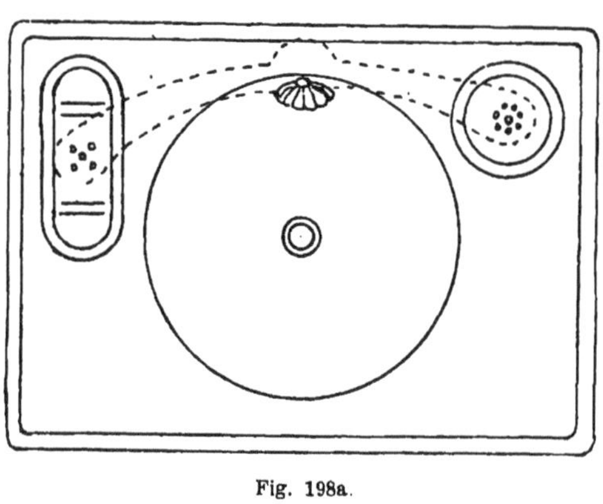

Fig. 198a.

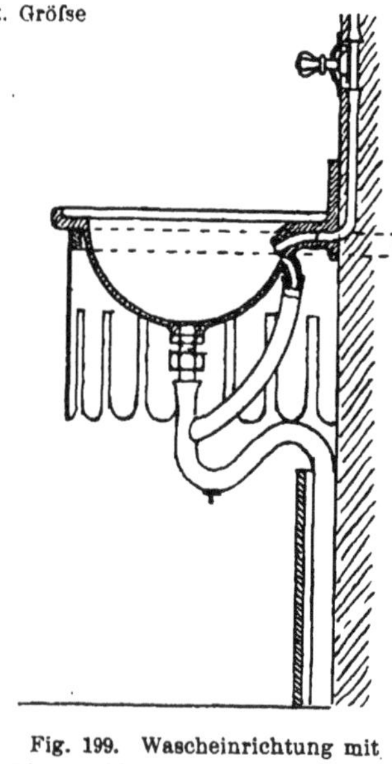

Fig. 199. Wascheinrichtung mit Blechumkleidung. 1/15 d. nat. Gröfse.

c) Die Badeeinrichtungen.

Wenn sich auch die Zahl der Häuser, bei welchen bereits beim Baue auf die Anlage von Badezimmern Rücksicht genommen ist, in grofsem Wachstum befindet, und wohl nur selten ein besseres Wohnhaus in einer Stadt mit Druckwasserleitung gebaut wird, ohne dafs in jedem Stockwerk ein bestimmter Raum für diesen Zweck vorgesehen wird, so kann doch im entgegengesetzten Falle die Frage herantreten, welcher Ort für die Anlage eines Badezimmers der geeignetste ist.

Diese Frage ist dahingehend zu beantworten, dafs abgelegene, kalte Räume für ein Badezimmer ungeeignet sind, nicht allein dadurch, dafs der Badende einen weiteren Weg über Korridore, Treppen etc. nach seinen Wohnzimmern zurückzulegen hat und dadurch leichter einer Erkältung ausgesetzt ist, als vor allem dadurch, dafs im Winter die Rohrleitungen etc. Gefahr laufen, einzufrieren, dafs das Zimmer bei seltenem Gebrauche schwer zu heizen ist, und die nicht zu vermeidenden Wasserdünste sich in Form von Tropfen und unter Umständen auch als Reif an den kalten Wänden niederschlagen. Man wähle daher für diesen Zweck ein Zimmer, welches neben bewohnten, heizbaren Zimmern, womöglich neben dem Schlafzimmer gelegen und mit demselben durch eine Thür direkt verbunden ist. Dasselbe mufs mit einer guten Heiz-, sowie auch Ventilationseinrichtung versehen sein.

Die Art der Badebassins ist für den Ort der Aufstellung insofern von Einflufs, als gemauerte Bassins in der Regel nur im Erdgeschofs zur Ausführung kommen, da ihre Unterbringung in höheren Stockwerken schwieriger ist und eine Unterwölbung des Raumes notwendig macht. Die Badewannen hingegen können in jedem Stockwerk zur Aufstellung gelangen, und finden daher für Hausbäder die meiste Verwendung. Die gemauerten Bassins sind für Badeanstalten zweckmäfsig, während ihre Verwendung für den Privatgebrauch oft auf Kosten der Zweckmäfsigkeit und Bequemlichkeit geschieht.

Die Hauptteile einer Badeeinrichtung sind, abgesehen vom Raume, wo dieselbe zur Aufstellung gelangen soll, folgende:

1. das Badegefäfs,
2. die Vorrichtung zum Erwärmen des Wassers,
3. der Zuflufs von kaltem und warmem Wasser,
4. die Douchevorrichtung,
5. der Überlauf und die Entleerungseinrichtung.

Je nach den Verhältnissen kann der eine oder andere Teil in Wegfall kommen oder vereinfacht werden. Beispielsweise ist eine Doucheeinrichtung kein unbedingtes Erfordernis, oder sie kann auf einen kalten Strahl beschränkt bleiben. Sind mehrere Badeeinrichtungen nebeneinander angeordnet und gleichzeitig in Gebrauch, wie dies in Badeanstalten, Krankenhäusern, Fabriketablissements, grofsen Hotels etc. der Fall ist, so wird man für dieselben eine gemeinschaftliche Einrichtung zur Erwärmung des Wassers aufstellen.

Unbedingtes Erfordernis sind aber aufser dem Badegefäfse die Beschaffung des Badewassers von entsprechender Temperatur, der Überlauf und die Entleerungsvorrichtung.

Die Badegefässe.

Wie bereits eingangs dieses angeführt wurde, sind zwei Hauptarten der Badegefäfse zu unterscheiden, und zwar

1. die gemauerten Badebassins, und
2. die Badewannen.

Die gemauerten Badebassins werden mit ihrer Sohle unter den Fufsboden des Baderaums gelegt, und zwar entweder halbvertieft, so dafs noch ein Teil des Bassins über den Fufsboden hinausragt, oder ganz vertieft, so dafs das Badegefäfs als eine Vertiefung im Boden erscheint. In beiden Fällen mufs das Bassin durch Stufen leicht besteigbar eingerichtet werden, deren gefahrlose Begehung durch Geländer oder am Mauerwerk befestigte Handgriffe gesichert wird.

Die Bassins werden aus Cementmauerwerk hergestellt, und entweder mit Fliesen oder Marmorplatten ausgekleidet, oder mit einem Cementüberzuge versehen. Ihre Grundrifsform ist in der Regel eine rechteckige, und sind die Dimensionen eines halbvertieften Bassins zweckmäfsigerweise folgende: Länge 1,40 m, Breite 0,60 m, Höhe bis zum Überlauf 0,48 m, ganze Tiefe des Bassins 0,58—0,60 m.

Die Länge des Bassins vergröfsert sich um die Breite der Stufen, welche zur Besteigung des Bades erforderlich sind. Die Fig. 200 zeigt ein halbvertieftes Badebassin, dessen Wandungen mit Fliesen ausgelegt sind. Um die anstofsenden Wände vor Nässe zu schützen, bekleidet man dieselben ebenfalls bis zu einer Höhe von 0,8—1,0 m über dem oberen Rande des Bassins mit Fliesen.

In Fig. 201 und 202 sind Badebassins zur Darstellung gebracht, welche in den Fufsboden ganz vertieft sind, so dafs man nur über eine gröfsere Anzahl von Stufen in dieselbe gelangen kann.

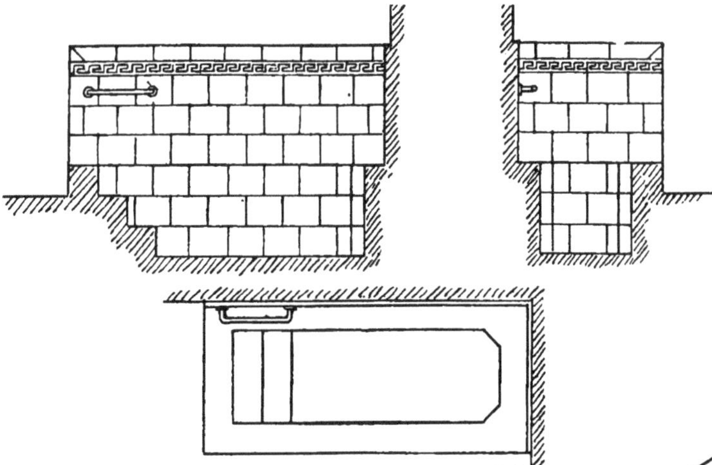

Fig. 200. Gemauertes Badebassin, halb vertieft $^1/_{50}$ d. nat. Gröfse.

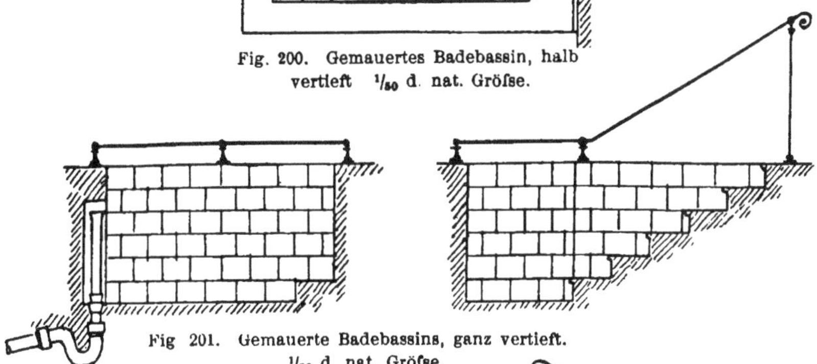

Fig 201. Gemauerte Badebassins, ganz vertieft. $^1/_{50}$ d nat. Gröfse.

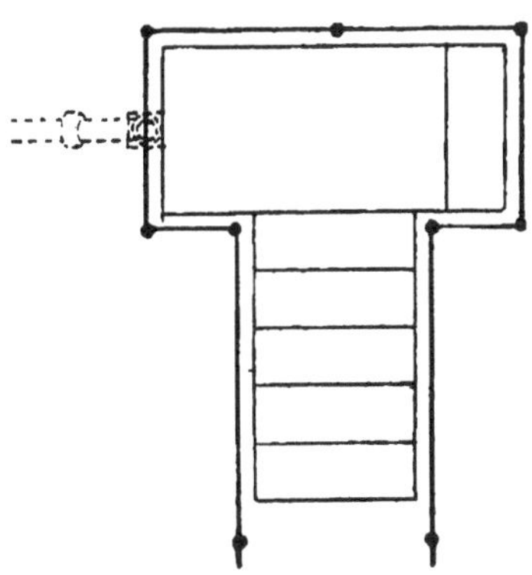

Fig 201a

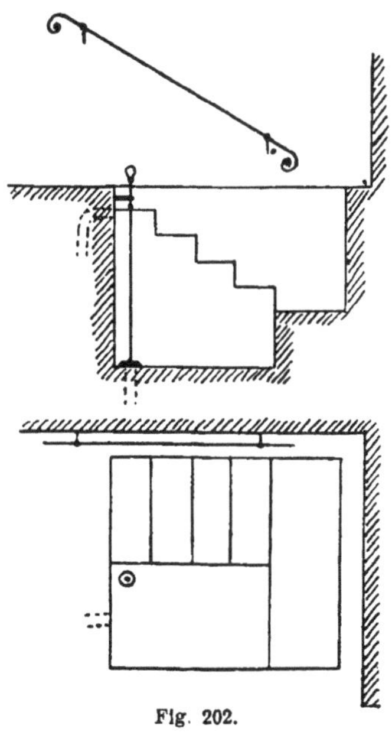

Fig. 202.

Eine im Baderaum angeordnete Stufe dient zum Sitzen, jedoch ist die Wassertiefe für die Anordnung Fig. 201 so hoch zu bemessen, daſs für einen am Boden sitzenden erwachsenen Menschen das Wasser nur bis zur Achselhöhe reicht. Die Wassertiefe wird daher für diesen Fall ca. 60—65 cm betragen. Der Überlauf und die Entleerung des Bassins befinden sich in einer Nische des letzteren.

Die Anordnung Fig. 202 ist lediglich als Sitzbad zu benutzen, sie erhält eine Wassertiefe von 86—90 cm.

Die gemauerten Bassins erfordern für ein Bad eine gröſsere Wassermenge, als eine Badewanne, und zwar beträgt der Bedarf für

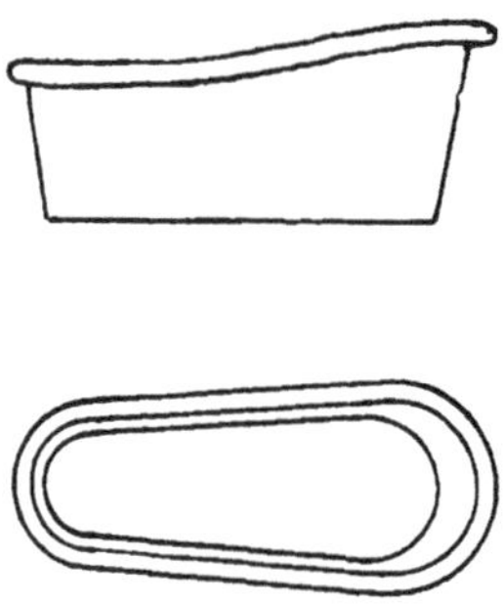
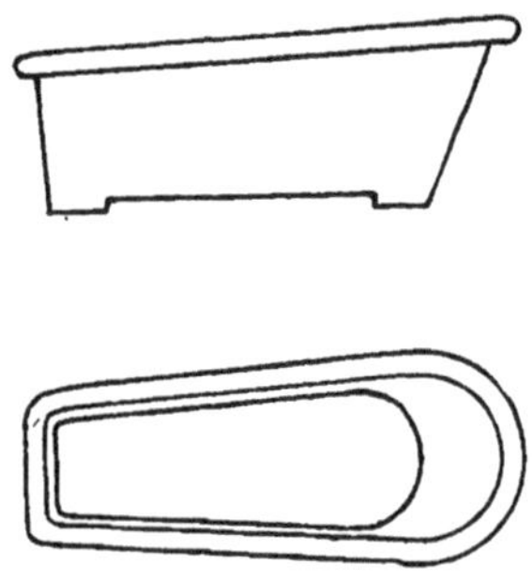

Fig. 205.

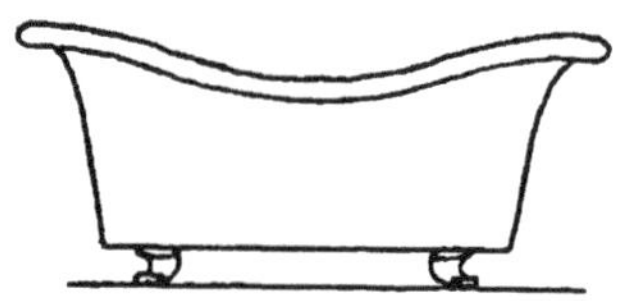

Fig. 203.

Fig. 204.

Fig. 206.

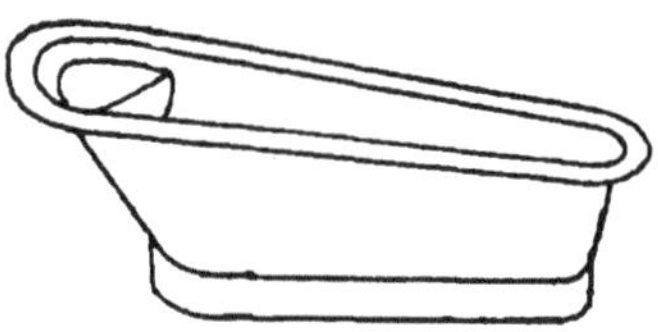

Fig. 207.

Fig. 208.

Fig. 209

Badewannen. $^{1}/_{50}$ d. nat. Gröſse.

die einmalige Füllung eines Badebassins mit den angegebenen Dimensionen ca. 330 l. Am gröſsten ist der Bedarf für ein ganz vertieftes Bassin, da der Treppenraum ebenfalls zum Teil mit Wasser gefüllt werden muſs, und dem Badebassin zumeist gröſsere Dimensionen gegeben werden, als für ein Bad unbedingt erforderlich sind. Selten wird jedoch der Raum eines Kubikmeters wesentlich überschritten.

Die gemauerten Bassins haben infolge ihres Materials die unangenehme Eigenschaft, daſs bei seltenem Gebrauche und besonders im Winter die Wandungen kalt bleiben. Es entsteht hieraus nicht allein für den Badenden ein unbehagliches Gefühl, sondern es hat dies auch zur Folge, daſs das Badewasser schnell abkühlt, und wiederholt warmes Wasser nachträglich zugelassen werden mufs. Um diesem Übelstande einigermafsen zu begegnen, ist man oft gezwungen, das Bassin vor Beginn des Bades längere Zeit mit warmem Wasser gefüllt stehen zu lassen, wodurch jedoch der Verbrauch von warmem Wasser nicht unwesentlich gesteigert wird.

Die Badewannen. Die Form der Badewanne ist darauf berechnet, dafs der Körper des Badenden eine möglichst bequeme Lage (sitzend oder halb liegend) einnehmen kann, und der Wasserverbrauch ein möglichst geringer ist. Die Badewannen werden zumeist aus Blech (Zink oder Kupfer) hergestellt, doch finden auch dergleichen von emailliertem Gufseisen und von Steingut Anwendung. Badewannen von Zinn finden ihres hohen Preises wegen wenig Beachtung, doch ist ihre Politur hellglänzender und beständiger, als diejenige der Zinkwannen. Sehr empfehlenswert, wenn auch teurer, sind die kupfernen Wannen, und kann man durch Vernickelung das gute Ansehen derselben noch erhöhen. Holzwannen müssen als nicht geeignet bezeichnet werden.

Der Boden der Blechwannen wird durch ein Holzfutter versteift, um Durchbiegungen zu verhindern, und der obere Rand der Wanne wulstartig umgebogen, um das Einsteigen in die Wanne zu erleichtern.

Die Form der Wanne bezeichnet man:

1. als deutsche, Fig. 203, wenn das Kopfende der Wanne höher ist, als das Fufsende, und beide halbkreisförmig abgerundet sind;
2. als süddeutsche, Fig. 204, wenn der Rücken des Kopfendes halbkreisförmig gestaltet und schräg gerichtet ist, das Fufsende hingegen abgerundete Ecken mit nur gering geneigter Wandung besitzt,
3. als französische, Fig. 205, wenn der obere Rand der Wanne horizontal verläuft;
4. als englische, Fig. 206, wenn der obere Rand der Wanne stark geschweift ist, und sowohl das Fufs-, als auch das Kopfende der Wanne gleiche Höhe besitzen.

Die französische und englische Form verjüngen sich nicht nach dem Fufsende zu, während bei der deutschen und süddeutschen Form die Breite der Wanne nach dem Fufsende zu geringer wird.

Schliefslich ist noch der »hygienischen« Badewanne der Vereinigten Eschebachischen Werke in Dresden Erwähnung zu thun (s. Fig. 207), welche mit einem muldenförmigen Boden versehen, und derart gebaut ist, daſs der Kopf und der Rücken eine wohlthuende Stütze erhalten. Sie empfiehlt sich daher hauptsächlich für kranke und schwache Personen, welche längere Zeit im Bade verbleiben sollen. Der Wasserverbrauch ist bei dieser Wanne infolge der Muldenform eine sehr geringe.

Die Fig. 208 zeigt eine Wanne von Steingut (Porzellan), und die Fig. 209 eine solche von Guſseisen.

In England ist es üblich, die Wanne mit einem Holzrahmen abzudecken und mit einer Holzumkleidung zu umgeben. Es können jedoch dann nur Wannen mit horizontalem oberen Rande zur Verwendung kommen. Der Holzrahmen dient dann gleichzeitig zur Befestigung der Bewegungsmechanismen für die Wasserzu- und ableitung. Die Verkleidung ist leicht abhebbar einzurichten. Fig. 210 zeigt eine Wanne mit Holzumkleidung in perspektivischer Ansicht.

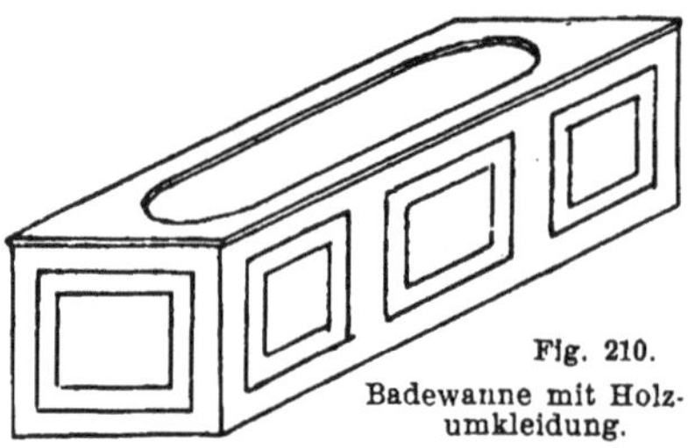

Fig. 210. Badewanne mit Holzumkleidung.

Die Wannen werden seitens der Fabrikanten in mehreren Gröſsen angefertigt. Je nach der Form werden die Hauptmaſse einer Wanne für eine erwachsene Person folgende sein:

	Deutsche Form	Süddeutsche Form	Französische Form	Englische Form
	cm	cm	cm	cm
Obere Länge .	175—190	175—190	175—195	180—200
Bodenlänge . .	125—135	126—140	130—145	125—140
Obere Breite .	90—96	81—91	80—86	90—96
Kopfhöhe . .	72—76	56—70	56—62	70—82

Bei Badewannen, welche sich nach dem Fuſsende zu verjüngen, beträgt die Breite am Fuſsende ca. $^3/_4$ derjenigen des Kopfendes.

Der Wasserbedarf wird dementsprechend von den Dimensionen der Wanne abhängig sein, und zwischen den Grenzen von 150—300 l schwanken.

Bei der Aufstellung der Wanne ist möglichst darauf Rücksicht zu nehmen, daſs der Fuſsboden, sofern derselbe aus Holz besteht, von überspritzendem Wasser frei bleibt, oder mindestens schnell wieder trocknen kann.

Man stellt daher entweder die Wannen auf Füfse oder Holzklötze, sodafs der Raum unter der Wanne frei bleibt, oder man stellt die Wanne auf einen Holztritt, dessen Seitenwandungen mit Löchern versehen sind, damit die Luft in dem Hohlraum cirkulieren, und etwaige Feuchtigkeit auftrocknen kann (s. Fig. 211).

Am besten wird man die Feuchtigkeit vom Boden dadurch fernhalten, dafs man die Wanne in eine sogen. Sicherheitspfanne setzt. Es ist dies im Grunde genommen nur ein aus Zink- oder Bleiblech hergestellter Bodenbelag unter der Wanne, dessen Ränder wenige Centimeter nach aufwärts gebogen sind, und welcher mit dem Ablauf in Verbindung steht, so dafs das überspritzende oder durch Undichtheit der Wanne verloren gehende Wasser hierdurch abgeleitet wird.

Fig. 211.

Die Figur 212 zeigt die Aufstellung einer Badewanne mit Sicherheitspfanne, gleichzeitig aber auch eine einfache und zweckmäfsige Anordnung der Überlauf- und Entleerungseinrichtung der Wanne. Wie bei allen Abflufsleitungen, so ist auch hier die Einschaltung eines Wasserverschlusses erforderlich.

Sieht man von der Anwendung einer Sicherheitspfanne ab, so wird man wenigstens die Umgebung der Abflufsöffnung mit einer Blechplatte versehen, an welche sich dann die Abflufsleitung in der in Fig. 213 angedeuteten Weise anschliefst.

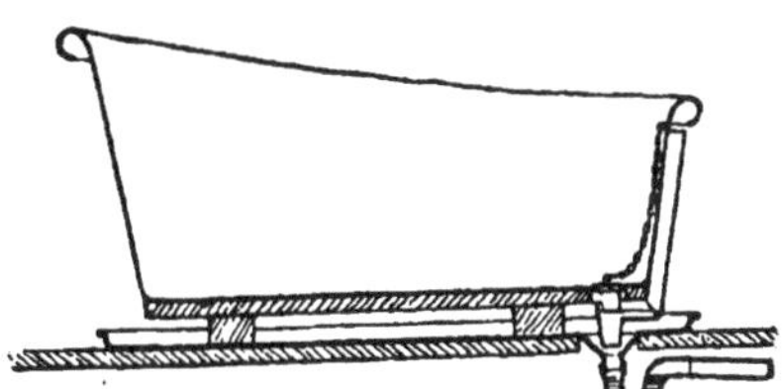

Fig. 212.
Badewanne mit Sicherheitspfanne.
$^1/_{40}$ d. nat. Gröfse.

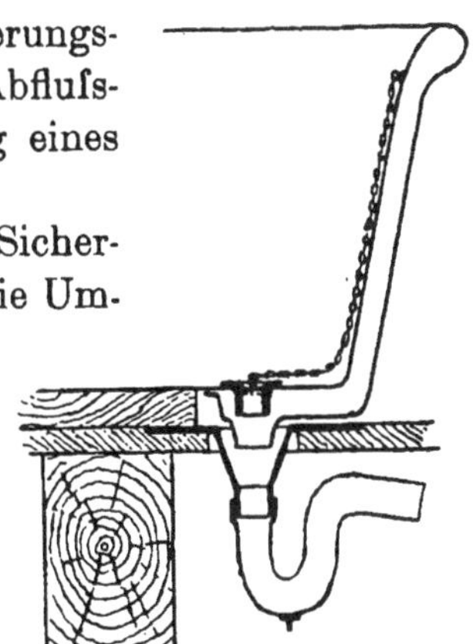

Fig. 213.
Wasserablauf der Wanne.
$^1/_{20}$ d. nat. Gröfse.

Der Ablauf und der Überlauf.

Die Abflufsöffnung der Wanne wird durch ein einfaches Kegelventil geschlossen, welches an einem an der Wanne befestigten Kettchen hängt. Statt eines Metallventils finden auch Gummistopfen Verwendung. Die Ausflufsöffnung wird überdies mit einem Siebe abgedeckt, damit gröfsere Gegenstände vom Eintritt in die Ableitung zurückgehalten werden. Die Fig. 214 zeigt ein Badewannenventil zum Einlöten resp. Einkitten, doch werden dieselben auch vielfach mittels Kontremutter nach Art der Toilettenventile, Fig. 193, in der Wandung befestigt.

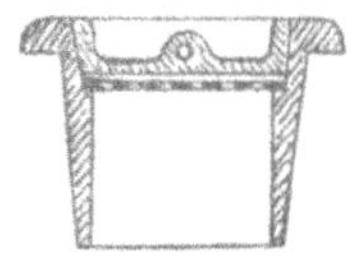

Fig. 214.
Badewannenventil.
$^1/_3$ d. nat. Gröfse.

Die Ablauföffnung befindet sich in der Regel am Fufsende der Wanne.

Will man das Ventil im Boden der Wanne vermeiden, so mufs man in der Ableitung eine Absperrvorrichtung einschalten. In Fig. 215 ist dies dadurch erreicht worden, dafs die Abflufsleitung einen Kegelhahn erhält, welcher vom Rande der Wanne aus bewegt werden kann. Der Überlauf mündet hinter dem Kegelhahne in die Ableitung ein. Der Wasserverschlufs ist mit einem Lüftungsstutzen versehen.

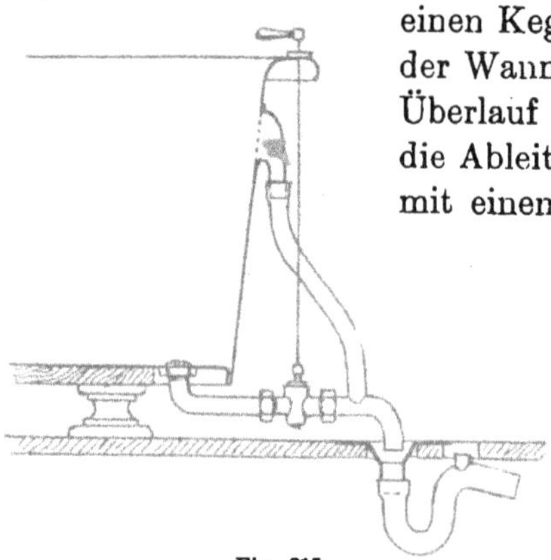

Fig. 215.
Überlauf u. Entleerungseinrichtung einer Wanne.
$^1/_{20}$ d. nat. Gröfse.

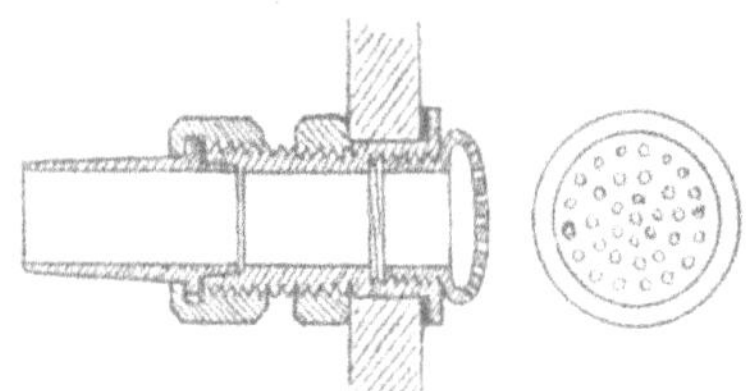

Fig. 216.
Überlauf für Bassinbäder.
$^1/_5$ d. nat. Gröfse.

Der Überlauf für Badewannen wird durch eine Anzahl siebartiger Öffnungen gebildet, welche in der Höhe des gröfsten Wasserstandes angeordnet sind und das überfliefsende Wasser in ein nach dem Abflusse führendes Rohr eintreten lassen. Der Überlauf für Bassinbäder erhält zweckmäfsigerweise die in Fig. 216 angegebene Form. Ein Schraubstück mit Innengewinde wird mittels Kontremutter in der Kachelwandung befestigt. In dieses Schraubstück wird das Sieb mit einem lichten Durchmesser von 20 oder 25 mm eingeschraubt. Hierdurch ist die Möglichkeit geschaffen, den Überlauf durch Entfernen des Siebes reinigen zu können.

Eine Überlauf- und Entleerungseinrichtung für ganz vertiefte Bassinbäder ist bereits in Fig 201 zur Anschauung gebracht worden. Sie besteht in einem Standrohre, welches mit einem Konus in der Abflufsöffnung steckt. Die Höhe des Standrohres bestimmt den höchsten Wasserstand, während durch Ausheben derselben die Abflufsöffnung frei wird. Auf demselben Prinzipe beruht auch eine Ablaufeinrichtung von Jennings in London, welche in Fig. 217 dargestellt ist. Dieselbe ist darauf berechnet, dafs die Wanne eine Holzumkleidung erhält.

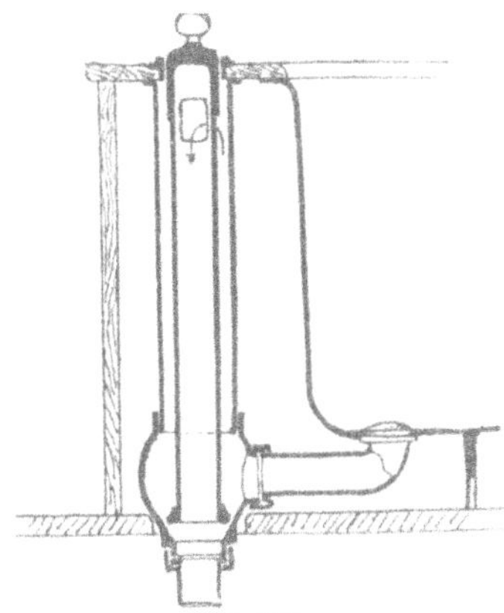

Fig 217.
Überlauf u. Entleerungseinrichtung.
1/20 d nat. Gröfse.

Für Badeanstalten und gröfsere Badeeinrichtungen, deren Räume im Erdgeschofs gelegen sind, ist es nicht erforderlich, jeder Badewanne einen besondern Geruchverschlufs zu geben Man stellt dann die Wannen mit der Abflufsöffnung unmittelbar über eine Öffnung der Schleuse auf und bringt erst am Ende der Anlage einen Geruchverschlufs im Innern eines Schachtes an.

Die Erwärmung des Wassers.

Einen wesentlichen Teil einer Badeeinrichtung bildet die Einrichtung zur Erwärmung des Wassers.

Ist in einem Gebäude eine Warmwasserleitung vorhanden, so findet die Aufgabe der Beschaffung des warmen Wassers hierdurch ohne weiteres ihre Lösung, und es verbleibt nur die zweite Aufgabe, das warme Wasser nebst dem kalten Wasser dem Badegefäfse und der Doucheeinrichtung in zweckmäfsiger Weise zuzuführen.

Derselbe Fall tritt ein, wenn für eine Anzahl von Badestellen die Erwärmung des Wassers gemeinschaftlich geschieht, wie dies in Badeanstalten etc. der Fall ist. Die Einrichtungen fallen dann mit denjenigen für eine allgemeine Warmwasserleitung zusammen.

Es kommen hier vor allem diejenigen Badeeinrichtungen in Betracht, bei denen die Erwärmung des Wassers für jedes einzelne Bad in unmittelbarer Nähe der Badestelle erfolgt, die ganze Einrichtung mithin in sich abgeschlossen und auf einen möglichst geringen Raum zusammengedrängt ist.

Die einfachste Einrichtung in Bezug auf die Zuführung von Wasser aus einer Druckwasserleitung wird darin bestehen, dafs man über der Wanne einen gewöhnlichen Zapfhahn für kaltes Wasser anordnet. Die Erwärmung des Wassers findet dann nachträglich statt, und zwar entweder

1. in der Wanne selbst durch Einsetzen eines Heizkörpers (Heizapparat von Friedleben, Frankfurt a/M), oder
2. mittels einer unmittelbaren, an der Wanne befestigten Heizvorrichtung (Feuerungsflamme), oder
3. mittels eines kleinen Badeofens, welcher mit der Wanne durch Rohrleitungen in der Weise in Verbindung steht, dafs fortwährend ein Zuströmen des kälteren Wassers nach dem Badeofen und ein Abströmen des erwärmten Wassers nach der Wanne stattfindet. Man nennt diese Erwärmungseinrichtungen Cirkulations-Badeöfen.

Von den vorgenannten Einrichtungen finden die Cirkulations-Badeöfen die meiste Verwendung, sie sollen daher im nachfolgenden einer näheren Betrachtung unterworfen werden.

Diese Badeöfen bestehen in der Hauptsache aus einem stehend oder liegend angeordneten cylinderförmigen Körper aus verbleitem

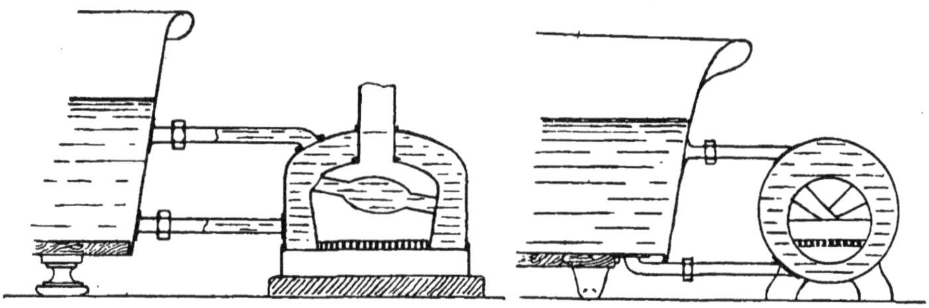

Fig. 218. Fig. 219.
Cirkulations-Badeöfen. $^1/_{30}$ d. nat. Gröfse.

Eisenblech, Zink- oder Kupferblech, in dessen Innerem sich ein ebenfalls cylindrisch gestalteter Feuerraum befindet. Die Figuren 218 und 219 zeigen beide Arten der Form im Querschnitt. Der Badeofen und die Wanne stehen durch zwei horizontale übereinanderliegende Röhren in Verbindung, so dafs bei der Füllung der Badewanne auch gleichzeitig der Badeofen mit Wasser gefüllt wird.

Bei dem Betriebe dieser Badeeinrichtung ist folgendes zu beachten. Als Vorbereitungsarbeit für das Bad ist das Füllen der Wanne mit kaltem Wasser bis zu einer Höhe vorzunehmen, dafs die Eintrittsöffnung des oberen Verbindungsrohres mindestens 5 cm unter dem Wasserspiegel liegt. Erst hierauf ist der Badeofen zu heizen, und zwar nur mit so viel Brennmaterial zu versehen, als zur Erwärmung des Wassers für ein Bad gerade ausreicht. Im andern Falle ist das Feuer nach beendigter Erwärmung zu löschen, wenn nicht Sicherheitsvorkehrungen für ein gefahrloses Weiterbrennen getroffen sind. Bei richtiger Bemessung des Brennmaterials mufs bei Beginn des Bades das Feuer so weit niedergebrannt sein, dafs eine weitere Erwärmung des Wassers nicht mehr stattfindet,

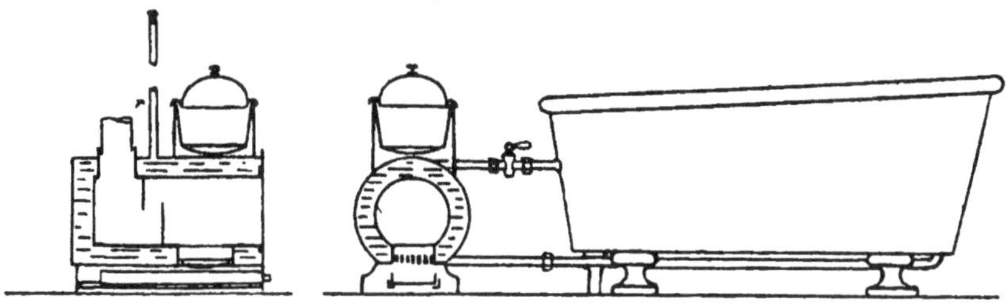

Fig. 220.
Cirkulations-Badeofen der Vereinigten Eschebach'schen Werke in Dresden.
$^{1}/_{30}$ d. nat. Gröfse.

mithin auch die Wassercirkulation zwischen Badeofen und Wanne aufhört. Beachtet man dies nicht, so tritt während des Bades gebrauchtes Wasser aus der Wanne in den Ofen und kann dies mit der Zeit eine Verunreinigung des letzteren zur Folge haben, welche schwer zu beseitigen ist. Es bietet in diesem Falle die Heizung des Badeofens mittels Gas vor der Heizung mit Holz oder Kohle den grofsen Vorteil, dafs die Wärmezuführung am Ziele plötzlich abgebrochen werden kann und die Bedienung des Apparates eine sehr einfache ist.

Um den Eintritt von gebrauchtem Badewasser in den Badeofen zu verhindern, schaltet man in das obere Verbindungsrohr einen Absperrhahn ein, welcher geschlossen wird, sobald das Bad in Benutzung kommt. Diese Anordnung leidet an dem Übelstande, dafs das Wasser im Badeofen zu hoch erhitzt werden und Dämpfe entwickeln kann, wenn nicht für deren Ableitung Sorge getragen ist.

Die in Fig. 220 dargestellte Einrichtung eines Cirkulationsbadeofens der Vereinigten Eschebach'schen Werke in Dresden vermeidet diesen Übelstand durch Aufsetzen eines Rohres *r* mit Sicherheitsventil. Ein auf dem Badeofen angebrachtes Gefäfs mit Deckel dient zur Aufnahme der vorzuwärmenden Badewäsche. Das untere Verbindungsrohr läuft unter der Wanne weg und enthält das Ablafsventil. Dieselbe Firma liefert auch Cirkulations-Badeeinrichtungen mit Vorwärmereservoir (siehe Figur 221). Das letztere besteht in einem gröfseren Blechbehälter, welcher in derselben Weise wie die Badewanne mit dem Ofen in Verbindung steht. Die beiden Verbindungsleitungen nach der Wanne können durch die Hähne h_1 und h_2, die untere Verbindungsleitung nach dem Reservoire durch den Hahn h_3 geschlossen werden. Beim Füllen der Wanne wird gleichzeitig auch das Reservoir gefüllt, hierauf jedoch der Hahn h_1 geschlossen und dadurch eine Cirkulation des Wassers nur zwischen Ofen und Wanne hergestellt. Ist das Wasser in der Wanne auf die gewünschte Temperatur erwärmt, so schliefst man die Hähne h und h_2 und öffnet den Hahn h_3, wodurch nunmehr das Wasser zwischen Ofen und Reservoir cirkulieren und sich für ein zweites Bad vorwärmen kann.

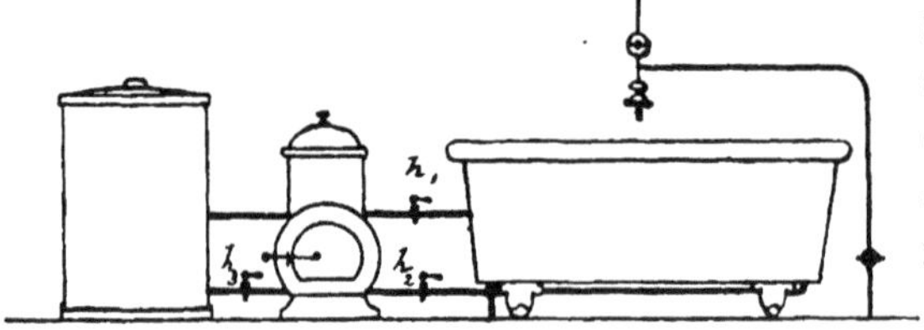

Fig. 221.
Badeeinrichtung mit Cirkulationsbadeofen und Vorwärmereservoir. $^1/_{50}$ d. nat. Gröfse.

Die vorbeschriebenen Badeeinrichtungen können mit einer Douche für kaltes Wasser im Anschlufs an die Druckwasserleitung in der Weise versehen werden, wie dies aus Fig. 221 ersichtlich ist.

Als eine zweite Klasse der Badeeinrichtungen sind diejenigen zu bezeichnen, bei denen der Wasserzuflufs nicht direkt aus der Druckwasserleitung in die Wanne, sondern in einen Erwärmungsapparat erfolgt. Das langsame Durchpassieren des frei in den geheizten Apparat einströmenden Wassers führt dessen Erwärmung herbei, so dafs es beim Einfliefsen in die Badewanne diejenige Temperatur besitzt, welche für ein Bad gewünscht wird. Durch Vermehrung oder Verminderung der Zuflufsmenge wird der Wärmegrad des in die Wanne einströmenden Wassers geregelt. Ein Aufspeichern von Wasser innerhalb des Apparates findet nicht statt. Mit der Füllung der Wanne ist die Thätigkeit des Apparates beendet und sind diese Apparate daher zumeist mit Gasheizung versehen, welche letztere einen leichten Betrieb bei hoher Wärmeentwickelung gestattet. Diese Badeeinrichtungen haben den Vorteil, daſs ein Bad innerhalb weniger Minuten fertig gestellt werden kann.

Hierher gehört der Badeofen von Houben & Sohn in Aachen, welcher in Fig. 222 zur Darstellung gelangt ist. Das Wasser der Druckleitung strömt durch eine Brause aus und rieselt in schwachen Schichten an einem Drahtnetze abwärts. Die heiſsen Verbrennungsgase einer Gasheizung sind gezwungen, das Drahtnetz zweimal zu durchstreichen und geben hierbei ihre Wärme an das Wasser ab. Das erwärmte Wasser flieſst direkt in die Wanne. Der Umstand, daſs das Wasser mit den Verbrennungsprodukten des

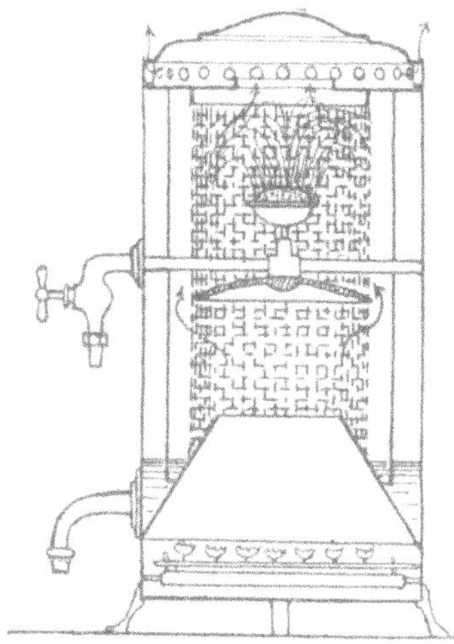

Fig. 222. Badeofen von Houben & Sohn, Aachen. 1/30 d. nat. Gröſse.

Fig. 223. Badeofen von Fischer in Göppingen. 1/30 d. nat. Gröſse.

Gases in unmittelbare Berührung kommt, ist für die Beschaffenheit des Wassers nicht von Vorteil und kann die Veranlassung sein, daſs dasselbe nicht ganz geruchlos bleibt.

Der Badeofen von Fischer in Göppingen, Fig. 223, beruht auf dem gleichen Prinzipe, doch flieſst das Wasser nach Passierung einer Heizschlange auf der Auſsenseite eines konischen, stufenförmigen Blechmantels nach abwärts und gelangt vom tiefsten Punkte aus erwärmt nach der Wanne. Dieser Badeofen ist für jedes Brennmaterial verwendbar, da vermittelst der Heizschlange die Fortsetzung der Erwärmung erfolgen kann, wenn der Hahn *h* für den Zufluſs nach der Wanne geschlossen worden ist. Durch Aufstellung eines Reservoirs, welches von der Druckleitung aus mittels Schwimmkugelhahn gespeist wird, findet eine Cirkulation des Wassers in der Weise statt, dafs bei *a* der Eintritt des kälteren Wassers vom Reservoire aus erfolgt, das erwärmte Wasser aber bei *b* nach dem Reservoire aufsteigt. Die Heizung mittels Gas würde auch hier den grofsen Vorteil bieten, dafs nach Bereitung des Bades die Wärmezufuhr vollkommen abgeschnitten ist, mithin ein Cirkulationsreservoir entbehrt werden könnte. Auch würde es dann zulässig sein, die Mündung bei *b* mit einer Brause in Verbindung zu bringen, um das in den Röhren verbleibende warme Wasser für diesen Zweck ausnutzen zu können.

Die Anwendung von Dampf zur Erwärmung des Wassers für ein Bad findet nur unter ganz bestimmten Verhältnissen statt, hauptsächlich dann, wenn Dampf auch zu anderen Zwecken erzeugt wird, oder nach Feierabend überschüssiger Kesseldampf zu Badezwecken für Fabrikarbeiter benutzt werden soll.

Die Erwärmung des Wassers geschieht innerhalb der sogen.

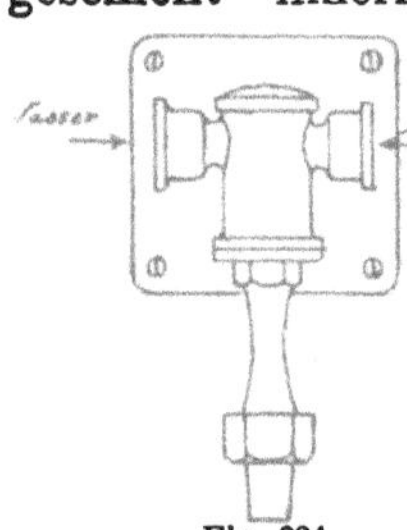

Fig 224.

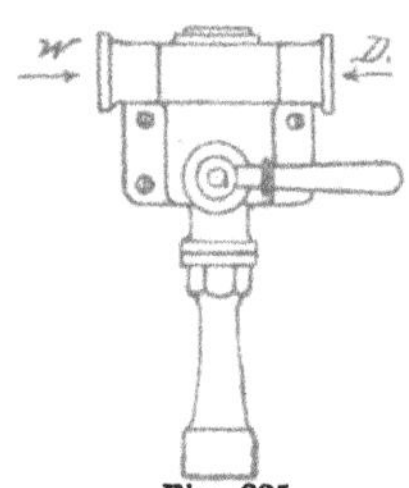

Fig. 225.

Mischhähne von Körting. $^1/_{10}$ d. nat. Gröfse.

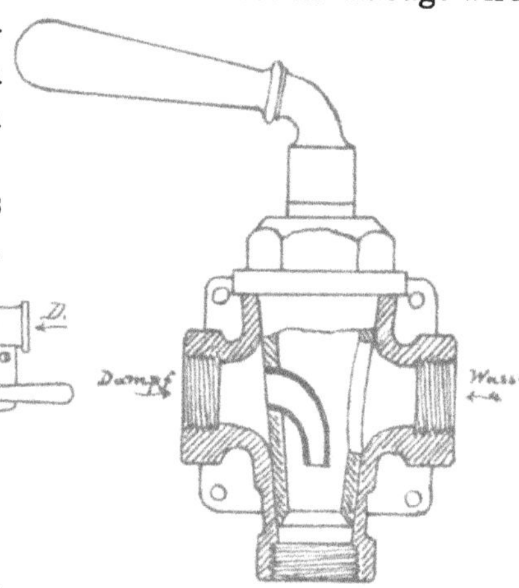

Fig. 226.

Mischhahn von Schäffer & Walker in Berlin. $^1/_4$ d. nat. Gröfse.

Mischhähne, von denen die Konstruktionen von Körting in Hannover und von Schäffer & Walker in Berlin anzuführen sind.

Der Mischhahn von Körting (Fig. 224) erfordert für jeden der beiden Zuleitungen eine Absperrvorrichtung, mit deren Hilfe die Temperatur des nach der Wanne strömenden Wassers geregelt wird. Hierbei kann jedoch leicht durch unvorsichtige Handhabung der Fall eintreten, dafs das Dampfventil eher geöffnet wird, als das Wasserventil, wodurch eine Ausströmung von Dampf herbeigeführt wird. Dieselbe Firma hat daher neuerdings einen Mischhahn konstruiert, bei welchem der Wasser- und Dampfzuflufs von der Bewegung nur eines Konushahnes abhängig ist (Fig. 225), und zwar tritt beim Öffnen das Wasser vor dem Dampfe ein, während beim Schliefsen der Dampfzuflufs vor dem Wasserzuflusse aufhört.

Auch der Mischhahn von Schäffer & Walker, Fig. 226, besteht in der Hauptsache aus einem Kegelhahne, durch dessen Stellung die beiderseitige Zuflufsmenge bestimmt wird.

Die Anwendung eines Kegelhahnes gestattet nicht den direkten Anschlufs an eine Druckwasserleitung, und ist daher in beiden Fällen die Einschaltung eines Zwischenreservoirs erforderlich, von welchem aus die Badeleitung unter einem Drucke von 2—3 m gespeist wird. Schäffer & Walker ordnen diese Hähne auch doppelseitig an, so dafs nicht nur die Wanne, sondern auch die Brause mit Mischwasser versehen werden kann.

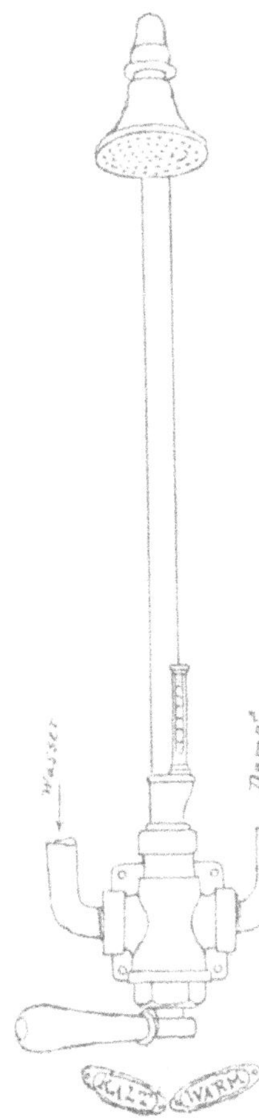

Fig. 227
Mischhahn mit Brause.
1/8 d. nat. Gröfse.

Die vorgenannten Mischhähne finden auch für Brausebäder Anwendung d. i. für Bäder, welche einzig in der Erzeugung eines mäfsig erwärmten regenartigen Wasserstrahles bestehen, wie dies für Fabrik-, Mannschafts- oder Volksbäder als Reinigungseinrichtung vollkommen genügt. Der Hahn wird dann mit der Abflufsöffnung nach oben gestellt und an demselben ein Steigerohr mit Brause befestigt (siehe Fig. 227). Am Steigerohr kann ein Thermometer zur Beobachtung der Temperatur des Wasser angeordnet werden.

Bei den bis jetzt vorgeführten Badeeinrichtungen, mit Ausnahme von derjenigen mit Dampfmischhahn, ist ein Nachfüllen von warmem Wasser während des Bades nicht möglich oder nur mit grofsen Umständlichkeiten verknüpft. Die Badeeinrichtung wird aber erst eine vollkommene sein, wenn auch während des Bades Wasser jeder beliebigen Temperatur zur Verfügung steht, und die Erwärmung des Wassers eine ununterbrochene ist. Es ist dies nur dadurch möglich, dafs eine gröfsere Wassermenge in einem abgesonderten Apparate gleichzeitig erwärmt, und das entnommene warme Wasser sofort durch zutretendes kaltes Wasser ergänzt und die Bewegung des Wassers in den Rohrleitungen durch den Druck der

Kaltwasserleitung oder eines kleinen Reservoirs herbeigeführt wird. Diesen Zweck erfüllen die sogenannten Badeöfen, welche aufserdem noch in vielen Fällen die Aufgabe haben, gleichzeitig das Badezimmer zu heizen.

Die Badeöfen bestehen in der Hauptsache aus einem cylindrischen Gefäfse von Kupferblech (Blase), welches mit dem zu erwärmenden Wasser gefüllt wird. Die auf einem Feuerherde, welcher in oder unter diesem Kupfercylinder liegt, entwickelten Heizgase durchstreichen in einem Rohre oder mehreren Heizröhren das letztere, um hierauf nach der Esse zu entweichen.

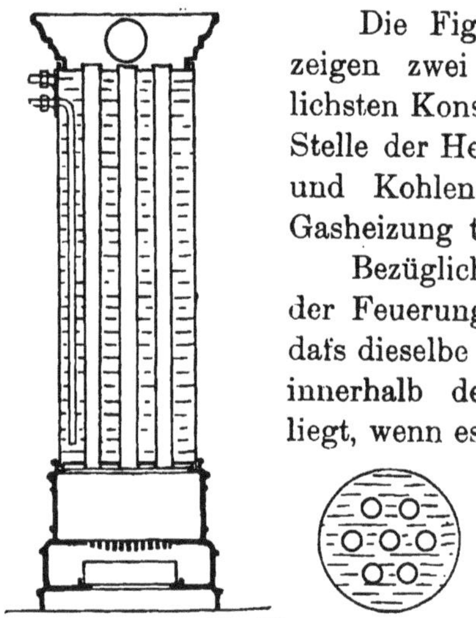

Fig. 228.
Badeofen. 1/30 d. nat. Gröfse.

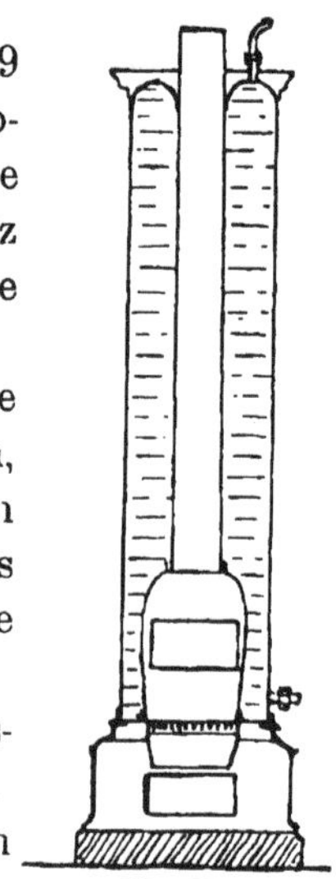

Fig. 229.
Badeofen. 1/30 d. n. Gr.

Die Figuren 228 und 229 zeigen zwei Badeöfen der üblichsten Konstruktionen. An die Stelle der Heizung mittels Holz und Kohlen kann auch eine Gasheizung treten.

Bezüglich der örtlichen Lage der Feuerung ist zu bemerken, dafs dieselbe am vorteilhaftesten innerhalb des Wassercylinders liegt, wenn es lediglich auf eine rasche Erwärmung des Wassers abgesehen ist. Soll hingegen der Badeofen gleichzeitig als Heizvorrichtung des Zimmers dienen, so mufs die Feuerung unter den Wassercylinder gelegt werden, damit ein Teil des gufseisernen Untersatzes des Ofens mit den Heizgasen in Berührung kommt. Die erstgenannte Einrichtung verlangt für den Winter eine besondere Heizvorrichtung für das Zimmer, sie bietet jedoch im Sommer den Vorteil, dafs sie das Zimmer nicht lästig erwärmt, was im zweiten Falle eintreten kann.

Die lästige Erwärmung des Badezimmers im Sommer kann dadurch vermieden werden, dafs man den Badeofen mit einem Mantel umgibt, am unteren Ende desselben von aufsen frische Luft zu- und am oberen Ende die erwärmte Luft nach dem Schornstein abführt, im Winter aber die letztere in das Zimmer austreten läfst. Man hat ferner an den Badeöfen auch Einrichtungen getroffen, um sowohl

Unter- als auch Innenfeuerung zu erhalten. Hierher gehört der Badeofen von Schwärmer in Düsseldorf mit einem durch Hebel verstellbaren Rost für Innen- und Unterfeuerung. Die einfachste Einrichtung dürfte wohl diejenige sein, dafs zwei Lagerstellen für den Rost vorhanden sind, und zwar eine tiefliegende für die Winterheizung und eine hochliegende für die Sommerheizung. Durch Umlegen des Rostes kann die Unterfeuerung in eine Innenfeuerung und umgekehrt verwandelt werden. Der Ofen erhält dann zwei Feuerthüren.

Das Prinzip der Badeofeneinrichtung besteht darin, dafs das kalte Wasser an der tiefsten Stelle des Wassercylinders ein-, das erwärmte Wasser aber an der höchsten Stelle desselben austritt. Jeder Badeofen mufs überdies entleert werden können. Die dies bezweckende Einrichtung besteht entweder in einem, am tiefsten Punkte der Blase befindlichen Entleerungshahne oder auch in einem kleinen Entleerungshähnchen, welches in der am Boden der Blase einmündenden Kaltwasserleitung angebracht ist. In beiden Fällen ist es zweckmäfsig, das Entleerungswasser nach der Abflufsleitung der Badewanne zu führen, vor allem dann, wenn der Entleerungshahn sich am Ofen selbst befindet, da dann die Möglichkeit vorliegt, aus dem Badeofen warmes Wasser für andere Zwecke abzuzapfen, was aber, sofern kein Reservoir vorhanden ist, zur teilweisen Entleerung des Badeofens führen mufs. Wird dann später der Badeofen geheizt, ohne dafs ein Nachfüllen von Wasser stattgefunden hat, so ist das Schmelzen der Lötungen der Blase unvermeidlich. Die Gröfse des Badegefäfses wird für die Gröfse des Badeofens mafsgebend sein, da derselbe so viel erwärmtes Wasser enthalten mufs, als zur Bereitung eines Bades erforderlich ist.

Die Wasserentnahme aus dem Badeofen erfolgt durch Zuführung von kaltem Wasser der Druckleitung nach dem Ofen, wodurch das warme Wasser vom höchsten Punkte des Ofens nach einem stets offenen Ausflufspunkte (Wanne oder Brause) gedrückt wird. Die Anforderung, dafs das Warmwasserrohr stets eine freie Austrittsöffnung besitzen mufs, gründet sich darauf, dafs der Druck der Hausleitung niemals in den Badeofen eintreten. sondern derselbe höchstens unter einem Drucke stehen soll, welcher der Höhe des Badeofens selbst, resp. der Höhe der Brause entspricht Das Wasser im Badeofen cirkuliert nur in sich, bis eine gleichmäfsige Erwärmung desselben herbeigeführt ist. Wird nun längere Zeit kein Wasser dem Badeofen entnommen, ohne dafs die Heizung vermindert wird, so liegt die Gefahr nahe, daſs das Wasser sehr hochgradig erhitzt wird und Dämpfe entwickelt.

Diesen Übelstand des Betriebes vermeidet man durch die Anordnung eines kleinen Reservoirs über dem Badeofen, in welches das Wasser der Druckleitung mittels Schwimmkugelhahn eintritt. Vom Boden des Reservoirs aus führt eine Rohrleitung nach dem tiefsten Punkte des Wassercylinders, während vom höchsten Punkte eine zweite Leitung nach dem Reservoire zurückführt. Die Warmwasserleitung nach der Badestelle zweigt von dem letzteren Rohre ab. Es findet dann zwischen Badeofen und Reservoir eine ununterbrochene Wasserbewegung statt, und ergänzt sich das für Badezwecke entnommene Wasser selbstthätig. Der Druck im Badeofen kann sich nie über das durch die Höhenlage des Reservoirs gegebene Maſs steigern.

Die Brausen.

Die Brausen für Kopfdouchen, welche letztere in den meisten Fällen eine Ergänzung des Vollbades bilden, bestehen in einem aus Messingblech hergestellten, feingelochten Siebe, welches entweder an das nach abwärts gebogene Steigrohr direkt angeschraubt wird (Fig. 230) oder sich am Ende eines an der Wand befestigten Armes befindet (Fig. 231). Arm und Brause werden oft reich mit Verzierungen versehen. Bei der Aufstellung der Brause ist darauf zu achten, daſs sich dieselbe über der Mitte der Wanne befindet, da sonst ein einseitiges Überspritzen des Wassers über die Wanne zu erwarten steht. Die Gröſse der Brause ist der Gröſse der Wanne entsprechend zu wählen. Das Brausemundstücnk soll in einer Höhe von nicht unter 2,0 m, vom Boden der Wanne aus gemessen, befestigt sein.

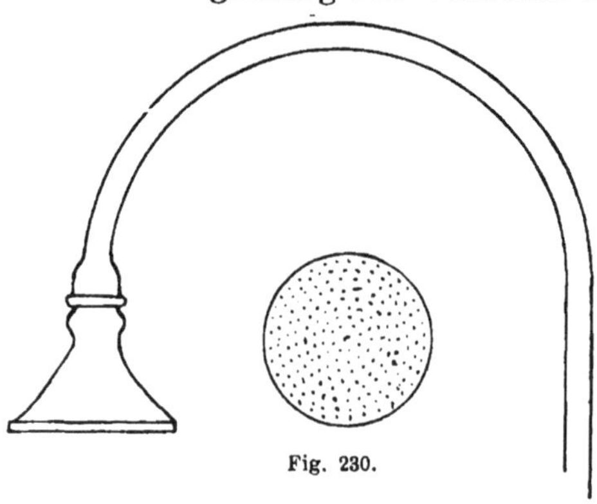

Fig. 230.

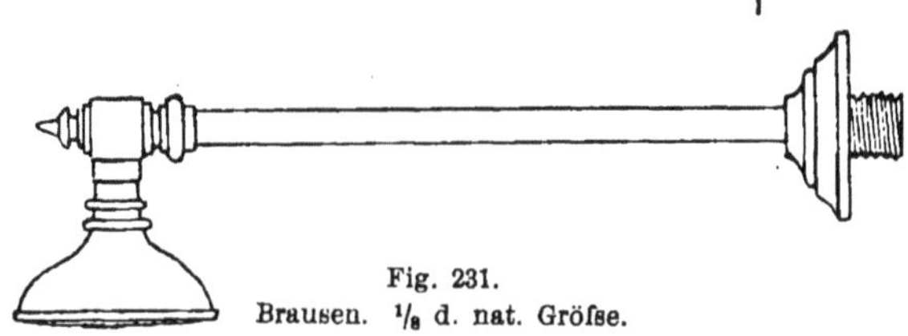

Fig. 231.
Brausen. 1/8 d. nat. Gröſse.

Die Badegarnituren und die Anordnung der Rohrverbindungen.

Die Regelung des Wasserzuflusses nach dem Badeofen und nach der Wanne resp. Brause erfolgt durch eine Anzahl von Absperrhähnen, welche, zu einer Gruppe vereinigt, den Namen Badegarnitur oder Badebatterie führen. Die Verbindung zwischen der Badebatterie und dem Badeofen einerseits und der Wanne anderseits wird durch Rohrleitungen der für die sonstigen Hausleitungseinrichtungen gebräuchlichen Art vermittelt. Die Rohrleitungen werden entweder in die Wand gelegt und verputzt oder an der Wand befestigt.

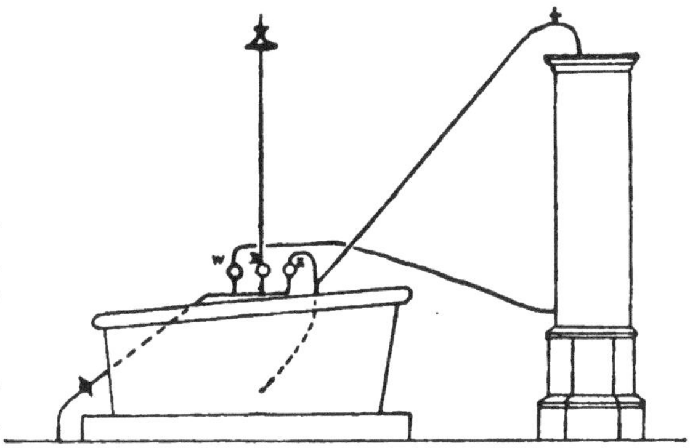

Fig. 232.

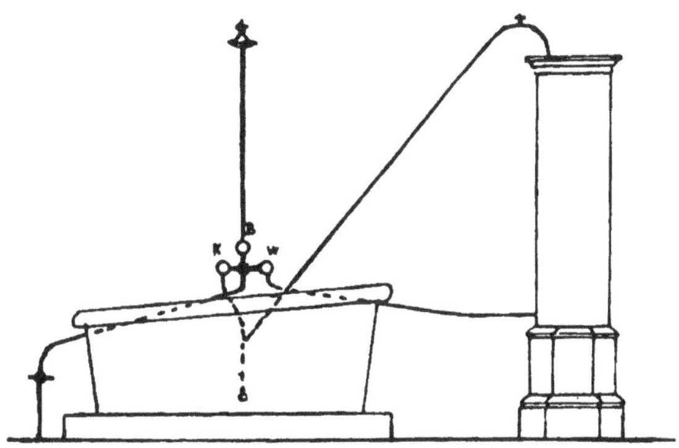

Fig. 233.
Badeeinrichtungen mit kalter Douche. $^1/_{50}$ d. nat. Gröfse.

Die verschiedenen Anordnungen der Badeeinrichtungen bezüglich ihrer Rohrverbindungen und Ventile sollen durch schematische Darstellungen in Folgendem vorgeführt werden.

Fig. 232 zeigt eine Badeeinrichtung mit kalter Douche. Das Zuleitungsrohr der Druckwasserleitung besitzt drei Abzweige mit Absperrvorrichtungen. Der erste Abzweig führt das Wasser nach dem Badeofen, von wo aus es erwärmt mit freiem Ausfluſs in die Wanne tritt; der zweite Abzweig versorgt die Brause, während der dritte Abzweig das kalte Wasser für die Wanne liefert. Die Kaltwasserleitung verbindet sich mit der vom Ofen kommenden Warmwasserleitung zu einer gemeinschaftlichen Leitung. Bei dieser Anordnung liegen die drei Absperrventile in einer Höhe nebeneinander.

Eine andere Anordnung der Badeventile für den gleichen Zweck zeigt die Figur 233. Das Zuleitungsrohr der Druckwasserleitung mündet in ein Mittelstück der Badegarnitur ein und verteilt sich dann nach den oben genannten drei Absperrvorrichtungen.

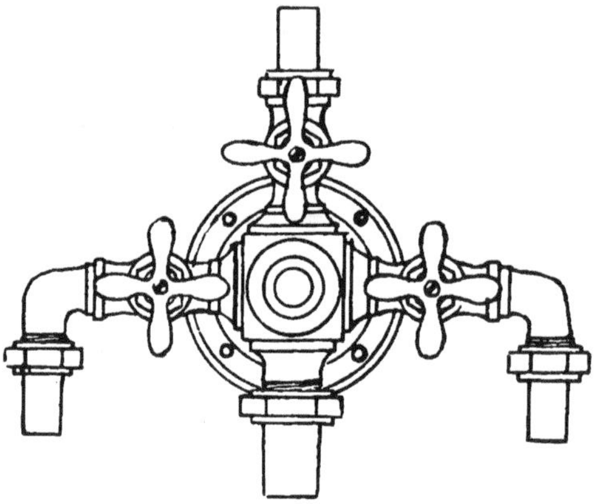

Fig. 234.
Badegarnitur. 1/8 d. nat. Gröfse.

In Fig. 234 ist die Badegarnitur in der Ansicht dargestellt. Die Ausführung der Garnitur gestattet, dafs dieselbe ohne Verkleidung an der Wand befestigt werden kann. Über die Bestimmung der einzelnen Ventile geben kleine Täfelchen mit den Aufschriften »Warm«, »Kalt« und »Brause« Aufklärung, Dieselben werden aus Porzellan oder Metall gefertigt und über den Ventilen an der Wand befestigt.

Die Fig. 235 stellt eine der gebräuchlichsten Anordnungen dar, und gestattet dieselbe, auch der Brause warmes Wasses zuzuführen. Die Druckwasserleitung schliefst sowohl an den Kaltwasserhahn, als auch an den Warmwasserhahn an. Vom Warmwasserhahn führt eine Rohrleitung nach dem Badeofen, und von diesem eine solche für das erwärmte Wasser zurück nach dem Steigrohre der Brause, an welcher Stelle auch das Kaltwasserrohr einmündet. Unmittelbar unterhalb der Einmündungsstelle befindet sich eine Absperrvorrichtung, an welche sich die Leitung nach der Wanne anschliefst. Ist die Verbindungsleitung nach der Wanne offen, so wird das durch das Öffnen der beiden Wasserhähne zufliefsende Wasser nach der Wanne treten. Ist hingegen die Leitung nach der Wanne durch die obige Absperrvorrichtung geschlossen, so wird das Wasser im Rohre der Brause emporsteigen und durch die Brause zum Ausflufs kommen.

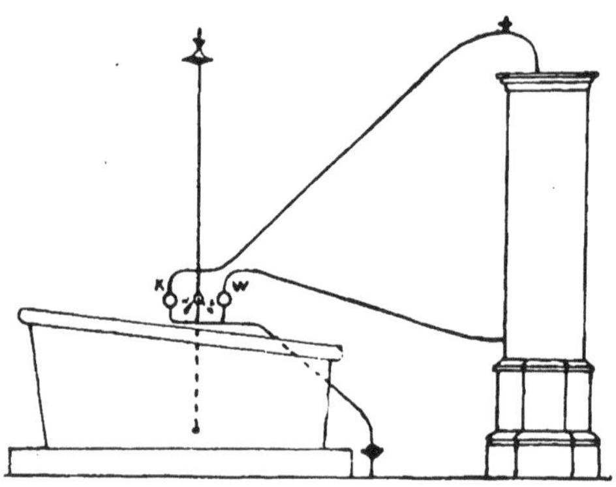

Fig. 235.
Badeeinrichtung mit kalter und warmer Douche.
1/50 d. nat. Gröfse.

Bei Anwendung eines Ventils für die mittlere Absperrvorrichtung erhält die Badegarnitur die in Fig. 236 wiedergegebene Form. Das mittlere Ventil mit der Bezeichnung »Brause« ist für gewöhnlich geöffnet, so dafs stets eine Verbindung mit der Wanne besteht. Soll

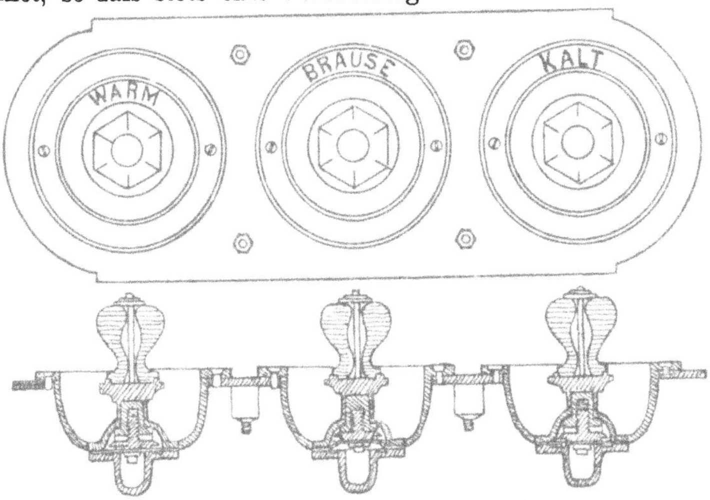

Fig. 236. Badegarnitur. 1/4 d. nat. Gröfse.

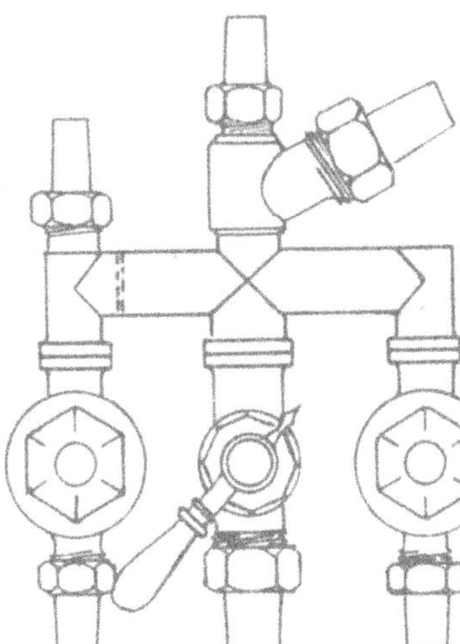

Fig. 237. Badegarnitur 1/4 d. nat. Gröfse

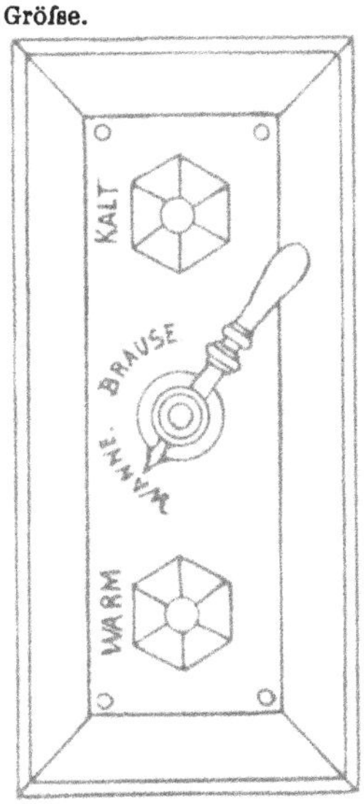

Fig. 238. Deckplatte. 1/4 d. nat. Gröfse.

die Brause in Thätigkeit treten, so ist das Ventil zu schliefsen, und zwar dadurch, dafs man dem Ventilknopfe eine Drehung gibt, wie sie für das Öffnen eines gewöhnlichen Ventils üblich ist. Man mufs daher abweichend der Spindel dieses Ventils ein rechtsgängiges Gewinde geben.

Besteht die mittlere Absperrvorrichtung in einem Kegelhahn (siehe Fig. 237), so sind die beiden Hahnstellungen, bei welchen die Wannenleitung geöffnet und geschlossen ist, durch die Worte »Wanne« und »Brause« auf der Verkleidung (Fig. 238) erklärt.

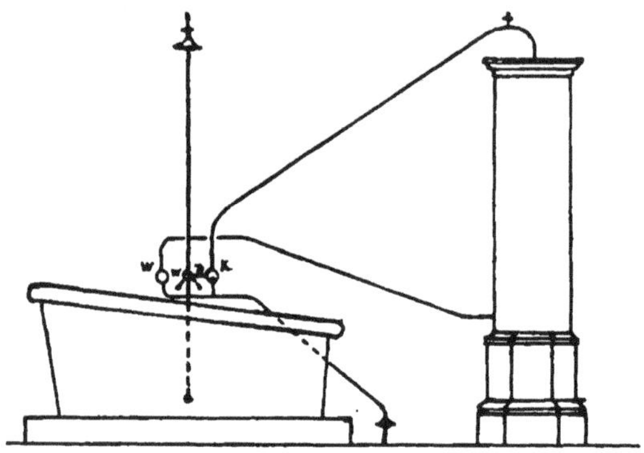

Fig. 239.
Badeeinrichtung mit kalter und warmer Douche
$^1/_{50}$ d nat. Gröfse.

Die Anordnung Fig. 239 unterscheidet sich von der vorhergehenden nur dadurch, dafs das vom Badeofen kommende warme Wasser nach dem Kaltwasserhahne geführt wird, um mit dem daselbst zutretenden kalten Wasser entweder der Brause oder der Wanne zuzufliefsen. Diese Regelung erfolgt durch einen Dreiweghahn. Die Fig. 240 zeigt diese Badegarnitur in gröfserem Mafsstabe. Die Ventile werden durch eine Platte von

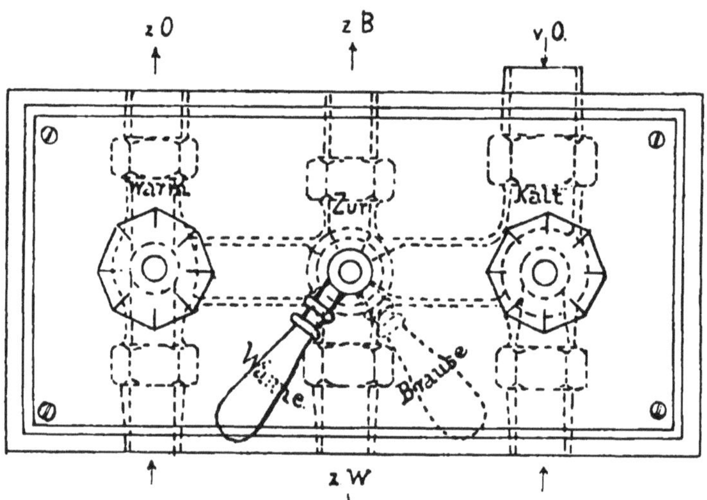

Fig 240.
Badegarnitur. $^1/_3$ d. nat. Gröfse.

Marmor, Holz oder Blech verdeckt. Im Zusammenhange mit der Dispositionszeichnung ist die Bestimmung der einzelnen Rohrstutzen leicht zu ermitteln.

Von den Badeeinrichtungen mit Expansionsreservoir sind die nachfolgenden Anordnungen anzuführen, wobei erwähnt werden mufs, dafs die Anordnung der Ventile dieselbe bleibt, wenn das warme Wasser einer allgemeinen Warmwasserleitung oder einer für diesen Zweck bestimmten centralen Wassererwärmungsanlage entnommen wird.

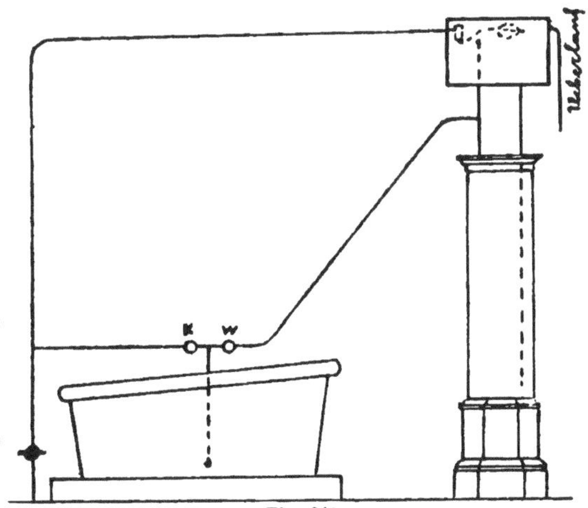

Fig. 241
Einfache Badeeinrichtung mit Expansionsreservoir
$^1/_{50}$ d. nat. Gröfse.

Fig. 241 zeigt eine Badeeinrichtung einfachster Art, indem die beiden, das warme und kalte Wasser führenden Leitungen an einem Punkte sich vereinigen, so dafs dann das Wasser, durch Ventile geregelt, entweder in die Wanne frei ausgiefst oder mittels einer Rohrleitung in geringer Höhe über dem Wannenboden einmündet. Aus der Zeichnung ist zu ersehen, dafs das Reservoir mittels eines Schwimmkugelhahnes gespeist und das kältere Wasser durch eine Rohrleitung nach dem Boden des Erwärmungscylinders geführt wird, während vom aufsteigenden Rohre die Leitung nach der Wanne abzweigt.

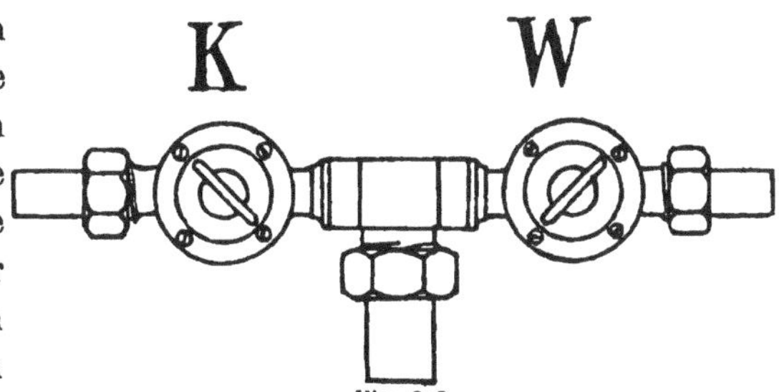

Fig 212.

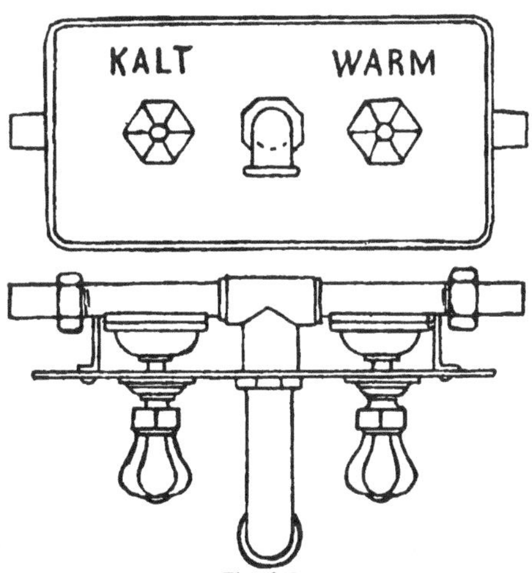

Fig 243.
Badegarnituren. $^1/_5$ d. nat. Gröfse.

Durch die Figuren 242 und 243 werden zwei Badegarnituren für diese Anordnung vorgeführt. Die Fig. 242 zeigt die einfachste Art der Ausführung ohne irgend eine Verkleidung der Ventile. Es genügt, für geringere Ausführungen durch die an die Wand geschriebenen Buchstaben »*K*« und »*W*« die beiden Leitungen unterscheidbar zu machen. Die Badegarnitur Fig. 243 besitzt eine Deckplatte, auf welcher die Bezeichnungen markiert sind. Die Handgriffe der Ventile bilden Krystallknöpfe.

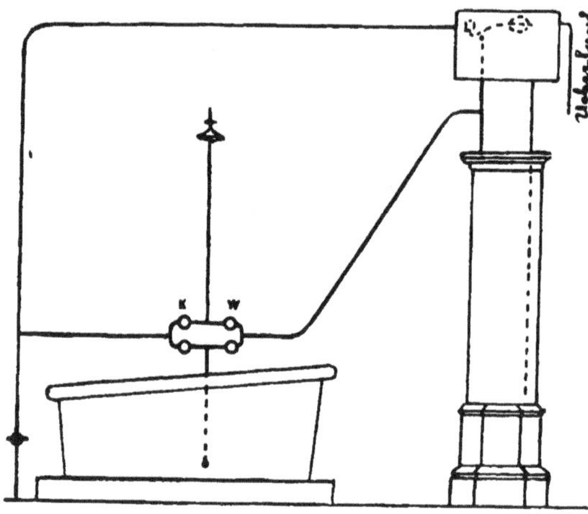

Fig. 244.

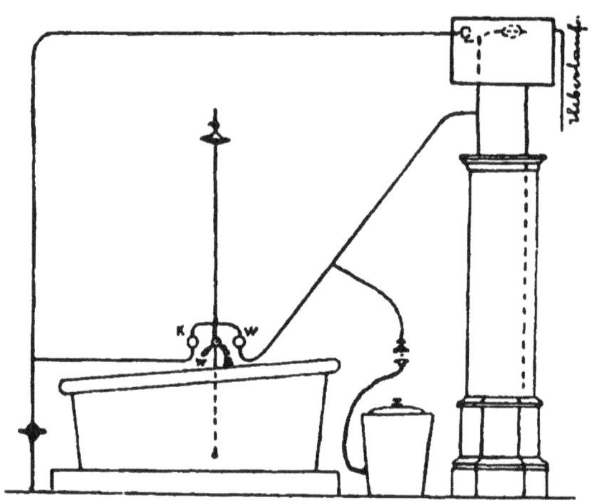

Fig. 245.
Badeeinrichtungen mit Expansionsreservoir und Douche.
$^1/_{50}$ d. nat. Gröfse.

Wenn auch der freie Auslauf des Wassers in die Wanne den Vorteil bietet, dafs die Wanne von ihrem Platze leicht weggehoben werden kann, so ist die Einrichtung doch mit dem Übelstande verbunden, dafs sich beim Einlassen des warmen Wassers in die Wanne Dämpfe entwickeln werden. Dieselben schlagen sich an den kälteren Teilen des Badezimmers, den Wänden und Fenstern, als Schweifs nieder und führen dadurch viel Feuchtigkeit nach diesen Punkten, was nicht erwünscht ist. Dieser Übelstand läfst sich zum Teil dadurch beheben, dafs man den Auslauf in ein übergeschobenes Rohr münden läfst, welches das Wasser nach dem Boden der Wanne führt und nach beendigter Füllung wieder entfernt wird. Die vorstehend beschriebene Anordnung besitzt keine Brauseeinrichtung. Soll die Badeeinrichtung eine solche erhalten, so mufs man derselben eine der in den Fig. 244 und 245 dargestellten Dispositionen geben.

In Fig. 244 teilt sich jede der beiden Hauptzuleitungsröhren in zwei Leitungen, von denen sich je zwei der entgegengesetzten Art zu einer Leitung für die Wanne und zu einer Leitung für die Brause vereinigen. Es sind daher zwei Ventilpaare in der Art vorhanden, wie sie in Fig. 242 zur Darstellung gekommen sind.

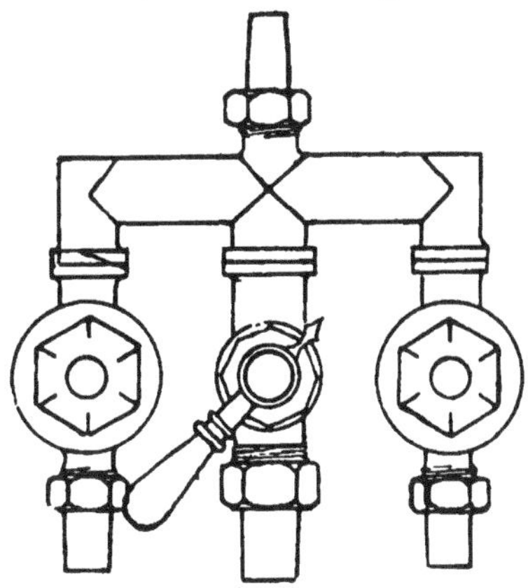

Fig. 246.
Badegarnitur. 1/4 d. nat. Gröfse.

Bei der Anordnung Fig. 245 vereinigen sich das warme und kalte Wasser wie bei Fig. 235 im Mittelrohre und werden durch Hahnstellung entweder der Wanne oder der Brause zugeführt. Die hierbei zur Verwendung kommende Badegarnitur ist in Fig. 246 dargestellt.

Die Anwesenheit eines Expansionsreservoirs gestattet, dafs aus der Warmwasserleitung auch Wasser für andere Zwecke entnommen werden kann. In Fig. 245 ist dies dadurch veranschaulicht, dafs ein Wärmeapparat für die Badewäsche mit der Warmwasserleitung in Verbindung gebracht ist. Derselbe besteht in einem doppelwandigen Gefäfse, dessen Zwischenräume mit warmem Wasser gefüllt werden.

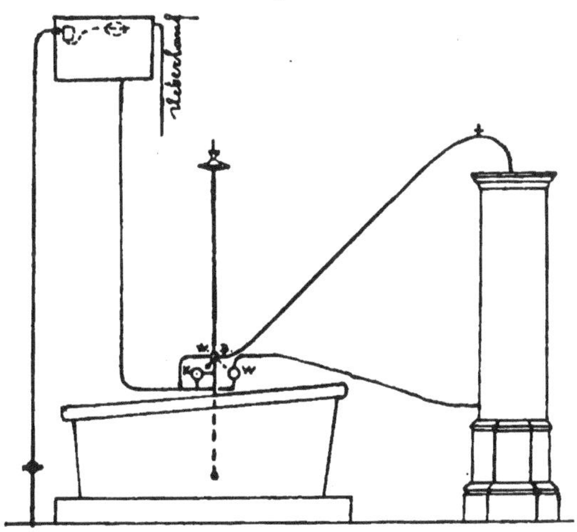

Fig. 247. Badeeinrichtung mit warmer Douche. 1/50 d. nat. Gröfse.

Die vorstehend angeführten Badeeinrichtungen mit warmer Douche setzen die Vorsicht voraus, dafs beim Gebrauche von warmem Wasser zum Douchen das kalte Wasser zuerst in die Brause eingelassen und hierauf erst so viel warmes Wasser hinzugefügt wird, als dem Badenden erwünscht ist. Oft befindet sich auch am Steigerohre der Brause ein Thermometer, um den Wärmegrad des Wassers direkt ablesen zu können. Wird diese Vorsicht aus Unerfahrenheit oder Sorglosigkeit aufser Acht gelassen, so kann der Fall leicht eintreten, dafs das während des Bades im Badeofen stark erwärmte Wasser zuerst aus der Brause tritt und unter Umständen ein Verbrühen des Badenden herbeiführen kann.

Die Möglichkeit einer Verbrühung des Badenden hat man durch die Anordnung zu beseitigen gesucht, dafs man der Brause nie warmes Wasser allein, sondern stets mit kaltem Wasser gemischt zuführt. Die Fig. 247 und 248 zeigen eine derartige Anordnung. Die Kaltwasserleitung steht an drei Punkten mit der Badegarnitur in Verbindung, und zwar durch die mit *K* und *W* bezeichneten Niederschraub- oder Ventilhähne und durch den mit *B* bezeichneten Kegelhahn. In das Gehäuse dieses Kegelhahnes mündet auch das vom Badeofen kommende Warmwasserrohr ein, so dafs an dieser Stelle vier Öffnungen zusammenlaufen. Durch den Hahnkegel werden stets drei Kanäle mit einander in Verbindung gebracht, und zwar entweder die Warmwasserleitung, die Brause und die Wanne (siehe Fig. 249), wodurch das Wasser nach der Wanne zu fliefsen veranlafst wird, oder die Kaltwasserleitung, Warmwasserleitung und die Brause, wodurch die Brause in Thätigkeit kommt. Aus den Zeichnungen ist ersichtlich, dafs bei der Bewegung des Hahns mit der Warmwasserleitung auch gleichzeitig die Kaltwasserleitung geöffnet wird, und daher stets nur ein Gemisch von warmem und kaltem Wasser in die Brause treten kann. Die Anwendung eines Kegelhahnes gestattet jedoch nicht den direkten Anschlufs der Badegarnitur an die Druckwasserleitung, so dafs sich die Aufstellung eines kleinen Zwischenreservoirs erforderlich macht.

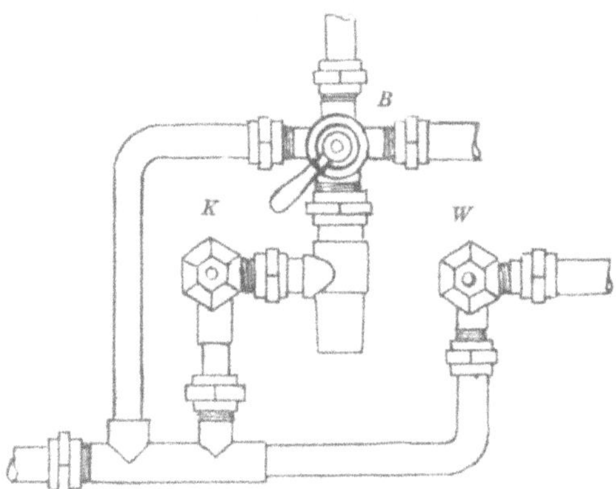

Fig. 248.
Badegarnitur. 1/8 d. nat. Gröfse.

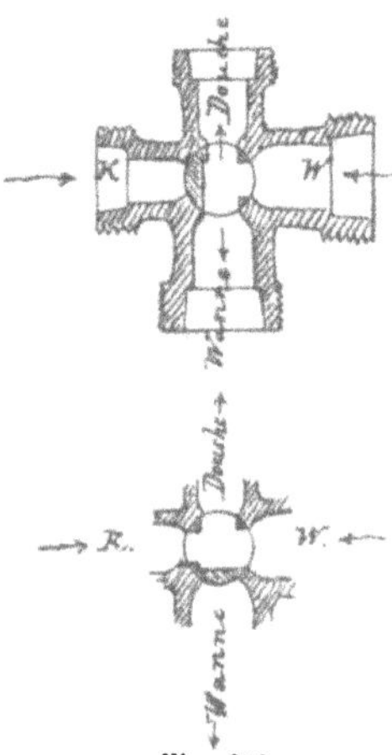

Fig. 249.

Buschbeck & Hebenstreit in Dresden haben denselben Zweck dadurch erreicht, dafs das Ventil, welches den Zuflufs nach dem Badeofen regelt, mit dem Stellhahne verbunden ist (siehe Fig. 250), und zwar gibt das Ventil beim Öffnen Wasser nach beiden Richtungen ab. Ist der Hahn auf »Wanne« gestellt, so ist der Verbindungskanal durch den Hahn geschlossen, das Wasser kann daher nur nach dem Badeofen und von dort nach der Wanne fliefsen, ist jedoch der Hahn auf »Brause« gestellt, so sind beide Kanäle frei, und es wird gleichzeitig Wasser nach dem Badeofen gedrückt, und kaltes Wasser dem vom Ofen kommenden warmen Wasser für die Brause beigefügt.

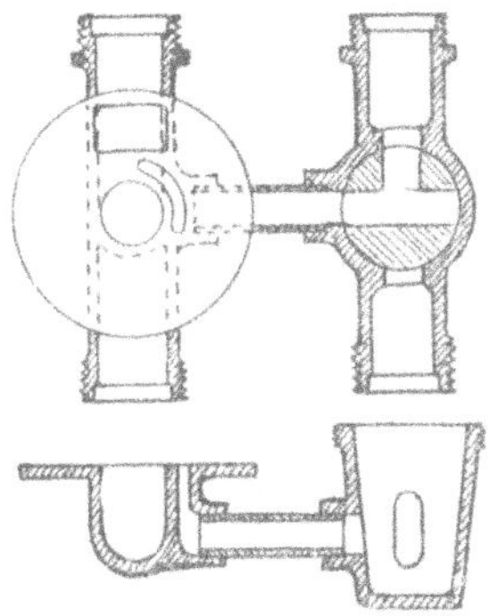

Fig. 250. Badegarnitur von Buschbeck & Hebenstreit. $^1/_4$ d. nat. Gröfse.

Es ist für die angeführten Anordnungen gleichgültig, ob das Badegefäfs eine Badewanne oder ein gemauertes Bassin ist. Für den Fall, dafs die benachbarten Wände des Badegefäfses mit Fliefsen oder Marmorplatten ausgelegt sind, ist zu beachten, dafs diejenigen Stellen, wo Ventile sich befinden, von dieser Verkleidung zum Zwecke der Zugänglichkeit frei bleiben müssen, von den abnehmbaren Schildern der Garnitur aber überdeckt werden.

Als sonstige Erfordernisse einer guten Badeeinrichtung sind folgende anzuführen. Um die Badeeinrichtung im ganzen abstellen zu können, ist beim Eintritt des Druckrohrs in den Baderaum ein Absperrventil in dasselbe einzuschalten. Auch müssen alle Leitungen, welche sich zufolge ihrer Lage nicht von selbst entleeren, mit kleinen Entwässerungshähnen versehen sein. Eine unbedingte Notwendigkeit ist ferner die Anbringung eines Ventils zum Einsaugen von Luft auf den Leitungen nach der Wanne, ausgenommen für den Fall, wenn ein Expansionsreservoir vorhanden ist. Dieser Rohrstrang kommt beim Schlufs des Warmwasserventils in die Lage, als Heber weiter zu wirken, was jedoch vermieden werden soll, da andernfalls ein negativer Druck im Badecylinder erzeugt und ein Zusammendrücken der oft schwachen Blase verursacht wird. Das auf der Rohrleitung oder dem Badeofen angebrachte Ventil öffnet sich dann und verhindert durch den Luftzutritt die Heberwirkung.

Der Betrieb der Badeeinrichtungen.

In Bezug auf den Betrieb einer Badeeinrichtung ist folgendes zu beachten.

Man heize den Badeofen nicht eher, als bis man sich durch Öffnen des Warmwasserhahnes und den hierdurch herbeigeführten Eintritt von Wasser in das Badegefäfs davon überzeugt hat, dafs der Badeofen vollkommen gefüllt ist. Wenn auch der Badeofen stets gefüllt bleibt und auch im Winter nur in Ausnahmefällen entleert wird, so ist diese Vorsicht doch nicht ausser acht zu lassen, hauptsächlich dann, wenn die Möglichkeit vorliegt, dafs aus dem Badeofen mittels des Entleerungshahnes Wasser abgezapft werden kann.

Die Menge des dem Ofen zuzuführenden Heizungsmaterials bemesse man nicht gröfser, als zur Erzeugung des erforderlichen warmen Wassers notwendig ist.

Die Wanne fülle man zuerst so hoch mit kaltem Wasser, dafs die Einmündungsöffnung der Zuleitung vom Wasser überdeckt ist. Das hierauf einfliefsende warme Wasser wird zufolge seines Eintritts unter Wasser keine Dämpfe entwickeln.

Stehen Badeeinrichtungen längere Zeit aufser Benutzung, so mufs durch Abfliefsen von Wasser der Geruchverschlufs von Zeit zu Zeit erneuert werden, da das Wasser desselben einesteils verdunstet, anderenteils aber auch Kanalgase von der Ableitung her aufnimmt und bei Übersättigung nach der Seite des Baderaumes abgibt.

Für die Zuleitung des Druckwassers genügt ein Rohrdurchmesser von 20 mm. Der Durchmesser der Ableitung ist nicht unter 40 mm zu wählen, doch sind zu weite Ableitungsröhren zu vermeiden, da sie dem Fallrohre plötzlich zu grofse Wassermengen zuführen und dadurch Luftpressungen veranlassen, welche wiederum Luftaustritte aus anderen Geruchverschlüssen zur Folge haben. Will man gegen ein Leersaugen des Geruchverschlusses durch Vollfliefsen des Rohres gesichert sein, so mufs man den oberen Schenkel des Geruchverschlusses mit einem Lüftungsrohre versehen, welches mit der äufseren Atmosphäre in Verbindung steht. Absolute Notwendigkeit ist diese Einrichtung jedoch nicht, da die letzten Wasserreste des Badegefäfses langsam abfliefsen und sicher ausreichen werden, den leergesaugten Geruchverschlufs wieder zu füllen. Ist ein Leersaugen durch benachbarte Abflüsse zu befürchten, so mufs der Geruchverschlufs gelüftet oder der Abzweig nach dem Fallrohre mit einem Absperrhahn versehen werden.

Die freistehenden Badeeinrichtungen.

Die vorstehend beschriebenen Badeeinrichtungen mit Badeofen und Brause kann man als stationäre bezeichnen, da dieselben zufolge der Befestigung der Rohrleitungen in oder an der Wand dauernd an ihrer Stelle verbleiben sollen. Es kommt aber oft der Fall vor, dafs der Mieter einer Wohnung der Eigentümer der Badeeinrichtung ist, und auf Grund dieses Verhältnisses eine Befestigung der Rohrleitungen u. s. w. an der Wand oder gar in der Wand als nicht angängig erscheint. Es gibt für diese Verhältnisse Anordnungen mit Badeofen und warmer Douche, welche in sich abgeschlossen sind, und mit Ausnahme der Herstellung der einfachen Zu- und Ableitung des Wassers, keiner weiteren Vorbereitungen bedürfen.

Bei der Anordnung Fig. 251 befindet sich die Badegarnitur mit Brause an der Badewanne selbst befestigt, während die sonstige

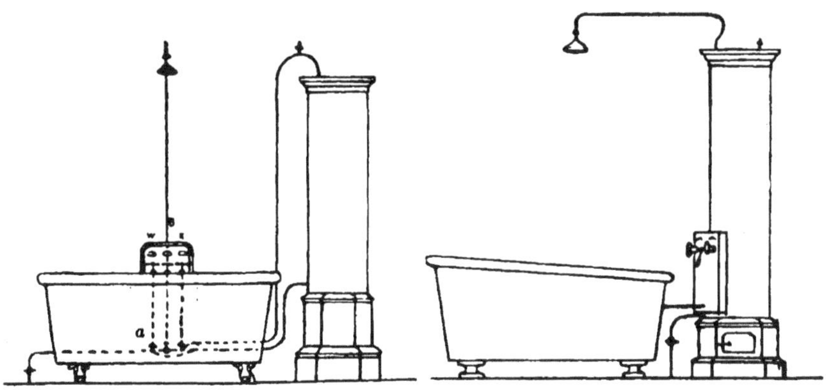

Fig. 251. Fig. 252.

Freistehende Badeeinrichtungen. 1/50 d. nat. Gröfse.

Einrichtung im Prinzipe mit der durch Fig. 239 dargestellten übereinstimmt. Die Badeeinrichtung wird bei *a* an die Druckwasserleitung angeschlossen, und die Wanne nebst Ofen beliebig aufgestellt, ohne an die Nähe einer Wand gebunden zu sein.

Eine andere Einrichtung für den gleichen Zweck zeigt Fig. 252. Bei dieser Anordnung befindet sich die Badegarnitur mit allen Rohrverbindungen und der Brause an, resp. im Badeofen, während das Prinzip der Wasserführung sich mit dem in Fig. 235 dargestellten vollkommen deckt. Ein Teil der Rohrleitungen, sowie die Ventile sind durch eine Blechverkleidung verdeckt, und steht der Badeofen mit der Wanne entweder durch eine Rohrleitung in Verbindung, oder es giefst das Wasser frei über dem Rande der Wanne aus. Der Anschlufs der Druckwasserleitung erfolgt an einem Rohrstutzen des Badeofens.

d) Die Doucheeinrichtungen.

Von den Doucheeinrichtungen im besondern ist bereits bei Besprechung der Badeeinrichtungen eine Anordnung aufgeführt worden, und zwar diejenige, bei der eine Erwärmung des Wassers durch Dampf erfolgt. Die meisten Badeeinrichtungen sind ferner mit Brause versehen, so dafs bei denselben Vollbad und Douchebad vereinigt sind. Dem Badenden ist es dann überlassen, das eine oder das andere auch allein zu benutzen. Zur Herstellung eines einfachen Douchebades wird man jedoch nur in seltneren Fällen zur Aufstellung eines Badeofens greifen, da einfachere Einrichtungen demselben Zwecke genügen, von denen jedoch die meisten nicht in einem organischen Zusammenhange mit einer Druckwasserleitung stehen und daher ihr Wasser auch von anderer Seite beziehen können. Zu den letzteren gehören alle diejenigen Doucheapparate, deren Hauptteil in einem hochgestellten Gefäfse besteht. Der Badende tritt unter dasselbe und öffnet mittels Zugschnur den Ausflufs einer am Boden des Gefäfses befestigten Brause. Um diese Anlage mit einer Wasserleitung in eine direkte Verbindung zu bringen, wird man das Wasserreservoir seitwärts an der Wand in entsprechender Höhe befestigen und durch einen Schwimmkugelhahn speisen. Vom Boden des Reservoirs führt eine Rohrleitung nach dem Doucheapparat Eine direkte Verbindung des Doucheapparates mit der Druckleitung darf nur dann stattfinden, wenn alle Absperrvorrichtungen Niederschraubventile sind. Die Anwendung von Brausen mit Zughebelbewegung, sowie von Kegelhähnen, verbietet einen direkten Anschlufs an die Druckwasserleitung und macht die Aufstellung eines Zwischenreservoirs erforderlich.

Soll die Douche nur eine kalte sein, so erfüllt die vorgenannte Einrichtung ohne weiteres ihren Zweck, soll hingegen die Temperatur des Wassers um einige Grade erhöht werden, so erreicht man diesen Zweck am einfachsten dadurch, dafs man unter dem kleinen Reservoire eine Gasflamme so lange brennen läfst, bis das Wasser die gewünschte Temperatur erlangt hat. Im Sommer genügt es zumeist, das Wasser eine Zeitlang im Reservoire stehen zu lassen, damit es eine für den Badenden angenehme Temperatur annimmt. Ist eine Warmwasserleitung im Gebäude vorhanden, so läfst sich dieselbe mit Vorteil für die Regelung der Temperatur des Wassers benutzen.

Je nach der Seite, von welcher aus die Douche wirkt, wird man Kopf-, Seiten- und Unterdouche, nach der Art des Strahles Regen- und Strahldouche unterscheiden. Die Kopf-

und Unterdouchen befinden sich zumeist in fester Lage, die Seitendouchen hingegen sind oft mittels Kugelgelenkes nach allen Seiten drehbar oder stehen zum gleichen Zwecke mit der Zuleitung durch einen Gummischlauch in Verbindung.

Abgesehen von den Strahldouchen, welche nur in einer einfachen Mündung bestehen, erhalten die Ausläufe der Regendouchen in der Regel die Form eines aus Messing hergestellten Siebes. Seitliche Regendouchen können jedoch auch durch gelochte Kupfer- oder Messingröhren erzeugt werden. An dieser Stelle sind auch die stellbaren Brausen zu erwähnen, bei denen die Stärke und Art des Wasserausflusses verändert werden kann.

Die Fig. 253 zeigt eine einfache Doucheeinrichtung, für welche auch ein direkter Anschlufs an die Druckwasserleitung zulässig ist. Der Badende tritt in ein flaches Blechgefäfs, dessen Boden mit einem Holzgitter belegt ist, und öffnet dann nach Belieben die Kopf- oder Seitendouche. Der Boden des Douchegefäfses steht entweder direkt mit Wasserableitung in Verbindung, oder das Gefäfs steht in einer gröfseren Sicherheitspfanne, welche auch das überspritzende Wasser aufnimmt und nach dem Ablaufe führt.

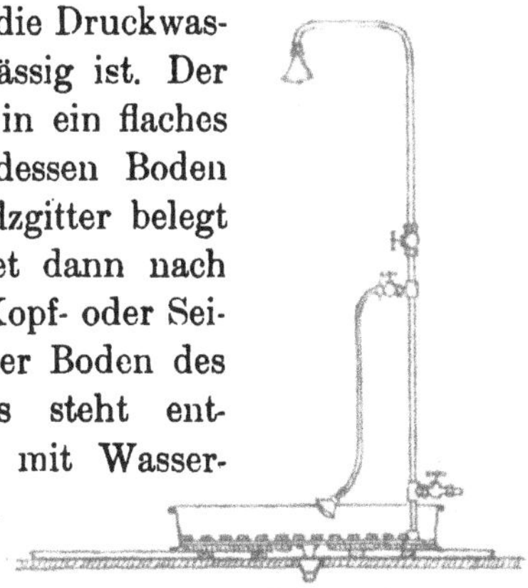

Fig. 253. Doucheapparat. 1/50 d. nat. Gröfse.

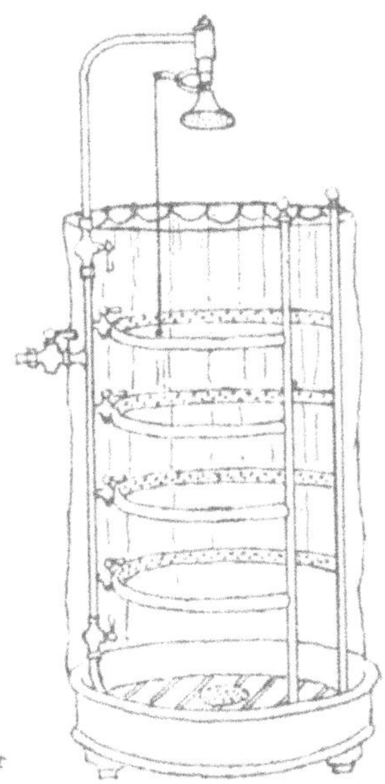

Fig. 254 Doucheapparat mit Ober-, Seiten- und Unterdouche.

Für den in Fig. 254 dargestellten Doucheapparat ist ein direkter Anschlufs an eine Druckwasserleitung nicht zulässig, da Kegelhähne als Absperrvorrichtungen dienen. Der Apparat mufs daher von einem Zwischenreservoire aus gespeist werden. Derselbe besteht in einer Kopf- und Unterdouche, sowie in einer Anzahl von Seitendouchen, welche durch gelochte ringförmige Röhren gebildet werden. Zum Schutze gegen das Überspritzen des Wassers ist die ganze Einrichtung mit einem Vorhange von Wachstaffet umgeben.

Für die Wasserzuleitung zu einem Doucheapparat genügt ein Rohrdurchmesser von 13—15 mm.

e) Die Abortanlagen mit Wasserspülung.

Die Aborte mit Wasserspülung, auch Wasserklosetts genannt, haben die Aufgabe, die menschlichen Exkremente aufzunehmen und mit Hilfe von Wasser schnell und geruchlos aus der unmittelbaren Nähe der menschlichen Wohnungen zu entfernen. Dieses Hinzufügen einer gewissen Wassermenge zu den Exkrementen wird aber ein dringendes Bedürfnis, wenn dieselben direkt in die öffentliche Kanalanlage eingeleitet und von dieser hinweggeführt werden sollen.

Die Anforderungen, welche man an diese Apparate stellen mufs, sind folgende:

1. Es soll durch dieselben aufser der Hauptaufgabe, die Exkremente mit Sicherheit aufzunehmen und das Gemisch von Wasser und Exkrementen an die Ableitung abzugeben, eine Trennung zwischen dem Aufnahmegefäfs und der Ableitung erzielt werden, um den Eintritt von Kanalgasen in den Abortraum zu verhindern.
2. Das Abortbecken mufs eine Form erhalten, welche ein Anhaften des Unrates an den Wandungen nicht begünstigt, und die Wasserspülung in einer Weise geschehen, dafs das Gefäfs durch dieselbe vollständig gereinigt wird.
3. Die hierzu erforderlichen Mechanismen sollen möglichst einfach sein und wenig Reparatur bedürfen.
4. Der Wasserverbrauch soll bei vollkommener Spülung ein geringer sein.

Die Anzahl von Konstruktionen, welche diesen Zweck im Auge haben, ist eine so grofse, dafs die einzelne Aufführung derselben allein ein Buch zu füllen im stande wäre. Besonders englische und amerikanische Konstrukteure haben sich bemüht, die Zahl derselben in reichem Mafse zu vermehren und dem Apparate die vielseitigste Gestalt zu geben. Es kann die Aufgabe dieses Buches nicht sein, den Launen der einzelnen Konstrukteure zu folgen, sondern es soll an einer Reihe von Beispielen dargelegt werden, auf welche Weise der gewünschte Zweck auf die einfachste und zweckmäfsigste Weise erreicht werden kann. Dem aufmerksamen Leser wird es dann nicht schwer fallen, die Vor- oder Nachteile abweichender Konstruktionen zu ermitteln.

Einen wesentlichen Teil eines Spülabortes bildet das Klosettbecken. Es dient dasselbe nicht allein zur Aufnahme der

Exkremente, sondern es besitzt auch die Mündung für die Wasserzuführung. Die Wasserspülung soll dieses Becken nach jedem Gebrauche reinigen. Die Klosettbecken werden aus Steingut, Porzellan oder aus emailliertem Gufseisen hergestellt und erhalten eine trichter- oder muldenförmige Gestalt. Die Becken aus Steingut oder Porzellan sind den gufseisernen Becken vorzuziehen, da sie leichter rein zu halten sind, und die gufseisernen Becken doch mit der Zeit dem Einflusse des Rostes zufolge Abspringens der Emaille nicht entzogen werden können.

Die Figuren 255—260 zeigen die üblichen Formen der Klosettbecken. Einige Ausführungsarten, bei denen das Becken mit dem

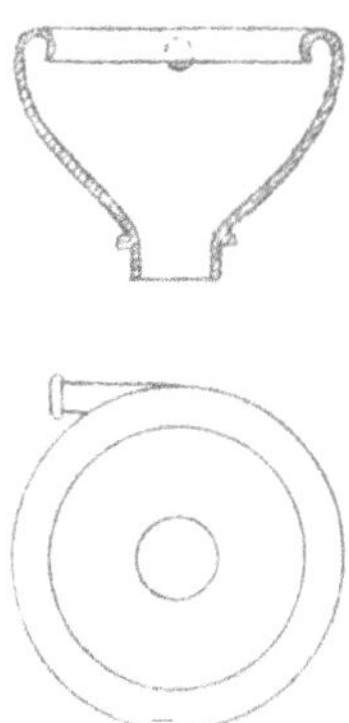

Fig. 255.

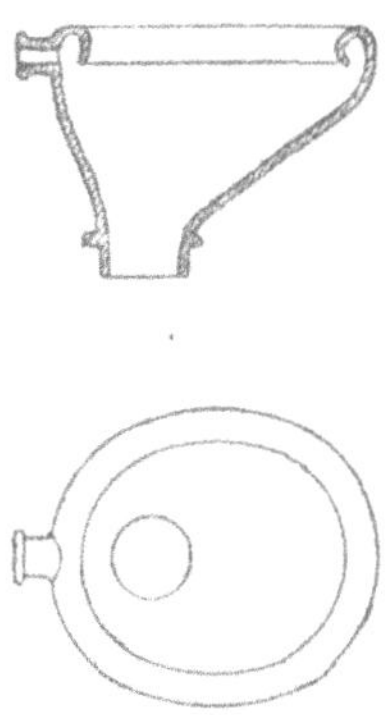

Fig. 256.

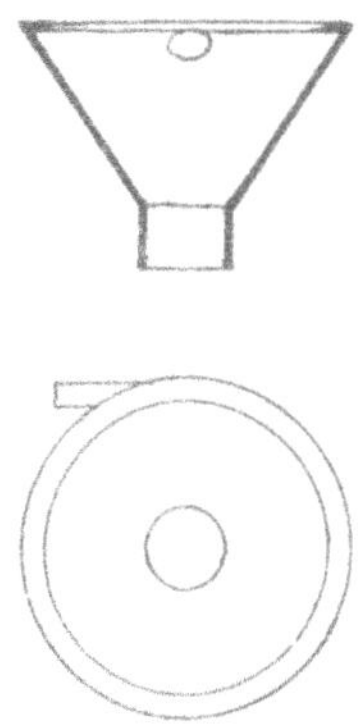

Fig. 257

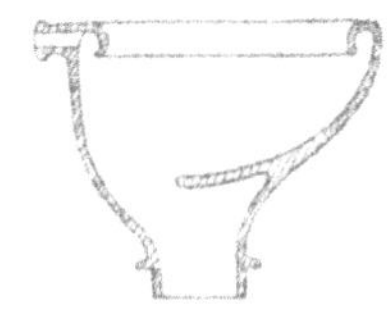

Fig. 258.

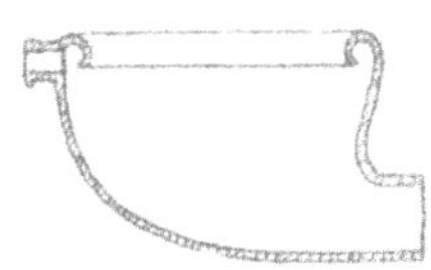

Fig. 259.

Klosettbecken. 1/20 d. n. Gr.

Geruchverschlusse aus einem Stücke hergestellt ist, sollen an einer späteren Stelle vorgeführt werden.

Das Becken Fig. 255 ist ein trichterförmiges mit centraler Mündung. Der Durchmesser der letzteren beträgt in der Regel 6—8 cm. Da die Rückwand des Beckens einer Beschmutzung zumeist ausgesetzt ist, so gibt man derselben mit Vorteil eine steilere Lage und verlegt die Mündung nach dieser Richtung zu, wie dies durch Fig. 256 zur Anschauung gebracht ist. Die Becken sind zumeist kreisrund, doch kommen auch länglich-runde zur Anwendung.

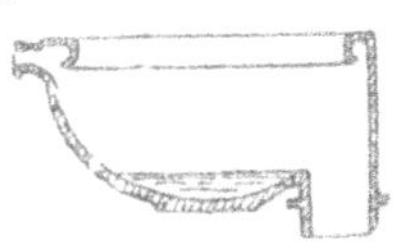

Fig. 260.

Die Fig. 257 stellt ein gufseisernes Becken dar, dessen Innenseite mit Emaille überzogen ist.

In Fig. 258 ist die Mündung des Klosettbeckens durch eine übergelegte Zunge verdeckt und dadurch den Blicken entzogen. Die Rückwand ist steil und die Mündung excentrisch gestellt. Die

Klosetts mit Becken dieser Konstruktion führen den Namen Zungenklosetts.

Die Fig. 259 zeigt ein Becken mit seitlicher Abflufsöffnung, wie dasselbe zu einem sogen. Jenning-Klosett erforderlich ist.

Das Becken Fig. 260 besitzt ebenfalls einen seitlichen Abflufs, welcher jedoch unmittelbar hierauf in einen senkrechten übergeht. Der Boden des Beckens bildet eine flache Mulde, in welcher ein Rest des Spülwassers zurückbleibt. Derselbe reicht hin, um einfallende Exkremente am Anhaften zu hindern.

Wie aus den vorgeführten Beispielen von Klosettbecken zu ersehen ist, kann die Einführung des Spülwassers entweder eine tangentiale oder eine centrale sein. Die Einführung des Wassers in tangentialer Richtung am Rande des Beckens hat eine Rundspülung zur Folge, d. h. das Wasser kreist im Innern des Beckens und nimmt einen spiralförmigen Weg nach der Mündungsöffnung zu.

Bei der centralen Wasserzuführung ist eine waschende und schwemmende Wirkung des Wassers in vertikaler Richtung beabsichtigt. Das eintretende Wasser stöfst sich an der Einbiegung des Beckenrandes und verteilt sich in dem nach unten offenen Randkanale.

Die Spülwirkung einer gewissen Wassermenge wird um so gröfser sein, je kürzer die Zeit ist, in welcher die letztere zur Verwendung kommt. Demnach ist eine kurze und energische Spülung wirkungsvoller, als eine lange andauernde mit geringerem Wasserzuflufs in der Zeiteinheit. Die Rundspülung wird dadurch, dafs das Wasser mehrmals das Innere des Beckens umkreist, eine langsamere sein, als wenn, wie bei der centralen Einführung, die ganze Wassermenge sich nur vertikal abwärts zu bewegen braucht. Für eine sichere und schnelle Wegführung der Exkremente ist daher die kurze und kräftige centrale Spülung die geeignetere, doch bleibt auch die Wirkung einer guten Rundspülung hinter einer Waschspülung nicht wesentlich zurück.

Die Klosetteinrichtung wird in der Regel mit einer Holzverkleidung umgeben, und das Sitzbrett derselben in eine Höhe von 45—50 cm über dem Fufsboden gelegt. Übersteigt die Höhe des Klosettapparates dieses Mafs, so mufs dem Sitze eine Holzstufe aus Bequemlichkeitsrücksichten vorgelegt werden. Die Sitzöffnung oder Brille erhält einen Durchmesser von 25—30 cm, und kann dieselbe statt kreisrund auch elliptisch geformt sein.

Der Verschlufs des Klosettbeckens zum Zwecke der Abtrennung desselben von der Ableitung ist entweder ein mechanischer (Klappe, Ventil) oder ein rein hydraulischer.

Die Spülaborte mit Klappenverschlufs sind, wenn sie auch zu den älteren Konstruktionen gehören, noch heute vielfach in Benutzung. Bei denselben wird die Mündung des Klosettbeckens durch eine schalenartig geformte Klappe geschlossen, welche letztere durch einen Zugmechanismus bewegt werden kann. Die aufwärts gebogenen Ränder der Klappe umschliefsen die Mündung in einer Weise, dafs der Rest des im Becken kreisenden Spülwassers von der Klappe aufgefangen wird und zur Bildung eines hydraulischen Verschlusses dient.

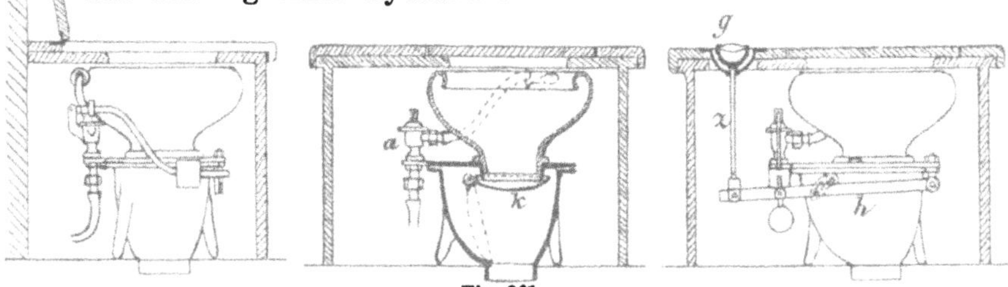

Fig. 261.
Wasserklosett mit Klappenverschlufs. $^1/_{20}$ d. nat. Gröfse.

Die Fig. 261 zeigt die Einrichtung dieser Spülaborte im Querschnitt und in zwei Ansichten. Das trichterförmige Abortbecken ist auf einem gufseisernen Topfe befestigt und im Ruhezustand durch die Klappe *K* geschlossen. Die Wasserspülung erfolgt von einem Klosetthahne *a* aus, indem ein Hebel mit Gewicht, welcher den Hahn geschlossen hält, gehoben wird. Beide Verrichtungen, das Senken der Klappe und Öffnen des Ventils, geschehen gleichzeitig durch Anheben eines mit Zugstange *z* und Handgriff *g* versehenen Hebels *h*, wobei der Gewichtshebel des Klosettventils lose auf dem Hebel *h* ruht und von diesem mitgenommen wird. Das Spülen erfolgt so lange, als das Gestänge mit Hilfe des Handgriffs *g* hochgehalten wird. Beim Niederlassen derselben schliefst sich die Klappe und das Gewicht des Klosettventils kommt für die Schliefsung des Ventils zur Wirkung. Das noch austretende, resp. im Becken noch rotierende Spülwasser sammelt sich in der Verschlufsklappe und bebewirkt den luftdichten Abschlufs. Die Variationen dieser Einrichtung sind sehr grofs je nach der Art des zur Verwendung kommenden Klosettventils und der Art des Bewegungsmechanismus. Es finden sich u. a. Einrichtungen, bei welchen der Mechanismus durch einen Druck auf einen Knopf in Bewegung gesetzt wird, oder die Zugstange *z* als Zahnstange konstruiert ist. Je komplizierter diese Mechanismen sind, desto mehr leiden sie an dem großen Übelstande der Reparaturbedürftigkeit. Man muß bedenken, daß die Aborte von Personen benutzt werden, welchen zumeist die innere Einrichtung des Apparates vollkommen unbekannt ist. Durch ungeschicktes, oft wiederholtes Bewegen des Zug- oder Druckmechanismus wird aber die beste Einrichtung mit der Zeit schadhaft werden und zu Reparaturen Veranlassung geben, und zwar um so häufiger, je komplizierter die Einrichtung ist. Man wird daher in Rücksicht auf die Reparaturbedürftigkeit den einfacheren Mechanismen den Vorzug geben müssen.

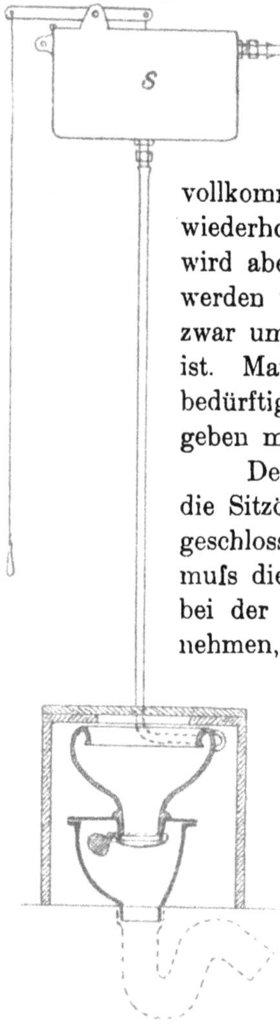

Fig. 262.
Wasserklosett mit selbstthätiger Klappe. 1/20 d. nat. Größe.

Der Klosettapparat wird mit Holz umkleidet, und die Sitzöffnung durch eine Klappe bei Nichtbenutzung geschlossen. Bei einer Reparatur am Klosettapparate muß diese Umkleidung entfernt werden, und ist daher bei der Ausführung derselben darauf Rücksicht zu nehmen, daß dies leicht ausführbar ist. Geschieht dies nicht, so treten zu den Kosten für Klosettreparatur noch die Kosten für das Wegheben und Wiedereinsetzen der Holzumkleidung hinzu, abgesehen davon, daß die Umkleidung selbst durch öftere Wiederholung dieses Vorganges Beschädigungen unvermeidlich unterworfen sein wird.

Um besondere Mechanismen für die Bewegung der Klappe zu vermeiden, hat man dieselbe selbstthätig wirkend eingerichtet und der Anlage eine Form gegeben, wie dieselbe in Fig. 262 dargestellt ist. Die Klappe verschließt mit Hilfe eines Gegengewichtes die Mündung des Beckens. Ist der Abort in Benutzung gewesen und wird mittels einer Zugschnur das Ventil des Spülkastens *S* geöffnet, so senkt sich die Klappe durch das Gewicht des einströmenden Spülwassers nach unten und läßt Exkremente und Wasser abfließen. Die Einrichtung der Spülkästen soll an einer späteren Stelle eingehend erläutert werden.

Die Abortanlagen mit Klappenverschlufs besitzen den Übelstand, dafs während des Öffnens der Klappe die Kanalgase in den Abortraum frei eintreten können. Will man dies mit Sicherheit vermeiden, so mufs man den Klosettopf in einen Wassersyphon einmünden lassen, wie dies in Fig. 261 andeutungsweise geschehen ist. Es sind dann aber zwei Verschlüsse vorhanden, von denen sicher der eine überflüssig ist, und zwar derjenige, welcher die meisten Reparaturen verursacht und am wenigsten sicher wirkt: dies ist der Klappenverschlufs. Die nachfolgenden Konstruktionen besitzen daher nur einen Wasserverschlufs mit Hilfe eines Wassersyphons, mit Ausnahme der Jenning-Klosetts, bei welchen das über dem Klosettventil stehende Wasser im Ruhezustande einen zweiten Abschlufs bildet.

Das Charakteristische der sogenannten Jenning-Klosetts (nach dem Erfinder Jenning in London genannt) liegt darin, dafs die Mündung des Klosettbeckens seitlich gelegt und durch ein Ventil geschlossen ist. Über dem Ventile und im Becken sammelt sich nach Schlufs des Ablafsventils eine gewisse Wassermenge an, welche zur Aufnahme der Exkremente bestimmt ist. Durch Anheben des Abschlufsventils werden Wasser und Exkremente schnell zum Abflufs gebracht.

Die Fig. 263 zeigt die Einrichtung eines Jenning-Klosetts, wobei Klosettbecken und Wassersyphon aus Porzellan und in einem Stück hergestellt sind. Der Abschlufskolben *a* hat eine durchgehende Öffnung, welche als Überlauf wirkt, sobald der Schwimmer *s* des Schwimmkugelventils, welcher das Ventil ringförmig umgreift und durch den Wasserstand im Becken bewegt wird, nicht völlig dicht schliefsen sollte. Wird das Ventil *a* mittels des Handgriffs gehoben, so fliefst durch die grofse Öffnung desselben das Wasser schnell ab, wodurch der Schwimmer sinkt und den Eintritt von neuem Wasser herbeiführt. Läfst man das Ventil hierauf auf seinen Sitz nieder, so dauert der Wasserzuflufs noch fort, das Wasser sammelt sich im Becken an, der Schwimmer *s* wird durch den aufsteigenden Wasserspiegel gehoben und bringt bei einer gewissen Höhe des Wasserstandes das Wasserventil zum Abschlufs.

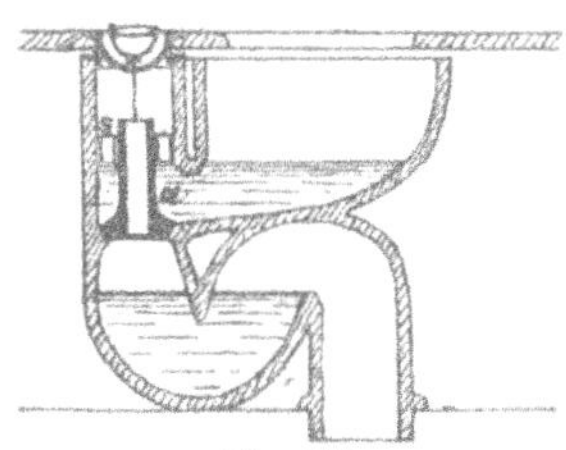

Fig. 263. Wasserklosett von Jenning. 1/20 d. nat. Gröfse.

In Fig. 264 ist eine andere Ausführungsart eines Jenning-Klosetts zur Anschauung gebracht. Bei demselben ist nur das Becken aus Porzellan, der übrige Teil aber aus Gufseisen hergestellt. Der

Überlauf wird durch einen seitlich angesetzten Kanal gebildet, während der Schwimmer ganz in Wegfall gekommen ist. Der Zufluſs des Wassers erfolgt mit Hilfe eines Gäbertschen Selbstschluſsventils (siehe Fig. 275), und die Bewegung des letzteren vom Gestänge des Abschluſsventils aus. Das Ventil hat die Eigenschaft, daſs es beim Niederdrücken nur wenig spült, hierauf aber wieder abschlieſst. Erst dann, wenn der Druck auf das Ventil vollständig aufgehört hat, und das Ventil auf dem Wege ist, sich zu schlieſsen, beginnt die Wasserzuführung durch dasselbe. Da dann das Abfluſsventil wieder geschlossen ist, so sammelt sich das einflieſsende

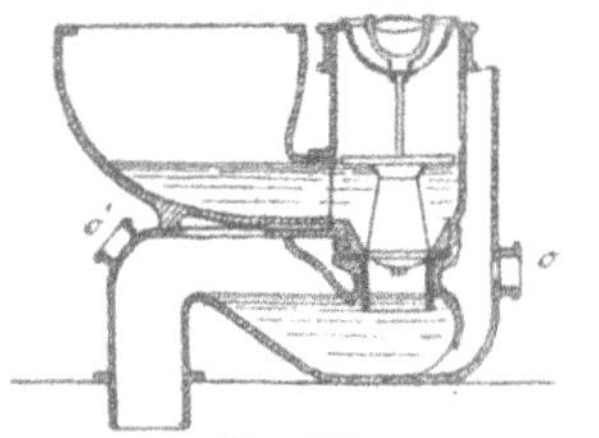

Fig. 264.
Jenningklosett von Gäbert.
$^1/_{20}$ d. nat. Gröſse.

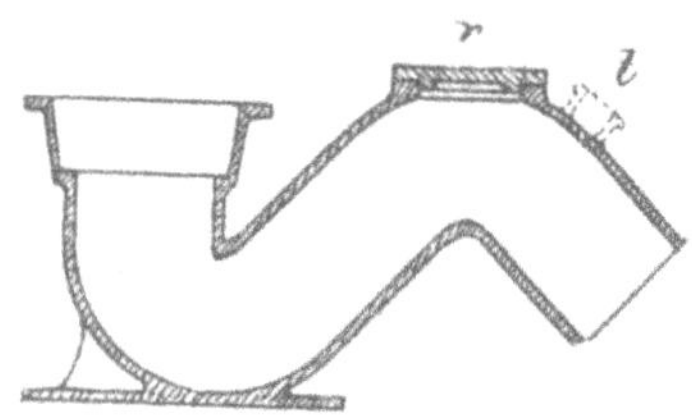

Fig. 265.
Guſseiserner Wasserverschluſs für Klosetts.
$^1/_{10}$ d. nat. Gröſse.

Wasser im Becken. Die Öffnungen *o* und *o'* sind Reinigungsöffnungen und werden durch Stöpsel verschlossen. Die Öffnung 0 kann jedoch auch zur Lüftung des Wasserverschlusses dienen, um etwaige Druckschwankungen der Luft in demselben auszugleichen. Es schlieſst sich dann an die Öffnung *o'* eine mindestens 25 mm weite Luftrohrleitung an.

Die Jenningklosetts besitzen die Unannehmlichkeit, daſs durch das Einfallen der Exkremente in das Wasser ein unangenehmes Spritzen des letzteren verursacht wird, doch kann man dies dadurch abmindern, daſs man vor dem Gebrauche ein Blatt Papier auf das Wasser legt.

Die Wasserklosetts mit hydraulischem Verschlusse setzen sich für die meisten Ausführungen aus 2 Hauptteilen zusammen: aus dem Klosettbecken, dessen verschiedenartige Formen bereits angeführt worden sind, und aus einem *s* förmig gebogenen Rohrstücke, welches den Wasserverschluſs bildet. Die Fig. 265 zeigt die übliche Form eines Wassersyphons aus Guſseisen. Das Guſsstück besitzt einen Fuſs, um direkt auf den Fuſsboden gesetzt zu werden, ferner eine Reinigungsöffnung *r*, und falls das Klosett gelüftet werden soll, einen Lüftungsstutzen *l*. Der abgehende

Rohrschenkel kann auch statt schräg, vertikal abwärts gerichtet sein. Klosettbecken und Syphon werden jedoch auch in einem Stücke, und zwar aus Porzellan hergestellt, wie dies in einigen Beispielen später gezeigt werden soll. Diese Formstücke sind schwieriger herzustellen und infolgedessen ziemlich teuer.

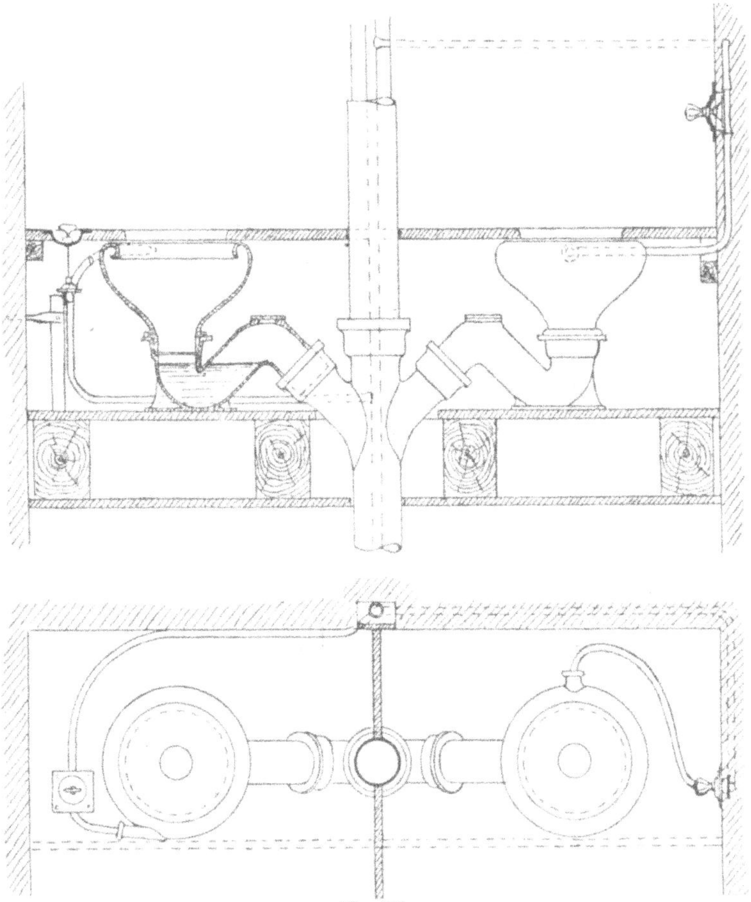

Fig. 266.
Klosettanlage mit Niederschraubhähnen. $^1/_{20}$ d. nat. Gröſse.

Die Abortanlage ist durch die Anwendung eines Wassersyphons auf eine sehr einfache Form zurückgeführt worden, sie enthält keinerlei Bewegungsmechanismen oder sonstige Einrichtungen, welche einer öfteren Reparatur unterworfen sind. Es ist daher zur Vervollständigung der Einrichtung nur noch für eine möglichst zweckmäſsige Spülung des Aborts Sorge zu tragen.

Die einfachste und in vielen Fällen auch die zweckmäfsigste Einrichtung besteht in der Anwendung eines Niederschraubhahnes, welcher von der den Abort benutzenden Person geöffnet und nach vollendeter Spülung wieder geschlossen wird. In Fig. 266 sind zwei Ausführungsarten zur Darstellung gebracht worden und zwar befindet sich auf der linken Seite der Figur das Niederschraubventil unter dem Sitzbrette und wird mittels einer Schlüsselstange mit Griff geöffnet, während auf der rechten Seite das Ventil über dem Sitze seitlich an der Wand befestigt ist. Das Wasser wirkt in der linksseitigen Anlage als Rundspülung, in der rechtsseitigen als Centralspülung.

Die Anwendung von Niederschraubventilen bietet die grofse Annehmlichkeit, dafs die Klosettspülung unmittelbar an die Druckwasserleitung angeschlossen werden kann, sie stellt aber an die den Abort benutzende Person erhöhte Anforderungen, indem sie verlangt, dafs der Betreffende nicht allein den Hahn öffnet, sondern auch nach Verlauf einer gewissen Zeit wieder schliefst. Die Person hat daher zwei Verrichtungen in der Form des Öffnens und Schliefsens eines Hahnes vorzunehmen und es ist für deren Ausführung Erfordernis, dafs die den Abort benutzenden Personen einesteils mit der Einrichtung desselben bekannt und von der Notwendigkeit der Ausführung beider Handgriffe überzeugt sind. Andernfalls liegt die Gefahr sehr nahe, dafs entweder die Spülung ganz unterbleibt, wodurch Verstopfungen hervorgerufen werden können, oder dafs der Hahn nicht oder nur zum Teil geschlossen wird, was zu grofsen Wasserverlusten führen kann. Kann man sich aber auf eine gewisse Intelligenz der den Abort Benutzenden verlassen, so ist die vorgeschriebene Einrichtung nicht allein die billigste in der Anlage, sondern auch die Reparaturen am wenigsten ausgesetzte.

Um eine sicher eintretende Spülung nach jeder Benutzung des Aborts zu erreichen, sind die Konstrukteure bemüht gewesen, die hierfür erforderlichen Handgriffe möglichst zu vereinfachen resp. Einrichtungen zu treffen, um diesen Zweck auch ohne bewufstes Zuthun der betreffenden Person zu erreichen. Die von dem Abortbesucher erwartete Thätigkeit beschränkt sich dann entweder nur auf einen Handgriff: auf das Drücken auf einen Knopf, das Ziehen an einer Schnur oder Kette, wobei mit dem Loslassen des Angriffspunktes auch die Thätigkeit des Apparates beendigt ist, oder auf eine kurze Handthätigkeit, welche einen Apparat in Thätigkeit setzt, wobei die Dauer der letzteren aber von dem den Abort Benutzenden unabhängig ist, oder es wird von der betreffenden Person überhaupt keine Thätigkeit verlangt, sondern die Spülung durch eine andere, mit der Benutzung des Abortes in unmittelbarem Zusammenhange stehenden Verrichtung veranlafst (Öffnen der Abortthür, Niedersetzen auf den Abortsitz).

Um das sichere Schliefsen des spülenden Ventils ohne besonderes Zuthun des den Abort Benutzenden zu erreichen, wendet man Hähne an, welche sich nach dem Aufhören der auf Öffnen wirkenden Kraft von selbst schliefsen. Die Hähne, welche für diesen speziellen Zweck konstruiert sind, führen den Namen Klosetthähne, doch finden auch Selbstschlufshähne der verschiedensten

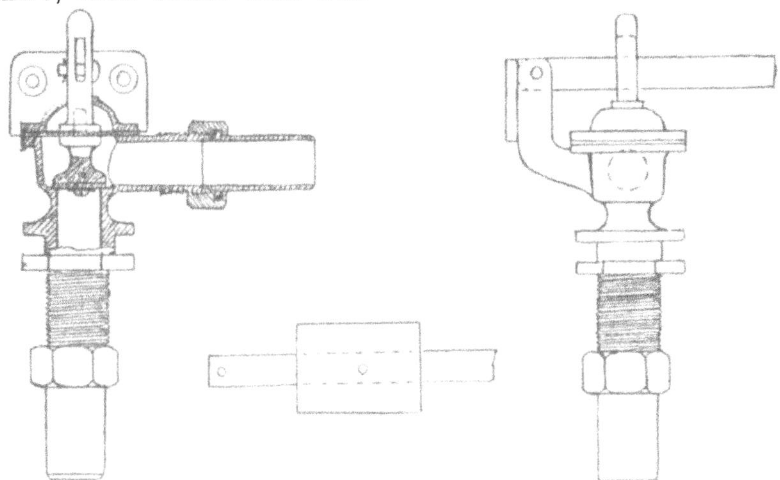

Fig. 267.
Klosetthahn. $^1/_3$ d. nat. Gröfse

Konstruktion hierfür Anwendung. Die letzteren können seitlich an der Wand angebracht werden und an Stelle des Niederschraubhahnes in Fig. 266 treten, so dafs nach Aufhören des Druckes etc. auf den Handgriff des Ventils der Schlufs desselben selbstthätig erfolgt. Die bereits früher angeführten Klosetteinrichtungen Fig. 261, 263 und 264 besitzen Klosetthähne, welche nach Aufhören einer Zug- oder Druckwirkung sich von selbst schliefsen.

Die einfachste Form eines Klosetthahnes veranschaulicht die Fig. 267. Die Spindel eines durch Membrane abgedichteten Ventils wird durch ein an einem einarmigen Hebel wirkendes Gewicht belastet und dadurch das Ventil auf seinen Sitz niedergedrückt. Durch Anheben des Belastungshebels wird das Ventil geöffnet. Auch der in Fig. 145 dargestellte Schwimmkugelhahn kann als Klosetthahn

Verwendung finden, wenn man die Zuleitung an den vertikalen Rohrstutzen anschliefst, so dafs das Druckwasser unter das Ventil tritt. Der Klosetthahn Fig. 267 besitzt die Einrichtung, in eine horizontale Wandung eingeschraubt zu werden, doch kann an Stelle derselben auch eine einfache Verschraubung oder ein Lötzapfen treten, und die Befestigung seitlich mittels Schrauben erfolgen.

Diese einfachen Klosetthähne der vorstehenden Konstruktion werden sich sofort schliefsen, wenn das Belastungsgewicht durch das Loslassen des Bewegungsmechanismus zur Wirkung kommt, wobei der Abschlufs ziemlich schnell erfolgen und dadurch zu Stöfsen in der Zuleitung Veranlassung geben kann.

Es ist daher für alle Klosetteinrichtungen mit Klosetthähnen und Selbstschlufsventilen die Einschaltung eines Dienstreservoirs erforderlich, welches dazu bestimmt ist, einesteils den Druck der Leitung zu vermindern, anderenteils aber die durch die Ventile verursachten Stöfse von der Hauptleitung abzuhalten. Wenn es auch Einrichtungen und Hähne gibt, welche in neuem Zustande stofsfrei wirken, so ist doch nach einer andauernden Benutzung derselben nicht ausgeschlossen, dafs sich dieser Zustand ändert, was in diesem Falle um so eher geschieht, als die Benutzung durch Unerfahrene nicht verhindert werden kann, und eine öfter wiederkehrende Kontrolle der Apparate zumeist unterlassen wird. Es besteht daher in einer Anzahl von Städten das Verbot, Klosetteinrichtungen mit Klosettventilen an eine Druckleitung der öffentlichen Wasserversorgung direkt anzuschliefsen.

Um die Stofswirkung der einfachen Klosetthähne zu verhindern, hat man den Hebel derselben mit einer Vorrichtung in Verbindung gebracht, welche nur ein langsames Schliefsen gestattet. Hierher gehören die Wasser-, Öl- und Glycerinpumpen, bei denen ein langsamer Niedergang des Hebels dadurch erreicht wird, dafs die beim Anheben des Ventils in einen Raum eingesaugten Flüssigkeiten beim Loslassen des Ventilhebels durch eine kleine Öffnung zurücktreten müssen.

In ähnlicher Weise wirken die kleinen Luftpumpen oder Luftpuffer, deren Anordnung aus der Fig. 268 zu entnehmen ist. An der Hebelstange des Klosettventils hängt mittels Gestänge ein Kolben, welcher sich in einem cylindrischen Gefäfse bewegt. Beim Anheben des Klosettventils wird der Kolben ebenfalls gehoben und saugt durch einen kleinen Hahn Luft in den Raum unter dem Kolben ein. Wird der Handgriff der Zugstange losgelassen, so mufs die Luft unter dem Kolben erst wieder verdrängt werden, so dafs der Schlufs dementsprechend langsam geschieht. Die Luftpumpe macht sich beim Anheben als Hindernis geltend und erschwert dasselbe in einem gewissen Grade, auch mufs dafür gesorgt werden, dafs dem Kolben von Zeit zu Zeit etwas Öl zugeführt wird, damit der Kolben dauernd abdichtet.

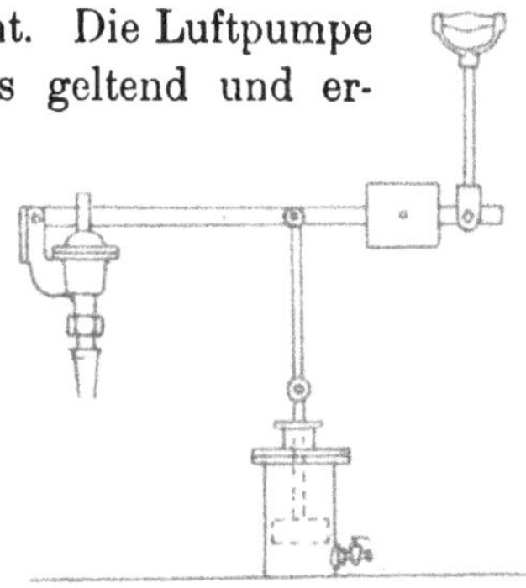

Fig. 268.
Klosettventil mit Luftpumpe.
$^1/_{10}$ d. nat. Gröfse.

Die Fig. 269 zeigt das Klosettventil von Biega. Der wesentliche Teil desselben besteht in einem Glockenkolben, dessen Inneres mit Sitzflächen für den Abschlufs versehen ist. Überdies ist noch eine zweite Abschlufsvorrichtung dadurch vorhanden, dafs sich der Kolben über einen schräg abgeglichenen Ring am Grunde des Ventils aufschiebt. Der Boden des Glockenkolbens ist mit einer feinen Öffnung durchbohrt, wodurch ein Teil des Wassers in den Raum über dem Kolben treten kann. Wird der Ventilhebel gehoben, so wird das Wasser aus dem Raume über dem Kolben herausgedrückt; wird später der Hebel losgelassen, so findet ein Ansaugen von Wasser statt, und es sinkt der Hebel in derselben langsamen Weise, wie das Ansaugen des Wassers vor sich geht.

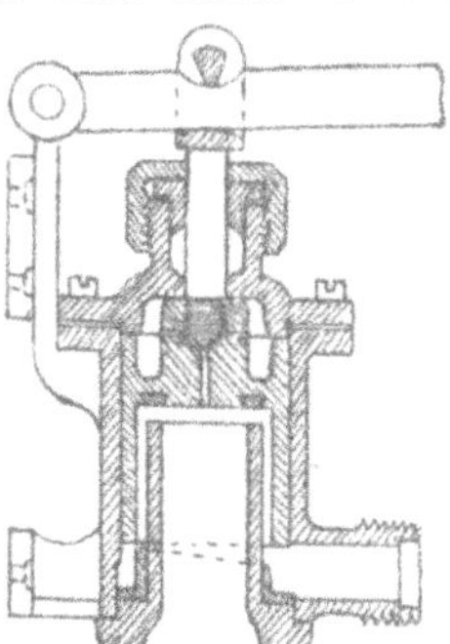

Fig. 269.
Klosettventil von Biega.
$^1/_3$ d. nat. Gröfse.

Bei den Klosetteinrichtungen mit Klappe ist dieses langsame Schliefsen des Ventils von um so gröfserer Bedeutung, als durch das Loslassen des Griffes die Klappe geschlossen wird, während das Ventil noch eine Zeit lang bis zum selbstthätigen Schlusse weiterspült. Es wird hierdurch eine Nachspülung und eine Ansammlung von reinem Wasser in der schalenförmigen Klappe erreicht.

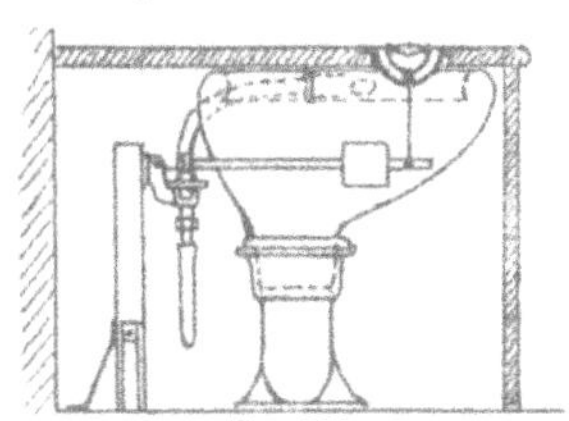

Fig. 270.
Klosettanlage mit Spülhahn und Syphonwasserverschlufs.
$^1/_{30}$ d. nat. Gröfse.

Die Fig. 270 zeigt die Anordnung einer Klosettanlage mit Spülhahn und Syphonwasserverschlufs. Je nach Belieben kann auch ein anders geformtes Becken, als das dargestellte zur Anwendung kommen, die Wasserspülung eine Rundspülung oder eine centrale Spülung sein.

Als Variante dieser Art der Wasseraborte ist in Fig. 271 eine Anlage zur Darstellung gebracht worden, welche dazu bestimmt ist, in Parterreräumen, welche dem Einflusse der Kälte nicht entzogen werden können, aufgestellt zu werden. Die Anlage führt daher den Namen Hofklosett und besteht das Wesentliche derselben darin, daſs der Wassersyphon und das Klosettventil in eine Tiefe unter dem Fuſsboden gelegt sind, wo ein Einfrieren derselben nicht zu befürchten steht. Das Steigerohr der Klosettspülung steht mit dem Klosettrohre durch ein kleines Röhrchen in Verbindung, durch welches das nach der Spülung im Rohre verbleibende Wasser entfernt, und die Rohrleitung dadurch nach jedem Gebrauche selbstthätig entleert wird. Allerdings entweicht ein kleiner Teil des Wassers auch während der Spülung durch diese Ausfluſsöffnung, doch fällt dies in Hinblick auf den erreichten Vorteil nicht ins Gewicht.

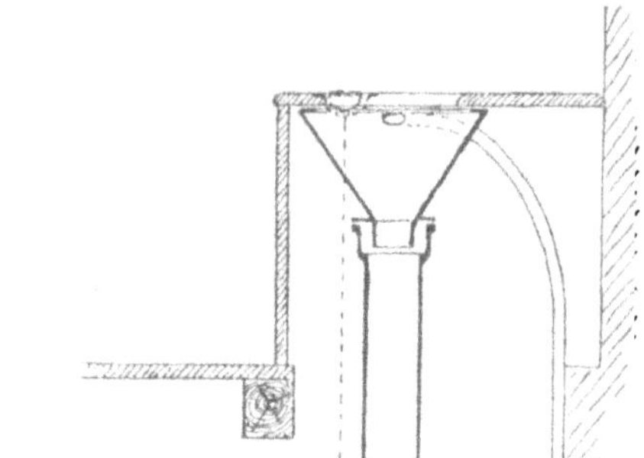

Fig. 271.
Hofklosett. 1/20 d. nat. Gröſse.

Das Dienstreservoir liefert entweder nur das Wasser für die Abortanlage eines Stockwerks, so daſs bei mehrstöckigen Gebäuden die Anzahl der Reservoire und Stockwerke gleich groſs ist, oder man vereinfacht bei mehrstöckigen Gebäuden die Anlage dadurch, daſs man ein gemeinschaftliches Reservoir im Bodenraum aufstellt und die Klosetts von einem gemeinsamen Fallstrange aus speist. Die Fig. 272 veranschaulicht diese Einrichtung. Der Endstrang *a*, einer anderen Versorgungszwecken dienenden Rohrleitung mündet im Bodenraume mit einem Schwimmkugelhahne in ein Reservoir *R* ein. Der vom Boden des Reservoirs wegführende Fallrohrstrang *b* versorgt die Klosetts der einzelnen Stockwerke mit Wasser und mündet an seinem unteren Ende in das Fallrohr für die Klosettwässer ein. In dieser Leitung, deren oberes Ende umgebogen und dem Luftzutritte offen ist, sind zwei Durchgangsventile v' und v'' eingeschaltet, von denen v' zur Absperrung des Wassers, und v'' zur Entleerung der Leitung nach dem Klosettfallrohre dient. Die Entleerung und der Überlauf des Reservoirs, welche ebenfalls in den Klosettfallstrang einmünden, sind aus Rücksichten der Deutlichkeit in die Figur nicht eingezeichnet worden. Das Klosettfallrohr ist als Dunstrohr über die Dachfläche geführt und nimmt über der höchsten Einlaufstelle für Abwässer das Lüftungsrohr l der Klosetts auf.

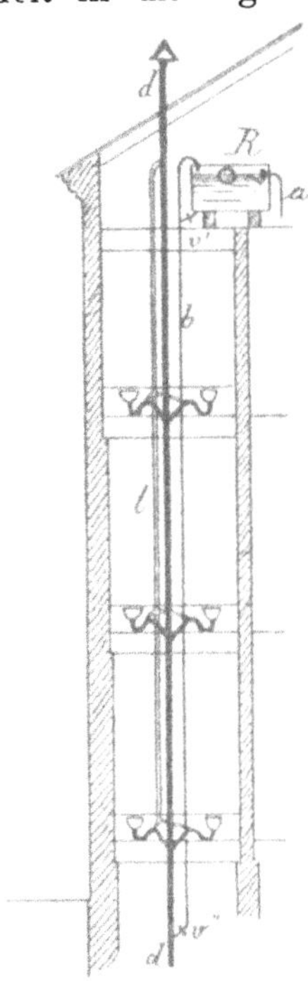

Fig. 272. Klosettanlage mit gemeinsamen Reservoirs.

Die Einschaltung eines Dienstreservoirs in der vorbeschriebenen Weise gestattet auch, dem Spül-

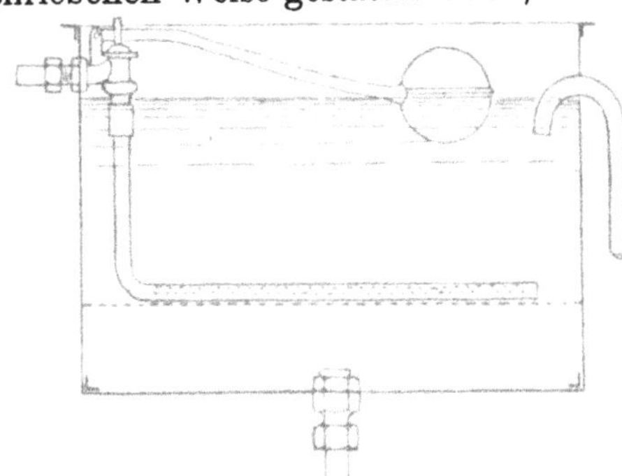

Fig. 273. Reservoir mit Desinfektionseinrichtung. 1/15 d. nat. Gröfse.

wasser Stoffe beizufügen, welche auf eine Desinfektion der Klosettabgänge hinwirken. Das Reservoir erhält dann die in Fig. 273 dargestellte Einrichtung, welche im wesentlichen darin besteht, dafs das mittels des Schwimmkugelhahnes zugeführte Wasser durch ein gelochtes Rohr austritt, welches auf einem siebartigen Zwischenboden liegt. Die Desinfektionsmasse wird in das Reservoir eingeschüttet, bleibt auf dem gelochten Boden liegen und wird durch das aus dem Siebrohre tretende Wasser aufgerührt. Das Wasser mufs schliefslich das Sieb passieren, um nach dem Ablauf zu gelangen. Kompliziertere Desinfektionseinrichtungen sind nicht zu empfehlen, da dieselben zufolge der Einwirkung der angewandten Desinfektionsmittel nach verhältnismäfsig kurzer Betriebsdauer schadhaft werden und den Dienst versagen.

Die vorstehend beschriebenen Klosetteinrichtungen erfordern zur Ausführung der Spülung noch eine bestimmte Thätigkeit, welche von dem Willen des den Abort Besuchenden abhängig ist. Bei Abortanlagen, welche einem gröfseren und wechselnden Publikum dienen, z. B. auf Bahnhöfen, in Krankenhäusern und Versorgungsanstalten, grofsen Restaurants und Hotels, kann man aber nicht darauf rechnen, dafs dieser nothwendige Handgriff von jedem ausgeführt wird, und empfiehlt es sich, für dieselben eine Spülung einzurichten, welche ohne bewufstes Zuthun der Person in Thätigkeit tritt. Die Spülung kann dann veranlafst werden:

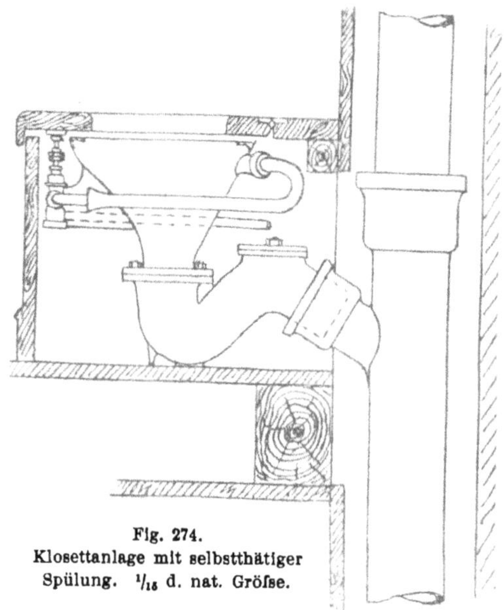

Fig. 274.
Klosettanlage mit selbstthätiger Spülung. $^1/_{15}$ d. nat. Gröfse.

1. durch das Öffnen der Abortthür beim Eintreten und Verlassen des Abortes, so dafs ein Vorspülen und Nachspülen stattfindet, oder
2. durch das Niederdrücken des Abortsitzes beim Niedersetzen, oder
3. durch selbstthätige Spülapparate, welche dem Aborte in bemessenen Zwischenräumen bestimmte Wassermengen zuführen.

Soll die Spülung durch das Öffnen der Abortthür herbeigeführt werden, so steht ein Auslafsventil im Dienstreservoire mit der Thür durch eine über Rollen geführte Zugschnur in Verbindung. Durch das Öffnen der Thür wird das Ventil gehoben und läfst Wasser nach dem Abortbecken abfliefsen.

Die Fig. 274 zeigt eine Aborteinrichtung mit selbstthätiger Spülung durch Niederdrücken des Abortsitzes. Der letztere, welcher unbelastet durch eine Feder hochgehalten wird, drückt bei eintretender Belastung auf den Spindelknopf eines Klosettventils, wodurch dasselbe in folgende Thätigkeit tritt. Im Augenblicke des Niederdrückens öffnet sich das Ventil auf kurze Zeit und läfst eine geringe Wassermenge hindurchströmen, welche aber genügt, die Beckenwandungen anzufeuchten. Hierauf schliefst sich jedoch das

Ventil wieder und bleibt auch geschlossen, bis die Person den Abortsitz verläſst, und die Federn den letzteren wieder hoch heben. Erst dann beginnt die Spülthätigkeit des Ventils und dauert so lange fort, bis der Abschluſs selbstthätig erfolgt.

Die Einrichtung dieses von Gaebert in Berlin konstruierten Klosettventils ist aus Fig. 275 zu ersehen. Die durch eine Spiralfeder hoch gehaltene Spindel *s* besitzt am unteren Ende einen Knopf, welcher beim Niederdrücken auf den Stift eines frei beweglichen Kolbens *k* trifft. Dieser Kolben schlieſst die Durchgangsöffnung des Ventils. Im ersten Stadium des Niederdrückens wird Wasser durch das geöffnete Ventil treten können und dient dasselbe zur Vorspülung; nach völligem Niederdrücken schlieſst aber der Spindelknopf die Durchfluſsöffnung wieder ab, und zwar so lange, bis der äuſsere Druck auf die Spindel aufhört, die letztere sich durch die Kraft der Spiralfeder hebt und dadurch dem Wasser freien Durchfluſs schafft. Der lose Kolben im unteren Teile des Ventils ist hohl und durch eine kleine Öffnung mit dem Zufluſskanal in Verbindung. Die Druckdifferenz vor und hinter dem Kolben hebt den letzteren langsam, bis schlieſslich selbstthätig der Abschluſs erfolgt. Während der Dauer des Aufsteigens des Kolbens spült das Ventil, und zwar als Nachspülung.

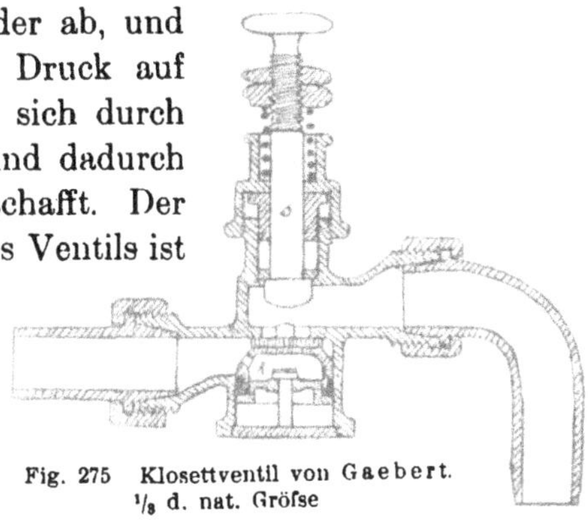

Fig. 275 Klosettventil von Gaebert. $^1/_8$ d. nat. Gröſse

Dieses Ventil findet auch bei dem Jenning-Klosett, Fig. 264, Anwendung, wobei dasselbe in Thätigkeit tritt, wenn das Beckenablaſsventil geschlossen worden ist, und hierdurch der Druck auf den Spindelknopf des Klosettventils aufhört. Die Dauer der Wasserzuströmung muſs so lang bemessen sein, daſs das Klosettbecken beim Ventilschluſs bis zu einer bestimmten Höhe mit Wasser gefüllt ist. Auch für selbstthätige Pissoirspülungen findet dieses Ventil Anwendung.

Eine andere Vorrichtung für unfreiwillige Spülung, welche ebenfalls von Gaebert in Berlin herrührt, ist aus Fig. 276 ersichtlich. Dieselbe besteht aus einem sogenannten Spülkasten (kleines Dienstreservoir), in welchen die Ableitung als Heberohr einmündet. Ein Körper *K* steht durch eine über eine Rolle geführte Schnur mit dem beweglichen Sitzbrett in Verbindung und ist im Ruhezustande in das Wasser eingetaucht. Wird das Sitzbrett niedergedrückt, so hebt sich hierdurch der Taucherkörper aus dem Wasser, infolge dessen sinkt aber der Wasserspiegel, und der Schwimmkugelhahn, welcher bis dahin geschlossen war, wird sich öffnen und so lange Wasser einlassen, bis der frühere Wasserstand wieder hergestellt ist. Hört das Belasten des Sitzbrettes auf, so taucht der Körper wieder tiefer in das Wasser ein, der Wasserspiegel steigt auf, bringt den Heber zum Überfließen und dadurch so lange zur Wirkung, bis der Spülkasten entleert ist.

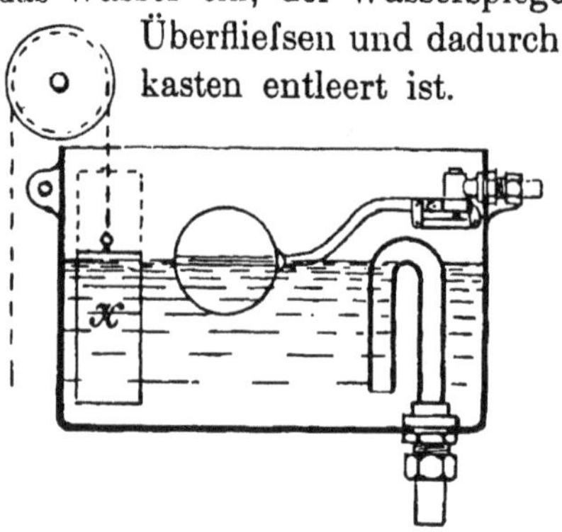

Fig. 276. Spülkasten von Gaebert. 1/10 d nat. Gröſse

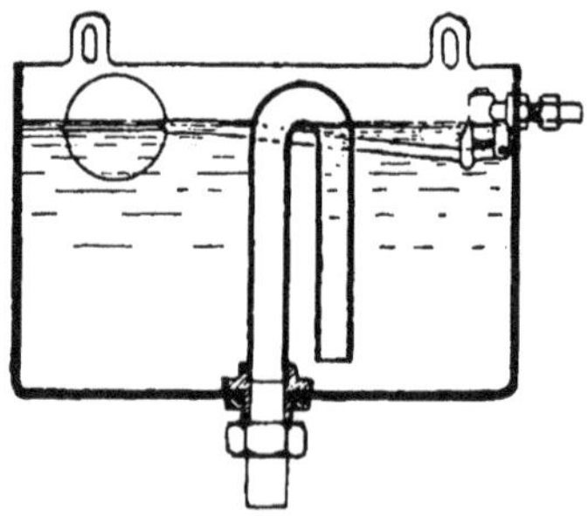

Fig. 277. Selbstthätiger Spülapparat. 1/10 d nat. Gröſse

Die unfreiwillige Spülung eines Abortes kann schlieſslich noch dadurch erfolgen, daſs in bemessenen Zwischenräumen Spülwassermengen selbstthätig zuflieſsen. Diese Art der Wasserspülung wird nur dort am Platze sein, wo die Frequenz der Aborte stets oder zu bestimmten Zeiten eine sehr starke ist. Im letzteren Falle wird man in Hinsicht auf den Wasserverbrauch die Anlage nur so lange in vollem Betriebe lassen, als der starke Verkehr dauert, während der übrigen Zeit aber die nicht benutzten Aborte verschlieſsen und deren Wasserzufluſs abstellen.

Diese selbstthätigen Spülapparate beruhen auf dem Prinzip, daſs eine gleichmäſsig zuflieſsende kleinere Wassermenge in einem Behälter aufgespeichert und die angesammelte Wassermenge nach einer bestimmten Zeitdauer durch das Inkrafttreten eines Hebers in kurzer Zeit nach dem Spülorte entleert wird.

Die Fig, 277 zeigt einen Spülkasten für selbstthätige Spülung. Der Wasserzufluſs erfolgt durch einen Schwimmkugelhahn, welcher sich, entgegengesetzt den sonstigen Einrichtungen, beim Niedersinken des Schwimmers schlieſst. Der Schwimmerhebel wird jedoch am Niedersinken und völligen Abschlieſsen des Ventils durch einen Steg gehindert, auf welchem er sich bei niederem Wasserstande auflegt.

Das Wasser fliefst so lange gleichmäfsig durch den Schwimmkugelhahn zu, als der Schwimmer auf dem Stege ruht; steigt jedoch das Wasser höher, so hebt sicht der Schwimmer und öffnet das Ventil, der Wasserzuflufs verstärkt sich und bringt durch Überfliefsen von Wasser in die Ableitung den Heber in Thätigkeit. Das Gefäfs wird dann innerhalb eines kurzen Zeitraumes bis zur Höhe der Unterkante des Heberrohres entleert, und dadurch dem Aborte je nach der Gröfse des Spülkastens eine Wassermenge von 6—10 l zugeführt.

Die Fig. 278 stellt den Selbstspüler von Cuntz dar. Derselbe besteht aus zwei übereinander angeordneten Gefäfsen A und B, beide mit einem Heberrohre versehen, und zwar in der Weise, dafs das engere Heberrohr des Gefäfses A in das Gefäfs B entleert, während das weitere Heberrohr des Gefäfses B das Wasser nach dem Spülorte führt. Der Wasserzuflufs erfolgt als ununterbrochener Strahl und ist mittels eines Ventils stellbar. Ist das obere Gefäfs A durch den Zulauf gefüllt, so wird das Wasser im Heberrohre überfliefsen und, da das Heberrohr nur von geringem Durchmesser ist, das Zuflufsquantum genügen, den Heber in Thätigkeit zu setzen. Derselbe entleert das Wasser nach dem Gefäfs B. Hierauf beginnt dasselbe Spiel von neuem, nur dafs bei der zweiten Entleerung des Gefäfses A das Heberrohr des Gefäfses B zum Überlaufen und durch den starken Zuflufs von A aus zur Thätigkeit kommt, wodurch sich beide Gefäfse in kurzer Zeit entleeren. Beide Gefäfse haben zusammen 12 l Inhalt, so dafs durch einen Spülkasten zwei Aborte gespült werden können. Der Apparat besitzt den Vorteil, dafs ihm bewegliche Teile vollständig mangeln.

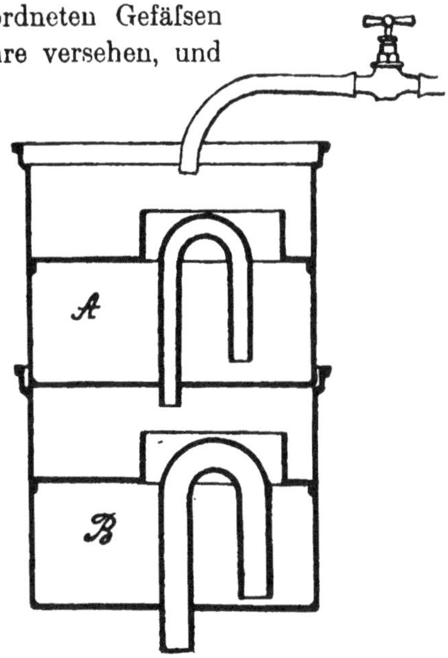

Fig 278.
Selbstthätiger Spülapparat von Cuntz.
$^1/_{10}$ d. nat. Gröfse.

Eine Spüleinrichtung, welche den früher beschriebenen mit Klosettventil gegenüber mancherlei Vorteile bietet, ist die **Klosettspülung mittels Spülkasten.** Es kommen bei derselben alle beweglichen Mechanismen etc. unterhalb des Sitzbrettes in Wegfall und sind dieselben in ein kastenförmiges Gefäfs (kleines Reservoir) verlegt, welches in einer Höhe von 2,0—2,5 m über dem Abortsitze an der Wand befestigt wird und daher jederzeit leicht zugänglich ist.

Die einfachste Anordnung eines Spülkastens zeigt die Fig. 279. Das gufseiserne Gefäfs mit einem nutzbaren Inhalte von 8—10 l erhält einen Schwimmkugelhahn für die Wasserzuführung und am Boden ein Auslafsventil, welches gleichzeitig als Überlauf konstruiert ist. Das Ventil wird mit Hilfe eines doppelarmigen, mit Zugschnur versehenen Hebels bewegt, dessen Hub durch einen mit Gummi armierten Aufschlag auf dem Gefäfsrande begrenzt wird. Um die Zugschnur je nach den örtlichen Verhältnissen auf die rechte oder linke Seite legen zu können, sind zwei Paare Lageröhre, symmetrisch zur Mittelachse angeordnet, vorhanden, von denen das eine Paar jedoch aufser Benutzung bleibt.

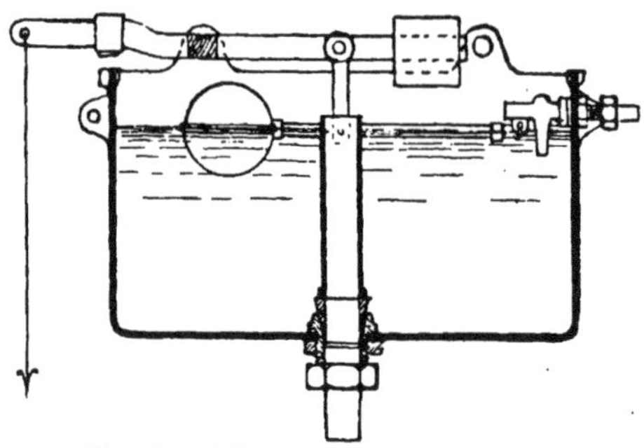

Fig. 279. Spülkasten. 1/10 d. nat. Gröfse.

Der den Abort Benutzende mufs zum Zwecke der Spülung die Zugschnur ergreifen und dieselbe so lange nach abwärts gezogen halten, bis er die Spülung als eine genügende erachtet. Es ist somit die Spülung direkt abhängig von dem persönlichen Dafürhalten des Einzelnen, sie kann daher entweder eine zu geringe und infolge dessen ungenügende, oder eine zu reichliche sein, wodurch eine Wasservergeudung eintritt. Zur Verhütung der letzteren hat man die Anordnung getroffen, dafs durch das Öffnen des Ventils nur eine bestimmte Wassermenge zum Abflufs gelangen kann. Diese Einrichtungen werden Spülkästen mit bemessener Spülwassermenge genannt. Man hat diesen Zweck durch Einsetzen einer Zwischenwand zu erreichen angestrebt, und zwar den Schwimmkugelhahn in den einen Teil und das Auslafsventil in den andern Teil des Spülkastens verlegt, beide Teile aber durch eine kleine, in der Scheidewand angebrachte Öffnung verbunden. Findet ein Wasserauslafs statt, so wird sich der Teil des Kastens mit dem Auslafsventil schnell entleeren, der weitere Zuflufs aber nur durch die kleine Öffnung der Zwischenwand erfolgen. Durch die verminderte Stärke der Wasserspülung ist ein Zeichen gegeben, dafs die Spülung beendigt ist.

Ein vollständiger Abschlufs der Verbindung zwischen den beiden

Räumen des Spülkastens wird durch die Anordnung Fig. 280 erreicht. Beide Räume sind durch einen Rohrkanal mit einander verbunden, dessen Mündung in den Abflufsraum mittels eines Kegelventils geschlossen werden kann. Auslafsventil und Verbindungsventil sind am Zughebel in der Weise befestigt, dafs das Verbindungsventil sich schliefst, wenn durch ein Niederziehen des Hebels das Auslafsventil geöffnet wird. Das Kegelventil mufs so schwer sein, dafs es dem Gegendrucke des Wassers vom Zuflufsraume widerstehen kann. Während der Spülung sind daher beide Räume getrennt, und es kann nur das im Auslafskasten befindliche Wasser abfliefsen, worauf die Spülung vollständig aufhört. Durch Loslassen der Zugschnur wird das Verbindungsventil wieder geöffnet, und der entleerte Raum wieder von neuem mit Wasser gefüllt. — Bei den vorstehend beschriebenen Einrichtungen von Spülkästen ist es erforderlich, dafs die die Spülung in Betrieb setzende Person so lange einen Zug an der Leine ausübt, als die unbegrenzte oder begrenzte Spülung dauert. Man hat auch diese Mühewaltung beseitigt und Spülapparate konstruiert, welche durch eine einfache kurze Zugbewegung in Thätigkeit gesetzt werden und hierauf die Spülung in rascher Weise mit bemessener Wassermenge ausführen. In Verbindung mit den besten Becken- und Wasserverschlufseinrichtungen werden diese Klosettanlagen zu den vollkommensten ihrer Art zu rechnen sein.

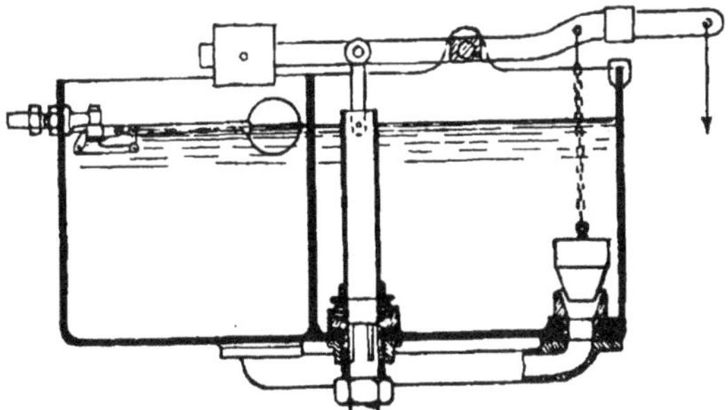

Fig. 280. Spülkasten. 1/10 d. nat. Gröfse.

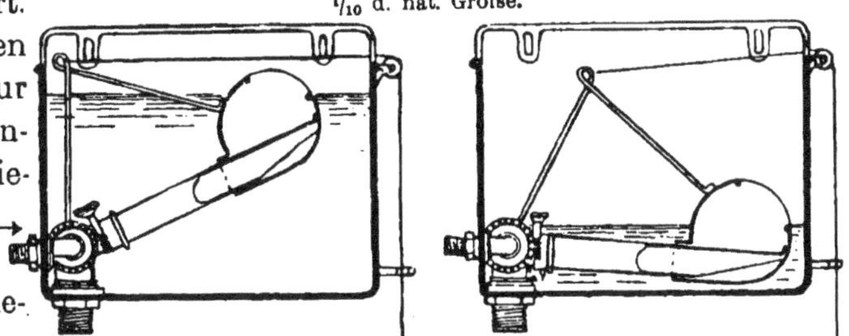

Fig 281. Spülkasten von Wachter & Morstadt in München. 1/10 d. nat. Gröfse.

Die Fig. 281 zeigt einen Spülapparat von Wachter & Morstadt in München [1]). Derselbe besteht aus einem, um eine Achse

[1]) D. R. P. 55143.

drehbaren, hohlen Schwimmergefäfs und dem durch diese Drehbewegung sich mittels Gewinde öffnenden und schliefsenden Einlafsventile. Durch einen leichten kurzen Zug am Handgriff der Zugleine wird der Schwimmer untergetaucht, das Wasser des Spülkastens strömt über den Rand in denselben ein und bringt ihn zum völligen Niedersinken. Durch das Niedersinken des Schwimmers wird aber gleichzeitig das Zuflufsventil geöffnet, das zuströmende Wasser hebt den, bis auf einen geringen, als Nachspülung wirkenden Wasserrest entleerten Schwimmer so lange, bis in einer gewissen Höhenlage, welche durch eine Schraube nach Belieben stellbar ist, das Einlafsventil sich schliefst, und somit der Anfangszustand wieder hergestellt ist. Durch Drehung der Stellschraube ist die Möglichkeit gegeben, die Spülwassermenge nach Wunsch und Erfordernifs in den Grenzen zwischen 2 und 8 l einstellen zu können. Die höchste Stellung des Schwimmers ist durch Anschlagen des Zughebels begrenzt, so dafs für den Fall, dafs das Einlafsventil nicht vollständig schliefsen sollte, der Überlauf des Wassers durch den Schwimmer nach dem Klosett erfolgt.

Eine andere, auf der Wirkung eines Hebers beruhende Einrichtung zeigt die Fig. 281 im Aufrifs und Grundrifs. Ein beweglicher Glockenheber besitzt an seinem Fufsende die Form eines Ventils. Beim Anheben desselben mittels des Zughebels saugt das in die Ableitung einströmende Wasser die Luft des Hebers ab und setzt denselben dadurch in Betrieb, worauf die Entleerung des Spülkastens rasch und die Spülung des Klosetts selbstthätig erfolgt. Es bedarf daher auch hier nur einer kurzen Zugwirkung, um den Apparat in Thätigkeit zu setzen. Die Abdichtung des Auslafsventils geschieht durch einen starken in eine Nut eingelegten Gummiring. Will man für eine Spülung nicht den ganzen Inhalt des Spülkastens benutzen, so kann man durch Einbohren einer Öffnung in die Glocke des Hebers die Spülwassermenge in beliebiger Weise beschränken. Der Heber wird dann sosofort seine Thätigkeit einstellen, sobald der sinkende Wasserspiegel diese Öffnung erreicht hat.

Eine verbesserte Einrichtung, den Heber in Thätigkeit zu setzen, zeigt der Spülkasten von Jänicke, Fig. 283[1]). Die Glocke des Hebers hängt am Zughebel und ist an ihrem unteren Ende durch einen ringförmigen Ventilkolben abgeschlossen. Die Öffnungen dieses Kolbens sind mit leicht beweglichen Gummiklappen bedeckt.

---

[1]) D R. Patent 66552.

Füllt sich der Spülkasten mit Wasser, so tritt das letztere durch die Klappenventile auch in die Glocke des Hebers. Wird dann die Glocke gehoben, so schliefsen sich die Klappen, das Wasser mufs daher mit dem Kolben hochsteigen und schliefslich in den Trichter des Abflufsrohres einströmen, wodurch der Heber in Thätigkeit tritt. Es genügt auch hier ein kurzer Zug am Hebel, um dies zu bewirken.

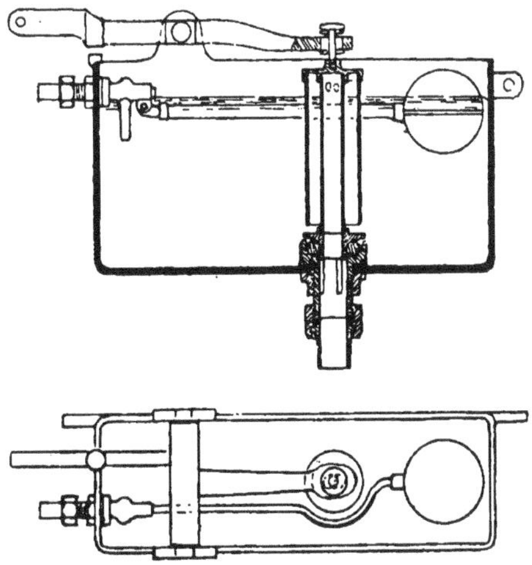

Fig. 282.
Spülkasten. $^1/_{10}$ d. nat. Gröfse.

Diese Einrichtung bietet gegenüber der vorausgehend angeführten den Vorteil, dafs das Auslafsventil, welches leicht undicht wird und dann Wasserverluste veranlassen kann, in Wegfall gekommen ist. Ferner ist es nicht möglich, durch ein Festhängen der Zugschnur ein fortgesetztes Durchlaufen von Wasser herbei zuführen. Ist der Kasten durch den Heber entleert worden, so kann derselbe nur dadurch wieder in Thätigkeit treten, dafs die Heberglocke niedergelassen und hierauf wieder gehoben wird. Die Grenzpunkte des Glockenhubes sind nach beiden Richtungen durch einen Anschlag des Zughebels bestimmt.

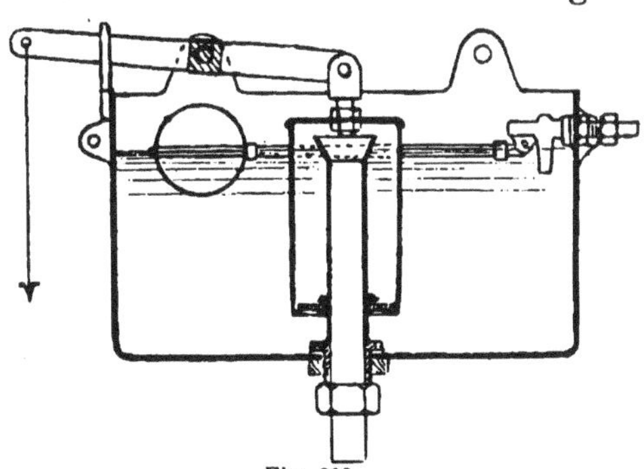

Fig. 283.
Spülkasten von Jaenicke. $^1/_{10}$ d. nat. Gröfse.

Auch das Prinzip des eintauchenden Körpers nach Fig. 276 läfst sich für diesen Zweck benutzen. Der an einem Zughebel hängende Körper, welcher im Ruhezustande nur wenig ins Wasser eintaucht, wird durch den Zug an der Schnur untergetaucht, wodurch der Heber zum Überfliefsen und zur Thätigkeit gelangt.

Dem Abschlufsrohre nach dem Klosett gibt man einen grofsen Durchmesser, und zwar einen solchen von 25—30 mm, damit das Wasser dem Klosett in sehr kurzer Zeit zufliefst, und die Spülung eine kräftige und wirksame ist.

Die vollständigen Closeteinrichtungen erhalten dann die durch die Figuren 284—287 veranschaulichten Formen, wobei Veränderungen durch die Wahl der einen oder andern Beckenform, durch Anwendung von Rundspülung etc. selbstverständlich nicht ausgeschlossen sind. Die Fig. 284 zeigt ein

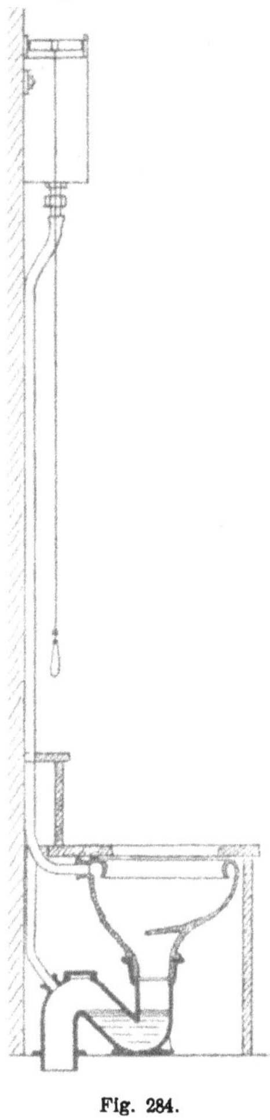

Fig. 284.
Zungenklosett mit Spülkasten.
1/20 d. nat. Gröfse.

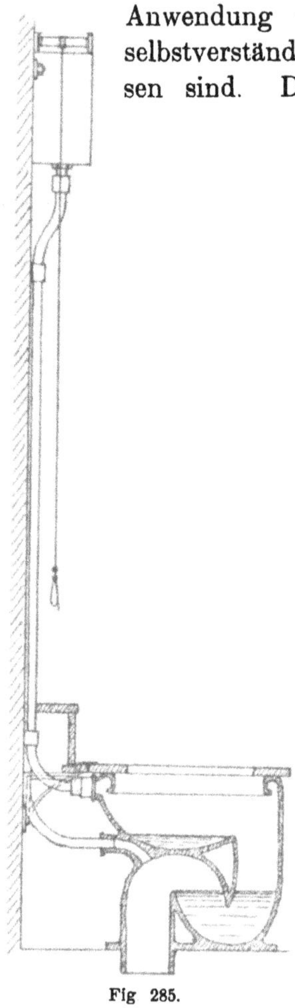

Fig 285.
Freistehende Klosettanlage.
1/20 d. nat. Gröfse.

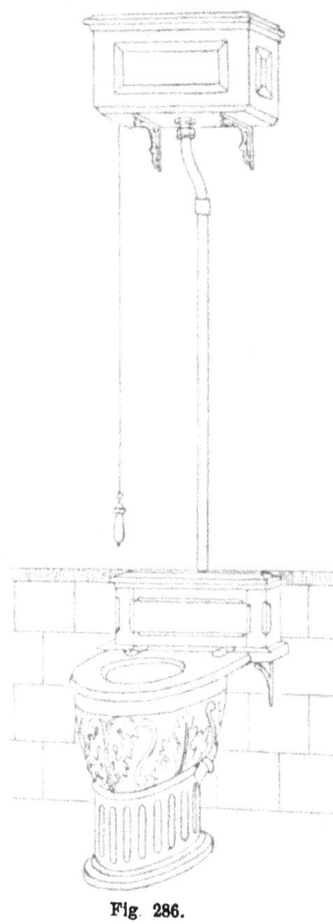

Fig. 286.
Freistehende Klosettanlage.

Zungenkloset mit Spülkasten und Lüftung des Wasserverschlusses und dürfte nach dem vorstehenden ohne weiteres verständlich sein.

In Fig. 285 ist eine Klosetteinrichtung dargestellt, bei welcher das Becken und der Wasserverschlufs in einem Stücke aus Steingut hergestellt sind. Die Aufsenseite dieser Klosettbecken ist oft verziert oder bemalt, so dafs dieselben vollkommen freistehend angeordnet werden können. Die Abortbrille ist an einem Wand-Konsole befestigt und kann hochgeklappt werden, während sie für gewöhnlich auf dem Rande des Beckens ruht. Die Abortanlage erscheint dann in einer Form, wie sie in Fig. 286 perspektivisch dargestellt ist. Der mit poliertem Holzgetäfel umkleidete Spülkasten, der polierte Sitz mit Rücklehne und der glasierte weifse oder gemusterte Untersatz geben auch dem Äufsern der Anlage eine gewisse Eleganz. Leider sind diese ungeteilten Untersätze von Porzellan oder Steingut ziemlich hoch im Preise, da ihre Herstellung mit technischen Schwierigkeiten verbunden ist. Man trennt daher mit Vorteil den Untersatz in das Becken und den Geruchverschlufs, führt beide in dem geeigneten Materiale aus und vereinigt sie dann zu einem Ganzen, wie dies in Fig. 287 geschehen ist. Um diese Verbindung zu verdecken, umgibt man den Untersatz mit einer Holz- oder Blechumkleidung, welche sich der Form des Untersatzes knapp anschliefst, so dafs die äufsere Erscheinung der Abortanlage im wesentlichen nicht von der in Fig. 286 dargestellten abweicht. Das Klosettbecken in Fig. 287 zeigt betreffs der Spülung gegenüber den früher dargestellten eine abweichende Form insofern, als das central zugeführte Wasser nicht nur am oberen Rande des Beckens, sondern auch mittels eines angeordneten Kanals durch Öffnungen in geringer Höhe über der Beckensohle ausströmt, die letztere mithin in kräftiger Weise spülend.

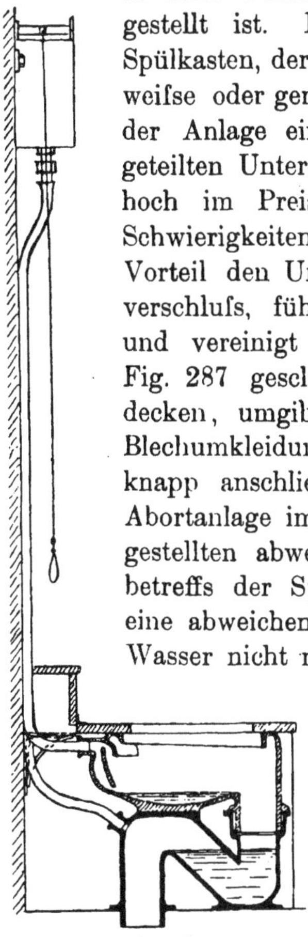

Fig. 287.
Klosettanlage mit Spülkasten.
$^1/_{30}$ d. nat. Gröfse.

Es ist schliefslich noch einer besondern Art der Aborte Erwähnung zu thun, welche durch den notwendigen Bedarf von Wasser für ihren Betrieb zu den Wasseraborten gehören, ihrer Form nach aber von den früher erwähnten abweichen. Es sind dies die Trogaborte, welche vielfach als Massenaborte in Fabriken, Krankenhäusern, Bahnhöfen etc. angewendet werden, d. h. bei Abortanlagen, bei denen es darauf ankommt, einerseits eine möglichste Einfachheit, anderseits aber auch Geruchlosigkeit der Anlage und gleichzeitig die Möglichkeit der Desinfektion der Abgänge zu erzielen.

Die Fig. 288 zeigt einen Trogabort im Längsschnitt und Querschnitt. Derselbe besteht aus einem trogartigen Blechgefäfs mit cylindrischem, nach der Seite der Entleerung zu geneigtem Boden, welches bis zu einer bestimmten Höhe mit Wasser gefüllt ist. Von den auf dem Troge angebrachten Abortsitzen aus fallen die Exkremente in das darunter befindliche Wasser. Um das Aufspritzen des letzteren zu verhindern, sind in der Mitte unter dem Sitze Porzellancylinder eingehängt, deren Oberkanten mit dem Wasserspiegel abschneiden. Soll die mit den Exkrementen gemischte Wassermenge dem Einblick entzogen werden, so bringt man unter dem Sitze ein Klosettbecken an, wie dies in zwei Aborten der Fig. 288 geschehen ist. Diese Becken können auch mit Wasserspülung eingerichtet werden, und zwar entweder mit selbstthätiger intermittierender Spülung oder mit einer Spülvorrichtung, welche durch das Öffnen und Schliefsen der Abortthür in Thätigkeit gesetzt wird. Das Gefäfs wird je nach Bedürfnis täglich einmal oder mehrere Male mittels eines gleichzeitig als Überlauf dienenden Auslafsventils entleert und durch einen Schwimmkugelhahn selbstthätig wieder gefüllt. Sollen die Abgänge desinfiziert werden, so setzt man während der Füllung des Troges die erforderliche Menge von Desinfektionsmasse zu.

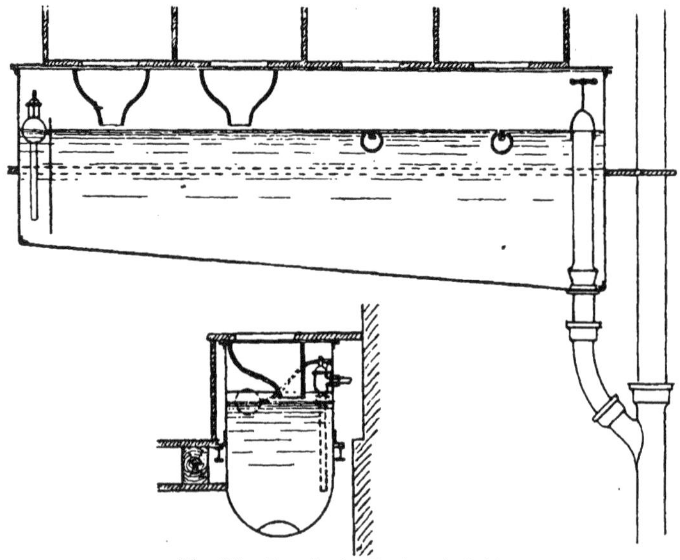

Fig. 288. Trogabort. 1/80 d. nat. Gröfse.

Beim **Betriebe** der Klosetts ist darauf zu achten, dafs dieselben nur diejenigen Stoffe aufnehmen, die hinein gehören, dafs hingegen alle Stoffe ferngehalten werden, welche eine Verstopfung des Klosetts herbeiführen können, z. B. Kehricht, Lumpen etc. Es ist ferner darauf zu achten, dafs alle Abschlufsventile dicht schliefsen, da andernfalls grofse Wasserverluste unausbleiblich sind. Eine öftere eingehende Untersuchung aller Teile ist daher im eigenen Interesse des Besitzers derartiger Anlagen dringend zu empfehlen und wird die oft störenden Unterbrechungen im Betriebe und die durch übermäfsigen Wasserverbraueh verursachten Geldverluste verhindern.

f) Die Pissoiranlagen mit Wasserspülung.

Die Wasserspülung hat bei den Pissoiranlagen die Aufgabe, die vom Urin berührten Wandungen wieder zu reinigen und hierdurch möglichst eine Geruchlosigkeit der Anlage herbeizuführen. Dieser Zweck wird am vollkommensten durch ein ununterbrochenes Berieseln dieser Wandungen erreicht, doch ist hierbei der Wasserverbrauch ein verhältnismäfsig hoher. Um diesem Umstande zu begegnen, hat man intermittierende Spülung eingerichtet und mit derselben ganz bedeutende Ersparnisse der ununterbrochenen Spülung gegenüber erzielt, ohne die Spülwirkung im wesentlichen zu beeinträchtigen. Schliefslich hat man auch Einrichtungen getroffen, durch welche die Pissoirspülung ohne Zuthun der betreffenden Person nur bei einer jedesmaligen Benutzung in Thätigkeit tritt, und zwar entweder durch das Betreten einer beweglichen Trittfläche im Fufsboden oder durch das Öffnen und Schliefsen der Pissoirthür.

Bezüglich der Form der Pissoire wird man Beckenpissoire und Rinnenpissoire zu unterscheiden haben, der Anzahl der Standorte nach Einzelpissoire und Massenpissoire Die Einzelpissoire können sowohl Becken- als auch Rinnenpissoire sein, die Massenpissoire aber aus einer Anzahl zweckmäfsig angeordneter Beckenpissoire oder einer ausgedehnten Rinnenanlage bestehen.

Bei der Anlage eines Pissoirs ist darauf Bedacht zu nehmen, dafs eine Reinigung aller Teile desselben, hauptsächlich des Bodens in der nächsten Umgebung des Pissoirs, leicht ausführbar ist, und keine Winkel und Schmutzecken vorhanden sind, in denen sich unbeachtet oder schwer zugänglich Rückstände etc. ansammeln können. Die bauliche Ausführung der Pissoiranlagen ist in der Hauptsache Aufgabe des Hochbauwesens, und können die demselben gestellten Aufgaben nur im allgemeinen und so weit hier Beachtung finden, als dieselben mit einer rationellen Spülung in Beziehung stehen.

Die Beckenpissoire bestehen aus einem Auffangbecken, dessen Wandungen vom Wasser berieselt werden. Die Becken werden aus emailliertem Gufseisen, Steingut und Porzellan hergestellt, doch sind die letzteren der leichten Reinhaltung und ihres Ansehens wegen den ersteren vorzuziehen.

Die Form der Becken ist eine sehr mannigfaltige, und schwanken die Maſse über Höhe und Breite sehr beträchtlich. Die Grundriſsform ist zumeist eine halbkreisförmige (Fig. 289), oft auch eine schnabelförmige (Fig. 290), und bietet die letztere Form den Vorteil, daſs sie geeigneter ist, abtropfenden Urin aufzufangen. Die Becken

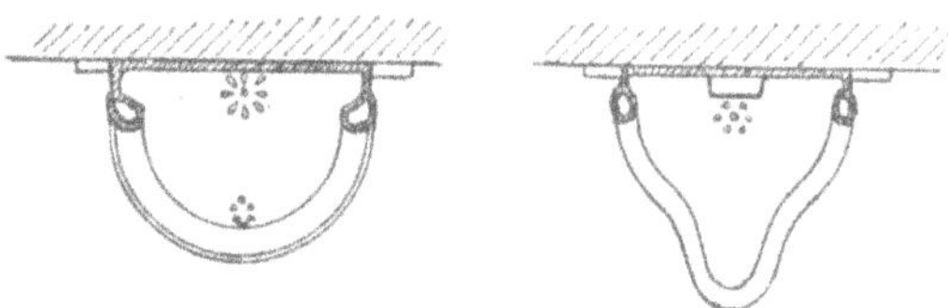

Fig. 289. Fig. 290.
Pissoirbecken. 1/20 d. nat. Gröſse.

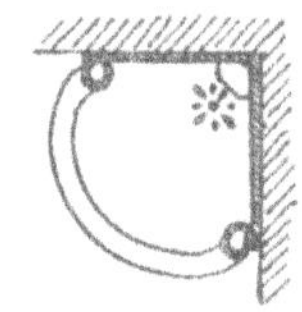

Fig. 291.
Eckpissoir. 1/20 d. nat. Gröſse.

werden an ebener Wand, und zwar in einer Höhe befestigt, daſs der tiefste Rand des Beckens ca. 60 cm über dem Fuſsboden liegt. Auſser den Becken für gerade Wände kommen auch Becken für Ecken rechtwinklig gestellter Wände, sogenannter Eckpissoirs (Fig. 291)

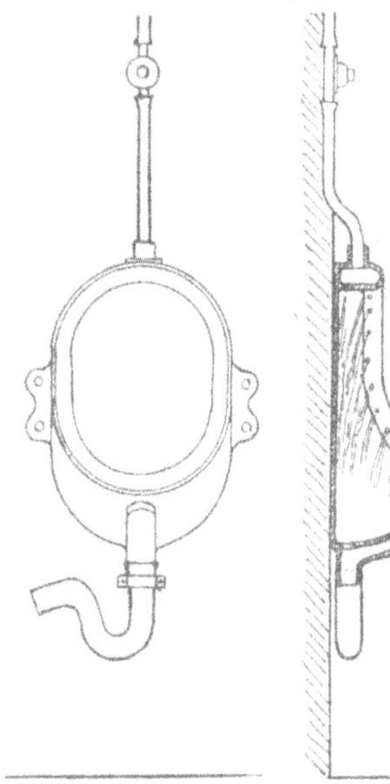

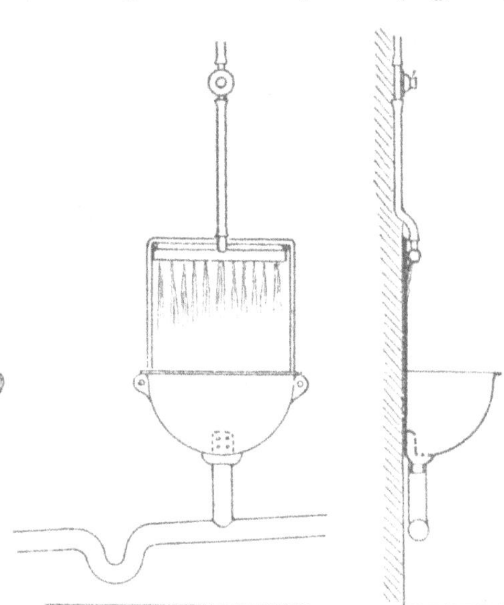

Fig. 292. Fig. 293.
Beckenpissoirs. 1/20 d. nat. Gröſse.

zur Anwendung, doch sind die letzteren nur dann zu empfehlen, wenn der Mangel an Platz der Aufstellung ebenwandiger Becken Hindernisse entgegenstellt.

Die Figuren 292 und 293 zeigen zwei Ausführungen von Beckenpissoiren und zwar die Fig. 292 eine Anlage mit Porzellanbecken, die Fig. 293 eine Pissoiranlage mit gufseisernen emaillierten Becken. Die Wasserspülung beider unterscheidet sich dadurch, dafs bei der Anlage Fig. 293 nur die Rückwand durch ein mit kleinen Löchern versehenes Rohr berieselt wird, während bei dem Porzellanbecken die in dem Wulst des Beckenrandes allseitig angebrachten Öffnungen eine Spülung sämtlicher Wandungen ermöglichen.

Für die Zuleitung des Wassers genügt ein Rohr im Durchmesser von 10 mm und ist in dieselbe ein Durchgangshahn mit abnehmbarem Schlüssel einzuschalten, mit dessen Hilfe der Wasserzufluss geregelt resp. abgeschlossen werden kann.

Jedes Pissoirbecken ist mit einer Überlaufeinrichtung zu versehen, welche die Ableitung des Wassers übernimmt, sobald die Abflufsöffnungen durch eingeworfene Gegenstände, z. B. Cigarrenstummel, verstopft sein sollten. Die Figuren 292 und 293 zeigen in dieser Beziehung zweckmäfsige Konstruktionen.

Das gelochte Ausflufsrohr in Fig. 293 ist aus Messing oder Kupfer herzustellen. Schmiedeiserne Röhren sind hierzu nicht geeignet, da Rostbildungen dem Wasserausflusse bald hinderlich sein würden.

Der Ablauf des Pissoirbeckens ist zum Zwecke des Abschlusses der Kanalgase mit einem Wasserverschlusse, Wassersyphon, zu versehen, welcher sich entweder unmittelbar an das Becken anschliefst, oder, soferne mehrere Becken nebeneinander angeordnet sind, sich am Ende des Sammelrohres vor dem Eintritt desselben in die Fallleitung befindet. Die Figuren 292 und 293 zeigen die beiden vorerwähnten Ausführungsformen. Ist ein Einzelpissoir neben einer Klosettanlage angeordnet, so führt man die Ableitung des Pissoirs direkt in den Syphon des Klosetts ein, so dafs ein besonderer Wasserverschlufs für das Pissoir entbehrlich wird. Der Syphon erhält dann einen Abzweig a_1, wie aus Fig. 294 zu ersehen ist. Um derartige Einzelpissoire, welche sich mit einer Klosettanlage in einem Raume befinden, dem Auge möglichst zu entziehen, richtet man das Becken beweglich und zum Hochklappen an die Wand ein. Die Spülung kann mittels eines einfachen, über dem Becken angeordneten Zapfhahnes erfolgen, welcher durch den das Pissoir Benutzenden geöffnet und geschlossen werden mufs. Bei Herstellung des Fufsbodens aus

Fig 294.
Klosettsyphon mit Pissoiranschlufs.
$^1/_{15}$ d. nat. Gröfse.

Steinmaterial legt man mit Vorteil unter dem Becken eine an der Wand entlang führende rinnenartige Vertiefung an, in welcher die durch ein senkrechtes Rohr von jedem Becken nach abwärts geführten Flüssigkeitsmengen sich sammeln und durch einen Einlauf im Boden abfliefsen können. Diese Einrichtung bietet den Vorteil, dafs der abtropfende Urin durch diese Rinne abgeleitet wird und die nächste Umgebung der Becken durch Spülung leicht gereinigt

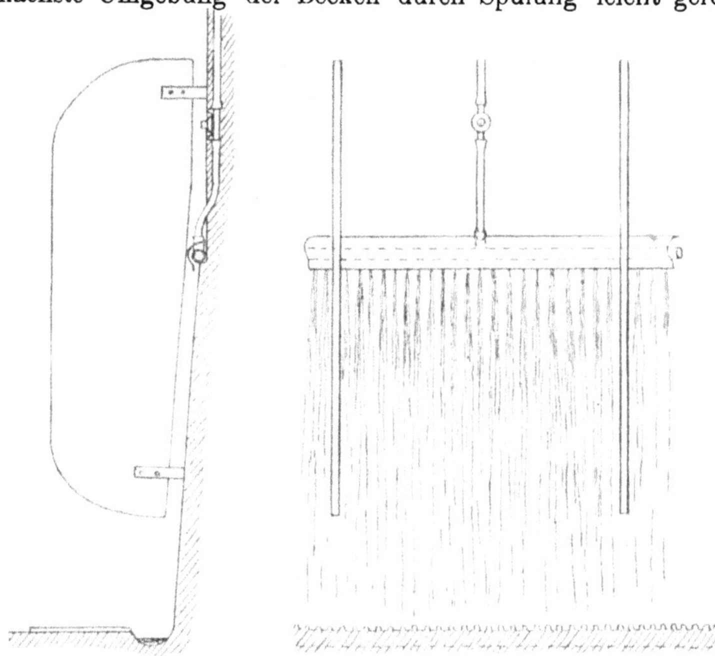

Fig. 295.
Rinnenpissoir mit Wasserspülung. 1/20 d. nat. Gröfse.

werden kann. Die Anlegung dieser Rinne empfiehlt sich aus demselben Grunde auch dann, wenn das Abwasser durch Rohrleitungen weggeführt wird. Ist der Fufsboden aus Holz hergestellt, so mufs derselbe durch einen Blechbeschlag gegen die Feuchtigkeit geschützt werden.

Die Rinnenpissoire mit Wasserspülung bestehen aus einer in den Fufsboden gelegten Rinne, deren eine Seitenwand in nahezu senkrechter Richtung in die Höhe geführt ist. Diese Wandfläche wird durch ununterbrochene Überrieselung von Wasser gespült, wobei als Aufgabe gilt, dafs das Wasser sich in möglichst dünner Schicht gleichmäfsig über die ganze Wandfläche verbreite.

Bezüglich der baulichen Ausführung dieser Pissoire sei erwähnt, daſs dieselben aus Mauerwerk mit Cement- oder Asphaltüberzug, aus Granit oder hartem Sandstein, die Rückwand auch aus Schiefer-, Marmor-, Glas- oder glacierten Thonplatten hergestellt werden. Dem Fuſsboden vor der Rinne gibt man nach der Rinne zu eine schwache Neigung, so daſs der abtropfende Urin nach dieser Richtung abflieſsen kann, wobei es sich empfiehlt, an der Rinne entlang gerippte guſseiserne Platten oder gerippte Thonfliesen in den Fuſsboden einzulegen, welche ein Benetzen der Füsse verhindern sollen.

Die Spülung der Rückwand beginnt in einer Höhe von 1,0 bis 1,2 m über dem Fuſsboden und erfolgt entweder von einem horizontalliegenden gelochten Rohre oder von einer Rinne aus, über deren Rand das Wasser an der Wandung abwärts flieſst.

In Fig. 295 ist ein Rinnenpissoir mit Wasserspülung mittels eines gelochten Rohres zur Anschauung gebracht. Das Rohr ruht auf einem Mauervorsprung der Pissoirrückwand und ist durch eine Blechverkleidung vor Beschädigungen geschützt. Die Anzahl der Zuleitungen zum Spülrohre ist von der Länge der Rinne und deren Grundriſsform abhängig. Die Spülung wird eine um so gleichmäſsigere sein, je gröſser bei einer ausgedehnten Anlage die Anzahl der je durch ein Ventil stellbaren Zuleitungen ist. In Rücksicht hierauf rechne man auf ca. 3—4 m Spülrohrlänge eine Zuleitung.

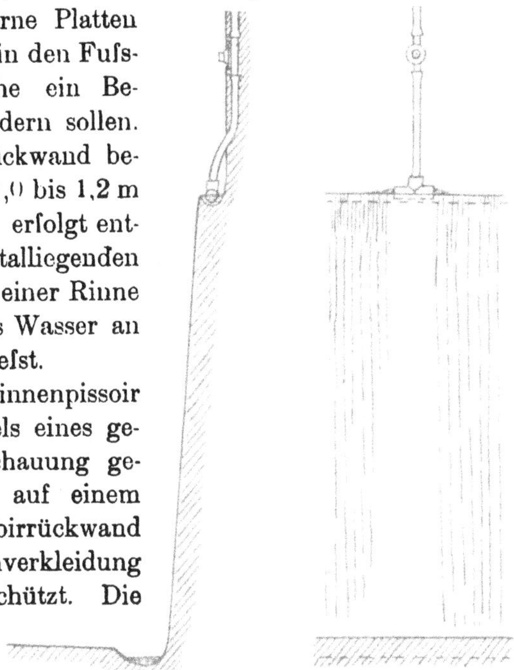

Fig. 296.
Rinnenpissoir mit Wasserspülung. 1/20 d. nat. Gröſse.

Die Pissoirspülung Fig. 296 erfolgt durch Überlaufen einer auf dem Mauervorsprung der Pissoirwand angelegten horizontalen Rinne, welcher das Wasser in der ersichtlichen Weise frei zuflieſst. Die Hauptschwierigkeit liegt hier in der guten Herstellung des Überlaufrandes dieser Rinne, damit das Wasser gleichmäſsig auf der ganzen Länge derselben über den Rand flieſst. Zu gleichem Zwecke darf das Wasser nur mit geringer Geschwindigkeit in die Rinne einflieſsen und der Querschnitt der Rinne nicht zu klein bemessen sein, damit sich das Wasser ohne wesentliche Reibungsverluste in derselben vertheilen kann. Bezüglich der Anzahl der Zuleitungen gilt auch hier das über die Pissoire mit Spülrohr Gesagte.

Für Rinnenpissoire rechnet man als bequemen Stand für eine Person eine Länge von 70—80 cm. Wenn auch die Anbringung von Scheidewänden zwischen den einzelnen Standorten nicht unbedingtes Erfordernis ist, so empfiehlt es sich doch aus Rücksichten des Anstandes. Die Befestigung dieser aus Holz hergestellten Zwischenwände geschieht dann zweckmäfsig auf die in Fig. 295 dargestellte Weise.

Da der Wasserverbrauch für eine ununterbrochene Spülung einerseits ein nicht unbedeutender ist, andererseits aber mit ungenügender Wassermenge der Zweck nur zum Teil erreicht wird, so wendet man hier mit Vorteil die intermittierende Spülung an, indem man in gleichmässigen Zwischenräumen bemessene Wassermengen dem Pissoire innerhalb kurzer Zeit zuführt, welche eine energische Spülung der Wandung bewirken und alle Rückstände der in den Zwischenpausen erfolgten Benutzung hinwegführen. Diese Art der Spülung ist für die vorgenannten Becken- und Rinnenpissoire, mit Ausnahme des Rinnenpissoirs mit Überlaufrinne, anwendbar und gleichen die hierzu erforderlichen Einrichtungen vollständig denjenigen für intermittierende Klosettspülung.

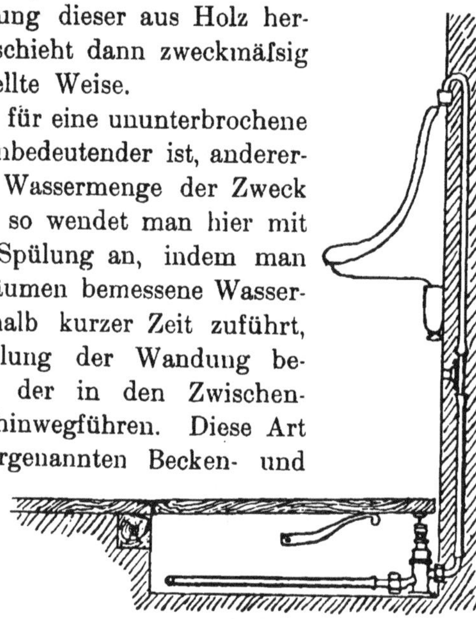

Fig. 297.
Pissoiranlage mit selbstthätiger Spülung.
1/20 d. nat. Gröfse.

Liegen Verhältnisse vor, dafs das Pissoir seltener benutzt wird, so würde selbst eine intermittierende Wasserspülung eine Wasservergeudung sein. Von der Zuverlässigkeit der das Pissoir benutzenden Personen wird es dann abhängen, ob man eine freiwillige Spülung in der Weise anordnen darf, dafs der Benutzende das Absperrventil auf kurze Zeit öffnet und nach erfolgter Spülung wieder schliefst, oder ob man eine unfreiwillige Spülung anzuwenden genötigt ist.

Die Fig. 297 zeigt eine Einrichtung für unfreiwillige Spülung, indem der das Pissoir Benutzende eine durch eine Feder hochgehaltene Fulsbodenplatte niederdrückt und hierdurch einen Spülhahn in Thätigkeit setzt. Es ist hierzu das selbstschliefsende Ventil von Gäbert, Fig. 275, benutzt worden, welches die Eigenschaft besitzt, dafs es beim Niederdrücken ein wenig vorspült, hierauf jedoch sich wieder schliefst und erst dann in Thätigkeit tritt, wenn

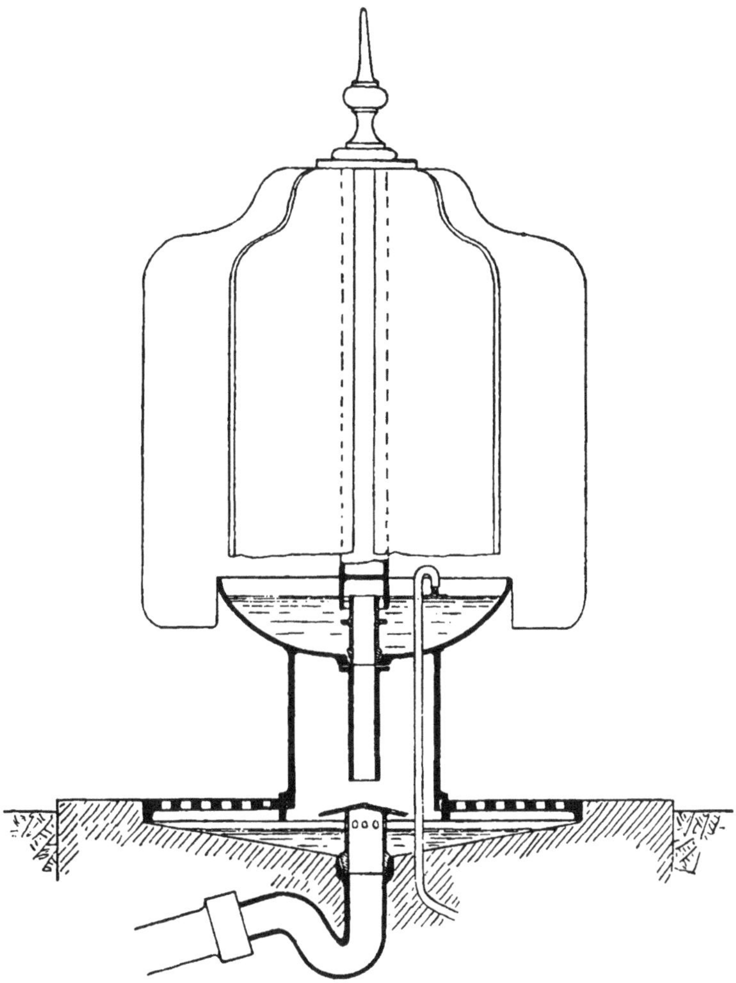

Fig. 298.
Fächerpissoir $^{1}/_{20}$ d. nat. Gröfse.

die einwirkende Kraft, hier die Last des auf dem Trittbrette Stehenden, aufgehört hat.

Die Massenpissoire, das sind Pissoire, welche gleichzeitig von einer gröfseren Anzahl von Personen benutzt werden können, sind entweder Reihenpissoire oder Fächerpissoire (Rundpissoire).

Beide genannte Arten beziehen sich nur auf die Anordnung der Standorte und können beide sowohl als Becken, als auch als Rinnpissoire konstruiert werden. Die Reihenpissoire bieten nur Nebeneinanderordnungen der vorgeführten Einzeleinrichtungen in der erforderlichen Anzahl, resp. Länge, die Fächerpissoire jedoch einige besondere Eigentümlichkeiten.

In Fig. 298 ist ein Beckenpissoir zur Anschauung gebracht, welches von sechs Standorten aus gleichzeitig benutzt werden kann. Das Wasser fliefst dem gemeinschaftlichen Becken durch ein Ausgufsrohr ununterbrochen zu und durch einen Überlauf ab. Das abgeflossene Wasser sammelt sich nochmals in einem unter dem Fufsboden angebrachten

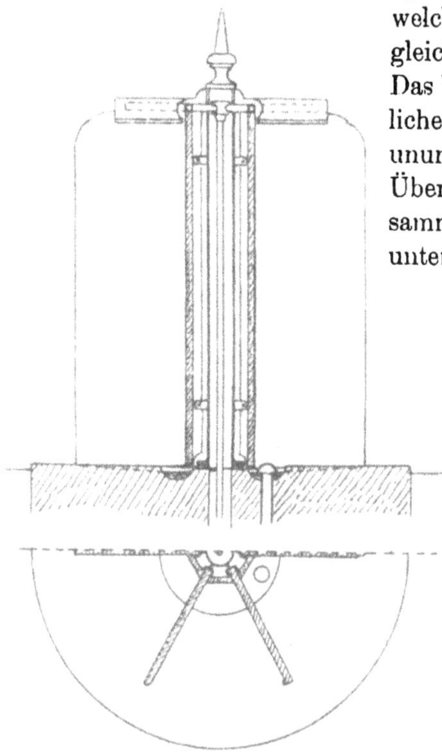

Fig. 299.

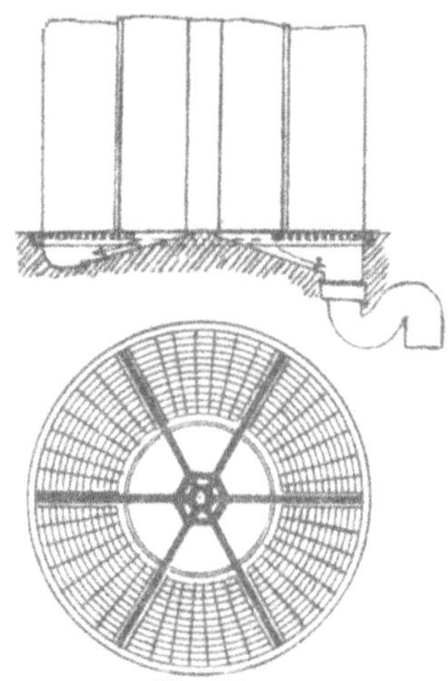

Fig. 300.

Fächerpissoirs. $^1/_{40}$ d. nat. Gröfse.

flachen Becken, um den abtropfenden Urin aufzunehmen und tritt erst von dort aus durch den Überlauf in die Ableitung.

Als zweites Beispiel eines Fächerpissoirs dient die in Fig. 299 dargestellte Anlage. Die sechs Flügelwandungen desselben werden durch gelochte Röhren von oben gespült. Das Spülwasser sammelt sich am Fufse der Wandungen in flachen Rinnen, welche dasselbe in eine ringförmige Mittelrinne führen, von wo aus der Ablauf erfolgt. Das Wasserleitungsrohr wird im Innern der Mittelsäule hochgeführt und teilt sich am Kopfe in eine Anzahl einzelner Spülröhren, welche durch Blechumkleidungen geschützt sind.

Die Sammelrinne kann statt nach innen auch nach aussen gelegt werden, wie dies in Fig. 300 geschehen ist. Den Fufsboden des Pissoirs bedeckt ein gufseisernes Gitter, welches den abtropfenden Urin durchfliefsen läfst.

Um den Einblick in die Rundpissoire zu verhindern, werden dieselben mit einer Umkleidung aus Holz oder Eisenblech versehen.

Der Zuleitung zu einem Fächerpissoire gibt man selten einen grösseren Durchmesser als 20 mm. In dieselbe sind zwei Absperrvorrichtungen einzuschalten und zwar eine Absperrvorrichtung am Beginne der Leitung, mittels welcher die ganze Anlage aufser Betrieb gesetzt werden kann, und eine zweite Absperrvorrichtung an einem geeigneten Zwischenpunkte der Leitung, welche lediglich zur Regelung des Wasserdurchflusses dient.

g) Die Feuerhähne im Anschlusse an eine Hauswasserleitung.

Es ist oft wünschenswert, an einigen Stellen eines Gebäudes im Anschlusse an die allgemeine Hauswasserleitung Vorrichtungen zur Wasserentnahme zu besitzen, welche im Falle einer Feuersgefahr in Benutzung treten sollen. Wenn auch jeder über einem Ausgusse befindliche Zapfhahn mit Schlauchverschraubung dazu geeignet ist, mit Hilfe eines Schlauches nach einer durch Feuer gefährdeten Stelle Wasser abzugeben, so sind die Durchmesser dieser Hähne doch meist zu gering, um in wirksamer Weise gröfsere Wassermengen in kurzer Zeit liefern zu können. Man ordnet daher besondere Feuerhähne an (siehe Fig 301), deren Zuleitung einen Durchmesser von nicht unter 25 mm erhält. Ihrer Konstruktion nach gleichen sie den im Kap. 16a beschriebenen Niederschraubventilen, ihr Auslauf ist jedoch mit einem Schraubengewinde versehen, auf welchem für gewöhnlich eine Kappe aufgeschraubt ist. Der Schlüssel des Ventils ist abnehmbar, damit ein Öffnen durch

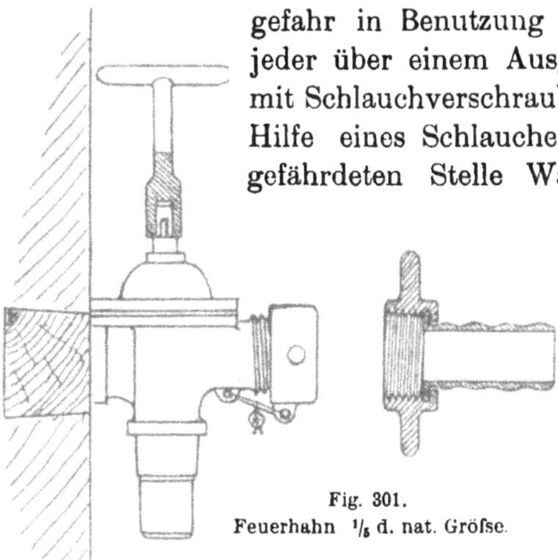

Fig. 301.
Feuerhahn 1/5 d. nat. Gröfse.

Unbefugte verhindert wird. Dem Zwecke des Feuerhahnes entsprechend, ist die Anbringung eines Ausgufsbeckens unter demselben nicht erforderlich. Um jedoch bei Nichtvorhandensein des letzteren eine Wasserentnahme für andere Zwecke zu hindern, wird die Verschraubungskappe durch eine Plombe gesichert, welche nur im Falle der Feuersgefahr entfernt werden darf. Diese Vorsicht kommt in Wegfall, wenn sich der Feuerhahn neben einem gewöhnlichen Zapfhahn über einem Ausgufsbecken befindet. Die Feuerhähne sind an einem leicht zugänglichen Orte an der Wand zu befestigen, wobei jedoch Ecken für diesen Zweck als ungeeignet zu bezeichnen sind. Das Nähere über Feuerlöschleitungen im besonderen findet sich im Kap. 18.

Kap. 17.

Die Benutzung des Wassers zu motorischen und gewerblichen Zwecken.

Bei der Benutzung zu motorischen Zwecken kommt das Wasser als solches nicht zur Verwendung, sondern es dient nur als Träger der Kraft insofern, als die durch die Hebung des Wassers an der Ursprungstelle aufgewendete und dem Wasser mitgeteilte Arbeitsleistung an einer entfernten Stelle durch Entziehung des Druckes wieder nutzbar gemacht wird.

Zu den Einrichtungen, welche diesen Zweck verfolgen, gehören:

a) die Wassermotoren, welche den Druck des Wassers in einfacher Weise in eine Kraftleistung umsetzen, um im Betriebe eines Kleingewerbes benutzt zu werden,

ferner diejenigen Einrichtungen, bei denen die im Wasser enthaltene Kraft für einen bestimmten motorischen Zweck ausgenutzt wird, d. s.

b) die Ventilatoren mit Wasserantrieb,

c) die hydraulischen Aufzüge,

d) die Wasserstrahlpumpen und

e) die Bierdruckapparate.

Die Verwertung des seitens einer öffentlichen Wasserversorgung unter einem höheren Drucke gelieferten Wassers wird dann eine vollkommene sein, wenn nach Ausnutzung des Druckes das Wasser als solches noch Verwendung finden kann. Inwieweit dies ganz oder zum Teil bei den einzelnen Anlagen möglich ist, hängt von den lokalen Verhältnissen ab. Die obigen maschinellen Einrichtungen werden unter sonst gleichen Verhältnissen einen um so gröfseren Effekt ergeben, oder, man wird zur Erreichung eines gewissen Effektes eine um so geringere Wassermenge verbrauchen, je gröfser der Leitungsdruck ist. Die Verbrauchsmenge steigt in dem Verhältnis, wie der Druck in der Leitung abnimmt. Da die Wasserbenutzung nur nach der Wassermenge ohne Berücksichtigung des Druckes in der Leitung bezahlt wird, so erweist sich dieselbe zu motorischen Zwecken vor allem dort als zweckmäfsig, wo der Druck in der Leitung ein hoher, die Verbrauchsmenge für eine gewisse Leistung daher nur eine geringe ist. Bei geringem Leitungsdrucke können sich hingegen die Betriebskosten zufolge des grofsen Wasserverbrauchs so hoch stellen, dafs anderen motorischen Kräften der Vorzug gegeben werden mufs.

Bei den Ventilatoren wird in einigen Fällen nicht nur die bewegende Kraft, sondern auch der niedere Wärmegrad des Wassers zur Kühlung der Luft nutzbar gemacht

Von den gewerblichen Anlagen, bei denen das Wasser als Wasser benutzt wird, sind nur die Fischbehälter und die hierauf bezüglichen Einrichtungen zu erwähnen. Einrichtungen für ganz spezielle gewerbliche Zwecke, z. B. zum Flaschenspülen, müssen hier aufser Betracht bleiben.

a) Die Wassermotoren.

Dieselben können als Kolbenmaschinen, sowie auch als Turbinen geringer Gröfse konstruiert sein. Die letzteren werden nur für hohe Gefälle (hohen Druck), wie sie beispielsweise bei einigen Wasserwerken der Schweiz vorkommen, mit Vorteil verwendet, während die Kolbenmaschinen weitere Verbreitung gefunden haben.

Fig. 302 zeigt einen Wassermotor im Querschnitt, wie derselbe von der Maschinenfabrik von Schumacher in Köln a. Rh. geliefert wird. Derselbe besteht aus einem oscillierenden Arbeitscylinder, von welchem aus der auf dem Cylinderkolben *K* wirkende Wasserdruck durch die Kolbenstange auf einen Kurbelzapfen übertragen wird, dessen Kurbelachse ein kleines Schwungrad *S* trägt, während eine Riemenscheibe die weitere Übertragung der Arbeitsleistung vermittelt. Die Steuerung des Wasserein- und Austrittes erfolgt durch die oscillierende Bewegung des Arbeitscylinders in der Weise, dafs die Zu- und Abflufskanäle des Cylinders mit je zwei der drei Kanalöffnungen des festliegenden Steuerungsteils wechselsweise in Verbindung treten. In der skizzierten Mittelstellung des Kolbens sind Einströmung und Ausströmung voll geöffnet. Nach dem Ende des Hubes zu werden sich jedoch zufolge der Drehung des Cylinders die Durchflufsöffnungen in der Schieberfläche langsam schliefsen, bis im Augenblick des toten Punktes ein vollständiger Abschlufs aller Kanäle eintritt, worauf die letzteren aber im nächsten Augenblicke wieder geöffnet werden, um dem Wasser den Durchflufs in der der früheren entgegengesetzten Richtung zu gestatten. Das Schwungrad hilft über den toten Punkt hinweg. Während daher beim oberen Kurbelkreis die Kanäle *a* und *c*, sowie *b* und *d* miteinander in Verbindung stehen, treten beim unteren Kurbelkreis die Kanäle *a* und *d*, sowie *b* und *c* miteinander in Verbindung. Ein kupferner Windkessel soll etwaige Stöfse in der Zuleitung auffangen,

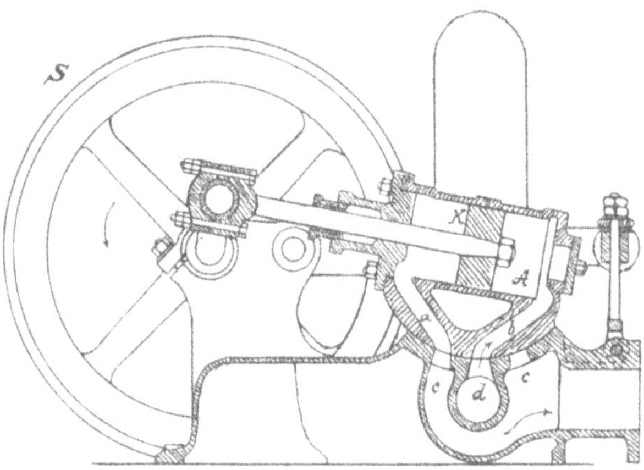

Fig. 302.
Wassermotor von Schumacher in Köln a. Rh. $^1/_{10}$ d. nat. Gröfse.

doch ist dies nur dann möglich, wenn sich wirklich Luft in demselben befindet und dieselbe von Zeit zu Zeit ergänzt wird. Das Wasser reifst die Luft des Windkessels mit sich fort oder absorbiert dieselbe, so dafs sie nach kurzer Zeit aus dem Windkessel verschwindet, wenn ein Nachfüllen nicht erfolgt. Der Windkessel wird ohne Nachfüllen nach kurzer Zeit vollkommen unwirksam.

Für gröfsere Leistungen können diese Kolbenmaschinen als Zwillingsmaschinen konstruiert werden.

Die obengenannte Maschinenfabrik führt diese Maschinen in 20 verschiedenen Grössen aus, doch kommen als Motoren für gewerbliche Zwecke im Anschlufs an eine allgemeine Wasserversorgung nur sechs Gröfsen in Betracht, da für die übrigen Ausführungen der Wasserverbrauch ein zu grofser wird.

Die folgende Tabelle enthält die bei der Wahl dieses Motors in Betracht kommenden Zahlenwerte.

Nummer	Dimensionen des Cylinders		Tourenzahl	Wassermenge pro Minute in l	Leistung in effekt. Pferdestärken bei Gefällen in m			
	Durchmesser m	Hub mm			30	40	50	60
1	50	75	240	60	0,3	0,4	0,5	0,6
2	60	75	240	90	0,45	0,6	0,75	0,9
3	70	100	180	120	0,6	0,8	1,0	1,2
4	80	100	180	150	0,75	1,0	1,25	1,5
5	90	125	144	190	0,9	1,30	1,50	1,8
6	100	125	144	240	1,20	1,60	2,0	2,4

Der Wassermotor von Schmid gleicht im Prinzip der vorstehend beschriebenen Konstruktion.

Die Aufstellung des Motors geschieht am besten mittels Steinschrauben auf einem Steinfundament, doch können dieselben auch auf guter Balkenlage oder an der Wand befestigt werden. Die Zuleitungen werden aus schmiedeisernen Röhren oder Bleiröhren hergestellt und erhalten einen Durchmesser, welcher nahezu gleich dem halben Cylinderdurchmesser ist. Für gröfsere Zuleitungen kommen gufseiserne Röhren zur Anwendung. Den Ableitungsröhren ist ein gröfserer Durchmesser als den Zuleitungsröhren zu geben. Wasser, welches feinen Sand mit sich führt, ist für den Betrieb von Wassermotoren ungeeignet.

b) Die Ventilatoren mit Wasserantrieb.

Diese Einrichtungen, welche den Zweck verfolgen, verdorbene Luft aus einem Raume abzusaugen oder auch gute Luft von Aufsen zuzuführen, zerfallen in zwei Arten:

in die Wasserstrahlventilatoren und

in die Flügelradventilatoren.

Von den Wasserstrahlventilatoren gibt der Fayot-Ventilator [1]), Fig. 303, ein Beispiel. Das Wasser tritt innerhalb eines die Luftführung vermittelnden Rohres als fein verteilter Strahl aus einer Düse aus und gibt hierdurch der Luft in der Richtung des Strahles einen Bewegungsantrieb. Im unteren Bogen des Ventilationsrohres sammelt sich das verbrauchte Wasser, um von dort aus weggeführt zu werden. Die in Fig. 303 dargestellte Einrichtung besitzt zwei Strahldüsen und zwar in beiden Schenkeln des U-förmig gebogenen

[1]) D. R. P. Nr. 52232.

Luftrohres. Man ist dadurch in der Lage, mit derselben Einrichtung sowohl Luft zu-, als auch abführen zu können. Bei niederer Temperatur des Wassers wird dasselbe eine Abkühlung der Luft gleichzeitig zur Folge haben.

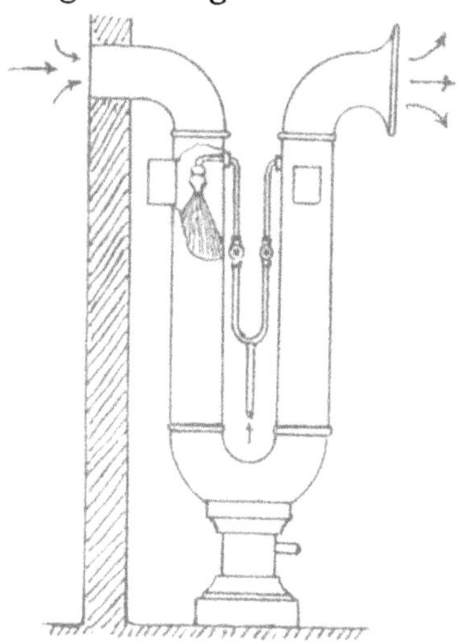

Fig. 303.
Fayot-Ventilator, $^1/_{40}$ d. nat. Gr.

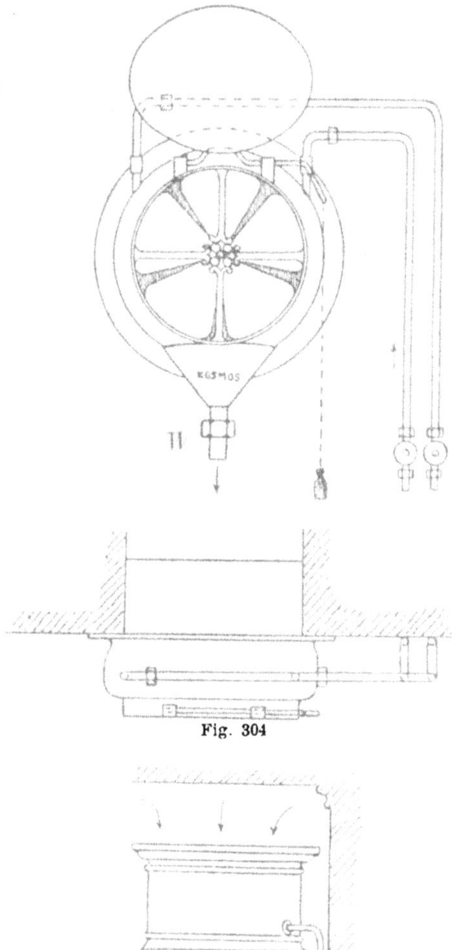

Fig. 304

Fig. 305.

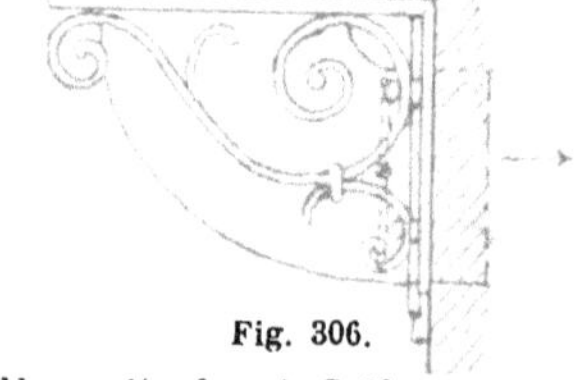

Fig. 306.

Kosmos-Ventilator von Schäffer & Walker. $^1/_{10}$ d nat. Gröfse.

Als Beispiel eines Flügelrad-Ventilators ist der »Kosmos-Lüfter« von Schäffer & Walker in Berlin anzuführen.

Das mit schraubenförmig gestellten Flügeln versehene Ventilationsrad wird durch einen am Umfange desselben wirkenden Wasserstrahl in Umdrehung gesetzt und hierdurch die Luft fortbewegt. Je nachdem die Einführung des Strahles auf der linken oder rechten Seite des Flügelrades erfolgt, kann die Luft aus dem Raum abgesaugt oder demselben zugeführt werden.

Die Fig. 304 zeigt die letztere Anordnung mit zwei Strahlrohren für Luftzu- und Luftabführung. Beide Zuleitungen von 10 mm Durchmesser sind in handlicher Höhe mit je einem Durchgangsventil versehen und unterhalb derselben zu einer Leitung vereinigt und an die Hausleitung angeschlossen. Durch das Öffnen des einen oder des andern Ventils kann man die beiden obengenannten Zwecke erreichen. Die Ableitung des Wassers erfolgt bei *W* durch eine Rohrleitung von mindestens 15 mm Durchmesser. Die Ventilatoren werden in bekannter Weise in einer Höhe von 0,5 bis 1,0 m unter der Zimmerdecke angeordnet und münden entweder ins Freie oder in einen Luftkanal, wenn der Apparat in doppelter Weise benutzt werden, oder in einen Schornstein, wenn derselbe nur luftabsaugend wirken soll. Durch Veränderung der Form kann der Luftein- oder Austritt auch von unten oder oben erfolgen, wie in den Figuren 305 und 306 angedeutet ist. Mittels eines Deckels oder einer eingelegten Klappe kann der Ventilator geschlossen werden.

Die Ausführung dieser Apparate erfolgt seitens der Fabrik in zwei Gröfsen mit einem Raddurchmesser von 20 und 28 cm und einer Luftführung von 400 und 600 cbm in der Stunde.

Dieser Apparat findet in gröfserer Ausführung auch in der Weise Anwendung, dafs man denselben in einem Luftzuleitungskanale aufstellt, und dadurch den Blicken ganz entzieht, wie dies in Fig. 307 dargestellt ist, oder dafs man demselben die Form eines Ofens gibt, wie Fig. 308 zeigt. Aus dem Querschnitt Fig. 307 ist zu ersehen, wie das Flügelrad *F* mit dem Turbinenrade durch den der Düse *D* entströmenden Wasserstrahl in Umdrehung gesetzt wird. Das benutzte Wasser sammelt sich in einem Gefäfs und gelangt von dort aus zum Abflufs. Dasselbe kann jedoch noch dazu benutzt werden, die zuströmende Luft zu befeuchten, indem ein Teil desselben durch ein Röhrchen *R* nach der rotierenden Scheibe *S* geleitet und von dieser in Staubform nach der Peripherie geschleudert wird. Das Wasser sammelt sich dann wieder in einem rinnenartigen Blechgefäfs, welches mit dem Hauptableitungsrohr in

Verbindung steht. Will man die einzuleitende Luft gleichzeitig desinfizieren, so mufs der Zerstäubungsapparat eine besondere Zuleitung von aufsen erhalten, welche die Desinfektionsflüssigkeit zuführt. Dieselben Einrichtungen

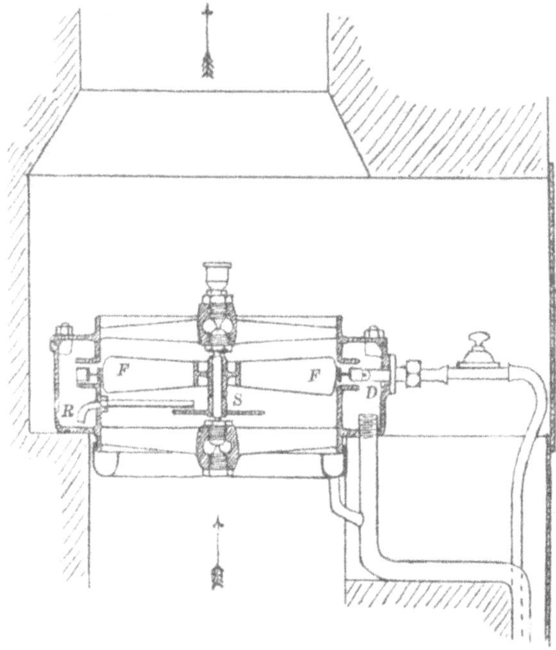

Fig. 307.
Ventilator mit Luftkühlung. 1/10 d. nat. Gröfse.

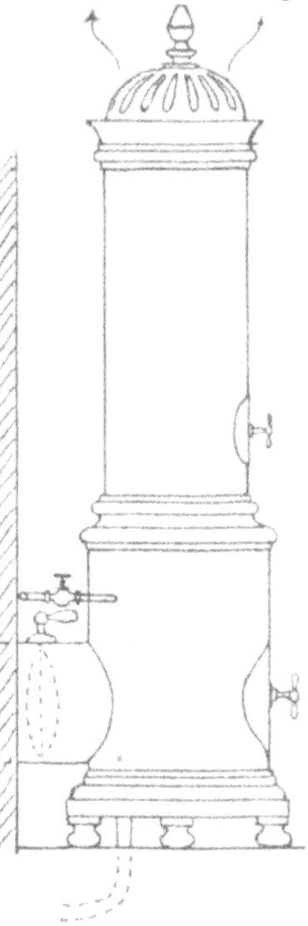

Fig. 308.
Ventilator. 1/30 d. nat. Gröfse.

lassen sich auch bei der Ventilatorform, Fig. 308 treffen. Ist das Betriebswasser von niederer Temperatur, so wird durch die Berührung der Luft mit dem Wasser im Zerstäuber eine Abkühlung der Luft herbeigeführt werden.

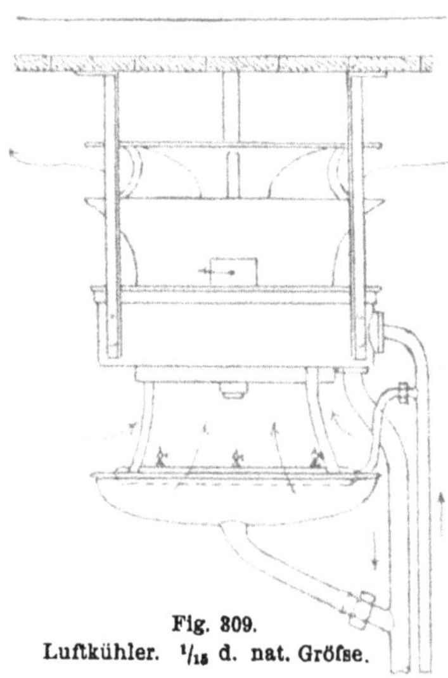

Fig. 309.
Luftkühler. 1/15 d. nat. Gröfse.

Will man schliefslich lediglich einer Kühlung warmer Luft herbeiführen, so benutzt man den in Fig. 309 dargestellten Apparat. Die Einrichtung für die Luftbewegung ist genau die frühere, es befindet sich jedoch unter der Einströmungsöffnung ein ringförmiges, mit der Druckleitung in Verbindung stehendes Rohrstück, welches mit einer Anzahl kleiner Hähnchen versehen ist, denen das Wasser in feinen Strahlen entströmt. Die eintretende Luft mufs durch diese Wasserstrahlen ihren Weg nehmen und wird dadurch abgekühlt.

c) Die hydraulischen Aufzüge.

Die hydraulischen Aufzüge dienen dazu, Lasten nach den höher gelegenen Stockwerken eines Gebäudes zu heben. Dieselben finden aufser in Wohnhäusern auch vor allem in Hôtels, Warenhäusern, Krankenanstalten, Fabrikanlagen etc. zur Beförderung von Personen, Speisen, kaufmännischen Waren, Materialien etc. eine weitgehende Verwendung.

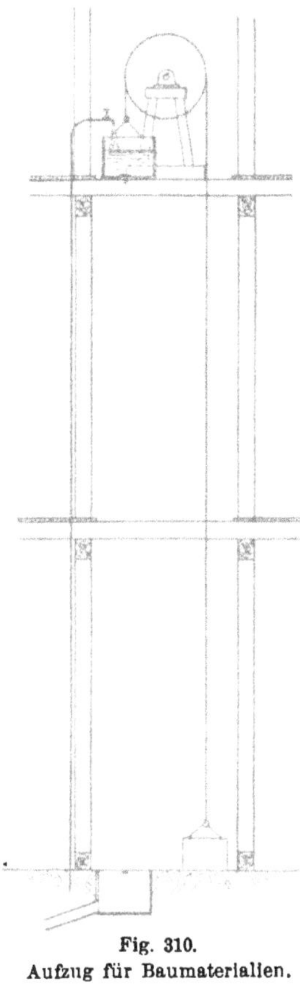

Fig. 310.
Aufzug für Baumaterialien.

Das Wasser kommt hierbei entweder durch sein Gewicht oder durch Übertragung seines Druckes auf einem beweglichen Kolben zur Wirkung.

Die hydraulischen Aufzüge, bei welchen das Wasser nach einem hochgelegenen Punkte geleitet und von dort aus durch sein Gewicht arbeitend wirkt, finden als vorübergehende Anlagen bei Neubauten zur Hebung des Baumaterials vorteilhafte Verwendung. Die Einrichtung für diesen Zweck besteht nach Fig. 310 aus zwei Kästen, welche an Seilen über einer Seilscheibe hängen. Der eine Kasten dient zur Aufnahme der zu hebenden Materialien, der andere zur Aufnahme des Wassers. Das letztere wird mittels Rohrleitung am Baugerüst hochgeführt und gelangt am höchsten Punkte durch einen Zapfhahn zum Ausflufs. Befindet sich der Wasserkasten am höchsten Punkt, so befindet sich andrerseits der Materialkasten am tiefsten Punkt. Während nun der letztere beladen wird, füllt man den oberen Kasten mit Wasser. Es genügt dann ein geringes Übergewicht des Wasserkastens, um denselben zum Niedersinken und dadurch zum Hochheben der Last zu veranlassen. Erreicht der Wasserkasten seine tiefste Stellung, womit zugleich die Hebung beendet ist, so öffnet sich durch Auftreffen eines Stiftes des Auslafsventils das letztere und entleert den Wasserkasten nach der Schleuse, während der Materialkasten in seiner Stellung festgehalten und entladen wird.

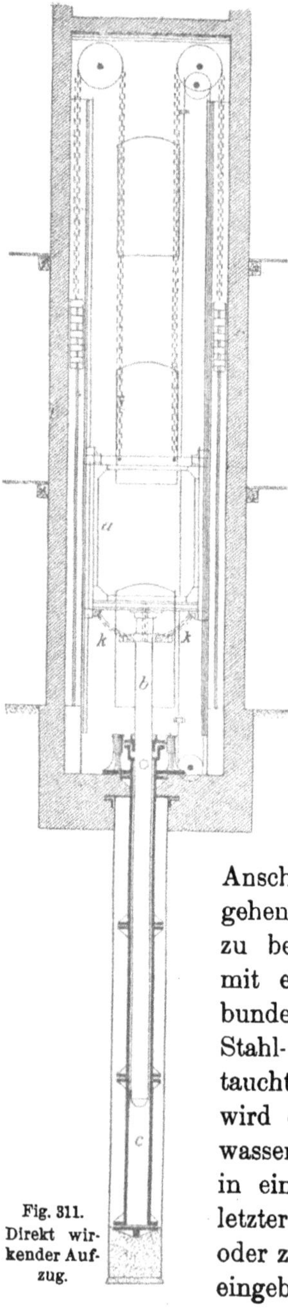

Fig. 311. Direkt wirkender Aufzug.

Bezüglich des Wasserverbrauchs ist es gleichgültig, ob die Materialien ein Stockwerk oder vier Stockwerke hoch gehoben werden, sofern überhaupt der Leitungsdruck für den Wasserausflufs in dieser Höhe ausreicht, was aber unter normalen Verhältnissen zu erwarten steht. Die Förderung nach höheren Stockwerken ist daher in Anbetracht der geleisteten Arbeit eine wesentlich günstigere, als nach den unteren Stockwerken. Immerhin wird durch die Anwendung dieser Aufzüge eine nicht unwesentliche Ersparnis der Kosten des Materialtransports erreicht werden, wenn der Preis des Wassers nicht ein zu hoher ist. Zur Hebung von 1000 Stück Mauerziegel (deutsches Normalformat) sind 4 bis 4,5 cbm Wasser erforderlich.

Von den hydraulischen Aufzügen mit Druckkolben findet der direkte, d. h. derjenige Aufzug, bei dem der Druckkolben einen ebenso langen Weg zurücklegen mufs, als der Fahrstuhl selbst, die meiste Anwendung. Die einfachste Form dieses Aufzuges wird durch die beistehende Fig. 311 zur Anschauung gebracht. Der zwischen Führungen gehende Fahrstuhl *a*, welcher zur Aufnahme der zu befördernden Personen oder Waren dient, ist mit einem Druckstempel oder Kolben *b* fest verbunden. Dieser Druckkolben wird aus Messing-, Stahl- oder Eisenrohr wasserdicht angefertigt und taucht in den Druckcylinder *c* ein. Der Eintritt wird durch eine gewöhnliche Stopfbüchsendichtung wasserdicht abgeschlossen. Der Druckcylinder findet in einem weiteren Blechrohre Aufstellung, welches letztere entweder nach Art der Brunnen eingesenkt oder zufolge der Bodenverhältnisse in anderer Weise eingebaut worden ist. Fahrstuhl und Druckkolben sind durch Gegengewichte ausbalanciert, so dafs nur die eigentliche Nutzlast gehoben zu werden braucht. Die Wirkungsweise dieser Einrichtung ist folgende: Wenn Druckwasser in den Cylinder *c* eintritt, so hebt dasselbe den Druckstempel *b* und mit demselben den Fahrstuhl und zwar so lange, bis der Zuflufs des Druckwassers wieder aufhört. Läfst man hingegen das Wasser aus dem Druckcylinder frei austreten, so geht der Kolben durch seine eigene Last nieder und zwar wiederum so lange, bis ein Abschlufs der Ausströmungsöffnung erfolgt. Die Regelung des Zu- und Abflusses des Wassers erfolgt durch eine Steuerung.

Von der Konstruktion dieser Steuerung hängt die Güte der Anlage zum gröfseren Teil ab. Die Steuerung, Figuren 312 bis 314, besteht aus zwei Kolben *m*, welche mit einander verbunden und dadurch entlastet sind. Ihre Bewegung erfolgt mittels Zahnstange *l* und Getriebe *k* von einem Seilrade aus, über welches mit Hilfe eines zweiten hochgelegenen Rades eine endlose Schnur *i* läuft. Beide Seilstränge führen durch die ganze vom Fahrstuhl zu durchlaufende Höhe, so dafs man vom Fahrstuhle aus in jeder Lage durch eine Zugbewegung die Steuervorrichtung in Bewegung setzen kann.

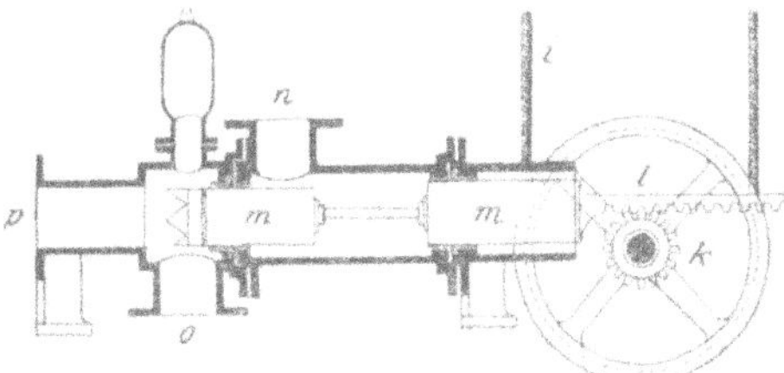

Fig. 312.

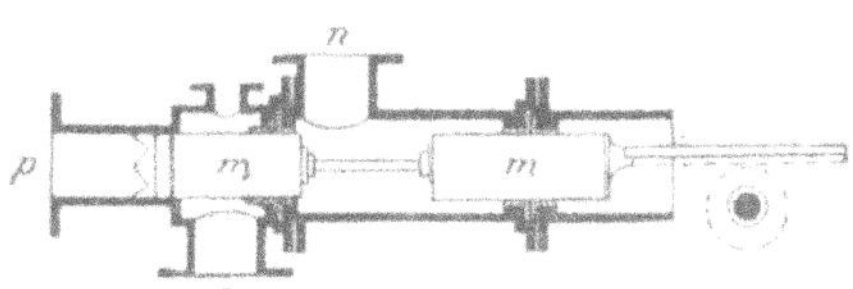

Fig. 313.

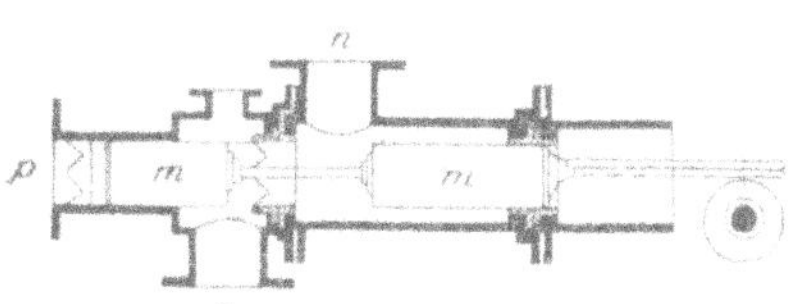

Fig. 314.
Kolbensteuerung für hydraulische Aufzüge. 1/25 d. nat. Gröfse.

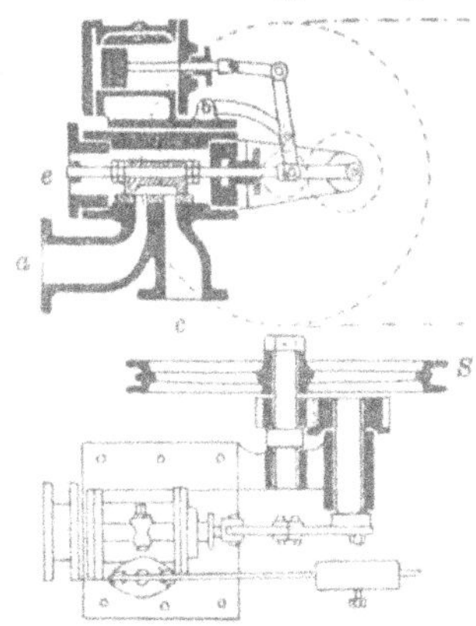

Fig. 315.
Steuerung für hydraulische Aufzüge von Schmidt, Kranz & Co. 1/25 d n. Gröfse.

Das Wasser der Druckleitung fliefst bei *n* zu, während der Stutzen *o* mit dem Druckcylinder und der Stutzen *p* mit der

Abflufsleitung in Verbindung steht. Bei der Kolbenstellung in Fig. 312 ist der Zuflufs des Wassers abgesperrt, während der Druckcylinder mit dem Ablauf in Verbindung steht, was einen Niedergang des Fahrstuhles zur Folge hat. In der Mittelstellung, Fig. 313, ist der Zu- und Abflufs geschlossen, der Fahrstuhl wird sich daher im Stillstand befinden, während in Fig. 314 ein Zuflufs des Druckwassers nach dem Druckcylinder *c* stattfindet, der Fahrstuhl demzufolge gehoben wird.

Dieser Mechanismus läfst aber eine ziemlich schnelle Bewegung des Steuerkolbens zu, wodurch trotz des eingeschalteten Windkessels eine Stofswirkung verursacht werden kann. Man ist daher bestrebt gewesen, diese Bewegung zu verlangsamen. Die Fig. 315 zeigt eine Steuerung von Schmidt, Kranz & Co. in Nordhausen. Die Verlangsamung der Schieberbewegung wird hier einerseits durch eine Räderübersetzung von der Schnurscheibe *s* nach der Kurbel der Schieberbewegung, andrerseits durch einen Katarakt erreicht. Der letztere besteht in einem kleinen, mit Glycerin gefüllten Cylinder, in welchem sich ein Kolben bewegt. Die Räume vor und hinter dem Kolben sind durch einen Kanal miteinander verbunden, dessen Querschnitt durch einen Stellhahn geregelt werden kann. Bei jeder Umsteuerung mufs das Glycerin diesen Kanal durchfliefsen, wozu eine gewisse Zeit gehört, andernfalls verursacht dieser Apparat einen Gegendruck, welcher auf Verlangsamung wirkt. Der Schieber ist ein einfacher Muschelschieber. Das Wasser tritt bei *e* ein, fliefst durch *c* nach dem Druckcylinder oder von dort zurück nach dem Ableitungsrohr *a*. Ein auf dem Steuerkasten aufgesetztes Sicherheitsventil verhindert eine Drucksteigerung über ein bestimmtes Maafs.

Bei der Konstruktion dieser direkten Aufzüge ist nicht unbeachtet zu lassen, dafs die wirksame Kraft auf den Druckkolben eine sehr verschiedene ist, je nachdem sich der Kolben in seiner tiefsten oder in seiner höchsten Lage befindet. Es tritt nämlich in seiner tiefsten Lage eine Wassersäule wirksam hinzu, welche der Förderhöhe des Aufzuges gleich ist. Diese hinzutretende Kraft wird als Auftrieb bezeichnet und kann bei hohen Aufzügen eine ganz bedeutende sein. Je höher der Kolben steigt, desto mehr nimmt diese Kraftwirkung ab, bis sie schliefslich in der höchsten Stellung gleich Null ist. Um nun eine gleichmäfsige Kraftwirkung zu erhalten, benutzt man die Ketten für die Kontregewichte als variables Kontregewicht des Auftriebes in der Weise, dafs man dieselben wesentlich stärker wählt, als für ihre Haltbarkeit erforderlich ist, und denselben ein solches Gewicht gibt, dafs die der Förderhöhe gleiche Kettenlänge der Hälfte des Auftriebes entspricht. In der tiefsten Stellung wirkt dieses Kettengewicht dem vollen Auftriebe als Last entgegen, während dasselbe gegen das Ende des Hubes, wo der Auftrieb nur schwach ist, als fördernde Kraft auftritt. Immerhin mufs aber der Fahrstuhl auch in seiner höchsten Stellung gegenüber den Kontregewichten ein geringes Übergewicht haben, um auch leer den Niedergang antreten zu können.

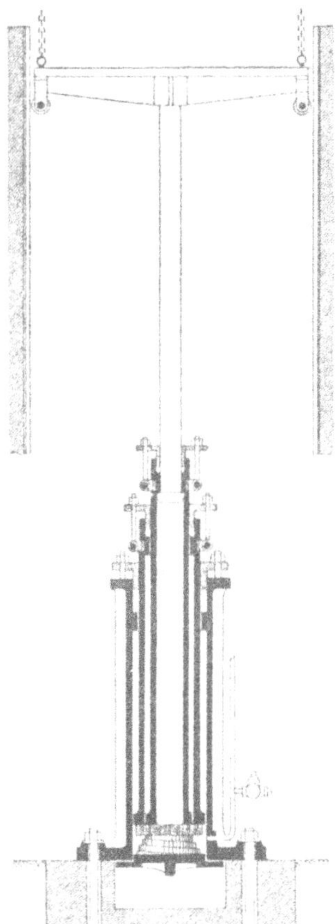

Fig. 316.
Teleskopaufzug.

Die Verbindung des Fahrstuhls mit dem Druckstempel mufs eine sehr solide sein, da eine mangelhafte Verbindung Veranlassung zu Unglücksfällen sein kann, indem durch eine Abtrennung des Stempels vom Fahrstuhl der letztere durch die Kontregewichte in die Höhe geschleudert werden mufs. Man führt daher zur Sicherheit gewöhnlich eine Verbindungsstange vom Fahrstuhl durch den ganzen Druckstempel hindurch. Als weitere Sicherheitsvorrichtung in dieser Hinsicht ordnet man eine Anzahl Ketten *k* (siehe Fig. 311) an, welche bei einem Bruche die Verbindung zwischen Fahrstuhl und Druckstempel aufrecht erhalten.

Das endlose Steuerungsseil erhält Klammern, an welche der Fahrstuhl in seiner höchsten und niedrigsten Stellung anstöfst und so selbstthätig das Umsteuern bewirkt. In dem Falle, dafs die obere Klammer ihren Dienst versagen sollte, würde der Kolben aus der Stopfbüchse herausgetrieben werden, wenn nicht der Kolben an seinem unteren Ende konisch gestaltet wäre. Dem Wasser wird hierdurch eine Austrittsöffnung zwischen Plunger und Stopfbüchse geschaffen, was den Stillstand des Plungers zur Folge hat.

In denjenigen Fällen, wo ein tiefes Einbauen des Druckcylinders in den Boden nicht möglich ist, wendet man die Teleskopaufzüge an. Der in Figur 316 dargestellte Teleskopaufzug ist dreiteilig. Die unter dem Kolben angebrachte Spiralfeder dient dazu, den Stofs beim Aufsetzen der einzelnen Kolbenteile zu mildern. Die übrigen Einrichtungen des Aufzuges sind die gleichen wie früher.

Da die Ketten und Kontregewichte immerhin einen Anlafs zu Unfällen geben können, so wurde von Heurtebise in Paris zuerst der Vorschlag gemacht, von deren Anwendung Abstand zu nehmen und die Kontregewichte in zwei Cylinder zu legen, welche Anordnung er Kompensator nannte. Dieser Kompensator ist in Fig. 317 dargestellt. Die Anordnung des Fahrstuhles *a* ist die frühere, nur kommen alle Ketten und Gewichte in Wegfall. Das Wasser der Druckleitung tritt in den Cylinder *c* ein und bewegt den Kolben *d* nach unten. Das Wasser in dem unteren Cylinder *f* wird dadurch nach dem Cylinder *e* gepreſst und hebt den Druckstempel nebst Fahrstuhl. Ist der Kolben *d* in seiner tiefsten Stellung, so befindet sich der Druckstempel in seiner höchsten Stellung. Wird das Auslafsventil des Cylinders *c* geöffnet, so prefst der sinkende Fahrstuhl das Wasser aus dem Druckcylinder *e* nach dem Cylinder *f* zurück und hebt den Kolben *d* wieder, bis derselbe beim tiefsten Stande des Fahrstuhles seine höchste Stellung wieder erreicht. Der Kolben *d* bildet daher das Kontregewicht für den Druckstempel nebst Fahrstuhl.

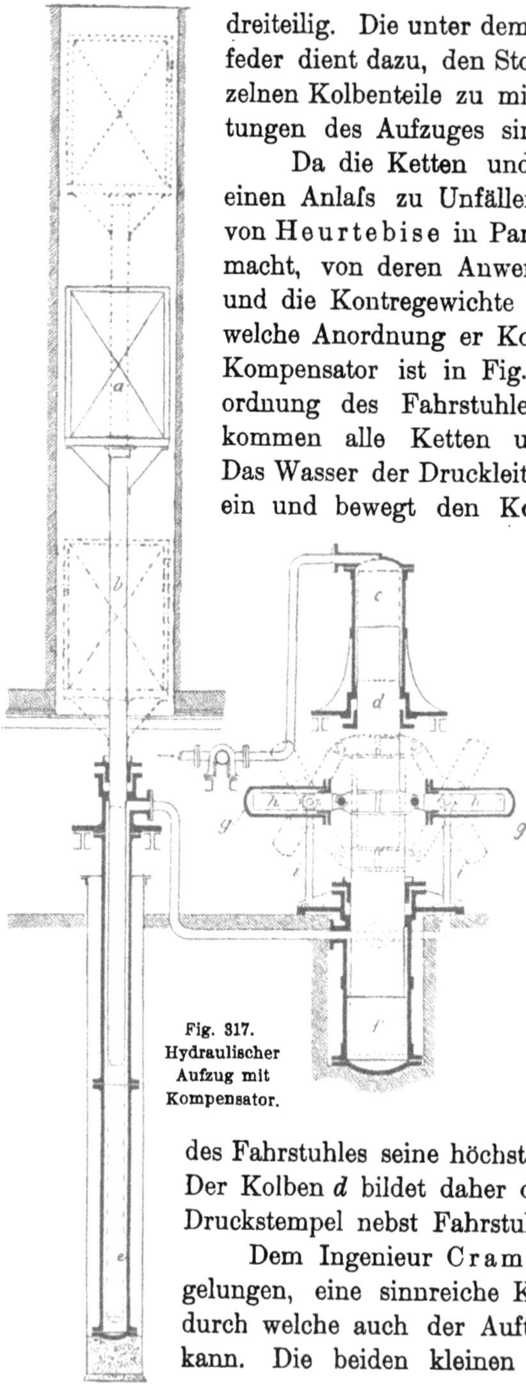

Fig. 317. Hydraulischer Aufzug mit Kompensator.

Dem Ingenieur Cramer ist es in neuerer Zeit gelungen, eine sinnreiche Konstruktion auszudenken, durch welche auch der Auftrieb ausbalanciert werden kann. Die beiden kleinen Cylinder *g* werden durch die Bewegung des Kompensatorkolbens *d* in Oscillation gesetzt, da die kleinen Plungerkolben *h* an dem Kolben *d* befestigt sind und dessen Bewegung folgen müssen. Nähert sich der Kolben *d* seiner höchsten Lage, so steht der Druckstempel *b* in seiner tiefsten Lage und hat den gröfsten Widerstand zu überwinden. Das Wasser des Cylinders *f* tritt dann unter die kleinen Plunger *h* und wirkt drückend mit, so dafs sich der Arbeitsdruck zur Hebung des Kolbens *d* um den Druck auf diese Flächen vermehrt. Beim Beginn des Niedergangs des Kolbens *d* werden die kleinen Plunger einen entsprechenden Druck entgegensetzen, welcher sich bis zur Mittelstellung bis auf Null reduziert, von hier an aber als aktiver Druck auftritt.

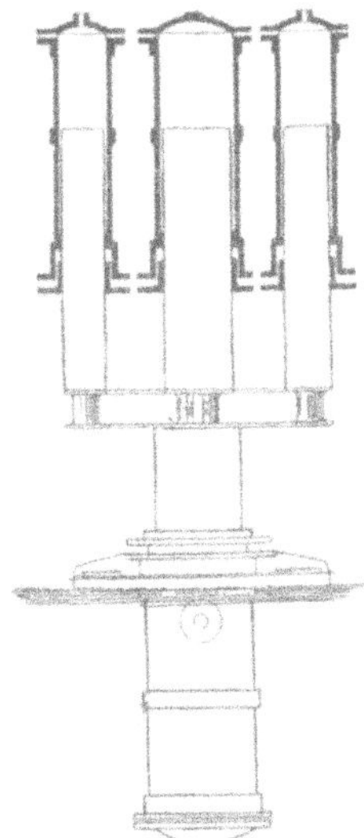

Fig. 318
Kompensator von Cramer

Eine weitere von Cramer vorgeschlagene Verbesserung besteht darin, statt eines oberen Kompensationscylinders deren drei anzuwenden,

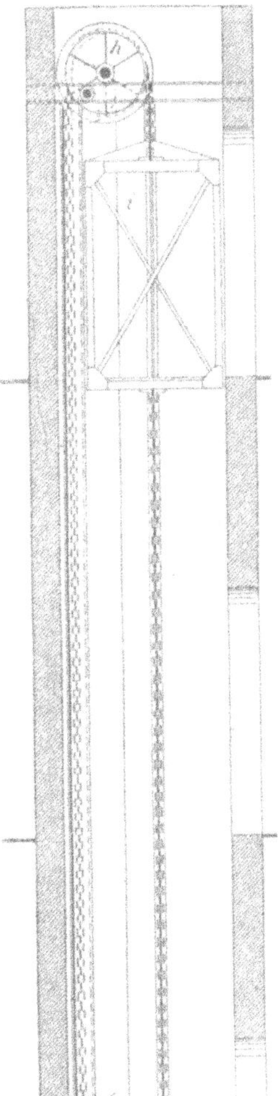

Fig. 319. Indirekt wirkender hydraulischer Aufzug

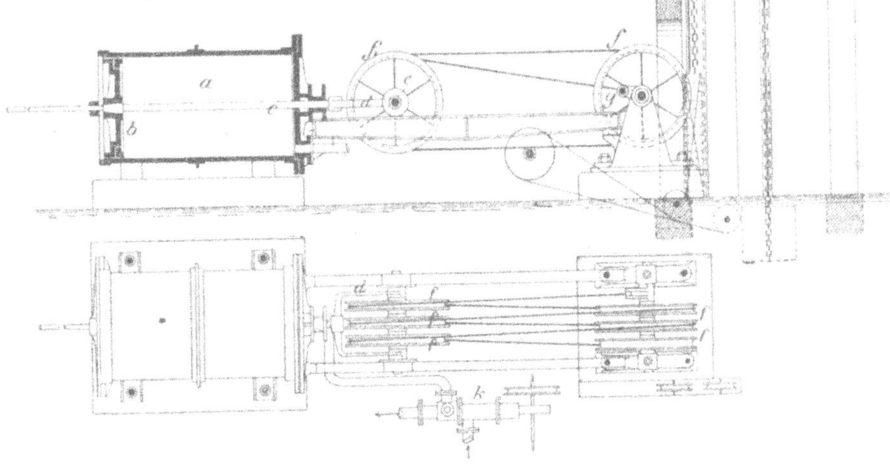

wie dies aus Fig. 318 zu ersehen ist. Je nach der Gröfse der zu fördernden Last oder nach der Anzahl der Personen, welche den Aufzug benutzen wollen, läfst man das Wasser nur in den mittleren oder in alle drei Cylinder eintreten und erreicht dadurch den grofsen Vorteil, den Wasseraufwand nach dem Kraftbedarfe regeln und dementsprechend auch Ersparnisse an Wasser herbeiführen zu können, was bei den früheren Konstruktionen nicht möglich ist.

Eine zweite Klasse der hydraulischen Aufzüge mit beweglichen Kolben bilden die indirekten Aufzüge, d. s. Aufzüge, bei welchen der Fahrstuhl an einem Seile hängt, und der Kolben eines Druckcylinders auf einen umgekehrten Flaschenzug wirkt, wodurch der Fahrstuhl gehoben und gesenkt wird. Dieselben gestatten eine billigere und bequemere Anordnung, als die direkt wirkenden Aufzüge. Sie bringen jedoch die Gefahr mit sich, dafs durch ein Reissen des Seiles trotz sonstiger Sicherheitsmafsregeln sehr leicht ein Unglück geschehen kann.

Die Fig. 319 zeigt die gebräuchlichste Anordnung dieser Aufzüge im Aufrifs und Grundrifs. Demzufolge zerfällt dieselbe in eine Anzahl festgelagerter Rollen f und eine gleiche Anzahl beweglicher Rollen f_1, welche letzteren auf einem Querhaupte e angeordnet sind und vom Druckkolben b des Cylinders a bewegt werden. Das Seil geht von einem festen Punkt aus und umschlingt die losen und festen Rollen wechselweise. Der Hub des Druckkolbens, multipliziert mit der Anzahl der Rollen, gibt die Förderhöhe des Fahrstuhles. Die Steuerung des Fahrstuhles erfolgt wiederum mit Hilfe eines endlosen Seiles durch den Steuermechanismus k.

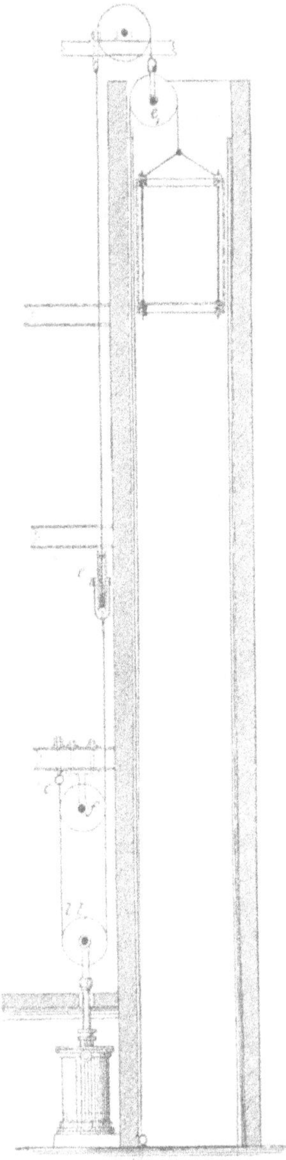

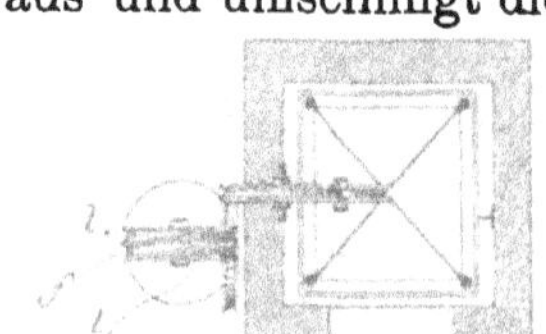

Fig. 320. Indirekt wirkender hydraulischer Aufzug.

Die Fig. 320 zeigt eine andere Anordnung unter Anwendung eines Potenzflaschenzuges. Der Druckcylinder steht aufrecht und bewegt zwei lose Rollen l und l_1, während eine feste Rolle f vertikal darüber gelagert ist. Das Seil geht von dem festen Punkt c aus und umschlingt wechselweise die Rollen l, f und l_1, von wo aus es nach der Rolle e vertikal aufwärts steigt, an welcher es befestigt wird. Bis hierher ist die Wirkungsweise dieselbe wie bei Anwendung eines gewöhnlichen Flaschenzuges. Die weitere Übersetzung des Hubes erfolgt durch einen Potenzflaschenzug, mit zwei Rollen e und e_1, sodafs der durch den einfachen Flaschenzug vervielfachte Hub mit $2^2 = 4$ zu multiplizieren ist, um den Hub des Fahrstuhles zu erhalten. Anderseits gibt eine Teilung der Förderhöhe durch die Übersetzungszahl die Hubhöhe des Druckkolbens. In dem skizzierten Falle wird daher der Hub des Druckkolbens ein Sechzehntel der Förderhöhe sein.

Bei allen mittels Seilen bewegten Fahrstühlen sind Sicherheitsvorrichtungen für den Fall eines Seilbruchs erforderlich. Dieselben bestehen zumeist in Fangvorrichtungen, welche durch den Seilbruch in Thätigkeit treten und auf ein Festklemmen des Fahrstuhls an seinen Gleitbahnen hinauslaufen. Eine neuere Konstruktion, die Geschwindigkeitsbremse vom Maschinenfabrikant Becker, weicht insofern von den früheren Konstruktionen wesentlich ab, als nicht beabsichtigt wird, bei einem Seilbruche den Fahrstuhl festzuklemmen, sondern demselben zufolge einer Bremswirkung eine langsame niedergehende Bewegung zu geben. Auf die Details dieser Einrichtung kann hier nicht näher eingegangen werden.

Die hydraulischen Aufzüge erhalten ihr Wasser entweder von einem hochgelegenen Reservoir aus, in welches das Wasser der Wasserleitung mittels Schwimmkugelhahn eintritt, oder durch eine direkte Verbindung mit der Druckleitung.

Die Anordnung unter Anwendung eines Reservoirs bietet den Vorteil, dafs der Druck, unter welchem der Aufzug arbeitet, stets sich gleich bleibt und der Wasserzuflufs von der Druckleitung aus ein gleichmäfsiger ist und auch dann stattfindet, wenn der Aufzug nicht in Benutzung ist. Das Zuleitungsrohr kann infolgedessen einen verhältnismäfsig geringen Durchmesser erhalten. Diese Anordnung setzt aber voraus, dafs das Reservoir in eine Höhe gelegt werden kann, welche der Druckhöhe des Leitungswassers nahezu gleichkommt, so dafs durch die Aufstellung des Reservoirs eine wesentliche Druckverminderung nicht herbeigeführt wird. Andernfalls wird sich der Verlust an Druckhöhe durch eine Erhöhung des Wasserverbrauchs bemerkbar machen.

Ist der Aufzug direkt an der Druckleitung angeschlossen, so sind die Ansprüche an die Zuleitung des Wassers bedeutend gröfsere, indem zufolge der Art des Betriebes während kurzer Zeit grofse Wassermengen der Strafsenleitung entnommen werden, der Zuflufs aber mit Schlufs des Einströmungsventils aufhört. Die Wasserentnahme steigt mit dem Durchmesser des Druckstempels und der Fahrgeschwindigkeit, und mufs der Durchmesser der Zuleitung auf Grund derselben bestimmt werden. Die Zuleitungen werden dementsprechend sehr weite sein und daher auch einen grofsen Wassermesser erhalten müssen, dessen korrektes Funktionieren durch die stofsweise Entnahme sehr in Frage gestellt ist. Die grofse Wasserentnahme kann aber Strafsenleitungen kleineren Durchmessers (80 und 100 cm) in einer Weise in Anspruch nehmen, dafs andere Zwecke der Wasserversorgung unter dem Betriebe der Aufzüge leiden. Bei einer allgemeinen Anwendung der Aufzüge wird man daher ein bedeutend weiteres Rohrnetz legen müssen, als für die eigentliche Wasserversorgung der Bewohner erforderlich ist. Wenn es sich um den Anschlufs eines oder mehrerer Aufzüge an einen Rohrstrang handelt, so ist stets vorher zu untersuchen, welcher Einflufs auf die Gesamtanlage hierdurch zu erwarten steht. Nur auf Grund dieser Untersuchung ist die Genehmigung der Anlage auszusprechen, eventuell die Anwendung eines Reservoirs vorzuschreiben.

Ein fernerer Punkt, welcher bei den Anlagen mit direkter Rohrverbindung in Betracht kommt, sind die Rückschläge, welche durch zu schnelles Abschliefsen des Wasserzuflusses entstehen. Dieselben wirken schädlich auf die Festigkeit und Dichtheit der Leitung, sie müssen daher vermieden oder wenigstens möglichst gemildert werden. Aus diesem Grunde ist eine amtliche Prüfung dieser Anlagen vor deren Inbetriebnahme unbedingt vorzunehmen, und die Inbetriebnahme nur solcher Anlagen zu gestatten, bei denen die Stöfse innerhalb zulässiger Grenzen bleiben. Diese Prüfung ist von Zeit zu Zeit zu wiederholen. Die Einschaltung von Windkesseln zur Vermeidung der Rückschläge wird nur dann von Wirkung sein, wenn die durch das Wasser absorbierte oder fortgeführte Luft von Zeit zu Zeit durch entsprechende Vorrichtungen ergänzt wird Geschieht dies nicht, so verschwindet die Luft nach und nach aus dem Windkessel und macht denselben dadurch unwirksam.

d) Die Wasserstrahlpumpen.

Dieselben dienen dazu, mittels eines Druckstrahles Wasser zu heben und wegzuführen. Sie finden zumeist Anwendung zur Entwässerung von Kellern, Baugruben etc., kurz zu Arbeiten, welche nur vorübergehend sind, oder bei denen es mehr auf eine möglichst einfache und handliche, als ökonomisch wirkende Einrichtung ankommt. In Fig. 321 ist eine Strahlpumpe von Körting mit den anschliefsenden Rohrverbindungen zur Darstellung gebracht. Das Druckwasser strömt durch eine Düsenöffnung aus und reifst das

Fig. 321.
Wasserstrahlpumpe von Körting.
$^1/_8$ d. nat. Gröfse.

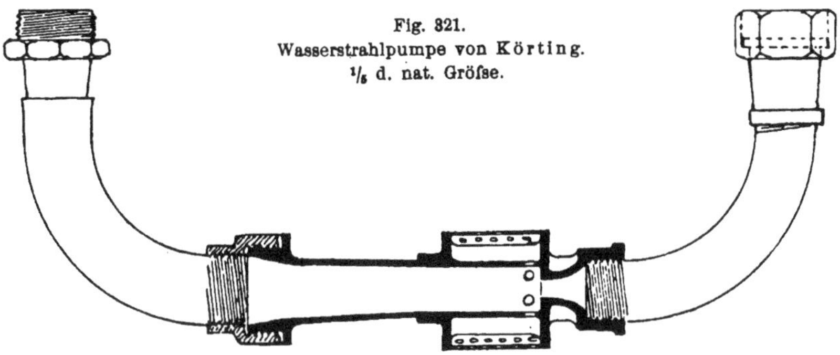

umgebende Wasser, welches durch mehrere, am Umfange befindliche Öffnungen eintritt, mit fort. Zur Abhaltung von gröberen Unreinigkeiten ist der Wassereintritt durch ein umgelegtes Siebblech geschützt.

Für vorübergehende Zwecke erfolgt die Zuleitung des Wassers in der Regel mittels Schlauch von einem Feuerhahn aus, die Ableitung des Wassers ebenfalls mittels Schlauch nach einem Punkte, von wo aus es selbstthätig weiter abfliefsen kann. Für ständige Anlagen kann man der Druckwasserzuleitung einen wesentlich geringeren Durchmesser als der Ableitung geben, und genügt eine Zuleitung von 20—25 mm Durchmesser für eine Ableitung von 40—50 mm Durchmesser.

Der Nutzeffekt dieser Apparate ist ein verhältnismäfsig geringer. Durch einen Druckwasserverbrauch von 8 cbm in der Stunde bei 30 m Leitungsdruck werden ca. 5 cbm Wasser 3—4 m hoch gehoben.

e) Die Bierdruckapparate.

Die Benutzung einer Druckwasserleitung zur Hebung von Flüssigkeiten nach einem höher gelegenen Ausflufspunkte erfolgt in der Weise, dafs Luft mit Hilfe des Wasserdruckes komprimiert und durch Rohrleitungen nach dem im Keller lagernden Fasse geführt wird. Der hierdurch auf die Flüssigkeit (Bier) ausgeübte Druck hebt dieselbe nach einem höher gelegenen Ausflufspunkt (Schankstelle).

Die beistehende Fig. 322 zeigt schematisch die wesentlichsten Teile dieser Einrichtung. Dieselbe besteht aus einem Druckwasserkessel A, in welchen von unten her das Druckwasser nach

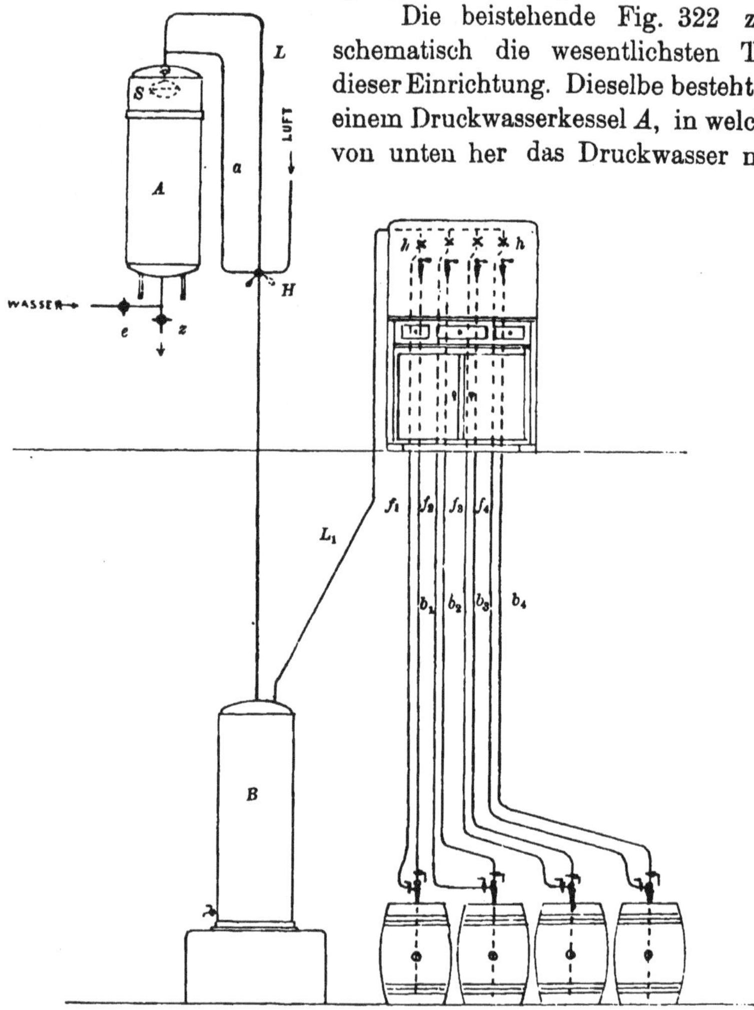

Fig. 322. Bierdruckapparat.

Öffnung eines Ventils e eintritt. Vom höchsten Punkte dieses Wasserkessels führt die Luftleitung L nach einem Luftwindkessel B und von diesem aus eine zweite Leitung L_1 nach der Schankstelle, wo sich dieselbe in eine den Bierausläufen entsprechende Anzahl von Leitungen teilt. Jeder dieser Abzweige f_1, f_2, f_3 etc. ist durch einen Lufthahn h verschliefsbar und mündet in dem im Keller liegenden Fasse mittels eines Syphonhahnes ein. Durch das bis auf den

Boden des Fasses reichende Röhrchen desselben steigt dann zufolge des Druckes der zugeführten Luft das Bier in den Leitungen b_1, b_2 etc. nach dem Schanktisch empor und kann dort abgezapft werden. Die Lufthähne *h* werden nur zeitweilig geöffnet, um die Luft im Fasse entsprechend zu spannen, hierauf jedoch wieder geschlossen.

Ist der Druck im gemeinsamen Windkessel *B* zu erneuern, so mufs die Verbindungsleitung zwischen dem Druckwasserkessel *A* und dem Windkessel *B* geschlossen, die Luftleitung *a* hingegen, welche die frische Luft von aufsen zuführt, geöffnet werden. Beides wird durch die Umstellung eines Dreiweghahnes *H* erreicht, und ist es dann möglich, mittels eines Zapfhahnes *z* das im Wasserkessel enthaltene Wasser zum Abflufs zu bringen. Nach der Entleerung des Kessels *A* schliefst man durch Umstellung des Dreiweghahnes den Luftzutritt ab und öffnet den Zuflufs des Druckwassers. Das Wasser wird die Luft so lange aus dem Kessel *A* hinausdrängen, bis ein an der Decke des Kessels *A* hängendes Schwimmventil *S* das weitere Aufsteigen des Wassers hindert. Mit dem Abschliefsen der Zuflufsleitung ist der Vorgang beendigt.

Der gewöhnlich im Erdgeschofs stehende Druckwasserkessel *A* wird aus Eisenblech gefertigt und erhält einen Durchmesser von ca. 40 cm und eine Höhe von 1,0 m, der im Kellergeschofs stehende Windkessel *B* wird aus verzinntem Eisenblech hergestellt und erhält einen Durchmesser von 40—45 cm und eine Höhe von 1,25 m. Die Rohrleitung, durch welche die Luft nach dem Druckwasserkessel gelangt, ist bis ins Freie zu führen, damit nur reine unverbrauchte Luft der äufseren Atmosphäre zur Verwendung kommt. Das aus dem Druckkessel abfliefsende Wasser findet oft noch eine weitere Verwendung, z. B. zum Spülen von Pissoirs, zur Speisung von Fischbehältern etc.

f) Die Fischbehälter.

An die Versorgung von Fischbehältern und Aquarien wird oft die Anforderung gestellt, dem austretenden Wasserstrahl Luft beizumengen, um demselben ein perlendes Ansehen zu geben. Dieser Zweck wird durch Einschaltung eines kleinen Saugapparates erreicht, dessen Einrichtung aus Fig. 323 zu ersehen ist. Das Wasser strömt durch eine kleine Düsenöffnung mit

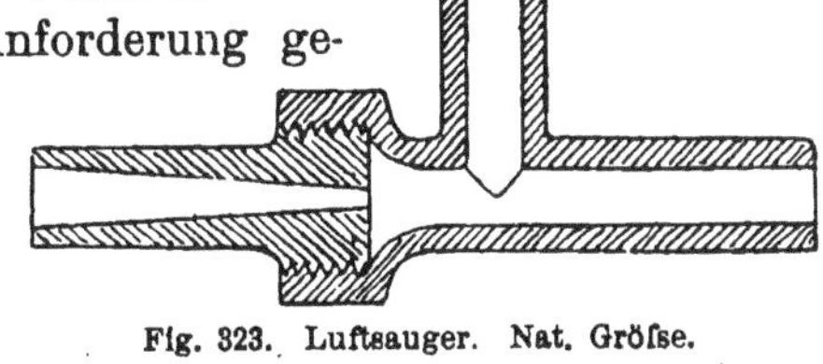

Fig. 323. Luftsauger. Nat. Gröfse.

grofser Geschwindigkeit in einen Luftraum aus und reifst dadurch die umgebende Luft, welche seitlich durch ein Röhrchen zugeführt wird, mit fort, so dafs ein Gemisch von Wasser und Luft dem Mundstück entströmt. Da der Apparat unter Wasser liegt, so mufs das Luftrohr so weit hochgeführt werden, dafs es über dem Wasserspiegel mündet, was in der Regel in der Weise geschieht, dafs man es an dem Wasserrohre zurückleitet, wenn das Wasserrohr von oben in den Behälter eintritt.

Fig. 324.
Fischbehälter. 1/20 d. nat. Gröfse.

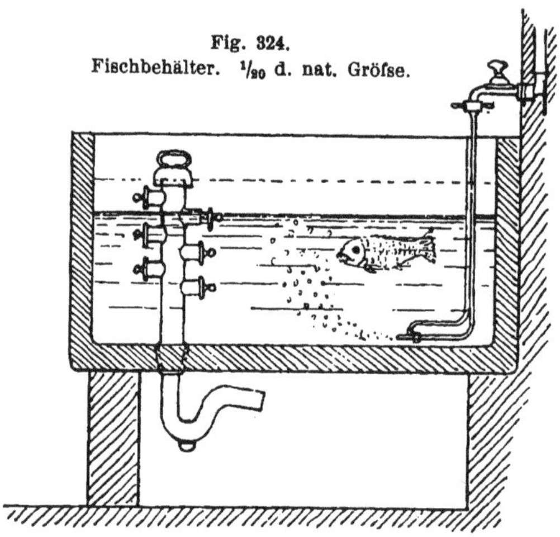

In Fig. 324 ist diese Einrichtung für einen Fischbehälter zur Anwendung gebracht worden. Die Zuleitung erhält aufser dem kleinen Luftsauger eine Absperrvorrichtung, um den Wasserzuflufs regeln zu können. Die Konstruktion des Überlaufes weicht insofern von den früheren Konstruktionen ab, als derselbe je nach dem Bedarfe für verschiedenen Wasserstand eingestellt werden kann. An dem Überlaufrohre befinden sich seitlich eine Anzahl Kegelventile, welche durch Hand stellbar sind. Wird eines dieser Ventile geöffnet, so kann das Wasser im Behälter nicht höher steigen, als bis zur Höhe dieses Ventils, da von hier an das zutretende Wasser durch das Ventil abfliefsen wird. Sind sämtliche Ventile geschlossen, so steigt das Wasser am höchsten auf und fliefst erst über die Kante des Überlaufrohres in den Ablauf. Der Überlauf ist zugleich Entleerungseinrichtung.

Kapitel 18.

Die Feuerlöschleitungen.

Für ausgedehnte Feuerlöschleitungen finden ausschliefslich gufseiserne Rohrleitungen Anwendung, welche, wenn sie auf Höfen und Wegen zu liegen kommen, auch als Verteilungsleitungen anderen Zwecken dienen können, innerhalb von Gebäuden aber in der Regel von den übrigen Versorgungsleitungen getrennt als besondere Leitungen angelegt werden. Die Gründe hierfür sind bereits bei

Besprechung der allgemeinen Disposition der Leitungen, Kap. 13, dargelegt worden.

Die Anordnung der Feuerlöschleitungen aufserhalb der Gebäude auf Höfen und Wegen ist durch die örtlichen Verhältnisse meistens ziemlich scharf vorgezeichnet, und wird man nur diejenigen Orte zu bestimmen haben, wo die Aufstellung der einzelnen Feuerhähne am zweckmäfsigsten zu erfolgen hat. Aufser der Feuergefährlichkeit der zu sichernden Gebäude ist bei der Wahl des Ortes für einen Feuerhahn zu berücksichtigen, dafs man von demselben aus möglichst viele Objekte ohne Hindernisse zum Zwecke der Feuerlöschung erreichen kann, seine Stellung aber gleichzeitig eine derartige ist, dafs sie den Verkehr auf der Brandstelle nicht hindert. Die Entfernung zweier Feuerhähne soll nicht mehr als 80 m betragen, doch sind Ausnahmen, durch örtliche Verhältnisse bedingt, nicht ausgeschlossen.

Bei der Bemessung der Entfernung der Rohrleitung von dem zu sichernden Gebäude ist darauf Bedacht zu nehmen, dafs die Feuerhähne nicht zu nahe an dasselbe zu liegen kommen. Bei Entfernungen des Feuerhahnes bis zu 3,0 m von der Gebäudemauer kann bei einem ausbrechenden Brande die Bedienung des Feuerhahnes sehr gefährlich, unter Umständen ganz unmöglich werden. Ist man durch die örtlichen Verhältnisse gezwungen, die Leitung sehr nahe dem Gebäude zu verlegen, so setze man die Feuerhähne nicht auf die Hauptleitung, sondern neben dieselbe, und gebe ihnen besondere Zuleitungen vom Hauptrohre aus.

Für die Anordnung der Feuerlöschleitungen im Innern der Gebäude gelten im allgemeinen dieselben Regeln, wie für die Nutzwasserleitungen, doch wird man nicht allenthalben die Bedingung der frostfreien Lage innehalten können. Als Hauptregel der Anordnung der Feuerhähne im Gebäude gilt die leichte Zugänglichkeit derselben. Es sind daher alle Winkel und Ecken für die Aufstellung von Feuerhähnen als nicht geeignet zu bezeichnen, hingegen legt man dieselben mit Vorteil auf Korridore und in die Nähe der Treppenaufgänge, so dafs der Zugang und die Weiterleitung des Wassers nach entfernteren Brandstellen möglichst erleichtert ist. Selbstverständlich sind auch für die Disposition der Leitung die Lage derjenigen Räume, welche etwa in hervorragender Weise geschützt werden sollen, von Einflufs. Die Hauptverteilung der Röhren erfolgt wiederum in den Kellerräumen, und man verbindet die in den einzelnen Stockwerken gleichmäfsig angeordneten Feuerhähne durch eine Anzahl von Steigeröhren. Längere horizontale Zweigleitungen in den Stockwerken vermeide man möglichst ganz. Für sehr ausgedehnte Gebäude, Museen, grofse Fabriken empfiehlt es sich, statt einer Hauptleitung mit ausgedehnten Zweigleitungen im Kellergeschofs, zwei oder mehrere Feuerlöschleitungen mit direktem Anschlufs an die Strafsenleitung herzustellen.

Bei den vertikal aufsteigenden Rohrsträngen innerhalb der Gebäude kommt ein Formstück zur Verwendung, welches durch die Veränderung der Mauerstärken in den einzelnen Stockwerken veranlafst wird und den Namen Etagenrohr führt. Es hat die seitliche Verschiebung der Rohrachse um das Mafs eines halben Mauersteines = 13 cm zur Folge. Seine Hauptanwendung findet es jedoch bei Entwässerungsleitungen, bei deren Besprechung es auch in Fig. 382 zur Darstellung gekommen ist.

Da die Aufgabe der Feuerlöschleitungen darin besteht, gröfsere Wassermengen in kurzer Zeit abzugeben, so übt der Durchmesser der Leitung, resp. auch der Druck, welcher in der Leitung herrscht, einen wesentlichen Einflufs auf die gute Erfüllung des Zweckes aus. Es ist daher dringend zu empfehlen, Feuerlöschleitungen einen grofsen Durchmesser zu geben. Da das Rohrleitungsmaterial Gufseisen ist, so sind die Mehrkosten für eine etwas weitere Rohrleitung verschwindend gegen die Vorteile, welche man dadurch erreicht.

Der Durchmesser der Feuerlöschleitung richtet sich nach der Gröfse und Anzahl der aufzustellenden Feuerhähne, und zwar soll die Leitung stets einen gröfseren Durchmesser als der Feuerhahn erhalten. Kommen z. B. Feuerhähne von 40 mm Durchmesser zur Anwendung, so wird das Steigerohr mindestens einen Durchmesser von 50 mm, sind mehr als drei Feuerhähne von einem Steigerohr aus zu versorgen, das letztere mindestens einen Durchmesser von 60 mm erhalten müssen. Für gröfsere Feuerhähne erhöhen sich die Rohrdurchmesser entsprechend. Dasselbe gilt von Feuerlöschleitungen auf dem Hofe. Grofse Feuerhähne mit einem 80 mm weiten Ansatzstutzen und 65 mm weitem Ventildurchgang können nur auf einem Leitungsrohr von mindestens 80 mm Durchmesser aufgestellt werden. Sind mehr als zwei grofse Feuerhähne von einer Rohrleitung aus zu versorgen, so ist das Zuleitungsrohr entsprechend zu verstärken, während nach dem Endpunkte zu der Durchmesser der Leitung auf 80 mm zurückgehen kann. Selbstverständlich ist bei der Wahl der Durchmesser auch der in der Leitung herrschende Druck zu berücksichtigen, und kann bei höherem Drucke (über fünf Atmosphären) die Anzahl der an eine Leitung anzuschliefsenden Feuerhähne erhöht werden, während sie bei sehr niederem Leitungsdrucke (unter 2,5 Atmosphären) verringert resp. der Durchmesser der Leitung vergröfsert werden mufs.

Feuerhähne von 40 mm Durchmesser und mehr sind mit Gewinden zu versehen, welche den öffentlichen Feuerlöscheinrichtungen angepafst und demzufolge zumeist vorgeschrieben sind.

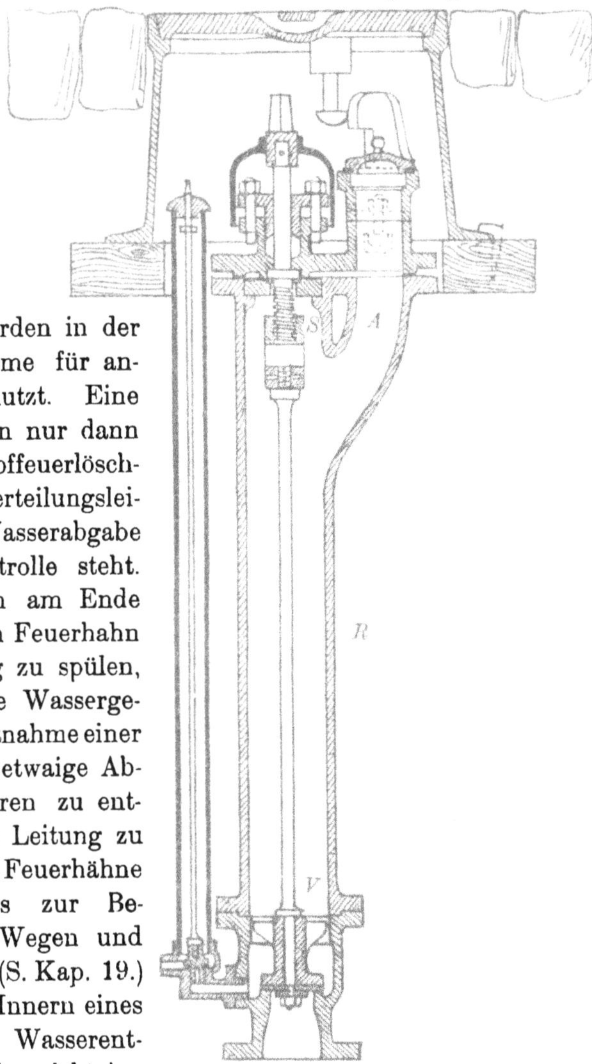

Fig. 325.
Feuerhahn mit Handentleerung.
$^1/_{10}$ d. nat. Gröfse.

Die Feuerhähne werden in der Regel zur Wasserentnahme für andere Zwecke nicht benutzt. Eine Ausnahme hiervon kann nur dann eintreten, wenn eine Hoffeuerlöschleitung gleichzeitig Verteilungsleitung ist, und die Wasserabgabe unter Wassermesserkontrolle steht. Man benutzt dann den am Ende der Leitung aufgestellten Feuerhahn häufig dazu, die Leitung zu spülen, d. h. durch die erhöhte Wassergeschwindigkeit bei der Entnahme einer gröfseren Wassermenge etwaige Ablagerungen in den Röhren zu entfernen und dadurch die Leitung zu reinigen. Auch können Feuerhähne kleineren Durchmessers zur Besprengung von Höfen, Wegen und Gärten benutzt werden. (S. Kap. 19.)

Die Feuerhähne im Innern eines Gebäudes werden zur Wasserentnahme für andere Zwecke nicht benutzt, es befindet sich daher auch kein Ausgufsbecken unter denselben zur Ableitung von Wasser. Die Feuerhähne werden in vielen Fällen zur Sicherung gegen unbefugte Wasserentnahme plombiert, und darf die Plombe nur bei Feuersgefahr gelöst werden.

Von den Feuerhähnen, welche auch den Namen Hydranten führen, zeigt die Fig. 325 eine bewährte Konstruktion. Dieser Feuerhahn ist vollständig in das Erdreich eingebaut, und von demselben nur der Deckel der gufseisernen Kappe im Boden sichtbar. Er wird daher auch Unterflurhydrant genannt, im Gegensatze zu einem Überflurhydranten bei welchem sich die Bewegungsmechanismen und die Schlauchanschlüsse in und an einem säulenartigen Körper über dem Terrain befinden.

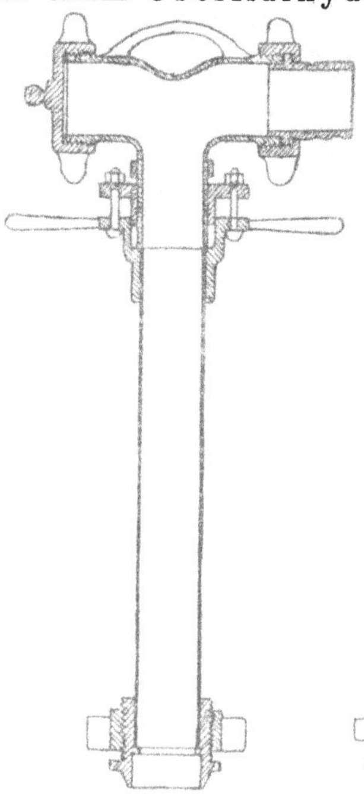

Fig. 326.
Standrohr.
$^1/_{10}$ d. nat. Gröfse.

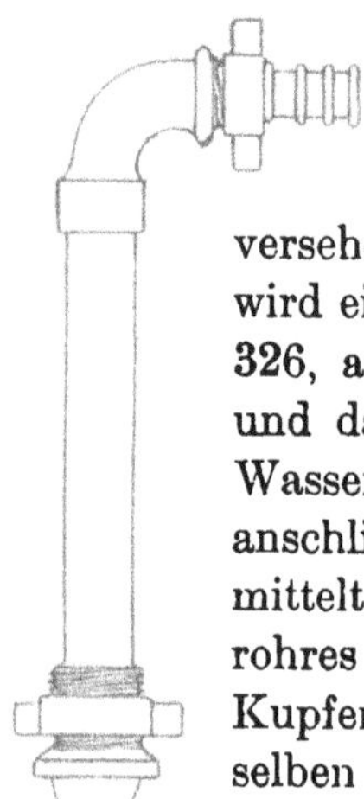

Fig. 327.
Kleines Standrohr.
$^1/_{10}$ d. nat. Gröfse.

Nach Öffnung des Ventils *V* mit Hilfe der Spindel *S* steigt das Wasser im Hydrantenrohre *R* auf nach einem Seitenabzweige *A*, dessen Mündung mit einem Bajonettverschlufs versehen ist. Mit Hilfe des letzteren wird ein sogen. Standrohr, Fig. 326, auf dem Abzweige befestigt und dadurch die Überleitung des Wassers in das an das Standrohr anschliefsende Schlauchrohr vermittelt. Das Hauptrohr des Standrohres wird in der Regel aus Kupfer, die übrigen Teile desselben aus Messing hergestellt. Der Oberteil mit den Schlauchanschlüssen ist im Rohre drehbar und kann der Richtung der Schlauchleitung entsprechend verstellt werden. Eine einfachere Konstruktion eines Standrohres aus Eisen mit nur einem Schlauchanschlusse und für kleinere Feuerhähne bestimmt, zeigt Fig. 327.

Bei der Herstellung der Feuerhähne ist besonders darauf zu achten, dafs alle Teile möglichst stark ausgeführt werden. Es liegt in der Veranlassung ihrer Benutzung, dafs letztere oft nicht mit der wünschenswerten Vorsicht, hingegen oft unter Anwendung übermäfsiger Kraft geschieht, so dafs Beschädigungen leicht vorkommen können. Zu diesen gehört in erster Linie das Wegbrechen der Backen des Bajonettverschlusses. Es ist daher im Interesse einer leichten Reparierung dieses Schadens zu empfehlen, das Rohrende mit dem Bajonettverschlufs nicht an das Gehäuse anzugiefsen, sondern als ein besonderes Stück herzustellen und durch Schrauben zu befestigen, so dafs dasselbe erforderlichenfalls ohne Schwierigkeit durch ein neues ersetzt werden kann. Bei einem Defekt am Ventil läfst sich nach Lösung der Deckelschrauben das Ventil nebst Stange herausheben und wieder einsetzen, ohne dafs ein Ausgraben des Feuerhahnes notwendig wird.

Jeder Feuerhahn ist ferner mit einer Entleerungsvorrichtung zu versehen, welche die Entfernung des im Rohre stehen bleibenden Wassers zur Verhinderung des Einfrierens des Feuerhahnes im Winter gestattet. Diese Entleerungsvorrichtung besteht entweder in einem an einer Stange befindlichen Lederkonus, welcher in einer nach aufsen führenden Öffnung steckt, oder in einer Entleerungsschraube (siehe Fig. 325), welche durch eine verlängerte Schlüsselstange mit Schutzrohr und einen kleinen aufgesetzten Schlüssel von oben her bewegt wird. Das Entleeren erfordert daher in beiden Fällen eine besondere Thätigkeit. Diesen Einrichtungen steht die selbstthätige Entleerung gegenüber, welche in Fig. 328 zur Anschauung gebracht ist. Das Feuerhahnventil schliefst schieberartig bei seiner Anhebung eine kleine Entleerungsöffnung, welche anderseits bei der Schliefsung des Feuerhahnes wieder frei wird und das zurückgebliebene Wasser nach aufsen leitet. Ist das umgebende Erdreich für die schnelle Aufnahme von Wasser nicht geeignet (Lehm, Thon), so mufs man die Baugrube des Feuerhahnes etwas gröfser als erforderlich ausheben und beim Verfüllen die Mündung der Entleerungseinrichtung mit einer Kiesschicht umgeben, welche das Entleerungswasser aufnimmt und nach und nach versinken läfst. Bei voraussichtlich öfterer Benutzung des Feuerhahnes kann unter den vorstehenden Verhältnissen auch die Herstellung einer kleinen Entleerungsleitung bis zur nächstgelegenen Schleuse etc. am Platze sein.

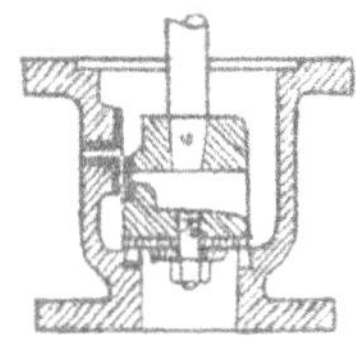

Fig. 328.
Selbstthätige Entleerung für Feuerhähne.
$^1/_{10}$ d. nat. Gröfse.

In Fig. 329 ist die charakteristische Form eines Überflurhydranten zur Anschauung gebracht. Das Abschlufsventil sitzt wiederum in frostfreier Tiefe des Bodens, das aufsteigende Rohr geht in Terrainhöhe in eine Säule über, an welcher sich die Schlauchanschlüsse befinden. Der Spindelmechanismus mit dem Stopfbüchsendurchgang hat seinen Platz in dem Kopf der Säule gefunden, und es dient entweder direkt der Säulenknopf zur Bewegung desselben oder es wird erst nach dessen Entfernung die Spindel zugänglich. Die Überflurhydranten sind ebenfalls mit einer Entleerung, und zwar entweder mit einer Handentleerung oder einer selbstthätigen Entleerung, welche den früher beschriebenen Konstruktionen gleichen, versehen.

Die Anwendung der Säulenform für den Oberbau gibt die Veranlassung zu den viel-

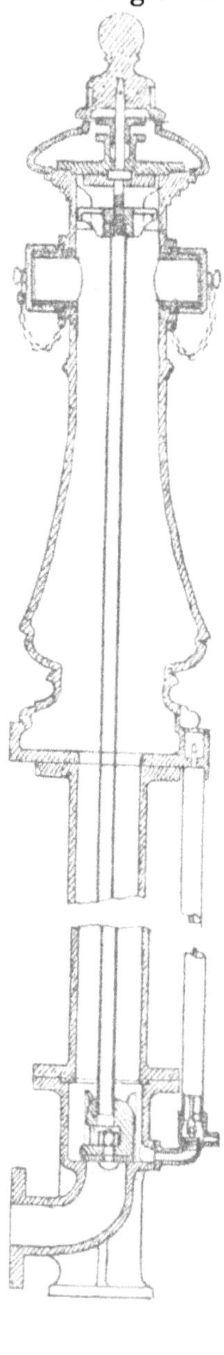

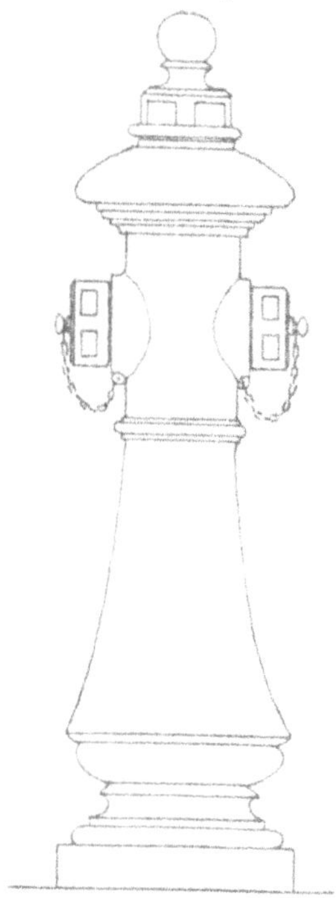

Fig 329.
Überflurhydrant.
$^1/_{10}$ d. nat. Gröfse.

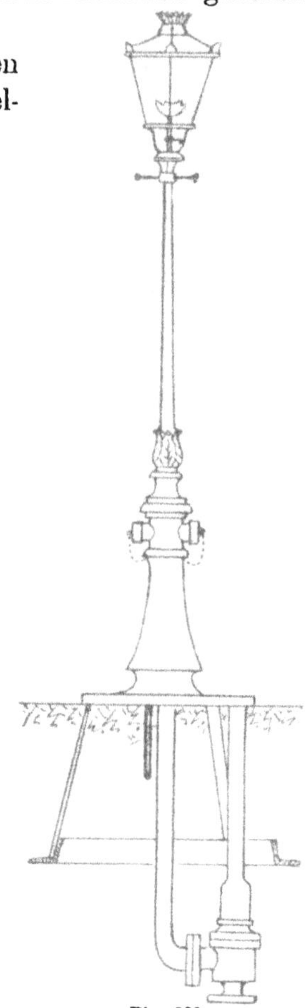

Fig. 330.
Strafsenlaterne als Überflurhydrant. $^1/_{40}$ d. nat. Gröfse.

gestalteten, oft reich verzierten Formen dieser Feuerhähne. Auch werden andere Einrichtungen, Brunnen, Laternenständer mit denselben in Verbindung gebracht. Es würde zu weit führen, auf diese verschiedenen Kombinationen näher einzugehen, und soll nur die Verbindung eines Überflurhydranten mit einer Strafsenlaterne durch beistehende Fig. 330 zur Anschauung gebracht werden, welche insofern etwas von der früher vorgeführten Konstruktion abweicht, als das Ventil neben dem Steigerohr Platz finden mufs und durch eine verlängerte Schlüsselstange und Schutzrohr mit der Terrainoberfläche in Verbindung steht. Es entfällt bei dieser Konstruktion der Vorteil, dafs das Ventil bei einer Reparatur herausgehoben werden kann, ohne dafs der Feuerhahn ausgegraben zu werden braucht. Das Ventil ist mit einer Entleerungsvorrichtung versehen.

Die Aufstellung der Feuerhähne erfolgt entweder direkt auf der Rohrleitung, oder, wenn die örtlichen Verhältnisse dies nicht gestatten, an einem Seitenabzweig von entsprechendem Durchmesser. Der direkten Aufstellung über dem Leitungsrohre stehen bei allen Unterflurhydranten örtliche Schwierigkeiten im allgemeinen nicht entgegen, da dieselben nur mit ihren Kappendeckeln in der Bodenfläche sichtbar sind und den Verkehr nicht stören. Man wird daher diesen Feuerhähnen nur in Ausnahmefällen, z. B. wenn über den Ort viele und schwere Lastfuhrwerke verkehren, oder die Rohrleitung zu nahe dem zu sichernden Gebäude liegt, eine Aufstellung seitwärts des Rohres geben.

Die Überflurhydranten werden in seltenen Fällen unmittelbar auf der Hauptleitung zu stehen kommen, da sie durch ihr Hervortreten über den Erdboden gewissermafsen ein Verkehrshindernis bilden und daher nur an einem Orte zweckmäfsig aufzustellen sind, wo sie als ein Hindernis nicht mehr angesehen werden können, z. B. an Häuserfronten, in die Richtung einer Baumreihe etc., doch kann hierdurch wiederum der Fall eintreten, dafs der Feuerhahn dem Brandobjekt unter Umständen zu nahe liegt und nur mit Gefahr zu bedienen ist. In engen Strafsen und Wegen wird ihre Aufstellung jedoch stets ein Hindernis bilden,

Für beide Arten der Aufstellung ist die Einschaltung eines **A**-Stückes in die Rohrleitung erforderlich, bei dessen Verlegung darauf zu achten ist, dafs der Flansch für eine direkte Aufstellung des Feuerhahnes genau wagrecht liegt, da andernfalls der Feuerhahn, welcher mittels Schrauben und einer Gummidichtung mit doppelter Hanfeinlage auf dem Flanschabzweig befestigt wird, schief zu stehen kommen würde. Bildet der Feuerhahn das Ende einer Rohrleitung, so kommt das **A**-Stück in Wegfall, und es wird die Verbindung zwischen der Rohrleitung und dem Feuerhahn durch einen Fufskrümmer vermittelt. Längere Zweigleitungen für Feuerhähne versieht man oft mit einem Absperrschieber am Hauptrohre.

Die Vor- und Nachteile beider Konstruktionen sind zusammengefafst folgende:

Die Unterflurhydranten lassen sich überall leicht aufstellen, da sie nach aufsen nicht hervortreten und kein Verkehrshindernis bilden, was bei den Überflurhydranten nicht der Fall ist. Die Unterflurhydranten sind aber infolge ihrer Lage nicht so leicht auffindbar als die Überflurhydranten. Dieser Umstand kann zu bedenklichen Folgen Anlafs geben, da die durch einen ausbrechenden Brand verursachte Aufregung die Auffindung noch wesentlich erschwert. Die Lage der Unterflurhydranten wird daher durch Schilder kenntlich gemacht, welche an benachbarten feststehenden Gegenständen: Wänden, Gartensäulen etc. leicht sichtbar befestigt werden. Diese Schilder, für welche die Fig. 331 ein Beispiel zeigt, geben die normale und seitliche Entfernung in Zahlen an und werden aus emailliertem Eisenblech oder Gufseisen farbig hergestellt.

Im Winter wird die Auffindung der Unterflurhydranten durch Schnee und Eis noch wesentlich erschwert, und ist es dann zu

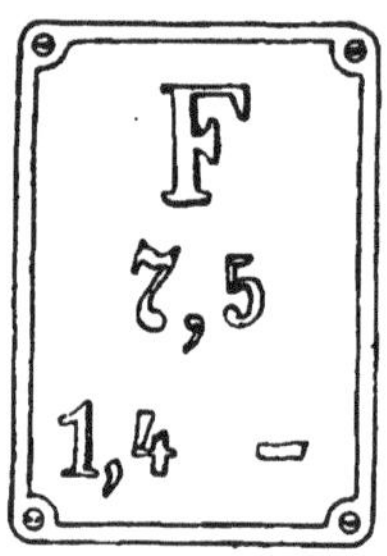

Fig. 331.
Feuerhahnschild.

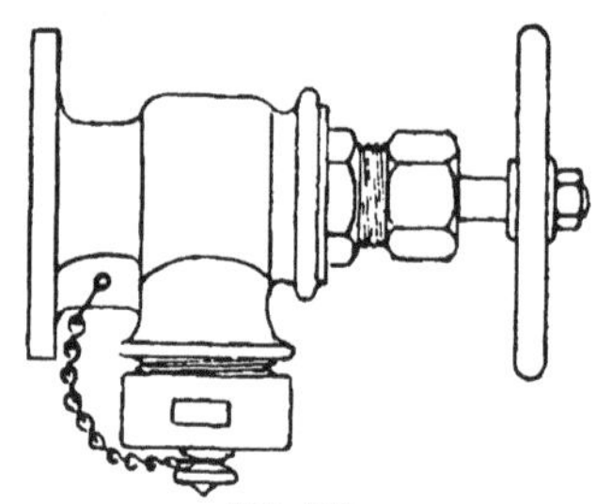

$^1/_6$ d. nat. Gröfse.

Fig. 332.
Feuerhahn.

empfehlen, nach Beendigung eines Schneefalls die Kappen vom Schnee zu reinigen und mit Viehsalz zu bestreuen.

Die Unterflurhydranten sind zufolge ihrer Lage äufseren Beschädigungen nicht ausgesetzt, während dies bei den Überflurhydranten der Fall und der Anlafs zu öfteren Reparaturen ist.

Schliefslich sind die Überflurhydranten zufolge ihrer Gröfse und äufseren Ausstattung doppelt so teuer, als ein Unterflurhydrant bester Konstruktion und von gleichem Durchmesser, was unter Umständen auch ins Gewicht fallen kann.

Die Feuerhähne im Innern der Gebäude sind einfache Eckventile mit Schlauchanschlufs. Die Fig. 332 zeigt die übliche Form derselben. Sie werden entweder mit Gufseisengehäuse und Metallgarnitur oder ganz aus Metall hergestellt.

Die Weiterleitung des Wassers vom Feuerhahn nach der Brandstelle erfolgt durch Schläuche, und finden die gummierten Hanfschläuche hierfür die meiste Anwendung. Die Verbindung der einzelnen Schläuche geschieht mittels Verschraubungen, von denen drei Arten der Ausführung in den Figuren 333—335 dargestellt sind. Die Schläuche werden auf die mit Erhöhungen und Vertiefungen versehenen Verschraubungsteile aufgeschoben und durch umgelegte

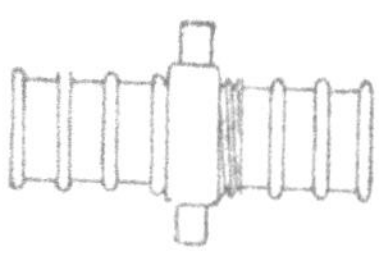

Fig. 333.

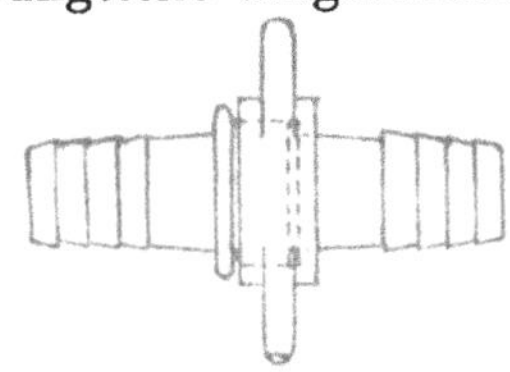

Fig. 334.

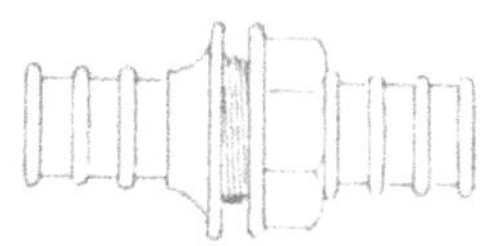

Fig. 335.

Schlauchkuppelungen 1/6 d nat. Gröfse.

Kupferdrähte oder Schlauchschnur befestigt. Die Fig. 336 zeigt eine Patentschlauchkuppelung, bei welcher die Schlauchenden nur auf Metallringe aufgeschoben und mittels Überwurfmuttern festgehalten werden. Öfters werden die Gewinde der Schlauchverschraubungen am Ende einfach glatt abgedreht, so dafs dieselben in einer Spitze verlaufen. Hierdurch ist aber einerseits die Veranlassung gegeben, dafs beim Zusammenschrauben das Gewinde sich leicht verläuft, oder durch unvorsichtige Behandlung die Gewindespitze verschlagen

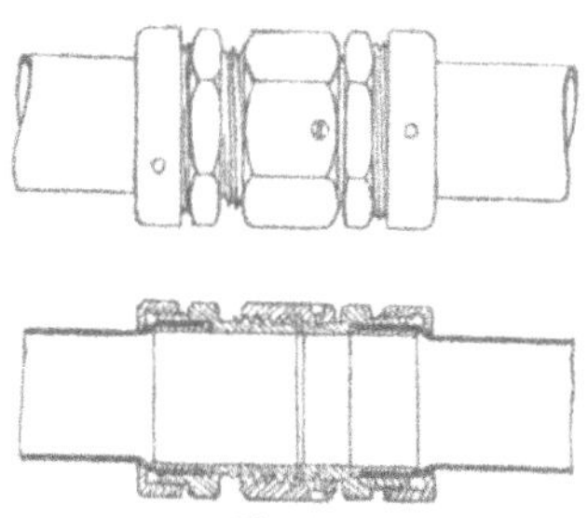

Fig. 336.
Patentschlauchkuppelung
1/8 d. nat Gröfse

Fig. 337.

wird. Es entstehen dann leicht Verzögerungen in der Benutzung, welche unter Umständen verhängnisvoll werden können. Es empfiehlt sich daher, das spitz verlaufende Ende des Gewindes sowohl in der Mutter als auf der Schraube ganz zu entfernen, so dafs das Gewinde für beide voll beginnt (siehe Fig. 337). Setzt man Mutter und Schraube gegen einander, so genügt eine einfache Umdrehung, damit beide Gewinde sich sicher und unfehlbar fassen. Die Verbindung kann daher auch von weniger geübten Leuten und im Finstern leicht hergestellt werden, was von nicht zu unterschätzendem Vorteil ist.

An das Ende der Schlauchleitung wird schliefslich das Strahlrohr angeschraubt, dessen Mundstück entweder fest (Fig. 338) oder zum Abschrauben eingerichtet ist (Fig. 339).

Schläuche und Strahlrohre sollen in unmittelbarer Nähe jedes Feuerhahnes leicht zugänglich untergebracht sein. Sie werden daher am besten in einem mit Glasthür versehenen Schrank neben dem

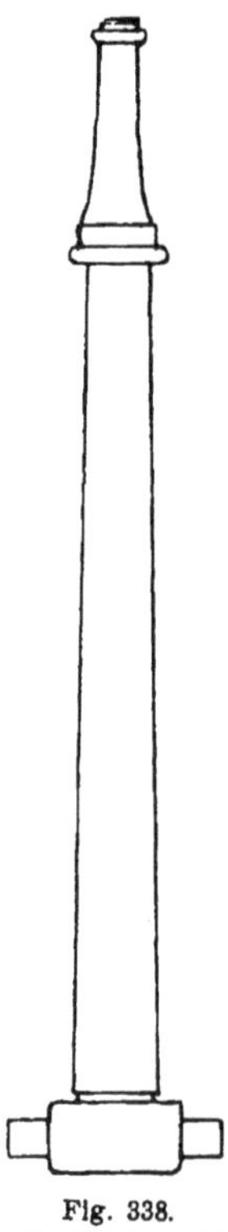

Fig. 338. Fig. 339.
Strahlrohre. $^1/_5$ d. nat. Gröfse.

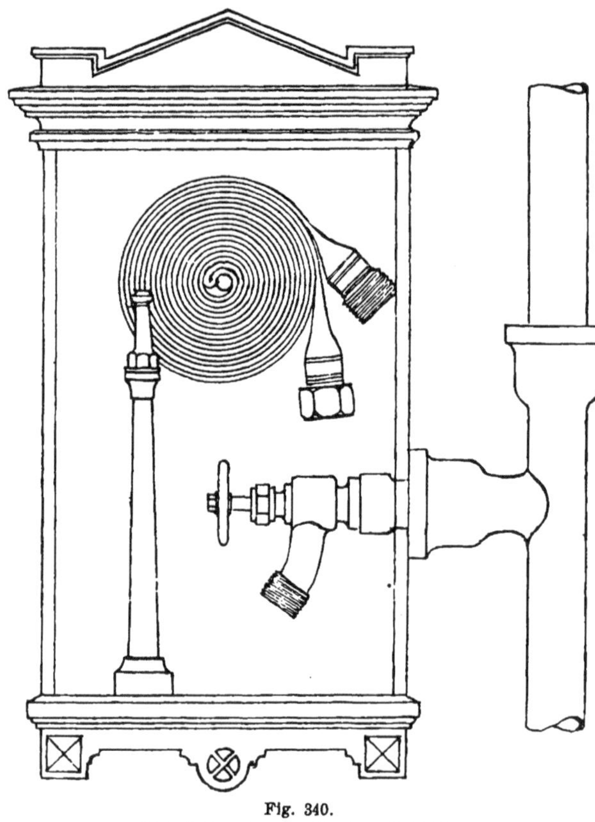

Fig. 340.
Feuerhahnschrank. $^1/_{10}$ d. nat. Gröfse.

Feuerhahn aufbewahrt. Die Glasthür ist nur mit einem einfachen Federverschlufs zu versehen, doch wird man bei erschwertem Öffnen nicht zögern, die Glasscheibe zu zertrümmern, um möglichst schnell in den Besitz der Löschgerätschaften zu gelangen.

Vielfach trifft man auch die Anordnung, dafs man den Feuerhahn selbst in denselben Schrank legt, in welchem sich die sonstigen Feuerlöschgerätschaften befinden. Es geschieht dies, um denselben einer unbefugten Benutzung oder einer Beschädigung zu entziehen.

Man verbindet dann zuweilen den Schlauch bereits mit dem Feuerhahn, so dafs man im Bedarfsfall nur den Schlauch auseinanderzurollen und den Feuerhahn zu öffnen braucht, um die Einrichtung in Betrieb zu setzen. Es kommt dann aber leicht vor, dafs bei einem nicht absolut dichten Schliefsen des Feuerhahnes der der Anschlufsstelle zunächst liegende Teil des Schlauches stets feucht ist und daher leicht fault und im Bedarfsfalle unbrauchbar sein kann. Es empfiehlt sich daher, den Schlauch während der Aufbewahrung nicht am Feuerhahn zu befestigen, wenn es auch im Interesse einer schnellen Löschbereitschaft liegt, dafs dies geschieht. Aus Fig. 340 ist die Anordnung eines Feuerhahnes mit Schrank ersichtlich. Besitzt die Rohrleitung einen Muffenabzweig, so wird ein Endstöpsel in denselben eingedichtet, und in den letzteren der Feuerhahn eingeschraubt. Ist hingegen ein Flanschabzweig vorhanden, so mufs auch der Feuerhahn eine Flansche erhalten, und werden dann beide mittels Gummidichtung und Schrauben mit einander verbunden.

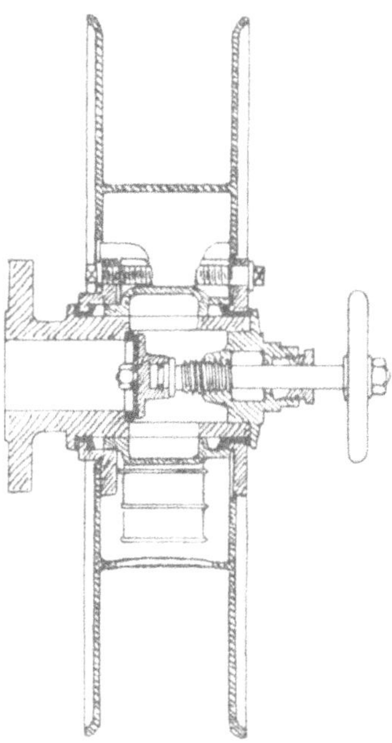

Fig. 341.
Feuerhahn, Patent Mormann.
1/5 d. nat. Gröfse.

Beim Feuerhahn, Patent Moormann, Fig. 341, findet sich Feuerhahn und Schlauchrolle vereinigt, und ist die letztere um den Feuerhahn drehbar. Der Schlauch ist an dem Schlauchstutzen befestigt und auf der Rolle aufgewickelt, so dafs man bei Bedarf nur den Schlauch abzuziehen und das Ventil mittels des Handrades zu öffnen braucht, um den Feuerhahn in Thätigkeit zu setzen.

Die Schlüssel, Standröhren, Schläuche und Strahlrohre für Feuerhähne auf dem Hofe etc. sind in einem benachbarten Gebäude ebenfalls leicht zugänglich aufzubewahren.

Zu den Feuerlöscheinrichtungen für Theater gehören auch die Regenapparate, welche den Zweck haben, einen auf der Bühne ausbrechenden Brand durch einen aus einer Höhe über dem Schnürboden niederfallenden ausgiebigen regenartigen Wasserstrahl in möglichst kurzer Zeit zu löschen. Diese Einrichtungen (siehe Fig. 342) bestehen aus einer Reihe über der Bühnenfläche in gleichmäfsigen Abständen verteilten Kupferröhren von gröfserem Durchmesser (150—200 mm), welche an ihrem unteren Halbkreis mit einer grofsen Anzahl von Löchern im Durchmesser von 1 mm versehen sind. Diese Regenröhren stehen an den Enden mit den Verteilungsröhren in Verbindung, sind aber daselbst durch je ein Ventil, dessen Spindel durch eine einfache Zugbewegung gehoben werden kann, geschlossen. Die Wasserversorgung erfolgt von einem oder mehreren im Dachraum untergebrachten Reservoiren aus unter dem Drucke einer Wassersäule von 2—3 m. Die Reservoire sind so grofs zu wählen, dafs der volle Strahl der ganzen Anlage mindestens drei Minuten lang wirken kann. Die Ventile werden gruppenweise durch Transmissionsstangen mit einander verbunden und durch Zugdrähte vom Bühnenraum und den Zwischenetagen aus bewegt, wodurch man in der Lage ist, erforderlichenfalls auch nur einen Teil des Regenapparates in Thätigkeit setzen zu können. Vereinigt man z. B. in der Skizze Fig. 342 je drei Ventile zu einer Gruppe, so wird man durch die Bewegung einer Zugstange die Hälfte der Bühnenfläche der Einwirkung des Regenapparates aussetzen. Die Gröfse der Bühne wird für die Anzahl der Gruppen mafsgebend sein. Die Speisung der Reservoire erfolgt von der Druckleitung aus mittels Schwimmkugelhahn. Die Reservoire sind mit Überlauf- und Entleerungseinrichtungen zu versehen.

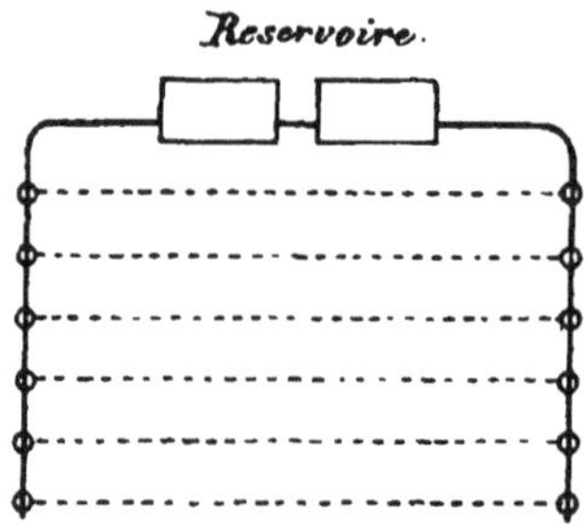

Fig. 342.

Das Vorhandensein einer Feuerlöschleitung allein genügt nicht, um einem gröfseren Feuerschaden vorzubeugen. Den Verhältnissen zufolge haben diese Einrichtungen den Hauptzweck, Mittel zu schaffen, um ein Schadenfeuer im Entstehen zu unterdrücken oder an der Ausbreitung so lange zu hindern, bis geschultere Kräfte zur Hilfeleistung eingetroffen sind. Dies erfordert aber wiederum, dafs Personen, welche ständig in den zu schützenden Gebäuden wohnhaft sind oder sich regelmäfsig während einer längeren Zeit im Laufe eines Tages daselbst aufhalten (Hausmeister, Wächter, bestimmte Personen des Fabrikpersonals etc.), mit allen Einrichtungen der Feuerlöschleitung so vertraut und durch mehrfach angestellte Proben so eingeübt sind, dafs sie im Falle der wirklichen Gefahr unzweifelhaft wissen, was sie zu thun haben. Nur hierdurch ist die Möglichkeit vorhanden, dafs ein Brand bei seinem Entstehen unterdrückt wird, während anderseits die besten Feuerlöscheinrichtungen ohne Nutzen sind, wenn Unkenntnis oder Kopflosigkeit den schnellen Gebrauch verhindern.

Um sich von dem guten Zustande der Einrichtungen Kenntnis zu verschaffen, sind die Feuerlöschleitungen in allen ihren Teilen und ihrem Zubehör (Feuerhahnschlüsseln, Standröhren, Schläuchen) von Zeit zu Zeit, mindestens jedoch einmal im Jahre einer gewissenhaften Durchsicht zu unterwerfen, welche am besten durch die Ortsfeuerwehr vorzunehmen ist. Leitungen, welche nicht frostfrei liegen, sind vor Eintritt des Winters zu entleeren. Zu derselben Zeit müssen auch diejenigen Feuerhähne im Terrain, welche während der Sommerszeit benutzt worden sind und keine selbstthätige Entleerung besitzen, entleert werden, was ebenfalls nach jedem Gebrauche im Winter zu geschehen hat. Die Kappen der Unterflurhydranten sind nach jedem Schneefall frei zu legen und mit Viehsalz zu bestreuen, um sie von Schnee und Eis frei zu halten. Unterläfst man diese Vorsichtsmafsregeln, so kann der Zweck der ganzen Einrichtung unter Umständen hierdurch in Frage gestellt werden.

Kapitel 19.

Die Anlagen für Hof- und Strafsensprengen und Gartenbewässerung, sowie die Fontänen.

Die Leitungen für die Zwecke des Hof- und Strafsensprengens, sowie für die Bewässerung von Gärten, zu denen auch die Fontänenleitungen zu rechnen sind, gehören zu denjenigen Anlagen, welche nur während der frostfreien Jahreszeit in Betrieb sind, im Winter aber aufser Betrieb gesetzt und entleert werden. An der Stelle, wo eine solche Leitung von der Hauptleitung abzweigt, ist eine Absperrvorrichtung mit Entleerung anzuordnen. Findet diese Abzweigung von einer im Boden liegenden Leitung statt, so wendet man als Absperrvorrichtung am einfachsten einen Hahn mit selbstthätiger Entleerung an, oder man errichtet an der Abzweigstelle einen Schacht, in welchen man das Absperrventil und die Entleerung aufstellt.

Wie bereits bei Feststellung der allgemeinen Disposition von Zweigleitungen angeführt wurde, können diese Leitungen in geringere Tiefe als 1,5 m unter dem Termin gelegt werden, sie müssen jedoch ein regelmäfsiges Gefälle, und zwar in der Weise besitzen, dafs eine

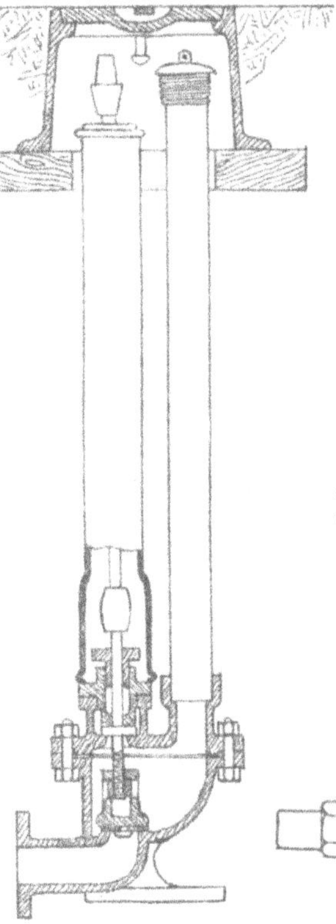

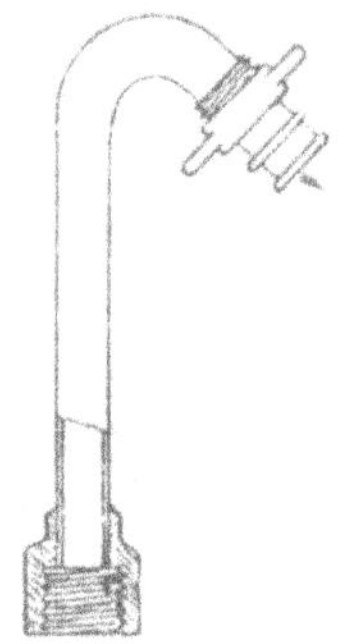

Fig. 346.
Standrohr für Gartenhydranten.
$^1/_{10}$ d. nat. Gröfse.

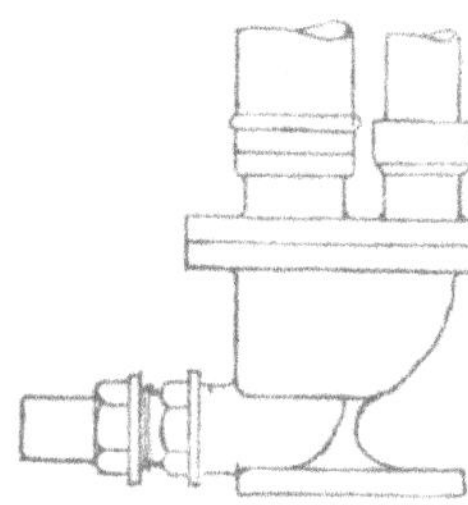

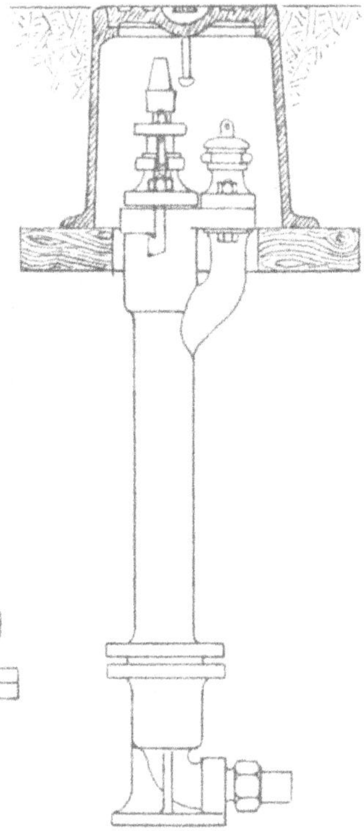

Fig. 343a. **Fig. 344.**

Fig. 343. Gartenhydranten. $^1/_{10}$ d. nat. Gröfse.

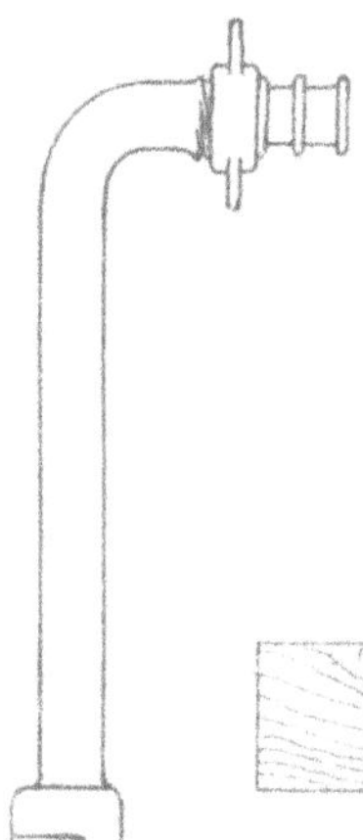

Fig. 345.
Standrohr für Gartenhydranten.
$^1/_{10}$ d. nat. Gröfse.

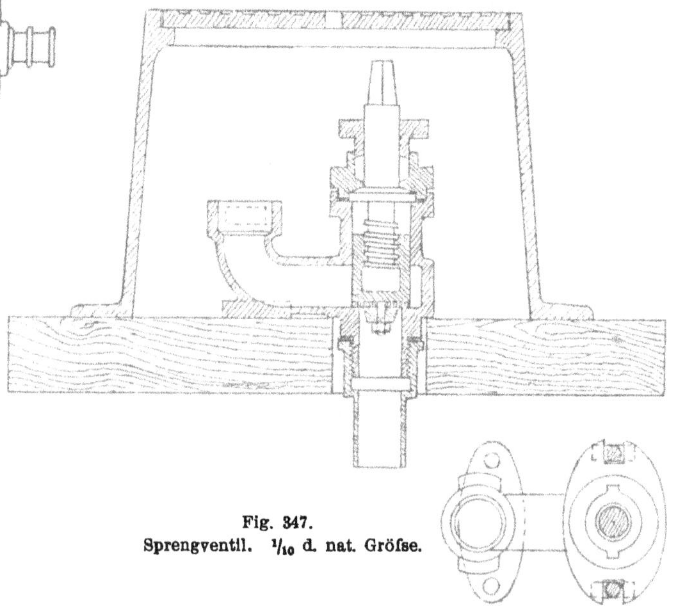

Fig. 347.
Sprengventil. $^1/_{10}$ d. nat. Gröfse.

vollständige Entwässerung der Leitung nach der oben genannten tiefstgelegenen Anschlufsstelle hin möglich ist.

Der Durchmesser der Leitung richtet sich im allgemeinen nach der Gröfse des zu bewässernden Gartens, nach der Anzahl der aufzustellenden Sprengventile und im speziellen Falle auch nach dem Wasserbedarfe einer etwa zu errichtenden Fontäne, doch ist für kleine Gärten ein Rohrdurchmesser von 20 mm, für gröfsere Hausgärten mit kleiner Fontäne ein Durchmesser von 25 mm vollständig für eine ausgiebige Versorgung hinreichend. Bewässerungsleitungen für Parks oder ausgedehnte Promenadeanlagen sind im Durchmesser entsprechend gröfser zu wählen und in Gufseisen auszuführen.

Das Bewässern der Höfe und Gärten geschieht in der Hauptsache durch Besprengen, d. h., das Wasser wird durch geeignete Vorrichtungen der Leitung entnommen, mittels Schläuchen nach der Verwendungsstelle geführt und als Strahl zum Ausflufs gebracht. Die Vorrichtungen zur Wasserentnahme gleichen daher für gröfsere Durchmesser im allgemeinen den Einrichtungen für Feuerlöschzwecke, d. h. den Feuerhähnen oder Hydranten, während für kleinere Durchmesser (20—30 mm) die sogen. Sprengventile zur Anwendung kommen. Die Fig. 343 und 344 zeigen zwei Hydranten für die Zwecke der Hof- und Gartenbesprengung. Die Hydranten von 30 cm Durchmesser sind mit Verschraubungen zum Anschlufs an die Zuleitung versehen (siehe Fig. 343a und 344); Hydranten gröfserer Durchmesser erhalten Flanschenanschlufs (siehe Fig. 343).

Die Überleitung des Wassers in die Schlauchleitung erfolgt wie bei den Feuerhähnen mittels Standrohr, welches entweder mit Bajonettverschlufs aufgesetzt (siehe Fig. 345) oder einfach aufgeschraubt wird (siehe Fig. 346). Beide Standrohre besitzen nur einen Schlauchanschlufs, sind aus schmiedeisernen Röhren gefertigt und mit einem Anstrich von Eisenlack versehen.

Eine auf einer Unterlagsbohle befestigte gufseiserne Kappe mit Deckel schützt die Sprengeinrichtung vor äufseren Einflüssen. Im übrigen dürften die Konstruktionen aus den Figuren ohne weiteres verständlich sein.

Die Sprengventile sind Eckventile, welche auf einer Bohlenunterlage befestigt und von einer gufseisernen Kappe überdeckt werden. Die Fig. 347 zeigt diese Anordnung im Querschnitte. Das Ventil wird durch einen aufgesetzten Schlüssel bewegt, während auf die Mündung ein kleines Standrohr nach Fig. 345 mittels Bajonettverschlufs befestigt werden kann.

Die Fig. 348 und 349 bringen zwei Sprengventile anderer Konstruktion zur Anschauung, und zwar stellt die Fig. 348 einen

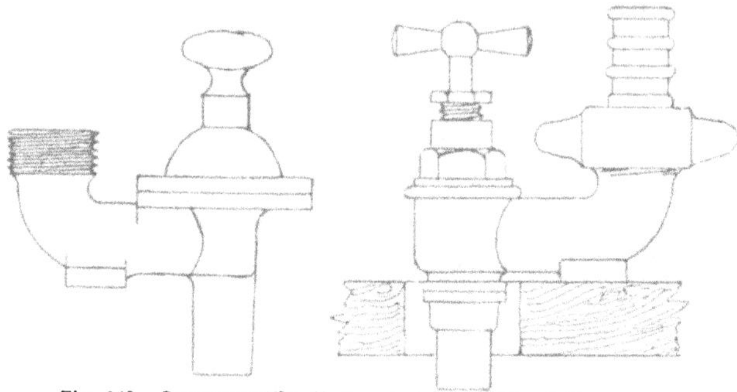

Fig. 348. Sprengventile $^1/_4$ d. nat. Gröfse. Fig. 349.

Fig. 350.

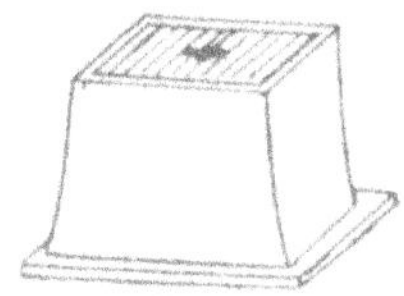

Fig. 351.

Gumminiederschraubsprenghahn und Fig. 349 einen Lederventilsprenghahn nach Art der Zapfhähne dar. Bei kleineren Ventilen kommt dann das Standrohr in Wegfall, und man befestigt den Schlauch mittels Verschraubung unmittelbar am Sprenghahne. Die Ventile werden durch gufseiserne Kappen überdeckt, von denen die Fig. 350 und 351 zwei gebräuchliche Formen zeigen.

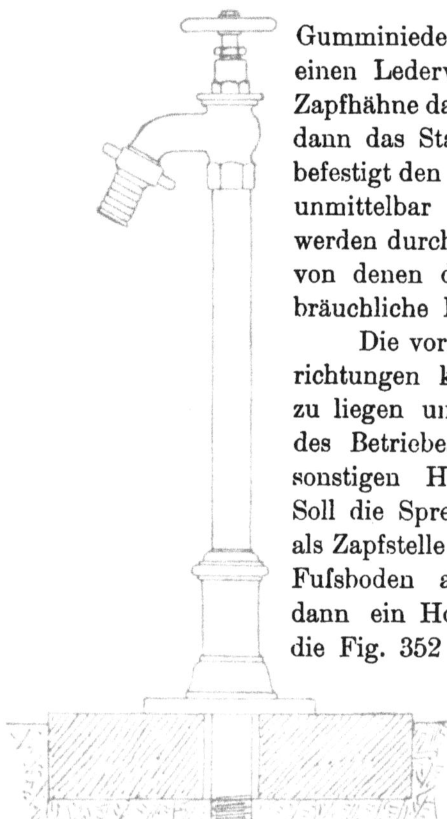

Fig. 352 Sprengventil in Säulenform. $^1/_{10}$ d. n. Gröfse.

Die vorstehend angeführten Sprengeinrichtungen kommen unter dem Fufsboden zu liegen und sind daher, aufser während des Betriebes, den Blicken entzogen und sonstigen Hantierungen nicht hinderlich. Soll die Sprengeinrichtung aber gleichzeitig als Zapfstelle dienen, so mufs sie über dem Fufsboden angeordnet werden. Es kann dann ein Hofständer, wie derselbe durch die Fig. 352 zur Anschauung gebracht ist, schliefslich selbst ein einfacher Zapfhahn mit Schlauchverschraubung, an einer Wand oder an einem in die Erde gerammten Pfahle befestigt, zu Zwecken der Hof- und Gartenbewässerung benutzt werden. — Die Sprengventile ordnet man am besten am Rande der Wege, entweder noch im Wege selbst, oder im Rasenrande gelegen, an. Die örtlichen Verhältnisse können allein mafsgebend sein für die Bestimmung der Punkte, wo die Aufstellung der Sprengventile am zweckmäfsigsten zu erfolgen hat, um mit der geringsten Anzahl den gewünschten Zweck voll zu erreichen.

Die zur Weiterleitung des Wassers benutzten Schläuche sind Gummischläuche mit Hanfeinlagen. Die Anzahl dieser Hanfeinlagen richtet sich nach dem in der Leitung herrschenden Drucke. Um die Gummischläuche längere Zeit in brauchbarem Zustande zu erhalten, ist es notwendig, darauf zu achten, dafs dieselben nach dem Gebrauche nicht etwa in der Sonne liegen bleiben, sondern an einem dunklen, feuchten Orte, am besten im Keller aufbewahrt werden.

Fig. 353.
Strahlrohr mit Strahlverteiler.
$^1/_{10}$ d. nat. Gröfse.

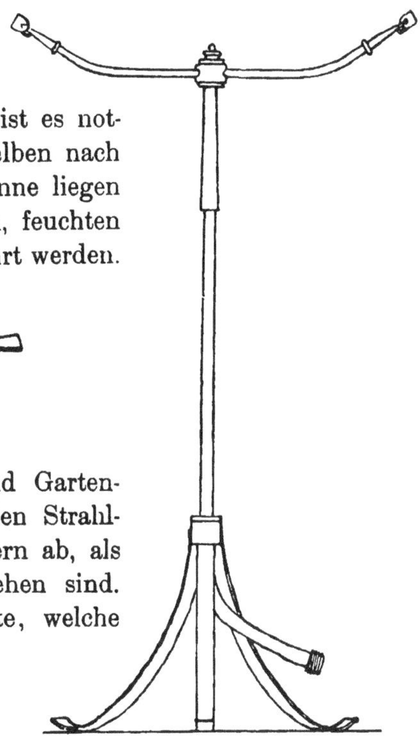

Fig. 354.
Rasensprenger. $^1/_{20}$ d. nat. Gröfse

Die Strahlrohre zum Hof- und Gartensprengen, Fig. 353, weichen von den Strahlrohren für Feuerlöschzwecke insofern ab, als sie mit einem Strahlverteiler versehen sind. Derselbe besteht in einer Blechplatte, welche um ein Scharnier drehbar ist und mit Hilfe eines Handgriffs in die Richtung des Strahls gebracht werden kann. Läfst man den Handgriff los, so bringt eine Feder die Blechplatte aufserhalb der Strahlrichtung, und der Wasserstrahl bleibt geschlossen. Die Strahlrohre versieht man oft mit einem Absperrventil, um an dieser Stelle den Wasserausflufs absperren zu können und nicht jedesmal das Sprengventil schliefsen zu müssen, was bei langen Schlauchleitungen umständlich und zeitraubend ist.

Zur selbstthätigen Besprengung gröfserer Rasenflächen dienen die Rasensprenger, Fig. 354. Das auf einem dreibeinigen Gestell ruhende Rohr besitzt am oberen Ende zwei bewegliche Arme, welche das Wasser in schiefer Stellung zur Drehungsachse mit fein verteiltem Strahle zum Ausfluſs bringen. Durch die schiefe Stellung und den Rückstoſs des Wassers werden die Arme in Umdrehung gesetzt, und hierdurch eine Fläche von 12 bis 15 m im Durchmesser bewässert. Der Rasensprenger steht durch einen Schlauch mit einem Gartenventil in Verbindung. Der Apparat muſs nach einer gewissen Dauer des Sprengens den Ort wechseln.

Zur Bewässerungsanlage eines Gartens oder Parkes gehören schlieſslich auch die Fontänen. Dieselben bestehen in der Hauptsache aus einem Bassin, in dessen Mitte der Wasserausguſs entweder in Form eines Strahles oder in einer Anzahl von Strahlen erfolgt. Um das ausgeflossene Wasser zu wiederholten Malen zum Anblick zu bringen, gelangen oft kaskadenförmige Aufsätze, welche aus Steinmaterial, Zink- oder Bronceguſs hergestellt werden, zur Aufstellung. Die Bassins und Mittelgruppen geben vielfach den Anlaſs zu einer künstlerischen Bearbeitung und Ausschmückung, doch kann auf dieselben hier nicht näher eingegangen werden, vielmehr soll nur das Wesentlichste der ganzen Einrichtung bezüglich der Wasserzu- und -ableitung für die einfachste Form derselben zur Betrachtung kommen.

Die einfachste Form einer Fontäne ist ein in einem Bassin aufsteigender Wasserstrahl, resp. ein daselbst austretendes Strahlenbüschel.

Die Lage einer Fontäne ist zumeist durch die örtlichen Verhältnisse bestimmt. Wo diese Lage nicht bestimmt vorgeschrieben ist, so wähle man dieselbe nie zu dicht an frequentierten Wegen, sondern möglichst in freier Rasenfläche, und zwar so, daſs der Anblick von vielen Seiten und der ungehinderte Zutritt des Sonnenlichtes möglich ist.

Der Durchmesser des Bassins richtet sich nach der Sprunghöhe des Strahls und ist so groſs zu wählen, daſs das niederfallende Wasser auch bei Luftbewegung mit Sicherheit vom Bassin aufgefangen wird. Es empfiehlt sich aus diesem Grunde, den Durchmesser des Bassins nahezu gleich der Sprunghöhe der Fontäne zu wählen, resp. die Fontäne nicht höher springen zu lassen, als der Durchmesser des Bassins beträgt.

Die Wassertiefe soll zur Vermeidung von Unglücksfällen das Maſs von 20 cm nicht wesentlich überschreiten. Den Boden des Bassins läſst man nach der Mitte zu etwas ansteigen, damit durch die am Bassinrande gelegene Entleerungsvorrichtung eine vollständige Entleerung des Bassins herbeigeführt werden kann.

Die Bassins werden gewöhnlich entweder aus Hausteinen oder aus Ziegelmauerwerk oder Stampfbeton mit Cementüberzug hergestellt. Die Fundamente dieser Bassins sind mindestens 1 m tief zu gründen, damit ein Ausheben derselben durch den Frost verhindert

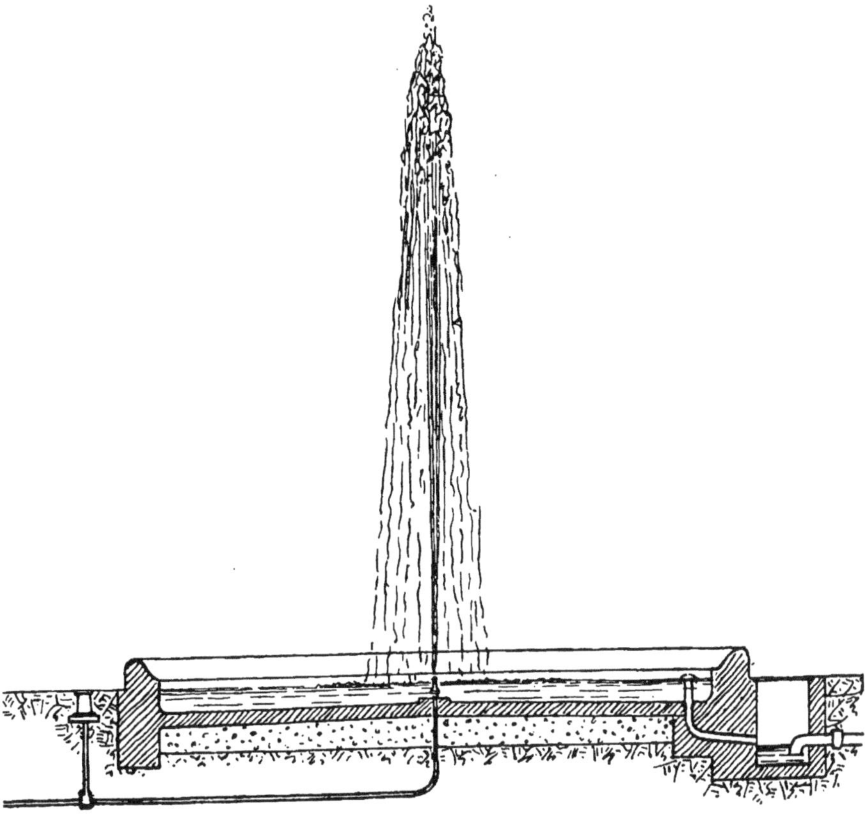

Fig. 355.
Fontäne. $^{1}/_{100}$ d. nat. Gröfse.

wird. Kleine Bassins werden aus Zinkgufs oder Blech angefertigt und direkt auf den abgeglichenen Boden gesetzt.

Soll der Strahl der Fontäne aus der Mitte eines vorhandenen Teiches aufsteigen, so vereinfacht sich die Anlage und besteht dieselbe dann in der Hauptsache aus der Wasserzuleitung und dem Mundstück, während besondere Überlauf- und Entleerungseinrichtungen zufolge der bereits für den Teich vorhandenen gleichen Einrichtungen überflüssig werden.

Fig. 355 zeigt die einfachste Anordnung einer Fontäne. Das in der Mitte des Bassins aufsteigende Rohr erhält ein Schraubengewinde, auf welchem das Mundstück für den Wasseraustritt befestigt wird. Der Durchmesser der Zuleitung richtet sich nach der Stärke des Strahls, und zwar ist der Querschnittsfläche des Rohrs je nach der Sprunghöhe des Strahls der 6—8fache Querschnitt des weitesten Mundstückes zu geben. In die Zuleitung ist ein Absperrventil einzuschalten, mittels welchem die Steighöhe des Strahls geregelt werden kann. Der Überlauf und die Entleerung erhalten die in Fig. 356 dargestellte Form. Das Überlaufrohr steckt mit einem Konus in einem entsprechend geformten und in der Sohle des Bassins eingemauerten Gufsstücke. Die Mündung des Überlaufes ist durch eine Kappe vor dem Eindringen von Körpern, welche auf der Oberfläche des Wassers schwimmen, geschützt. Sollten sich die Seitenöffnungen durch vorgelegte Blätter etc. verschliefsen, so kann das Wasser immer noch von unten in die Glocke eintreten. Das Überlauf- und Entleerungswasser fliefst in einen kleinen gemauerten Schacht, wo es etwaige Sinkstoffe absetzen kann, um dann nach Passierung eines Wasserverschlusses in die Entwässerungsanlage übergeführt zu werden.

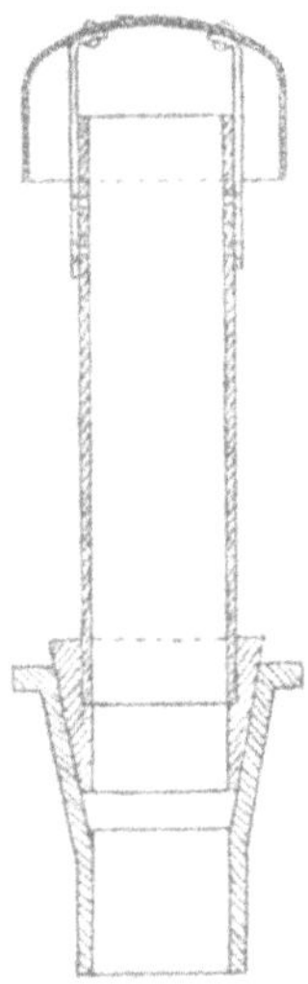

Fig. 356. Überlauf- und Entleerungsrohr. 1/10 d. nat. Gröfse.

Fig. 357. Fontänenmundstück. 1/10 d. nat. Gröfse.

Für gröfsere Fontänen schaltet man wohl auch zwischen dem Ablauf und dem Abflufsschachte ein sogenanntes Stauventil (Absperrventil) ein, damit die Entleerung des Fontänebassins nach dem Ausheben des Überlaufrohres nicht gar zu schnell erfolgen kann.

Zur Erzeugung eines einfachen glatten Hochstrahls dient ein konisch zulaufendes Mundstück nach Fig. 357. Durch entsprechende Formgebung des Mundstückes kann man eine Vermehrung oder eine Richtungsänderung der Strahlen herbeiführen. Einige Beispiele hierfür finden sich an späterer Stelle.

Die meisten Fontänen müssen bedeutend niedriger springen, als es der Druck in der Leitung gestatten würde. Es geht dann durch Drosselung ein grofser Teil dieses Druckes nutzlos verloren. Zur Ausnutzung desselben dienen die Ejektormundstücke, von denen diejenigen der Konstruktion Böckmann[1]), von Schäffer & Walcker in Berlin hergestellt, zu erwähnen sind.

Diese letztgenannten Patentfontänenmundstücke beruhen auf dem Prinzipe, den Effekt der Fontäne ohne vermehrten Wasserverbrauch dadurch zu vergröfsern, dafs man einesteils die überschüssige Druckkraft des ausströmenden Wassers dazu benutzt, das verbrauchte und im Bassin befindliche Wasser abermals hoch zu heben, andernteils aber bei diesem Vorgange den Wasserstrahl zugleich mit Luft mischt und dadurch weifs, schäumend und voluminöser macht.

Die Figuren 358 und 359 zeigen zwei Ausführungsarten dieser Mundstücke. Dieselben müssen in einer Höhe aufgestellt werden, dafs die Wulst am oberen Ende der Mundstücke in der Wasserlinie zu liegen kommt. Das Rohrstück *c* ist unten offen und daher mit dem Wasser des Bassins gefüllt, während das Rohr *b* mit der atmosphärischen Luft in Verbindung steht und deren Zuführung vermittelt. Das Druckwasser tritt durch eine Düse aus, schleudert das im Rohre *c* befindliche Wasser empor und saugt das Wasser des Bassins nach. Statt eines Strahls von der Stärke des Düsenquerschnittes steigt daher ein Strahl von der Stärke des Rohres *c* auf. Um ferner den Wassermassen ein perlendes und schäumendes Ansehen zu geben, kann dem Wasser durch Öffnungen, welche sich im Rohre *c* befinden, Luft durch Ansaugen beigemischt werden. Die Menge dieser Luft ist durch Hebung des Rohrs stellbar. Beim Anheben treten dann die Öffnungen im Rohre *c* mit dem Bassininhalte in Verbindung, und ist in der höchsten Stellung der Luftzutritt vollständig abgeschlossen, hingegen durch zwei Reihen Öffnungen der Eintritt von Bassinwasser gestattet.

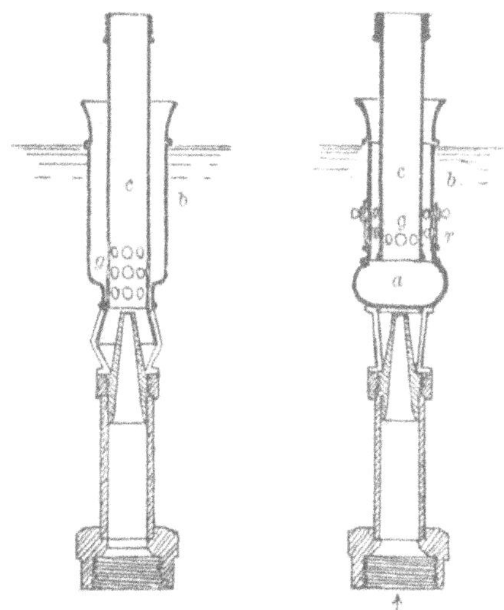

Fig. 358. Fig. 359.
Ejektormundstücke, Konstruktion Böckmann.
$^1/_{10}$ d. nat. Gröfse.

[1]) D. R. P. Nr. 15243.

Das Mundstück Fig. 359 besitzt zur besseren Mischung des Wassers mit der Luft einen kleinen Mischkessel *a* und einen Ringschieber *r* zur Regelung des Luftzutrittes.

Durch Veränderung des Luftzutrittes lassen sich eine grofse Anzahl von Variationen in dem geworfenen Strahle, auch ohne An-

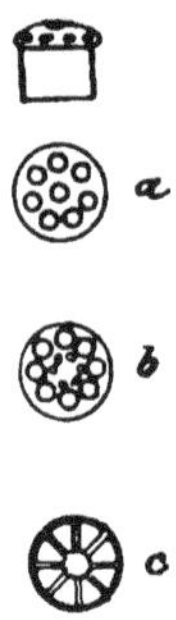

Fig. 360.

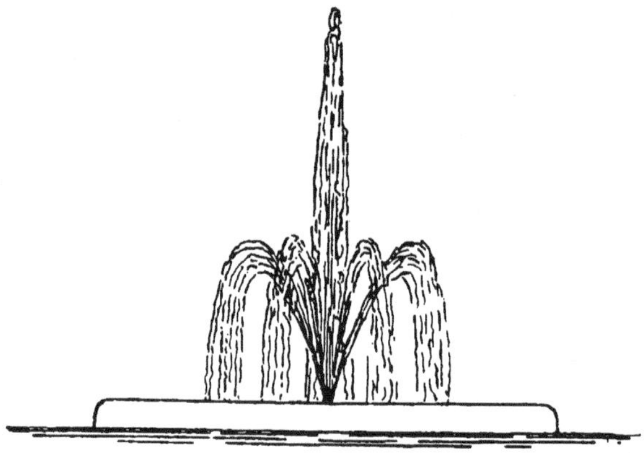

Fig. 361.

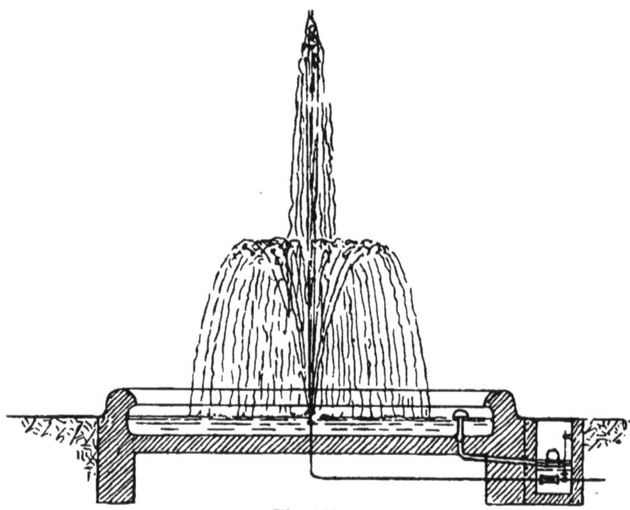

Fig. 362. d

Fontänen. $^1/_{100}$ d. nat. Gröfse.

wendung besonderer Mundstücke ausführen. Die Zahl der Variationen läfst sich aber durch eine geringe Anzahl von Aufsätzen wesentlich vermehren, welche letzteren auf das obere, mit Gewinde versehene Mundstückende aufgeschraubt werden. Die Fig. 360 zeigt unter *a, b* und *c* drei Mundstücke, deren Wirkungsweise durch die

Figuren 361—363 veranschaulicht ist. Selbstverständlich können diese Mundstücke auch ohne Einfügung eines Ejektors auf die Zuleitung aufgesetzt werden.

Das Mundstück *a* gibt einen geschlossenen Mittelstrahl und eine Anzahl getrennter Seitenstrahlen (siehe Fig. 361), das Mund-

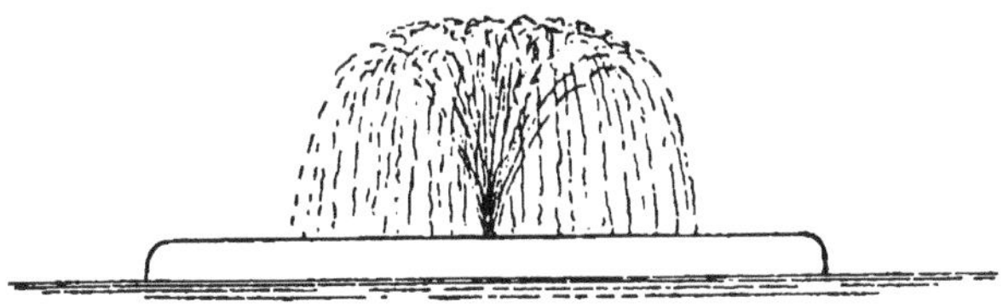

Fig. 363.
Fontäne. $^1/_{100}$ d. nat. Gröfse.

stück *b* einen aus einer Anzahl feinerer Strahlen gebildeten grofsen Mittelstrahl, während die Seitenstrahlen zufolge ihrer gröfseren Anzahl sich weniger von einander trennen (siehe Fig. 362). Das Mundstück *c* gibt einen Strahlenkranz, welcher eine schön gebogene Kelchform darstellt (siehe Fig. 363).

Diese Mundstücke müssen genau senkrecht aufgestellt werden, so dafs der Mittelstrahl bei Windstille in sich selbst zurückfällt.

Die Fig. 364 zeigt ein grofses Mundstück, dessen Wirkungsweise auf demselben Prinzipe beruht, das benutzte Wasser durch den Druckstrahl unter Mitreifsung von Luft nochmals zu heben und dadurch den Strahl voluminöser und schäumender zu machen. Das skizzierte Mundstück besitzt einen Strahldurchmesser von 100 mm und eine Düsenöffnung von 25 mm, doch finden sich auch Mundstücke dieser Art mit einer Strahlstärke von 250 mm ausgeführt. Diese Mundstücke gröfseren Kalibers werden nur unter bestimmten Verhältnissen und bei besonderen Anlässen zur Verwendung kommen, da ihr Wasserverbrauch immerhin ein grofser ist.

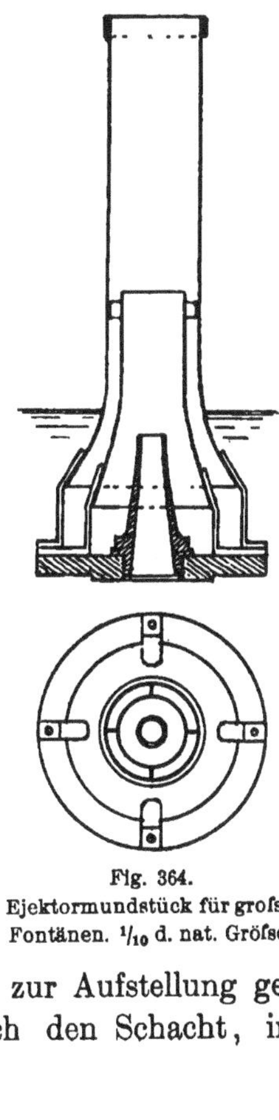

Fig. 364.
Ejektormundstück für grofse Fontänen. $^1/_{10}$ d. nat. Gröfse.

Bei der Fontänenanlage, Fig. 362, ist eine andere Art von Ejektoren, welche unter dem Namen »Wassersparer« in den Handel kommen, zur Aufstellung gelangt. Die Zuleitung der Fontäne führt durch den Schacht, in welchen das Abwasser der Fontäne einfliefst, um in die Kanalleitung zu gelangen. An dieser Stelle wird der Saugapparat *a*, dessen Konstruktion aus der Fig. 365 zu entnehmen ist, eingeschaltet, und zwar in einer Tieflage, dafs derselbe stets mindestens 10 cm hoch mit Wasser überdeckt ist. Der aus der Strahldüse austretende Wasserstrahl saugt das verbrauchte Wasser an und hebt es durch seinen überschüssigen Druck, wodurch bei gleicher Strahlstärke der

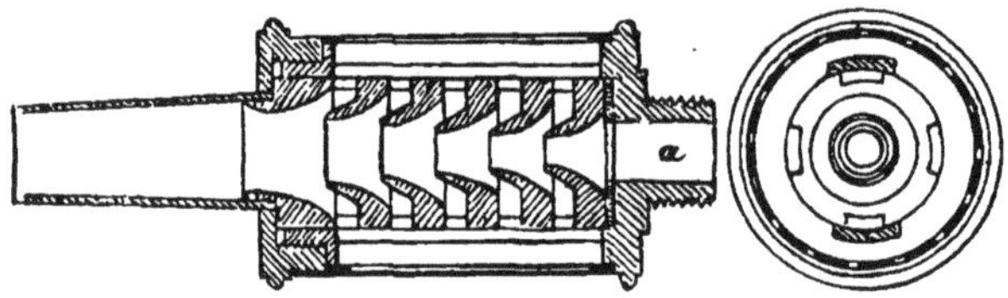

Fig. 365.
Wassersparer. 1/5 d. nat. Gröfse.

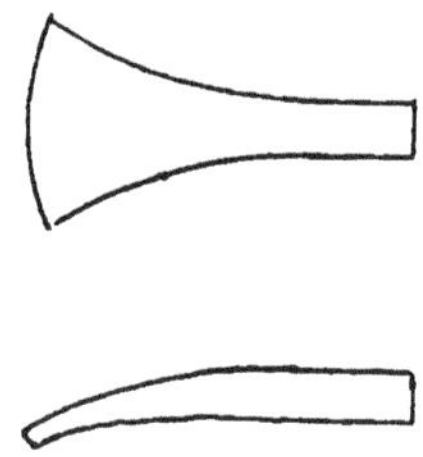

Fig. 366.

Druckwasserverbrauch ein geringerer sein wird. Auch für Fontänen mit Aufsätzen kann man durch Einschaltung des gleichen Apparates den Effekt durch Wiederbenutzung des verbrauchten Wassers bedeutend erhöhen.

Bei diesen letzteren Fontänen, welche zumeist durch einen kaskadenförmigen Aufsatz das Wasser mehrmals zur Ansicht bringen, tritt der Austrittspunkt des Wassers an die Spitze dieses Aufsatzes, so dafs im allgemeinen die Anordnung dieselbe bleibt, wie früher, Brunnenfiguren erhalten oft nur eine Anzahl einfacher Ausläufe, und empfiehlt sich dann die Anordnung, dafs man diese Ausläufe in Gruppen teilt und jede Gruppe mit einer getrennten, durch ein Ventil stellbaren Zuleitung versieht. Mittels dieser Ventile regelt man den Wasserausflufs der einzelnen Gruppen, während man durch ein gemeinsames Absperrventil das Öffnen und Schliefsen der ganzen Anlage besorgt. Flache Wasserstrahlen, welche oft den Rachen von Wasserspeiern entströmen, erhalten ein Mundstück von der in Fig. 366 angedeuteten Form.

Auf der Pariser Weltausstellung 1889 erregten die Fontänen mit farbiger Beleuchtung, erzeugt durch elektrisches Licht, allgemeines Aufsehen. Die Beleuchtung der Wasserstrahlen erfolgte von unten durch eine im Brennpunkte einer Parabel angebrachte Bogenlampe, deren Licht mit Hilfe von Glasscheiben gefärbt wurde. Durch den Wechsel der verschieden gefärbten Glasscheiben konnten überraschende Lichteffekte erzielt werden.

Die nachfolgende Tabelle gibt schliefslich noch den ungefähren Wasserverbrauch eines einfachen Hochstrahles bei konischem Mundstück in Liter für die Stunde an.

Sprunghöhe der Fontäne in m	Durchmesser des Mundstückes in mm									
	1	2	3	4	5	6	7	8	9	10
2	19	74	167	297	464	669	910	1189	1505	1858
4	26	105	236	420	657	946	1287	1681	2128	2627
6	—	—	289	515	804	1158	1577	2059	2606	3217
8	—	—	—	594	929	1337	1820	2378	3009	3715

Kap. 20.

Die Warmwasserleitungen.

Die Annehmlichkeit einer guten Wasserversorgung wird wesentlich erhöht, wenn man für einige hauswirtschaftliche Zwecke aufser kaltem Wasser auch warmes Wasser zur Verfügung hat. Das warme Wasser findet in den Küchen und Waschküchen zum Kochen, Waschen und Spülen die ausgebreitetste Verwendung, auch ist dasselbe für Waschtoiletten eine angenehme Beigabe, während es für Bäder ein Erfordernis ist. Die Erwärmungsvorrichtungen des Wassers für diesen letzteren Zweck haben bereits bei Besprechung der Badeeinrichtungen nähere Berücksichtigung gefunden. Die Annehmlichkeit für den einen Ort, stets warmes Wasser zur Verfügung zu haben, wodurch Zeit, Mühe und Arbeitskraft gespart werden, kann aber für den andern Ort als Notwendigkeit auftreten, wie dies z. B. in Krankenanstalten der Fall ist.

Die Herstellung einer gemeinschaftlichen Warmwasserleitung für ein ganzes Haus ist an die Bedingung geknüpft, dafs dasselbe von nur einer oder wenigen Familien bewohnt wird oder einem gemeinsamen Zwecke dient (Hotel, Kuranstalt). In mehrstöckigen Miethhäusern kommt den Verhältnissen zufolge die gemeinschaftliche Anlage einer Warmwasserleitung nur selten vor, vielmehr wird die Lösung dieser Aufgabe dann zumeist darauf hinausgehen, jede einzelne Etage mit Einrichtungen zu versehen, um das erforderliche Wirtschaftswasser einheitlich zu erwärmen und an die Verwendungsstelle hinzuleiten. Die Versorgung eines ganzen Hauses mit warmem Wasser beruht auf denselben Prinzipien, als wie diejenige eines Teiles desselben, und wird es nur darauf ankommen, für jeden Fall die Art der Wärmezuführung zum Wasser der Bedarfsmenge und den Verhältnissen entsprechend zweckmäfsig zu wählen.

Da durch die abgehenden Feuergase der Herd- und Küchenofenfeuerungen grofse Wärmemengen ungenutzt weggeführt werden, so liegt der Gedanke nahe, diese verloren gehende Wärme zur Erwärmung des Wassers auszunutzen, so dafs direkte Unkosten hierfür nicht entstehen. Ist diese Wärmequelle nicht genügend, so mufs man für besondere Heizeinrichtungen Sorge tragen, und können dieselben in gewöhnlichen Feuerungen oder auch in Gasheizungseinrichtungen bestehen. In seltneren Fällen wird man den abgehenden Dampf eines Motors oder direkten Dampf zur Verfügung haben.

Die einfachsten Einrichtungen zur Erzeugung von warmem Wasser:

> in den Herd eingemauerte Wasserkästen oder Wasserschiffe, sowie Siedekessel, über welchen sich ein Zapfhahn zum Füllen, sowie an denselben ein solcher zum Ablassen des warmen Wassers befindet, ferner
>
> die Wassererhitzer mittels Gasheizung (Warmwasserapparate von Houben & Sohn in Aachen), bei denen das erwärmte Wasser ohne Druck ausfliefst,

können als eigentliche Warmwasserleitungen nicht angesehen werden, denn sie geben das Wasser nur am Produktionsorte ab und machen den Transport des Wassers nicht entbehrlich.

Die Anlage wird erst dann zu einer Warmwasserleitung, wenn das Wasser von einem entsprechend hoch gelegenen Dienstreservoire aus einen geschlossenen Heizkörper passiert und erwärmt unter dem Drucke des Reservoirs zur Verwendungsstelle geführt wird, oder das erwärmte Wasser nach dem Vorratsraum zurücktritt in der Weise, dafs durch die Erwärmung des Wassers andauernd ein Kreislauf desselben in der Anlage hervorgerufen wird. Von dem Steigerohre zweigt dann die Verteilungsleitung nach der Badeeinrichtung, den Aufwascheinrichtungen, der Waschküche, nach einer Toilette oder einfachen Zapfstelle etc. ab.

Die Figuren 367—369 zeigen drei Anordnungen von Einrichtungen zur Erwärmung des Wassers durch die abgehenden Feuergase einer Küchenfeuerung. Bei jedem der drei Beispiele ist R das Reservoir, in welches das kalte Wasser mittels Schwimmkugelhahn eintritt. Das Fallrohr f geht vom Boden des Reservoirs aus und mündet an der tiefsten Stelle des Heizapparates ein, während das Steigerohr s an der höchsten Stelle desselben abzweigt und in geringer Tiefe unter dem Wasserspiegel in das Reservoir einmündet. Als Heizkörper dient in Fig. 367 eine Rohrspirale, in Fig. 368 eine eingehängte Kupferblase und in Fig. 369 eine liegende Blase. Von dem aufsteigenden Rohre zweigt in allen drei Fällen das Verteilungsrohr nach den Zapfstellen ab.

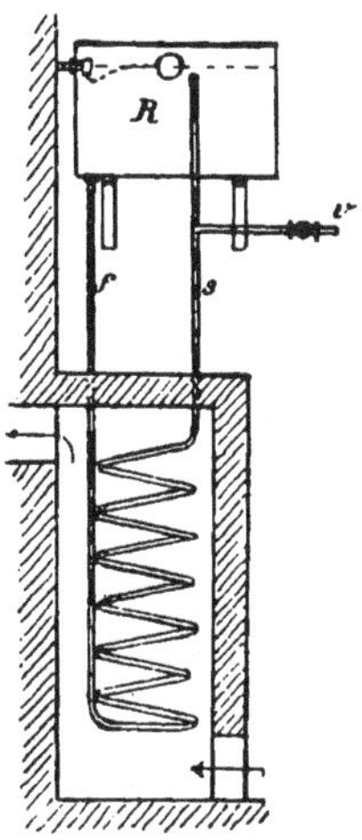

Fig. 367.

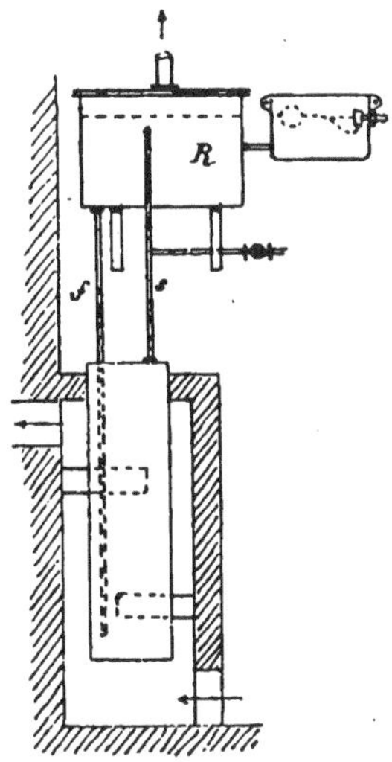

Fig. 368.

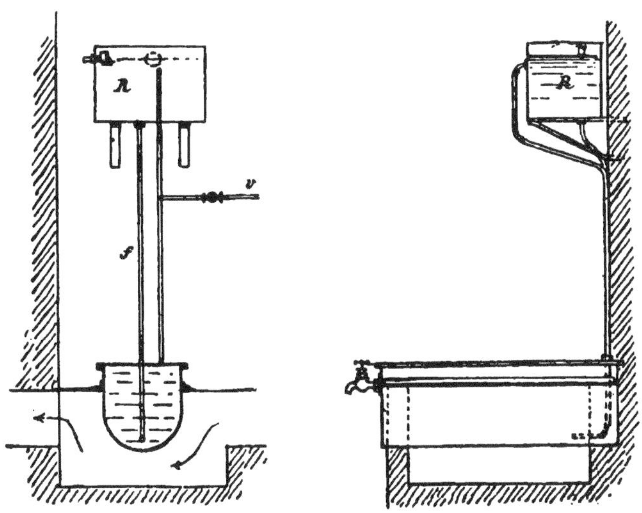

Fig. 369.
Heizeinrichtungen für Warmwasserleitungen.
$^1/_{50}$ d. nat. Gröfse.

Es dürfte wohl ohne weiteres einleuchten, dafs an Stelle der abgehenden Feuergase auch eine direkte Feuerung, sowie auch eine Kombination beider Wärmequellen treten kann, welche letztere dann den Vorteil bietet, die Erwärmung dem Bedürfnis entsprechend regeln zu können und auch dann warmes Wasser zur Verfügung zu haben, wenn die Küchenfeuerungen nicht im Betriebe sind. Hierbei finden auch Gasheizungseinrichtungen vielfach Anwendung. Ist der Einbau eines Heizkörpers in die Küchenfeuerung zufolge der örtlichen Verhältnisse nicht möglich, so versieht ein an einem geeigneten Orte aufgestellter Badeofen, welcher im Prinzipe mit der in Fig. 368 angedeuteten Anordnung übereinstimmt, denselben Zweck.

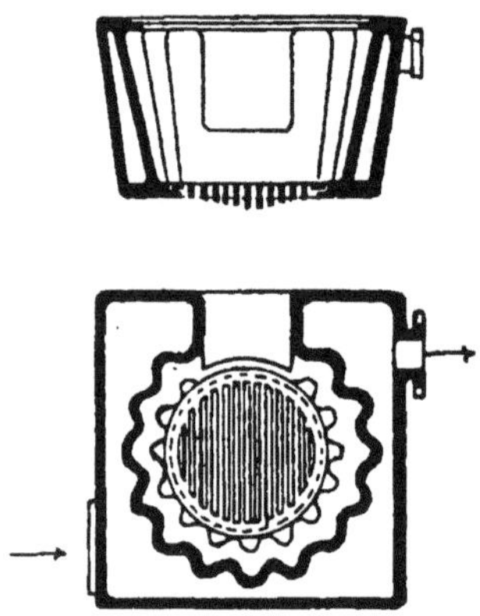

Fig. 370.
Heizkörper mit Innenfeuerung.
$^1/_{20}$ d. nat. Gröfse.

Der liegende Wasserkessel in Fig. 369 gestattet die Anbringung eines Zapfhahnes unmittelbar an demselben.

Heizkessel mit innerer Feuerung nach Fig. 370 werden aus Gufseisen hergestellt und in den Herd eingesetzt. Der Ein- und Austritt des Wassers sind durch Pfeile angedeutet, die Anordnung beider ist aber der früher angegebenen vollständig gleich.

Bei allen drei Anordnungen steigt das erwärmte Wasser nach dem Reservoire auf, während das am Boden befindliche kältere Wasser vom Reservoire nach der Heizanlage tritt und dadurch einen ununterbrochenen Kreislauf herbeiführt. Das Reservoir ist sorgfälltig abzudecken und mit einem Dunstrohre zu versehen, welches entweder ins Freie, in einen Luftabführungskanal oder in eine Entlüftungsleitung mündet. Die Einführung in den Schornstein ist nur an letzterer Stelle zu erwähnen, da das Eintreten von Rufs in die Dunstleitung nicht absolut verhindert werden kann.

Gestatten es die örtlichen Verhältnisse, so schaltet man ein besonderes, geschlossenes Gefäfs für das warme Wasser in die Anlage ein, und zwar in der Weise, dafs das Wasser desselben durch Cirkulationsleitungen mit der Heizanlage in Verbindung steht, das warme Wasser für den Gebrauch am höchsten Punkte abgeleitet, das kalte Wasser hingegen am tiefsten Punkte zugeführt wird. Die Vorrichtung steht unter dem Drucke eines Reservoirs, in welches das Wasser aus der Druckleitung mittels Schwimmkugelhahn einfliefst, und welches in diesem Falle nur klein zu sein braucht, da das Warmwassergefäfs den Vorratsraum für das Verbrauchswasser bildet. Diese Gefäfse, auch Boiler genannt, werden bis zu 0,5 m Durchmesser und 2,0 m Höhe aus Kupfer angefertigt.

Fig. 371 zeigt eine einschlägige Anordnung. Das kalte Wasser tritt vom Reservoir *R* aus, am Boden des Gefäſses *G* ein. Das letztere steht durch eine Cirkulationsleitung mit der Heizanlage *H* in Verbindung, so daſs das kältere Wasser nach der Heizschlange flieſst, das erwärmte Wasser in das Gefäſs zurücktritt. Am oberen Teile des Gefäſses zweigt die Verteilungsleitung ab, welche im vorgeführten Beispiele einen Küchenausguſs und eine Badeeinrichtung mit warmem Wasser versorgt. Diese Anordnung bietet den Vorteil, daſs der Schwimmkugelhahn den Einwirkungen des warmen Wassers entzogen,

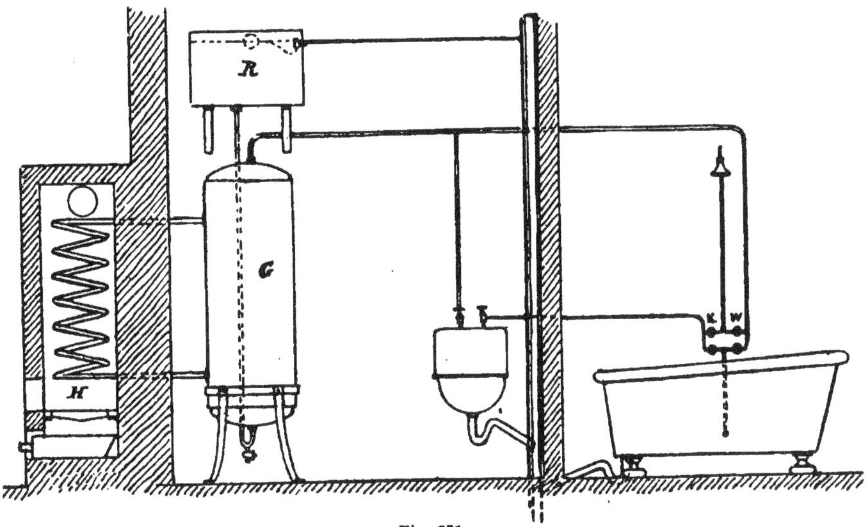

Fig. 371.
Warmwasserleitungsanlage mit Boiler.
1/50 d. nat. Gröſse.

und ein Dunstrohr zur Ableitung der Dämpfe nicht erforderlich ist. Den ersteren Zweck kann man auch dadurch erreichen, daſs man bei den früheren Anordnungen den Schwimmkugelhahn in ein abgesondertes kleines Reservoir verlegt, und das letztere mit dem eigentlichen Warmwasserreservoir durch eine kurze Rohrleitung verbindet. Das kleine Reservoir ist dann von der Wassercirkulation ausgeschlossen und dient nur dem Wassereintritt, während für das zweite Reservoir der Erwärmungsvorgang der frühere bleibt (siehe Fig. 368).

Soll die Anlage ein mehrstöckiges Gebäude mit warmem Wasser versorgen, so kommt das Reservoir im Bodenraume, die Heizungsanlage gewöhnlich im Kellerraume zu liegen, es verändern sich daher nur die gegenseitigen Höhenlagen beider, während die Anordnung im Prinzip dieselbe bleibt. Die beistehende Skizze Fig. 372 bringt die Anlage einer Warmwasserleitung für ein Gebäude zur Anschauung.

Das Steigerohr der Druckwasserleitung mündet in ein kleines, im Bodenraum untergebrachtes Reservoir *R* ein, von dessen Boden der Fallstrang der Warmwasserleitung nach der im Kellergeschofs gelegenen Heizanlage führt, während das Steigerohr wieder in das

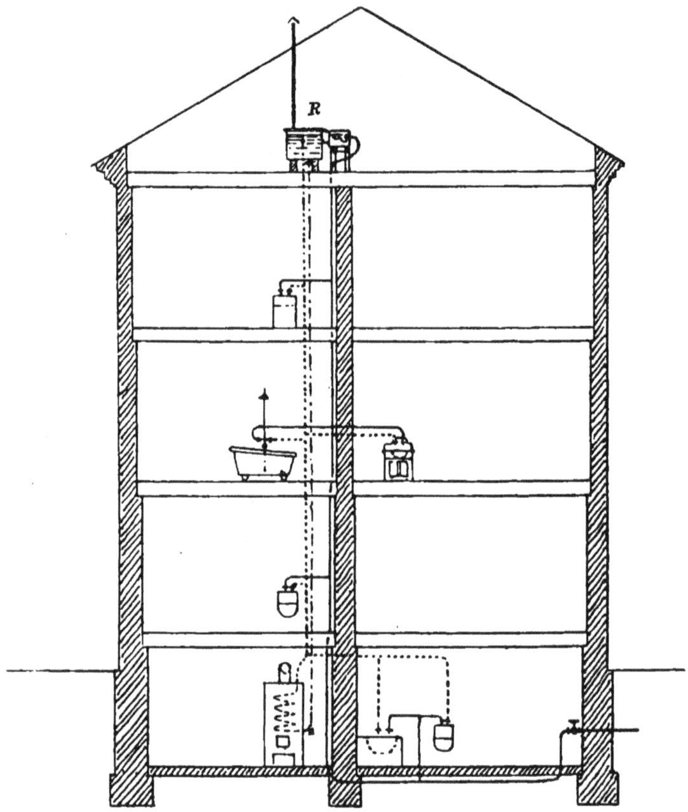

Fig. 372.
Die Versorgung eines Gebäudes mit kaltem und warmem Wasser.

Reservoir einmündet. Der Fallstrang erhält unterhalb des Reservoirs eine Absperrvorrichtung und an seiner tiefsten Stelle eine Entleerung. Die Verteilung des Wassers nach den einzelnen Zapfstellen ist aus der Skizze leicht ersichtlich.

Will man das Warmwasserreservoir nicht in den Bodenraum legen, so kann dasselbe in der Form eines Boilers neben der Heizungsanlage im Keller Platz finden. Diese Anordnung ist in Fig. 373 zur Anschauung gebracht.

Das kleine Reservoir *R* beschränkt den Leitungsdruck auf das erforderliche Mafs und dient zur Einleitung des Wassers. Das Fallrohr mündet im Kellergeschofs am Boden des Warmwassergefäfses ein, das Wasser in demselben wird durch eine daneben angeordnete Heizungsanlage erwärmt, während das Steigerohr die

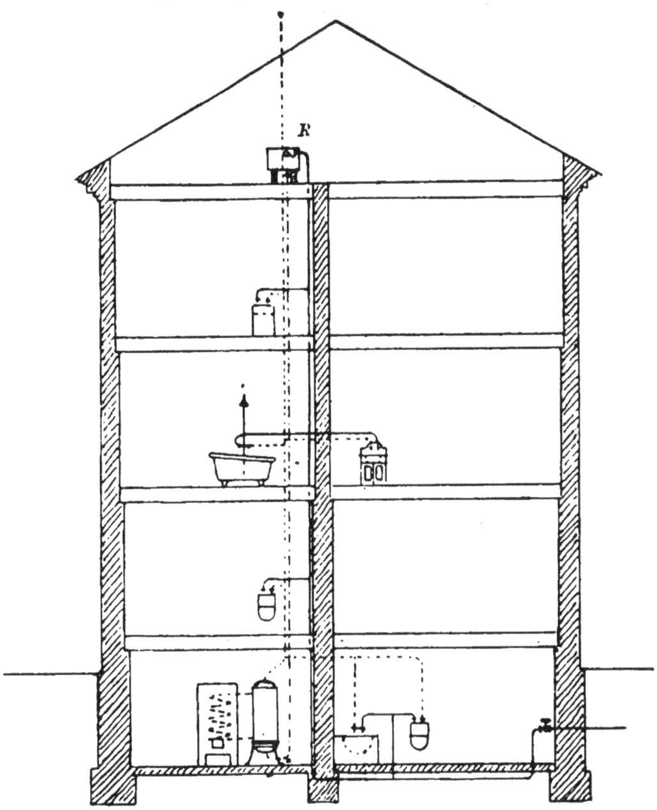

Fig. 373.
Die Versorgung eines Gebäudes mit kaltem und warmem Wasser.

Verteilung des Wassers besorgt und schliefslich über der Dachfläche als Dunstrohr ausmündet.

Bei grofsen Anlagen gibt man dem Warmwassergefäfs die Form eines Kessels, welchen man direkt über die Feuerung legt und erhält dann eine im Aussehen einer Dampfkesselanlage ähnliche Einrichtung.

Steht direkter Dampf oder der abgehende Dampf eines Motors als Wärmequelle zur Verfügung, so tritt an die frühere Stelle der einfachen Feuerungsanlage ein Dampfofen, in welchem der Dampf mit der als Heizschlange durchgeführten Rohrleitung in Berührung kommt. Seltener wird man den Dampf in das Warmwasserreservoir einleiten, um das Wasser in demselben direkt zu erwärmen. Der Dampf strömt dann entweder durch eine Anzahl Öffnungen eines Rohres oder durch einen Strahlapparat (Fig. 374) in das Wasser aus und gibt durch Kondensation seine Wärme an dasselbe ab. Schliefslich kann man den Dampf mittels Heizschlange durch das Wasser leiten, wodurch derselbe kondensiert wird und als Wasser der Dampfanlage wieder zufliefst.

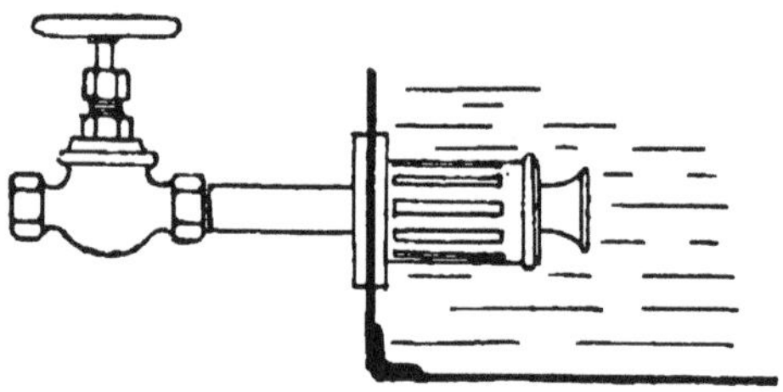

Fig. 374. Dampfstrahlapparat zur Erwärmung von Wasser. $^1/_{10}$ d. nat. Gröfse.

Die Ausführung der Warmwasserleitungen ist dieselbe wie diejenige der Kaltwasserleitungen, auch weichen die zur Anwendung kommenden Apparate von den früher beschriebenen in keiner Weise ab. Die Steige- und Fallleitung legt man in der Regel neben einander, während die Kaltwasserleitung an einer anderen Stelle hochzuführen ist. Von den Zapfvorrichtungen sind die Lederventilhähne den Gumminiederschraubhähnen vorzuziehen, da bei gröfserer Wärme des Wassers die Dauerhaftigkeit des Gummi nur eine geringe ist.

Die Warmwasserleitungen können auch durch Räume gelegt werden, welche der Einwirkung des Frostes ausgesetzt sind, da ein Einfrieren bei ununterbrochenem Betriebe nicht zu befürchten ist. Tritt im Winter dennoch eine Unterbrechung ein, und kommt die Anlage während einer Reihe von Tagen aufser Betrieb, so mufs dieselbe zum Schutze gegen das Einfrieren entleert werden.

Für kleinere Hauptleitungen und kurze Zweigleitungen finden schmiedeiserne Röhren und Bleiröhren Verwendung. Die letzteren sind besonders starkwandig zu wählen und gut an der Wand zu lagern, weil andernfalls die Röhren durch die zufolge der wechselnden Temperaturen hervorgerufenen Ausdehnungen und Zusammenziehungen schliefslich erweitert werden und platzen. Auch gibt die Ausdehnung der Röhren leicht die Veranlassung zu Durchsackungen. Für gröfsere Leitungen verwendet man daher lieber verzinkte schmiedeiserne Röhren, für kleinere Zweigleitungen nach Entnahmestellen auch kupferne Röhren. Sehr grofse Leitungen wird man aus gufseisernen Röhren herstellen.

Schliefslich ist auch dafür Sorge zu tragen, dafs die an das Wasser übergeführte Wärme auf dem Wege nach der Konsumstelle nicht durch Abkühlung wieder verloren geht. Bei kleinen Anlagen, wo Produktions- und Verbrauchsort nicht weit von einander entfernt liegen, wird die Abkühlung des Wassers auf diesem kurzen Wege wenig in Betracht kommen. Bei ausgedehnteren Leitungen kann jedoch die Abkühlung eine sehr beträchtliche sein, und mufs man dann die Rohrleitung durch eine Umhüllung vor Wärmeausstrahlung schützen. Dieser Schutz besteht entweder in einer Umkleidung aus einem Gemisch von Lehm und Kälberhaaren, oder in einer Umwickelung der Röhren mit Baumwollenschnüren, welche mit Kieselguhr oder mit einem sonstigen schlechten Wärmeleiter gefüllt sind.

Die Warmwasserleitungen gleichen im allgemeinen den Warmwasserheizungen, und wird man daher einerseits das Wasser einer Warmwasserleitung ebenso gut durch einen Heizkörper einer Zimmerheizung führen, als auch anderseits einer Warmwasserheizung warmes Wasser für Wirtschaftszweke entnehmen können. Das letztere ist jedoch hauptsächlich für die Entnahme gröfserer Mengen nicht zu empfehlen, da hierdurch der Heizungsanlage eine zu grofse Wärmemenge entzogen, und die gute Wirkung derselben gefährdet wird.

F. Allgemeines.

Kapitel 21.

Über den Wasserbedarf und die Arten des Wasserbezugs.

Die Höhe des Wasserbedarfs eines Gemeinwesens ist von vielen Faktoren abhängig. Das Klima, die Bauart der Häuser, die Anzahl, die Dichtheit, die Beschäftigung, der Vermögensstand und die Lebensgewohnheiten der Bevölkerung, ferner das Vorhandensein von Entwässerungseinrichtungen, die Qualität des Wassers, die Benutzungsweise und schliefslich auch die Zahlungsbedingungen für die Benutzung des Wassers werden gemeinsam die Höhe des Wasserverbrauchs bestimmen. Was von dem ganzen Gemeinwesen gilt, kommt selbstverständlich auch bei den einzelnen Gliedern desselben, d. h. bei der Versorgung von einzelnen Grundstücken in Betracht, und es mufs daher der Wasserverbrauch in einem Gebäude, welches mit allem Komfort für die Benutzung des Wassers ausgestattet und von einer geringeren Anzahl, aber von wohlhabenden Personen bewohnt wird, für den Kopf dieser Bewohner ein bedeutend gröſserer sein, als in einem Gebäude, deren Bewohner der arbeitenden Klasse angehören.

In Berlin wurden in dieser Richtung in den Jahren 1881 und 1882 durch Messung folgende Zahlenwerte festgestellt:

In der von den reichsten Ständen bewohnten Tiergartenstrasse wurden für den Tag und Kopf im Jahresdurchschnitt ein Verbrauch von 230 l und 238 l bei einer Einwohnerzahl des Hauses von 14 Personen, in der Oranienburgerstraſse, die hauptsächlich von den Mittelständen bewohnt wird, ein Verbrauch von 59,12 l und 53,8 l bei einer Einwohnerzahl im Hause von 57 Personen, in der Gitschiner Straſse, hauptsächlich von den unbemittelten Klassen bewohnt, ein Verbrauch von 11 und 19 l bei einer Einwohnerzahl des Hauses von 402 Personen, und in der Tieckstraſse, welche hauptsächlich von der Arbeiterklasse bewohnt wird, ein Verbrauch von 26 und 19 l bei einer Einwohnerzahl des Hauses von 153 Personen ermittelt. Für jene Jahre wurde schlieſslich der Jahresdurchschnitt für den Kopf und Tag der Einwohner von Berlin unter Hinzurechnung des Wassers für alle gewerblichen und öffentlichen Zwecke zu 64,13 l und 63,95 l festgestellt.

In London angestellte Versuche haben ergeben, daſs in Arbeiter- und anderen Häusern der Verbrauch für den Kopf und Tag nach dem Jahresdurchschnitte zwischen 59 und 63 l schwankte, daſs hingegen in Häusern mit kleinen Läden der Verbrauch auf 81 l und in den Häusern des Mittelstandes mit Badeeinrichtungen und Klosetts auf 141 l stieg. In Vergleich mit den obigen Berliner Zahlen ist der Wasserverbrauch in London ein erheblich gröſserer.

Der Wasserverbrauch in Dresden betrug für den Tag und Kopf der Bevölkerung:

im	Jahre	1885	überhaupt	72 l,	ohne	d.	Verbrauch	f.	öffentl.	städt.	Zwecke	65,7 l
„	„	1886	„	75 l,	„	„	„	„	„	„	„	68,6 l
„	„	1887	„	76 l,	„	„	„	„	„	„	„	70,0 l
„	„	1888	„	76,6 l,	„	„	„	„	„	„	„	70,8 l
„	„	1889	„	80,8 l,	„	„	„	„	„	„	„	74,3 l
„	„	1890	„	80,7 l,	„	„	„	„	„	„	„	74,2 l
„	„	1891	„	81,3 l,	„	„	„	„	„	„	„	74,8 l

Der Wasserverbrauch für öffentliche städtische Zwecke, d. h. für Straſsenbesprengung, öffentliche Springbrunnen, Straſsenbauzwecke, Bewässerung öffentlicher Anlagen, Spülung des Stadtrohrnetzes, der

Schleusen, der öffentlichen Pissoirs, zu Feuerlöschzwecken etc. betrug in Dresden:

im Jahre 1885	8,94 %	im Jahre 1889	8,02 %
„ „ 1886	8,92 %	„ „ 1890	8,08 %
„ „ 1887	8,04 %	„ „ 1891	8,01 %
„ „ 1888	7,62 %		

Dieser Prozentsatz stellt sich für viele Städte erheblich höher und richtet sich namentlich nach dem Wasserverbrauche für laufende Brunnen, Fontänen, Rinnstein- und Kanalspülung, da hierzu bedeutende Wassermengen erforderlich sind. So verbrauchten im Jahre 1888 Karlsruhe 27,5 %, Würzburg 26 %, Breslau 22,4 %, Magdeburg 22,6 %, Augsburg 19,3 %, Elberfeld 16,4 %, Kiel 10,8 %, Weimar 10 % der totalen Wassermenge für öffentliche Zwecke, während anderseits dieser Verbrauch in Bonn 3 %, in Kassel 4,7 % und in Bremerhaven nur 1,8 % betrug.

Aus den Dresdner Beobachtungen läfst sich entnehmen, dafs dieser Prozentsatz für jede Stadt nur geringen Schwankungen unterworfen ist.

Von dem Jahresdurchschnittsverbrauche ist zu unterscheiden die bei dem stärksten Wasserverbrauche auf den Kopf der Bevölkerung entfallende Wassermenge. Dieselbe betrug beispielsweise in Dresden:

im Jahre 1885	129 l,	Mehrquantum in % des Jahresdurchschnitts	79,2 %
„ „ 1886	124 l,	„ „ „ „ „	65,3 %
„ „ 1887	137 l,	„ „ „ „ „	80,3 %
„ „ 1888	136 l,	„ „ „ „ „	77,5 %
„ „ 1889	139 l,	„ „ „ „ „	72 %
„ „ 1890	128 l,	„ „ „ „ „	58,6 %
„ „ 1891	121 l,	„ „ „ „ „	48,8 %

In den Resultaten der Jahre 1890 und 1891 kommt die Einwirkung der nassen Sommerwitterung deutlich zum Ausdruck. Läfst man diese beiden Jahre als abnorm aufser Betracht, so übertrifft der Maximalkonsum im Jahre daher den durchschnittlichen Konsum im vorstehenden Falle um abgerundet 75 %.

Der Maximalkonsum fällt gewöhnlich in die Sommermonate Juni, Juli und August, da zu dieser Zeit die Bewässerung der Gärten, das Besprengen der Strafsen und Höfe wesentliche Faktoren der Verbrauchssteigerung abgeben. In Städten, wo zufolge der lokalen Verhältnisse auf den Wasserverbrauch zu vorgenannten Zwecken weniger zu rechnen ist, wird der Maximalkonsum nur ca. 50 % über den jährlichen Durchschnittskonsum betragen.

Als Beleg hierfür möge folgende Zusammenstellung dienen, deren Zahlen den Betriebsergebnissen der Jahre 1887 bis 1889 entnommen sind:

Name der Stadt	Betriebsjahr	Einwohnerzahl	Durchschnittl. Verbrauch für den Tag und Kopf der Bevölkerung l	Maximalverbrauch für den Tag und Kopf l	Mehrbetrag des Maximalverbrauchs in % des Durchschnittsverbrauchs %
Berlin	1887	1 316 500	65	92	41,5
Magdeburg . .	1888	150 000	88	123	40
Elberfeld . . .	1889	120 000	99	144	45,4
Braunschweig .	1888	95 000	63	104	65
Kiel	1888	60 000	63	85	35
Halberstadt . .	1888	35 000	37	64	73
Heidelberg . .	1888	30 000	83	117	41
Weimar . . .	1888	22 500	43	67	56
Kannstatt . .	1888	18 000	77	136	76,6

Bisher war es üblich, bei Feststellung des Wasserbedarfes einer Stadt gewisse Einheitssätze zu Grunde zu legen, welche sich aus angestellten Beobachtungen als Durchschnittswerte ergeben hatten.

Man rechnete:

bei Gemeinden bis zu 20 000 Einw. 100 l für den Tag u. Kopf der Bevölkerung
„ „ von 20 bis 50 000 „ 120 l „ „ „ „ „ „ „
„ „ über 50 000 „ 150 l „ „ „ „ „ „ „

Diese Zahlen, welche auch den Bedarf für öffentliche Zwecke und für Gewerbebetrieb in sich schliefsen, bringen von den auf den Wasserverbrauch wirkenden Faktoren nur so viel zum Ausdruck, dafs die Ansprüche der Bevölkerung kleinerer Gemeinwesen an eine Wasserversorgung infolge der Lebensgewohnheiten und Bauart der Häuser geringere sind, auch in denselben an den Wasserverbrauch für öffentliche Zwecke nicht derartige Anforderungen herantreten, als in gröfseren Städten. Aufsergewöhnlicher Bedarf für Industriezwecke ist jedoch gesondert zu ermitteln und dem sonstigen Bedarfsquantum hinzuzufügen.

Vergleicht man diese Einheitszahlen mit den durch den Verbrauch ermittelten Zahlen, so ergibt sich, dafs diese Einheitssätze reichlich bemessen sind und eine gewisse Sicherheit bieten für den mit den Jahren sich steigernden Wasserverbrauch. Da ein Wasserwerk auch den Anforderungen des Maximalkonsums genügen mufs, so kommt es bei der Leistungsbestimmung des Werkes vor allem darauf an, diesen Maximalkonsum festzustellen. Will man daher von der Benutzung allgemeiner Einheitszahlen absehen, wenn dieselbe auch in vielen Fällen nicht zu umgehen ist und bei richtiger, den örtlichen Verhältnissen Rechnung tragender Wahl auch ein vollkommen genügendes Resultat geben wird, so mufs man zur Ermittelung des Maximalwasserbedarfs die Gesamtwassermenge in die für die einzelnen Zwecke der Wasserversorgung erforderlichen Wassermengen zerlegen und auf Grund spezieller Unterlagen und unter Berücksichtigung der örtlichen Verhältnisse die einzelnen Wassermengen bestimmen. Auf die gleiche Weise läfst sich auch der Wasserbedarf eines Grundstücks annähernd berechnen.

Der deutsche Verein von Gas- und Wasserfachmännern stellte im Jahre 1881 die Frage auf: Welche Wassermengen sind auf Grund der bisherigen Erfahrungen, eventuell auf Grund eigener anzustellender Messungen für die ausreichende Versorgung des privaten, sowie des kommunalen Bedarfes erforderlich? Die mit der Beantwortung dieser Frage betraute Kommission gibt in dem im Jahre 1884 erstatteten Berichte die gewonnenen Resultate, wie folgt, an:

A. Privatgebrauch.

1. Gebrauchswasser in Wohnhäusern, für den Kopf der Bewohner und für den Tag:
   a) zum Trinken, Kochen, Reinigen etc. . . . 20—30 l
   b) zur Wäsche . . . . 10—15 l
2. Klosettspülung, einmalige . . . . 5—6 l
3. Pissoirspülung:
   a) intermittierend für einen Stand und für die Stunde . . . . 30 l
   b) kontinuierlich, für 1 m Spülrohr und für die Stunde . . . . 200 l
4. Bäder:
   a) ein Wannenbad . . . . 350 l
   b) ein Sitzbad . . . . 30 l
   c) Brause- oder Strahldouche bei einmaliger Benutzung . . . . 20—30 l
5. Gartenbegiefsung an einem trocknen Tage für 1 qm einmal besprengte Fläche . . . . 1,5 l
6. Hofbegiefsung an einem trocknen Tage für 1 qm einmal besprengte Fläche . . . . 1,5 l
7. Trottoirbegiefsung an einem trocknen Tage für 1 qm einmal besprengte Fläche . . . . 1,5 l

8.	Ein Pferd, Tränken und Reinigen ohne Stallreinigung für den Tag	50 l
9.	Ein Stück Vieh, Tränken und Reinigen ohne Stallreinigung für den Tag	
	a) Grofsvieh	50 l
	b) Kleinvieh	10 l
	(ein Kalb 8 l, ein Schaf 8 l, ein Schwein 13 l)	
10.	Ein Wagen zum Personentransport, Reinigung für den Tag	200 l

B. Öffentliche Anstalten.

1.	Schulen, für den Schüler und Schultag (ohne Zerstäubung für Luftbefeuchtung)	2 l
2.	Kasernen:	
	a) für den Mann und Verpflegungstag	20 l
	b) für ein Pferd » » »	40 l
3.	Kranken- und Versorgungshäuser, für die Person und den Verpflegungstag	100—150 l
4.	Gasthöfe, für die Person und den Verpflegungstag (ohne Wassermotoren und hydraulische Aufzüge) .	100 l
5.	Badeanstalten, für ein abgegebenes Bad (insofern nur Wannen- und Douchebäder abgegeben werden)	500 l
6.	Waschanstalten, für 100 kg Wäsche	400 l
7.	Schlachthäuser, Gesamtverbrauch im Jahre für ein Stück geschlachteten Viehes	300—400 l
8.	Markthallen, für 1 qm bebaute Fläche und für den Markttag	5 l
9.	Aichamt, Gesamtverbrauch im Jahre für 1 cbm geaichten Hohlgefäfses	1100 l
10.	Bahnhöfe, Speisewasser für eine Lokomotive, täglich	6000-8000 l

C. Kommunale Zwecke.

1.	Strafsenbegiefsung, für 1 qm einmal besprengte Fläche:	
	a) gepflasterte Flächen	1 l
	b) chaussierte Flächen	1,5 l
2.	Öffentliche Gartenanlagen, an einem trocknen Tage für 1 qm einmal begossene Fläche	1,5 l

3. Öffentliche Ventilbrunnen, ohne kontinuierlichen Abfluſs, für den Auslauf und Tag . . . . 3000 l
4. Öffentliche Pissoirs:
   a) intermittierende Spülung für den Stand und die Stunde . . . . 60 l
   b) kontinuierliche Spülung für 1 m Spülrohr stündlich . . . . 200 l

D. Gewerbe und Industrie.

1. Brauereien, Gesamtverbrauch im Jahre für 1 hl gebrauten Bieres, ohne Eisbereitung . . . . . . 500 l

Die angegebenen Wassermengen werden unter normalen Verhältnissen zur völligen Befriedigung des berechtigten Bedarfs ausreichen, wenn auch für einzelne Zwecke die Grenzen weiter gesteckt werden muſsten, da für dieselben das individuelle Belieben des einzelnen beim Gebrauche, z. B. beim Klosettspülen, Douchen etc. nicht ausgeschlossen werden kann.

Die Bezahlung der von den Konsumenten verbrauchten Wassermenge erfolgt nach dem von der Wasserwerksverwaltung aufgestellten Wassertarife.

Das Wasser für gewerbliche und industrielle Zwecke wird in der Regel nach Messung abgegeben, so daſs der hierfür zu zahlende Betrag sich durch Multiplikation der Verbrauchsmenge mit dem Einheitspreise des Wassers ergibt. Bei Entnahme gröſserer Wassermengen wird in vielen Fällen ein Rabatt gewährt. Der Preis für 1 cbm Wasser ist je nach den Anlagekosten des Werkes ein sehr verschiedener, er schwankt in Deutschland zwischen den Grenzen von 5 bis 40 Pf. (München—Stade), liegt jedoch zumeist in den engeren Grenzen von 8 bis 12 Pf. In einzelnen Fällen wird das Wasser für Gewerbebetriebe, z. B. Bäcker, Gastwirte, Gerber, Seifensieder etc. nach einem Pauschalsatze ohne Zumessung bezahlt.

Das Wasser zur Versorgung eines Grundstückes, welches lediglich Wohnzwecken dient, wird entweder auf Diskretion abgegeben, d. h. es ist für die Benutzung des Wassers ein bestimmter Betrag zu entrichten, und es kann hierfür so viel Wasser ohne Messung entnommen werden, als zu einer reichlichen Versorgung aller Teile des Grundstückes erforderlich ist, oder es erfolgt die Abgabe des Wassers unter Kontrolle eines Wassermessers, doch ist auch in diesem Falle zumeist ein bestimmter Minimalbetrag zu zahlen, welcher mit Hilfe des Einheitspreises in diejenige Wassermenge umgerechnet wird, welche dem

Konsumenten für die geleistete Zahlung zur Verfügung steht. Der Mehrverbrauch wird nach dem Einheitssatze vergütet. Der Wassermesser vertritt dann oft nur die Stelle eines Aufsehers. d. h. er soll dem Missbrauche und der Vergeudung des Wassers Einhalt thun und eine nützliche Verwendung des Wassers herbeiführen, ohne jedoch hierdurch den nützlichen Wasserverbrauch in irgend einer Weise zu beschränken. Für die unbeschränkte Verwendung des Wassers ohne Kontrolle des Verbrauchs werden oft sanitäre Gründe geltend gemacht, doch mufs hierbei wohl derjenige Teil des Wassers, welcher vollständig ungenutzt abfliefst, von demjenigen unterschieden werden, welcher in der verschiedensten Weise, aber nützlich verwendet wird. Die unbeschränkte Wasserabgabe begünstigt aber die Wasservergeudung, und es dürfte einleuchten, dafs das Wasser eines Zapfhahnes, welcher aus Unachtsamkeit oder schlechter Gewohnheit offen stehen bleibt, eines undichten Klosettventils oder eines nicht schliefsenden Schwimmkugelhahnes, einer über Nacht fliefsenden nicht benutzten Pissoiranlage ohne jeden Nutzen entweicht, der Wasserverbrauch eines Hauses aber hierdurch auf das mehrfache des nutzbaren gebracht werden kann. Der Eigentümer einer Leitung, bei welcher die Wasserabgabe auf Diskretion erfolgt, hat aber keine Veranlassung, diesen Übelständen abzuhelfen, sie bleiben ihm oft auch verborgen. Dies ist jedoch sofort anders, sobald der Wasserverbrauch durch einen Wassermesser kontrolliert wird. Es wird dann jeder dafür sorgen, dafs seine Leitung in gutem Zustande bleibt, ja er wird selbst verborgenen Defekten, welche sich nur durch einen verhältnismäfsig grofsen Wasserverbrauch bemerkbar machen, auf die Spur zu kommen suchen. Die Gegenwart des Wassermessers soll daher mehr einen moralischen Einflufs auf den Eigentümer und Benutzer der Leitung ausüben, als den nützlichen Gebrauch des Wassers nach irgend einer Richtung hin beschränken. Alle Wasserwerksverwaltungen, welche von der freien Benutzung des Wassers zur obligatorischen Messung übergegangen sind, haben Erfahrungen darüber gemacht, welche Ersparnisse im Wasserverbrauche erzielt werden können, wenn das Wasser nur in nützlicher Weise verwendet wird, und dafs oft an die Stelle des früheren Mangels infolge von Vergeudung eine reichliche Versorgung für nützliche Zwecke tritt.

Auch in rechtlicher Beziehung ist die allgemeine Anwendung von Wassermessern zu empfehlen. Tritt ein Defekt an einer Leitung mit Wassermesser ein, so wird der letztere die verloren gegangene Wassermenge anzeigen, und der Besitzer ist verpflichtet, den Schaden zu tragen. Besitzt die Leitung keinen Wassermesser, so ist nicht zu ermitteln, welche Wassermenge verloren gegangen ist, der Schaden fällt daher allein auf die Seite der Wasserwerksverwaltung. Dafs aber diese Verluste infolge der Nachlässigkeit des Besitzers oder aus Mangel an Anzeichen für das Vorhandensein eines Defektes sehr bedeutende sein können, dürfte ohne weiteres klar sein.

Der für die Benutzung des Wassers zu zahlende Betrag, abgesehen davon, ob derselbe von einem Wassermesser kontrolliert wird oder nicht, kann berechnet werden

a) nach den Wohnräumen und Küchen (für den Raum im Mittel 2—2,5 Mk.),
b) nach der Anzahl von Quadratmetern der versorgten Etagenfläche (für 1 qm 10 Pf.),
c) als Prozentsatz des Mietwertes der Wohnungen (2 ½—4 %).
d) als Prozentsatz der Staats-Gebäudesteuer,
e) nach Familien resp. einzelstehenden Personen,
f) nach Grundstücken (Minimalzahlung für ein Grundstück),
g) nach dem Kaliber des Wassermessers.

Für Badeeinrichtungen, Wasserklosetts, Pissoirs, ferner für Pferde, Rinder und Kleinvieh, für Bewässerung von Gärten, Besprengen von Trottoirs, Strafsen und Höfen, für Treibhäuser, Springbrunnen und Hydranten erfolgt die Zahlung ebenfalls nach Einheiten, und sind diese Beträge den obigen Berechnungen hinzuzufügen, sofern nicht, wie unter f) und g), für das ganze Grundstück ohne Rücksicht auf die Verwendungsweise des Wassers im Innern desselben ein bestimmter Minimalbetrag zu zahlen ist, der Mehrkonsum aber durch den Wassermesser, dessen Aufstellung obligatorisch ist, festgestellt wird.

Der Zweck dieses Buches läfst es nicht zu, auf die Einzelheiten der verschiedenen Tarife näher einzugehen, und mufs für eingehendere Studien auf die »Vergleichende Zusammenstellung der Wasserwerkstarife deutscher Städte« von Schülke, veröffentlicht im Korrespondenzblatt des Niederrheinischen Vereins für öffentliche Gesundheitspflege, Jahrgang 1875, hingewiesen werden.

Kapitel 22.

Über Wasserleitungsschäden und Betriebsstörungen.

Selbst für die best angelegte und ausgeführte Wasserleitung ist die Möglichkeit nicht ausgeschlossen, dafs durch den Bruch eines Rohres die Leitung schadhaft wird. Die Ursachen eines Defektes können verschiedene sein. Abgesehen von untauglichem Rohrmateriale, dessen Verwendung sich auf diese Weise oft sehr empfindlich rächt, können auch in sonst tadellosem Rohrmateriale Fehler verborgen sein, welche erst nach längerem Betriebe der Leitung zum Vorscheine kommen und zu einem Bruche des Rohres Veranlassung geben. Hierher gehören die Stellen mit ungleichen Wandstärken der Blei- und Zinnbleiröhren und blasige Stellen in gufseisernen Röhren, welche von aufsen nicht sichtbar sind. Ferner wirken zerstörend: Frost, Abschlufsvorrichtungen mit Stofswirkung, unvorsichtiges Handhaben der Zapfhähne durch zu schnelles Schliefsen, Bodensenkungen, kalkhaltiger oder durch Säuren verunreinigter Boden und feuchte, mit Säuren geschwängerte Kellerluft. Selbst Ratten können durch Benagen des Rohres zu Rohrdefekten Veranlassung geben, und ist es in neuerer Zeit sogar beobachtet worden, dafs Holzwürmer sich in Bleiröhren eingefressen und dieselben durchbohrt haben. Auf die Mafsregeln und Einrichtungen, um den vorgenannten Ursachen eines Rohrdefektes entgegenzutreten, ist bereits in den betreffenden Kapiteln ausdrücklich hingewiesen worden, so dafs es sich hier nur darum handelt, den eingetretenen Fall selbst näher ins Auge zu fassen.

Man unterscheidet zwei Arten von Rohrdefekten, und zwar solche, welche sich durch Auftreten von Wasser sofort bemerklich machen — offene Defekte — und solche, bei denen das Wasser nicht zu Tage tritt, sondern einen dem Auge verborgenen Abflufs nimmt — verborgene Defekte. Die ersten sind bezüglich des Wasserverlustes die ungefährlicheren, da das austretende Wasser unmittelbar erkennen läfst, was geschehen ist und zur Abhilfe direkt auffordert, während die verborgenen Defekte die Veranlassung zu grofsen Wasser- und dementsprechend auch Geldverlusten geben können.

Zufolge des gröfseren Druckes sind die in den Kellern und im Erdreich liegenden Leitungen einer gröfseren Gefahr des Berstens ausgesetzt, als die in den oberen Stockwerken liegenden Leitungen, und finden daselbst auch die meisten Defekte statt. Bei einem offenen Defekte durchbricht das Wasser das überdeckende Erdreich, sofern das Rohr nicht frei an der Wand oder in einem Kanale liegt. Das Schliefsen des Privathaupthahnes oder des Absperrhahnes der betreffenden Zweigleitung genügt, das weitere Ausströmen des Wassers zu verhindern. Ist es durch das ausgetretene Wasser unmöglich geworden, zu diesen Absperrvorrichtungen zu gelangen, so mufs die Schliefsung des Strafsenhauptventils veranlafst werden. Um das Auftreten des Wassers zu erleichtern und die Unterwaschung von Kellermauern zu verhindern, legt man, wie bereits früher angegeben, die Rohrleitung in einen aus losen Ziegeln hergestellten oder gemauerten Kanal, in letzteren dann, wenn der Fufsboden des Kellers getäfelt oder cementiert ist.

Bei den verborgenen Defekten tritt das Wasser nicht zu Tage, sondern es hat unterirdisch einen geeigneten Abflufs gefunden. Alte Schleusen und Brunnen geben hierzu vielfach Gelegenheit, doch kann auch sehr durchlässiges Erdreich bei geringfügigen Defekten die Veranlassung sein, dafs das Wasser unbemerkt versickert, statt nach der Erdoberfläche zu treten. Das Auffinden derartiger Defekte ist um so schwieriger, als oft das Vorhandensein dieser alten, den Abflufs begünstigenden Bauwerke nicht bekannt ist, und sonstige Merkmale eines Defektes sich nicht wesentlich bemerkbar machen oder vom Laien aus Sorglosigkeit oder Unwissenheit nicht beachtet werden. Erst dann, wenn der Wassermesser einen, den gewohnten Durchschnitt bedeutend überschreitenden Wasserverbrauch angezeigt hat, ist eine äufsere Veranlassung gegeben, dem Grunde dieser Erscheinung näher nachzuforschen. Besitzt das Grundstück keinen Wassermesser, so können oft Jahre vergehen, ehe ein derartiger Defekt vielleicht nur durch Zufall entdeckt wird. Der den Wasserwerken in diesem Falle zugefügte Schaden ist daher nicht unbedeutend, und ist dies einer der Hauptgründe, weshalb die Wasserabgabe in vielen Städten lediglich unter Kontrolle von Wassermessern erfolgt.

Die Auffindung eines verborgenen Defektes ist aber bei einiger Aufmerksamkeit nicht schwer, da gewisse Anzeigen vorhanden sind, welche denselben vermuthen lassen. Andauernd verminderter Druck und ein unausgesetztes Rauschen in der Leitung, letzteres auch zu Zeiten, wenn keine Wasserentnahme stattfindet, sind sichere Anzeichen dafür, dafs an irgend einer Stelle ein unbekannter Wasserausflufs aus der Leitung stattfindet. Die beste Gelegenheit zu diesen Beobachtungen bietet die Nachtzeit, da dann äufsere Geräusche nicht störend auftreten, und der Wasserverbrauch nahezu ruht. Das Wasserrauschen pflanzt sich durch die Rohrleitung selbst weit fort, und wird man, indem man dem Geräusche nachgeht, den Punkt leicht entdecken, wo das Geräusch am stärksten ist, und mithin der Wasseraustritt erfolgt. Ist eine mehrfach verzweigte Leitung vorhanden, so wird man eine Leitung nach der andern schliefsen, bis man endlich auch diejenige Leitung geschlossen hat, in welcher der Defekt vorhanden, und mit deren Schliefsung das Rauschen in der Leitung verstummt ist. Bei kleineren Defekten wird sich dieses

Rauschen in der Leitung weniger oder gar nicht bemerklich machen. Man greife dann zu folgendem Mittel. Nach Schliefsung sämtlicher Zapfstellen drehe man das Privathauptventil so weit zu, dafs es nur noch eine halbe Windung offen steht. Das Durchtreten des Wassers durch diese kleine Öffnung verursacht einen pfeifenden Ton, aus dessen Vorhandensein zu erkennen ist, dafs irgendwo aufserhalb der bekannten Zapfstellen ein Wasserausflufs stattfinden mufs. Durch Abschliefsen der einzelnen Zweigleitungen kann man dann unter denselben diejenige ausfindig machen, in welcher der Defekt vorhanden ist. Liegt die beschädigte Leitung im Erdreich, und sind sonst keine Anzeichen vorhanden, welche auf einen bestimmten Punkt dieser Leitung hinweisen, so bleibt nichts weiter übrig, als an einzelnen Stellen das Erdreich bis zur Tieflage des Rohres auszuschachten, wobei sich zeigen wird, wo das Erdreich besonders durchnäfst erscheint, und von welcher Seite her Wasser in die Ausschachtung eintritt. In dieser Richtung sind weitere Versuchsschächte anzulegen, bis man schliefslich auf die schadhafte Stelle der Leitung trifft.

Von den Mitteln zur Auffindung von Leitungsschäden seien folgende erwähnt: Der Wasserverlustanzeiger von Oesten in Berlin und das Hydrophon von Paris in Hamburg. Überdies ist bei Besprechung der Wassermesser darauf hingewiesen worden, dafs auch Wassermesser mit Beobachtungszeiger gleichzeitig eine Vorrichtung abgeben, um unbekannte Wasserausflüsse erkennen zu lassen. Meinecke in Breslau liefert auch in der Form von Wassermessern Wasserverlustanzeiger, weche dem Prinzipe nach vereinfachte Wassermesser mit nur einem Zeiger sind.

Der Wasserverlustanzeiger von Oesten besteht in der Hauptsache aus einem Kegelventile, dessen Spindel mittels Stopfbüchse nach aufsen geführt ist. Ist kein Defekt in der Leitung vorhanden, so wird nach Schliefsung sämtlicher Auslaufhähne das Kegelventil auf seiner Sitzfläche ruhen, und der Zeiger der Spindel auf einer Skala den Nullpunkt anzeigen; ist hingegen ein Defekt vorhanden, so hebt das durchfliefsende Wasser den Ventilkegel bis zu einer dem Durchflusse entsprechenden Höhe, welche an der Skala abgelesen werden kann. Ein mehr als theoretischer Wert dürfte dieser Einrichtung nicht beizumessen sein.

Das Hydrophon von Paris dient dazu, das Geräusch, welches beim Durchflufs des Wassers durch ein Ventil entsteht, dem Ohre zugänglich zu machen, wenn das Ventil im Erdreich eingebaut ist.

Ein auf die Schlüsselstange des nur wenig geöffneten Ventils aufgesetzter Stab leitet den Schall nach einer Membrane, wo derselbe von einem Telephonapparate aufgenommen und nach einem Hörapparate geführt wird. Der Apparat ist sehr feinfühlend, jedoch durch das Erfordernis einer galvanischen Batterie, wenn dieselbe auch tragbar eingerichtet ist, nicht ganz einfach. In vielen Fällen genügt es, einen Metallstab mit einem becherförmigen Ansatze zu versehen, welch letzterer als Hörrohr dient. Der Stab wird auf die Schlüsselstange des Ventils aufgesetzt. Auch für diese Untersuchung ist die Ruhe der Nacht Erfordernis.

Der Schaden, welcher durch den Bruch eines Rohres verursacht wird, liegt zumeist nicht in dem Rohrbruche selbst, sondern indirekt in der Beschädigung von Wänden, Decken und Waren durch das ausströmende Wasser. Diese Schäden werden um so empfindlicher sein, je kostbarer die Ausschmückung der Wände und Decken eines Gebäudes ist, und je wertvoller und gegen Nässe empfindlicher die Waren oder Gegenstände sind, welche in diesen Räumen sich befinden. In besonderen Fällen legt man daher die Wasserleitung in ein zweites, aus Blech hergestelltes Rohr, welches den Zweck hat, das bei einem etwaigen Defekte austretende Wasser aufzunehmen und nach einem kleinen Schachte im Keller zu führen. Durch diesen Schacht führt auch das Hauptrohr der Zuleitung und besitzt an dieser Stelle einen Kegelhahn mit Schwimmer. In normalem Zustande befindet sich der Schwimmer am Boden des Schachtes, und ist dann der Hahn voll geöffnet. Tritt jedoch ein Rohrbruch ein, so fliefst das Wasser mit Hilfe des Umkleidungsrohres in diesen

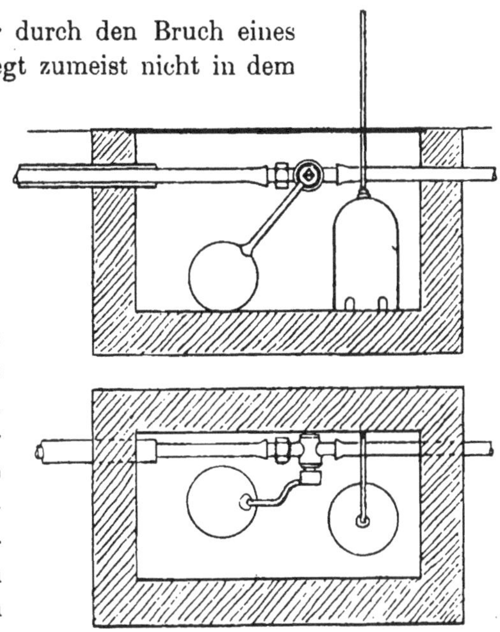

Fig. 375.
Defektanzeiger mit selbstthätiger Abstellvorrichtung.
1/20 d. nat. Gröfse.

Schacht, der Schwimmer hebt sich und schliefst bei einer bestimmten Höhe den Wasserzuflufs selbstthätig ab. In Fig. 375 ist diese Einrichtung zur Darstellung gebracht worden. Um nun das Geschehnis am betreffenden Orte zu melden, steht in dem Schachte ein glockenartiges Gefäfs *g*, welches durch eine kleine Bleirohrleitung nach Art der Luftdrucktelegraphen mit einem Signalapparate *s* verbunden ist. Das im Schachte aufsteigende Wasser drückt die Luft in der Glocke zusammen und setzt dadurch den Signalapparat in Bewegung.

Die Wiederherstellung von Defekten bei gufseisernen Leitungen erfolgt in der Weise, dafs man das beschädigte Rohr vollends zerschlägt und herausnimmt. An seine Stelle setzt man zwei Rohrstücke, und zwar ein Stück Rohr mit Muffe, welches man mit der Muffe über das Schwanzende des benachbarten Rohres schiebt, und

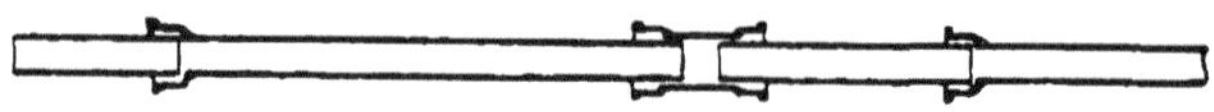

Fig. 376.

ein Stück abgepafstes glattes Rohr, welches man in die Muffe des anderseits anschliefsenden Rohres einbringt. Der Zwischenraum zwischen diesen beiden Rohrstücken in der Länge einer Muffentiefe wird durch einen Überschieber geschlossen und hierauf die Dichtungen in der bekannten Weise hergestellt. Die beschädigte Stelle der Rohrleitung zeigt dann nach der Vollendung dieser Arbeiten die in Fig. 376 dargestellte Form.

Besteht der Schaden nur in der Undichtheit einer Muffe, so wird ein kräftiges Nachstemmen der Dichtung den Schaden beseitigen.

Bei Rohrleitungen aus Blei- oder Zinnbleiröhren wird das beschädigte Rohrstück einfach herausgeschnitten, und ein neues Rohrstück beiderseits eingelötet. Umständlicher ist die Auswechselung eines beschädigten schmiedeisernen Rohres, wenn nicht durch eine Anzahl passend verteilter Flanschverbindungen die Rohrleitung leicht trennbar eingerichtet ist.

Unter den Ursachen für eine Betriebsstörung nimmt der Frost wohl die erste Stelle ein. Wenn auch danach getrachtet wird, die Leitung möglichst frostfrei zu legen, so ist doch die Möglichkeit des Einfrierens für alle Fälle nicht ausgeschlossen. Tritt der Fall ein, so wird man, wenn die Eisbildung nur eine lokale ist, durch Erwärmung der Rohrleitung mittels warmer Sandsäcke oder durch Aufstellung eines Gefäfses mit glühenden Kohlen, oder durch Aufgiefsen von warmem Wasser den Betrieb der Leitung wieder herstellen. Die Verwendung von direkter Flamme ist hierbei möglichst zu vermeiden, und verdient ein langsames Auftauen vor dem schnellen Auftauen den Vorzug. In vielen Fällen wird durch die Eisbildung auch eine Beschädigung des Rohres herbeigeführt, und zeigt sich dieselbe erst nach geschehener Auftauung. Blei- und Zinnbleiröhren zeigen sich in dieser Richtung widerstandsfähiger, als schmiedeiserne und gufseiserne Röhren, ein mehrmaliges Einfrieren führt aber auch bei den ersteren zum sichern Bruche. Es ist ferner beobachtet worden, dafs Leitungen erst dann einfroren, wenn Tauwetter eintrat, was sich dadurch erklärt, dafs durch das Tauwetter die in den Leitungen vorhandenen teilweisen Eisbildungen sich loslösen, vom Wasser mitgeführt werden und sich dann an Stellen festsetzen, wo die Leitung ein Knie bildet.

In dem kalten Winter 1879—80 froren in Karlsruhe 205 gufseiserne Anschlufsleitungen ein, von denen 128 mit Dampf aufgetaut wurden. Dies geschah dadurch, dafs man die Leitungen, wo sie in den Keller eintreten, öffnete und mittels eines schwachen Blei- oder Gummirohres von einem kleinen transportablen Dampfkessel aus Dampf in die eingefrorene Rohrleitung strömen liefs. In der Weise, wie das Eis schmolz, wurde die Rohrleitung nachgeschoben, bis das Hindernis ganz beseitigt war. Die übrigen 77 Leitungen überliefs man sich selbst, und wurde die letzte erst 42 Tage nach eingetretenem Tauwetter wieder benutzbar. Von den mit Dampf aufgetauten Leitungen zeigten sich rund 10 % gerissen, während von den ohne Nachhilfe aufgetauten nur rund 3 % gesprengt waren. Es bestätigt dies die obige Regel, dafs einem langsameren Auftauen im Interesse der Haltbarkeit der Rohrleitungen der Vorzug zu geben ist.

Eingefrorene Hydranten können ebenfalls durch die Einleitung von Dampf wieder gangbar gemacht werden.

Zum Auftauen einzelner tiefliegender Stellen einer Leitung kann man sich auch einer heifsen konzentrierten Kochsalzlösung bedienen, welche man von einem höherliegenden Teil der Leitung aus nach dem Entfernen eines Zapfhahnes in die Leitung eingiefst. Das Salz löst das Eis, wenn auch langsam, doch sicher.

Um eine Hinderung des Betriebes im Winter zu vermeiden, empfiehlt es sich, nach einem Schneefalle die Strafsen-Kappen der Absperrvorrichtungen und Feuerhähne vom Schnee zu reinigen, sowie deren nächste Umgebung mit Viehsalz zu bestreuen. Dasselbe hält den Schnee weich und feucht und verhindert ein Festfrieren der Deckel. Das letztere wird auch durch Einschmieren der Deckelränder mit einem Fett erreicht, welches unter dem Namen »Kappenfett« in den Handel kommt.

Eine Aufgrabung des Erdreiches bei strenger Kälte ist oft mit vieler Mühe verbunden, sie mufs jedoch, wenn ein Defekt vorhanden ist, geschehen. Man kann sich diese Arbeit dadurch erleichtern, dafs man am Abend vorher die betreffende Stelle mit einem Gemisch von ungelöschtem Kalke und Schnee bedeckt. Der Kalk wird durch das Schneewasser gelöscht und taut durch die sich hierbei entwickelnde Wärme das Erdreich auf, so dafs am andern Morgen die Arbeit bequem ausgeführt werden kann. Denselben Zweck erreicht man auch durch Aufstellung von Cokeöfen auf die aufzutauende Stelle. Die ausgedehnte Rostfläche dieser Öfen liegt nur in geringer Höhe über dem Fufsboden, so dafs die Wirkung der Wärmestrahlung eine möglichst günstige ist.

Als eine weitere Ursache für eine Betriebsstörung ist das Auftreten von Eisenrost anzusehen. Es ist hierbei nicht derjenige Eisenrost gemeint, welcher sich unter gewissen Verhältnissen in schmiedeeisernen Röhren bildet, sondern derjenige, welcher aus den gufseisernen Strafsenleitungen in die Zweigleitungen der Häuser übergeführt wird. Trotz der sorgfältigsten Asphaltierung ist diese Rostbildung nicht vollständig zu vermeiden, und kann dieser Rost für den Betrieb derjenigen Rohrleitungen störend auftreten, in denen das Wasser ununterbrochen mit sehr geringer Geschwindigkeit fliefst, wie dies bei den Pissoirleitungen der Fall ist. Der Rost lagert sich an den Rohrwandungen ab und verengt nach und nach das Rohr, bis er schliefslich dasselbe vollständig ausfüllt, und der Wasserdurchflufs aufhört. Es ist hierbei gleichgültig, ob die Rohrleitung aus Blei- oder Zinnbleiröhren hergestellt ist. Es empfiehlt sich daher die Vorsichtsmafsregel, den Auslauf solcher schwach fliefsender Leitungen von Zeit zu Zeit voll zu öffnen, damit noch rechtzeitig die Rostablagerungen durch die erhöhte Geschwindigkeit des Wassers aufgerührt und mit hinweggeführt werden.

Untergeordnete Defekte, wie das Undichtwerden eines Hahnes, das Stehenbleiben eines Wassermessers, können, abgesehen von der naturgemäfsen Abnutzung dieser Apparate, durch Bohrspäne und Lötzinn verursacht werden, welche bei der Ausführung der Leitung in dieselbe gelangt sind, sich in den scharfen Biegungen der Hähne festsetzen und den dichten Abschlufs derselben hindern oder die

Gummi- oder Lederdichtung beschädigen. Durch Entfernung des Hindernisses und Einziehung einer neuen Gummi- oder Lederdichtung läfst sich diesem Übelstande leicht abhelfen. Die den Wassermessern vorgelegten Siebe können nicht verhindern, dafs feine Lötzinnteilchen und Borspäne in dieselben gelangen, welche dann infolge ihres gröfseren spezifischen Gewichtes an der Peripherie rotieren und ein Einklemmen der Radschaufeln im ungünstigen Falle veranlassen werden. Der Wassermesser mufs dann ausgeschaltet und gereinigt bzw. auch repariert werden.

Der Laie versteht unter einer beschädigten Leitung in der Regel nur eine solche, bei welcher das Wasser an einer Stelle austritt, an welcher sonst eine Wasserentnahme nicht stattfindet. In der That ist aber jeder undichte Hahn und jedes nicht schliefsende Klosettventil ebenfalls ein Defekt in der Leitung, da durch diese Undichtheiten bedeutende Wassermengen ungenutzt abfliefsen können, und bei Anwesenheit eines Wassermessers auch geldliche Verluste erwachsen werden. Die meiste Veranlassung zu derartigen Defekten geben die Schwimmkugelhähne und Klosettventile. Es tritt leicht der Fall ein, dafs ein Schwimmkugelhahn sich aufhängt und daher den Wasserzuflufs bei Erreichung des höchsten Wasserstandes nicht abschliefst. Das Wasser steigt dann bis zum Überlauf und fliefst durch denselben so lange ab, bis durch Nachhilfe das Ventil seiner Funktion zurückgegeben wird. Ferner kann durch ein Verbiegen des Schwimmerhebels der abschliefsende Wasserstand über den Überlauf hinaus erhöht werden, so dafs fortwährend Wasser durch den Überlauf abfliefst, da das Ventil noch nicht ganz geschlossen ist, wenn der Wasserstand den Überlauf erreicht hat. Eine öftere Revision der Zapfhähne, hauptsächlich aber der Klosett- und Schwimmkugelhähne ist jedem Besitzer im eigenen Interesse dringend zu empfehlen. Es bleibt dadurch nicht allein die sonst ungenutzt wegfliefsende Wassermenge nützlichen Zwecken erhalten, sondern es wird sich auch der Besitzer dadurch manche Ärgernisse und Geldkosten ersparen.

Kapitel 23.

Über den Anschlufs der Blitzableiter an die Gas- und Wasserleitungsröhren.

Das von den Elektrotechnikern aufgestellte Verlangen, eine vorhandene Blitzableitung mit den Gas- und Wasserleitungsröhren eines Gebäudes zu verbinden, hat in neuerer Zeit die beteiligten Kreise vielfach beschäftigt, so dafs es wohl gerechtfertigt erscheint, dieser Frage auch an dieser Stelle nähere Beachtung zu schenken. Die Elektrotechniker stützen ihr Verlangen auf die Behauptung, dafs durch die Anlage von Gas- und Wasserleitungen in den Häusern und durch die damit bedingte Einbringung gröfserer Metallmassen in dieselben die Blitzgefahr gesteigert worden sei, vermehrt durch den Umstand, dafs die Leitungen sich zweigartig in dem Gebäude verteilen und bis in die Nähe der Blitzableiter gelangen können. An diesen Annäherungspunkten sei eine Seitenentladung vom Blitzableiter her zu befürchten, welche um so eher stattfinden werde, je gröfser der Leitungswiderstand des Blitzableiters, und je geringer der Widerstand ist, welchen ein andrer Weg, in diesem Falle die Gas- und Wasserleitungsröhren, der Ableitung des Blitzes und dessen Verbreitung im Erdreich entgegensetzen. Wenn auch durch die Töplerschen Versuche nachgewiesen ist, dafs von einem mit der Erde in guter Verbindung stehenden Blitzableiter der Blitz auf eine Leitung von noch kleinerem Erdübergangs-Widerstande überspringen kann, so wird doch die Entfernung beider Leitungen um so geringer sein können, ehe ein Überspringen des Blitzes stattfindet, je besser beide Ableitungen angelegt, und je weniger die Ableitungs- und Erdübergangs-Widerstände beider Leitungen von einander verschieden sind.

Wenn nun auch der Anschlufs eines Blitzableiters an die Gas- und Wasserleitungsröhren eines Gebäudes nach den allgemeinen physikalischen Gesetzen als ausführbar angesehen werden mufs, so sind doch seitens der Techniker des Gas- und Wasserfaches Bedenken hiergegen in technischer Beziehung laut geworden, und infolgedessen von dieser Seite Bedingungen aufgestellt worden, unter welchen allein ein Anschlufs als zulässig erachtet werden kann. Wenn auch dieses halb abwehrende Verhalten der Gas- und Wassertechniker den Wünschen der Elektrotechniker nicht ganz entspricht, so ist dasselbe doch wohl mit Recht darin begründet, dafs eine Gas- resp. Wasserleitung vor allem dazu angelegt ist, Gas resp. Wasser einem Gebäude zuzuführen, ihre ganze Anlage lediglich darauf hinzielt, diesen Zweck zu erfüllen, und es Aufgabe des Fachtechnikers ist, darüber zu wachen, dafs diese Anlage in ihrer Funktion nicht durch fremden Einflufs gefährdet werde. Die grofse Gefahr, in welcher die Leitungen angeblich schweben sollen, welche mit einer vorhandenen Blitzableitung nicht in Verbindung stehen, ist wohl als eine übertriebene zu bezeichnen, ebenso wie statistisch der Nachweis nicht erbracht werden kann, dafs durch die Anlage von Gas- und Wasserleitungen die Blitzgefahr für ein Gebäude bemerkbar gesteigert worden ist. Dafs der Blitz auf seinem Wege eine derartige Rohrleitung treffen kann, wird niemand bestreiten, doch wird selbst die Aufzählung einer grofsen Anzahl von Fällen dieser Art nicht den Grad der Gefahr erkennen lassen, da man in gleicher Weise auch eine mindestens ebenso grofse Anzahl von Blitzschlägen wird aufzählen können, bei denen der Blitz am Blitzableiter niedergegangen ist, ohne dafs ein Abspringen auf metallische Leitungen im Gebäude stattgefunden hat. Der Beweis der erhöhten Blitzgefahr durch die Anlage von Gas- und Wasserleitungen ist um so weniger zu erbringen, als die vielfache Verwendung des Eisens im jetzigen Hochbauwesen doch auch nicht ohne Beachtung bleiben kann, und es schwer sein dürfte, den auf die Gas- und Wasserleitungsröhren entfallenden Teil irgendwie mit Sicherheit zahlenmäfsig festzustellen. Wenn auch in den letzten Jahrzehnten eine Steigerung der Blitzschläge stattgefunden hat, so dürfte dieselbe wohl auf andere Ursachen zurückzuführen sein.

Es ist ferner zu beachten, dafs durch den Anschlufs der Rohrleitungen an den Blitzableiter und die hierdurch begünstigte Einführung gewaltiger elektrischer Spannungen in die bewohnten Räume geradezu Ursache zu Gefahren gegeben wird, zu Gefahren, welche ohne Herstellung der Verbindung nicht vorhanden wären.

Nach Angabe der im Auftrage des elektrotechnischen Vereins herausgegebenen Broschüre »Die Blitzgefahr« besteht der durch einen Blitzableiter einem Gebäude gewährte Schutz darin, dafs ein das Gebäude treffender Blitzschlag unschädlich zur Erde geführt wird. Dies geschieht dann, wenn der Blitzableiter sowohl seiner Lage, als auch seiner Leitungsfähigkeit nach jedem andern durch das Gebäude bis zur widerstandslosen Verbreitung im feuchten Erdreich oder Grundwasser führenden Weg überlegen ist. Alle Teile eines Blitzableiters müssen mit einander in metallischem Zusammenhange und die Erdleitung mit den ausgedehnten Leitermassen des Erdreichs in möglichst inniger, grofsflächiger und überhaupt widerstandslos leitender Verbindung stehen. Diese Berührungsfläche ist um so gröfser zu machen, je weniger Erdableitungen an einem Gebäude vorhanden sind, und je mehr eine Seitenentladung im Gebäude etwa infolge vorhandener Metallteile zu befürchten ist.

Es wird zu untersuchen sein, ob die Rohrleitungen, welche durch ihre Verbindung mit dem Blitzableiter eine Umwandlung in

Blitzableiter erfahren sollen, die obigen Bedingungen zu erfüllen im stande sind.

Die Verbindung der gufseisernen Röhren mittels Hanf und Blei und Muffenverschraubungen schmiedeiserner Röhren werden im allgemeinen die Bedingung einer zusammenhängenden metallischen Verbindung der einzelnen Teile erfüllen. Es kommen aber auch andere Arten der Verbindung vor, welche für einen bestimmten Zweck die geeignetsten sind, z. B. Flanschenverbindungen mit Gummi- oder Lederdichtungen, Mennige- oder Ölkittdichtungen, welche die Widerstände der Leitung in hohem Grade vermehren und den Anschlufs als gefährlich erscheinen lassen.

Es mufs ferner für die Ableitung von solchen Stromstärken, wie sie bei einem Blitze vorkommen, und die von Professor Kohlrausch auf mehr als 50000 Ampère geschätzt werden, auch die Rohrleitung den genügenden Querschnitt des leitenden Materials besitzen, um eine übermäfsige Erhitzung oder Zerstörung desselben zu verhindern. Dies ist aber nicht unter allen Umständen der Fall. Nach Angabe der oben erwähnten Broschüre »Blitzgefahr« soll eine verzweigte eiserne Blitzleitung einen Querschnitt von mindestens 0,503 qcm, eine unverzweigte einen solchen von mindestens 0,95 qcm besitzen. Konstruktionsteilen aus Blei ist mindestens die 20fache Querschnittsdimension der für Eisen geltenden Minimalmaafse zu geben, d. s. mindestens 10,06 qcm für eine verzweigte und 19,0 qcm für eine unverzweigte Leitung. Die für Hausleitungen zur Verwendung kommenden Bleiröhren, resp. Zinnbleiröhren, besitzen aber diesen Querschnitt nicht, da selbst ein Bleirohr von 30 mm lichter Weite und 8,0 kg Gewicht für das Meter nur eine Querschnittsfläche von 6,85 qcm besitzt und daher weit hinter dem geforderten Maafse zurückbleibt. Aus gleichem Grunde ist Eisenrohr von weniger als 13 mm lichtem Durchmesser für den Anschlufs nicht geeignet. Überdies kommt es bei Gasleitungen öfter vor, dafs dieselben wohl im Gebäude vorhanden, aber nicht an das Strafsenrohr angeschlossen sind.

Alle diese Fälle sind um so bedenklicher, je mangelhafter die Erdplatte des Blitzableiters ist, geradezu gefährlich würden sie sein, wenn eine Rohrleitung von mangelhafter Beschaffenheit allein als Ableitung eines Blitzableiters ohne oder mit sehr ungenügender Erdplatte dienen sollte. Die Elektriker sind daher auch zu der Ansicht gelangt, dafs mit Rücksicht auf diese Verhältnisse jeder

Blitzableiter seine eigene Erdleitung haben soll, und dafs die alleinige Ableitung des Blitzes durch die Rohrleitung nicht gestattet werden kann.

Bei der Wichtigkeit der Sache, dafs der Anschlufs unter der Beobachtung aller Bedingungen in sachgemäfser Weise erfolgt, ist es erforderlich, dafs derselbe entweder von behördlicher Seite oder von seiten der Gas- und Wasserwerke ausgeführt, zum mindesten aber unter behördliche Kontrolle gestellt wird. Es gilt hauptsächlich, gewissenlosen oder unwissenden Unternehmern entgegen zu treten, welche den Anschlufs der Blitzableiter an die Rohrsysteme nur als ein Mittel betrachten, die oftmals ziemlich kostspielige Erdleitung zu ersetzen, und um die Hauseigentümer infolge der Billigkeit der Anlage überhaupt zur Anlage eines Blitzableiters zu bewegen. Die für diese Einrichtungen zu fordernde unbedingte Sicherheit der Wirkung kann aber nur dadurch erreicht werden, dafs diese Anlagen unter behördlicher Aufsicht ausgeführt werden und unter derselben auch bleiben.

Der deutsche Verein der Gas- und Wasserfachmänner hat diese Frage auch in eingehende Erwägung gezogen und auf der Jahresversammlung in Stuttgart im Jahre 1888 eine Kommission zur Prüfung aller einschlagenden Verhältnisse berufen. Diese Kommission hat sich mit der Subkommission des Elektrotechnischen Vereins und mit dem Verbande deutscher Ingenieur- und Architektenvereine in Verbindung gesetzt und persönliche Beratungen gepflogen und auf der Jahresversammlung zu Stettin im Jahre 1889 hierüber eingehend Bericht erstattet. Der Verein hat hierauf folgenden Antrag zum Beschlufs erhoben:

> »Der Verein erklärt, dafs der Anschlufs der Blitzableiter an die Gas- und Wasserleitungsröhren weder als ein Bedürfnis anerkannt, noch aus praktischen Gründen im Interesse des Betriebes der Gas- und Wasserwerke im allgemeinen empfohlen werden kann. Für den Fall des Anschlusses sind folgende Bedingungen einzuhalten:

1. Der anzuschliefsende Blitzableiter mufs mit einer Erdableitung durch Erdplatte oder sonstige Einrichtung versehen sein. Der Gesamtleitungswiderstand des Ableiters soll vor dem Anschlufs in keinem Falle 20 Ω erreichen. Ob an einzelnen Örtlichkeiten ein geringerer Widerstand festgesetzt werden mufs, bleibt den betreffenden Verwaltungen überlassen

2. Das im Strafsengrunde liegende Rohrnetz, an welches ein Blitzableiter entweder direkt oder mittels der Hausleitungen angeschlossen werden soll, mufs aus gufseisernen Muffenröhren bestehen, welche mit Blei oder einem andern die Elektrizität gut leitenden Materiale verdichtet sind.

3. Die vom Anschlufspunkte der Blitzableiter bis zum gufseisernen Strafsenrohre führende Rohrleitung mufs aus gufs- oder schmiedeeisernen Röhren bestehen. Im letzteren Falle sollen die Röhren mindestens 13 mm inneren Durchmesser haben und mit dem Gufsrohr durchweg in metallisch leitender Verbindung stehen.

An Bleiröhren mit den in der Praxis vorkommenden Durchmessern dürfen keine Blitzableiteranschlüsse gemacht werden.

4. Die Ausführung der Anschlüsse darf nur durch die betreffende Gas- und Wasserwerksverwaltung selbst geschehen oder mufs nach einem von dieser genehmigten Verfahren unter ihrer Aufsicht ausgeführt werden.

5. Zwischen Eingangs- und Ausgangsrohr eines jeden Gas- und Wassermessers, welcher in der betreffenden Hausleitung eingeschaltet ist, mufs vor Herstellung einer Verbindung mit dem Blitzableiter eine direkte eiserne oder kupferne Verbindung von einem, dem des Blitzableiters mindestens gleichkommenden Querschnitt hergestellt werden. Dasselbe mufs bei allen Rohrverbindungen geschehen, deren Leitungsfähigkeit einem Zweifel unterliegt, z. B. Flanschetplatten mit Filz- oder Lederdichtungen u. s. w.

6. Was die praktische Ausführung der Verbindung mit den Röhren betrifft, so kann diese bei schmiedeisernen Rohrleitungen entweder durch Umlegung einer mit dem Rohre verlöteten Schelle geschehen, an welche die Verbindungsleitung von dem Ableiter ebenfalls verlötet ist, oder durch Einfügung eines passenden mit der Blitzleitung verlöteten Zwischenstückes oder eines **T**-Stückes, in dessen seitlichen Stutzen ein mit der Leitung vom Blitzableiter verlöteter Stöpsel eingeschraubt ist.

Für die Verbindung mit gufseisernen Röhren wird eine umschliefsende Schelle mit einer zwischen beiden liegenden mindestens 100 qm grofsen Bleiplatte zweckmäfsig sein. Die Herstellung der metallischen Fläche soll durch Abschaben, Abschmirgeln, durch schwaches Abfeilen, keinesfalls aber durch Abmeifseln geschehen. Unter Umständen und namentlich bei den gufseisernen Röhren von gröfserem Durchmesser wird sich auch das Einschrauben eines aus Bronce oder Messing bestehenden Gewindestückes, mit dem die Blitzableitung zu verlöten ist, gestatten lassen.

7. Vor Herstellung des Anschlusses ist für jeden einzelnen Fall die Einholung der Erlaubnis der Verwaltung des betreffenden Gas- oder Wasserwerkes notwendig. Es wird sich empfehlen, diese Erlaubnis nur als eine jederzeit widerrufliche und nur unter der Bedingung zu geben, dafs der Besitzer sich verpflichtet:

a) der Verwaltung der Gas- und Wasserwerke, so lange eine ordnungsmäfsige behördliche Kontrolle der Anlage und Unterhaltung des Blitzableiters nicht stattfindet, vor Herstellung der Verbindung und fernerhin mindestens alle zwei Jahre durch das Zeugnis eines der Verwaltung genehmen Sachverständigen den Nachweis über den guten unter Nr. 1 aufgestellten Bedingungen entsprechenden Zustand des Blitzableiters zu führen;

b) der Verwaltung jederzeit eine von ihr gewünschte Untersuchung der Verbindungen des Blitzableiters mit den Röhren, auch soweit die Verbindungsstellen im Innern der Häuser liegen, zu gestatten;

c) der betreffenden Verwaltung alle Kosten zu ersetzen, welche derselben durch die von ihr gestattete Verbindung der Blitzableiter mit ihren Röhren erwachsen;

d) jederzeit die volle Verantwortlichkeit für den guten Zustand seines Blitzableiters, sowie des Anschlusses desselben an die Gas- und Wasserröhren zu übernehmen und die Verwaltung von allen Schadenansprüchen zu entlasten, falls solche aus der von ihr erteilten Erlaubnis zu besagtem Anschlufs, oder aus der durch sie, bzw. unter ihrer Aufsicht erfolgten Herstellung desselben oder aus den ihr vorbehaltenen Untersuchungen abgeleitet werden sollten.

8. Ob unter Umständen nach den obwaltenden Verhältnissen noch andere Bedingungen gestellt werden müssen, bleibt den Verwaltungen der bezüglichen Werke überlassen.

In der gemeinschaftlichen Sitzung der früher genannten drei Vereine ist man zu folgenden Beschlüssen gekommen:

1. Aufser dem Anschlusse des Blitzableiters an das oder die Rohrsysteme ist es aus praktischen Gründen zweckmäfsig, dem Blitzableiter eine Erdplatte zu geben.

2. Sind mehrere Rohrsysteme vorhanden, so ist es wünschenswert, den Ableiter an alle Systeme anzuschliefsen.

3. Ein Anschlufs der Blitzableiter an die Rohrleitung mufs thunlichst nahe dem Strafsenrohnetze angebracht werden und eine gute metallische Leitung mit demselben sichern.

4. Eine weitere Verbindung der in den einzelnen, besonders den oberen Stockwerken gelegenen Ausläufer der Röhren mit dem Blitzableiter ist empfehlenswert.

5. Die Eingangs- und Ausgangsröhren der Wasser- und Gasmesser sind durch ein metallisches Verbindungsstück dauernd zu überbrücken.

Bezüglich Punkt 3 ist noch zu erwähnen, dafs nach Ansicht der Elektrotechniker der Anschlufs des Blitzableiters an die Gas- und Wasserleitungsröhren am besten am Strafsenrohre, oder, wenn im Innern des Gebäudes, zwischen Gas- resp. Wassermesser und der Austrittstelle der Rohrleitung aus dem Mauerwerke erfolgt In beiden Fällen ist die Überbrückung von Gas- und Wassermessern, sowie von nicht leitenden Verbindungsstellen überflüssig. Ist jedoch gleichzeitig eine Verbindung der in den oberen Stockwerken gelegenen Ausläufern der Röhren vorhanden, so sind nichtleitende Verbindungsstellen, sowie die Gas- und Wassermesser durch besondere Leitungen zu umgehen. Der Anschlufs innerhalb eines Gebäudes kann aber nur dann erfolgen, wenn die Leitungen aus schmiedeisernen oder gufseisernen Röhren hergestellt sind, er verbietet sich, wenn dieselben aus Blei- oder Zinnbleiröhren bestehen. Der weitaus gröfste Teil der Anschlufsleitungen und Hausleitungen sind aber aus den letzteren Materialien hergestellt und daher, soweit die jetzigen Erfahrungen reichen, für die Blitzableitung ungeeignet, so dafs man zu dem Schlusse kommt, dafs es zur Verminderung der grofsen Gefahr, welche angeblich für die Gas- und Wasserleitungen nach Ansicht der Elektrotechniker besteht, es zweckmäfsiger sein dürfte, den Blitzableiter allein möglichst vollkommen anzulegen und in gutem Zustande zu erhalten, als Einrichtungen zu benutzen, welche anderen Zwecken dienen und speciell für dieselben angelegt sind. Nach allem dürfte aber ein Anschlufs nichts weiter sein, als eine Beihilfe der Erdleitung, da der Blitzableiter dieselbe Einrichtung erhalten mufs, als wenn eine Verbindung desselben mit den Gas- und Wasserleitungsröhren nicht vorhanden wären.

Der Verband deutscher Ingenieure hat im Jahre 1892 eine Denkschrift der Öffentlichkeit übergeben, welche aufs neue für den Anschlufs der Gas- und Wasserleitungsröhren an die Blitzableiter eintritt und sich in der Hauptsache an die auf der nebenstehenden Seite aufgeführten 5 Punkte anlehnt. Demzufolge soll der Hauptanschlufs in der Regel am Strafsenrohre, also nicht oder nur bei starken gufseisernen Leitungen an der Zuleitung nach dem Grundstücke ausgeführt werden. Im allgemeinen seien Gasleitungen innerhalb der Häuser bessere Blitzableiter, als Wasserleitungen, da erstere aus schmiedeisernen Röhren, die letzteren zumeist aus Blei- oder Mantelröhren hergestellt seien und infolgedessen einen für die Blitzableitung ungenügenden Querschnitt besitzen, was bereits auch im früheren nachgewiesen worden ist. Trotzalledem wird ein Anschlufs der oberen Enden dieser Bleirohrleitungen empfohlen. Wenn nun die Unterlassung der Verbindung der obersten Ausläufer der Wasserrohrleitungen als ein Fehler anzusehen ist, so mufs es als ein noch gröfserer Fehler bezeichnet werden, den Blitzableiter mit einer Ableitung in Verbindung zu bringen, von welcher man weifs, dafs sie für die Ableitung des Blitzes thatsächlich einen zu geringen Leitungsquerschnitt besitzt. Will man dem Blitze sichereren Weg schaffen, so mufs jeder einzelne Strang mindestens den Querschnitt für eine verzweigte Leitung erhalten. Man darf einen Fehler nicht dadurch beseitigen, dafs man einen andern an seine Stelle setzt, jedenfalls aber ist es besser, man wählt den kleineren, d. h. man läfst die Verbindung der oberen Ausläufe der Bleiröhren mit dem Blitzableiter fallen.

Die Verbindung der Telephone mit den Gas- und Wasserleitungsröhren kann nicht unter die Blitzableiteranschlüsse gerechnet werden, da die Stromstärke derselben nur eine sehr geringe ist. Diese Verbindungen sind daher als unbedenklich zu gestatten. Selbst dann, wenn der Blitz eine Telephonleitung trifft, kann eine Beschädigung der Leitung nicht eintreten, da einesteils die Telephonstangen mit regelrechten Blitzableitern mit Erdplatte versehen sind, andernteils die aus schwachem Drahte hergestellte Verbindung mit den Röhren beim Auftreten gröfserer Stromstärken schmelzen und dadurch die Verbindung unterbrechen werden.

II. Teil.

Die Entwässerung von Grundstücken im Anschlusse an ein öffentliches Kanalnetz.

Einleitung.

Eine reichliche und zweckmäfsige Bewässerung eines Grundstückes ist nur dann möglich, wenn auch gleichzeitig Anordnungen für einen schnellen und sichern Abflufs des verbrauchten Wassers getroffen sind. Die Aufgaben der Bewässerung und Entwässerung sind daher gleichzeitig zu lösen, beide berühren sich an dem Punkte, wo das Wasser aus der Zweigleitung tritt, da dort zumeist auch die Ableitung ihren Anfang nimmt. Die beiderseitigen Anlagen sind an diesem Punkte oft so mit einander verwachsen, dafs eine Trennung beider ohne Beeinträchtigung des Verständnisses des Ganzen nicht möglich ist, weshalb auch für die meisten, im ersten Teile dieses Buches beschriebenen Einrichtungen die Vorkehrungen für die Wegführung des verbrauchten und überfliefsenden Wassers (Entleerungen und Überläufe) bereits eingehende Beachtung gefunden haben, und daher in der Hauptsache die Aufgabe verbleibt, die von den einzelnen Verbrauchstellen abfliefsenden Wässer auf zweckmäfsige Weise zusammenzuführen und nach dem im Strafsenkörper liegenden Kanale zu leiten. Tritt an die Stelle des Kanals ein anderer Ort für die Aufnahme und Ableitung der Abwässer, so bleibt doch die Zusammenführung der Wässer im Innern des Grundstückes von diesem Umstande unberührt, so dafs der Einfachheit wegen der Fall festgehalten werden soll, dafs das Abwasser einer öffentlichen Kanalanlage zugeführt wird.

Zu den Wässern, welche mit Hilfe einer allgemeinen Wasserversorgung einem Grundstücke zugeleitet worden sind und als verbrauchtes Wasser wieder zum Abflufs gelangen, tritt noch das Regenwasser hinzu, welches auf den Dach- und Hofflächen niederfällt. Die Entwässerungsanlage mufs im stande sein, auch diese oft bedeutenden Wassermengen aufzunehmen und wegzuführen Die letzteren sind in dem Falle mafsgebend für die Bemessung des Durchmessers der Leitung, wenn die sonstigen Hauswässer quantitativ gegen das Regenwasser bedeutend zurückstehen. Das Auffangen des Regenwassers auf den Dachflächen und die Ableitung desselben durch die Regenrinnen bis zur Terrainhöhe kann hier nicht in Betracht kommen, da diese Aufgabe dem Baufache zufällt. Hingegen ist die Entwässerung von Hofflächen, sowie die Weiterführung der durch die Abfallröhren der Dachrinnen gelieferten Regenwässer Aufgabe der Entwässerungstechnik.

Die Frage, ob die Abwässer der Klosetts der Kanalanlage direkt zugeführt werden dürfen, oder ob dieselben einer vorherigen Desinfektion und Abklärung zu unterwerfen sind, ist in der Regel durch die bezüglichen ortspolizeilichen Vorschriften der einzelnen Gemeinwesen gelöst. Die lokalen Verhältnisse werden hierfür zum grofsen Teil mafsgebend sein. Es sollen daher die betreffenden Einrichtungen nur objektiv besprochen werden, ohne hierbei die Frage zu berühren, ob es vorteilhafter ist, die Klosettwässer der Kanalanlage direkt zuzuführen, oder dieselben vorher abzuklären, oder dieselben überhaupt von der Ableitung ganz auszuschliefsen.

Kapitel 1.

Die Materialien für die Entwässerungsleitungen.

Zu den Entwässerungsleitungen für Grundstücke finden hauptsächlich Verwendung:

1. Gufseiserne Röhren,
2. Bleiröhren,
3. Steinzeugröhren oder glasierte Thonröhren,

seltener, weil oft schwerer zu beschaffen: Cementröhren. Gemauerte oder aus Stampfbeton hergestellte Kanäle mit eiförmigem Profile kommen nur ausnahmsweise für Entwässerungsanlagen grofser, ausgedehnter Fabriketablissements vor und können hier aufser Betracht bleiben.

1. Die gufseisernen Röhren.

Es dürfte ohne weiteres einleuchten, dafs die gufseisernen Röhren für Bewässerungszwecke ihrer Form nach ohne weiteres auch für Entwässerungszwecke geeignet sind. Da die Röhren jedoch einen inneren Druck nicht auszuhalten haben, so können dieselben eine wesentlich geringere Wandstärke erhalten, welche in einer entsprechenden Gewichtsverminderung zum Ausdrucke kommt. Diese Gewichtsverminderung ist nur begrenzt durch das geringste Maafs der Wandstärke, welche einem Rohre in Bezug auf seine leichte

Herstellung gegeben werden kann. Ein Grund für eine Veränderung der Muffenform ist nicht vorhanden. Wenn nun auch die speziell als Kanalisationsröhren • von den Gießereien gelieferten Röhren Abweichungen von der normalen Muffenform zeigen, so erklärt sich dies aus dem Umstande, daß für dieselben noch zumeist alte Modelle verwendet werden, und das Bestreben besteht, das Gewicht der Muffe möglichst zu vermindern. Die bisher üblichen Muffenprofile, Fig. 377 und 378 bieten aber gegenüber dem Normalprofile keine Vorteile, so daß es sich empfiehlt, die Normalien für gußeiserne Röhren so weit wie angänglich und unter Abänderung der Baulängen auch für Röhren dieser Verwendungsart festzuhalten.

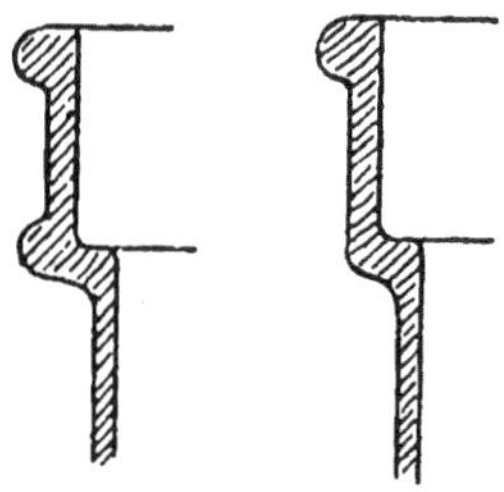

Fig. 377. Fig. 378.
Muffenprofile für Entwässerungsröhren.

Die bisher und zumeist gegenwärtig noch üblichen Durchmesser der Kanalisationsröhren lehnen sich an das frühere Zollmaß an und sind folgende: -

2½ Zoll rheinl.	= 65 mm,	5 Zoll rheinl.	= 130 mm
4 „ „	= 105 „	6 „ „	= 155 „

Es ist aus diesen Zahlen zu ersehen, daß diese Durchmesser den normalen Röhren 60, 100, 125 und 150 mm fast genau entsprechen, wenn man berücksichtigt, daß die Verminderung der Wandstärke dem inneren Durchmesser zu gute kommt.

Bezüglich der Baulänge der Röhren ist zu bemerken, daß dieselbe bei Verwendung der Röhren im Innern eines Gebäudes eine sehr verschiedene sein wird, indem sich die Rohrleitung in kurzen Längen den gegebenen örtlichen Verhältnissen anschließen muß. Die Röhren werden daher seitens der Gießereien in Länge von 2,0, 1,5, 1,0 und 0,5 m hergestellt. Gußeiserne Röhren für Leitungen außerhalb der Gebäude werden hingegen die normale Baulänge von 3 resp. 4 m erhalten.

Von den in Kap. 5 des ersten Theiles angeführten Formstücken kommen die **E**- und **F**-Stücke in Wegfall, da Flanschenverbindungen für Entwässerungsleitungen nicht üblich sind. Es verbleiben daher als Formstücke:

1. die **A**-Stücke mit Verschußdeckel als Reinigungsstutzen,
2. die **B**-Stücke (rechtwinkliger Muffenabzweig),
3. die **C**-Stücke (schräger Muffenabzweig),

} sämtlich von kürzerer Baulänge

4. die Krümmer,

5. die rechtwinkligen kurzen Bogenstücke.

Als Abweichungen von den vorgenannten Formstücken sind anzuführen:

die C-Stücke mit halbschrägem Abzweige, bei denen der eingeschlossene Winkel 68° (Dreiviertel eines rechten Winkels, siehe Fig. 379) beträgt.

Beide Arten der C.Stärke werden auch doppelseitig mit Muffenabzweigen hergestellt.

Ferner können die normalen Krümmer mit einem Radius R = 10 D nur für gufseiserne Bodenleitungen Verwendung finden,

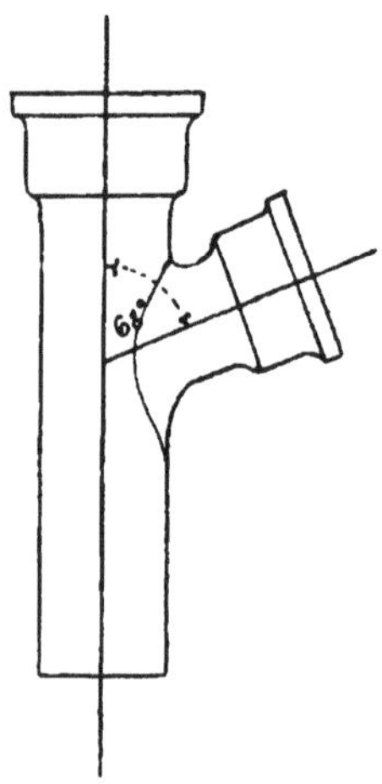

Fig. 379.

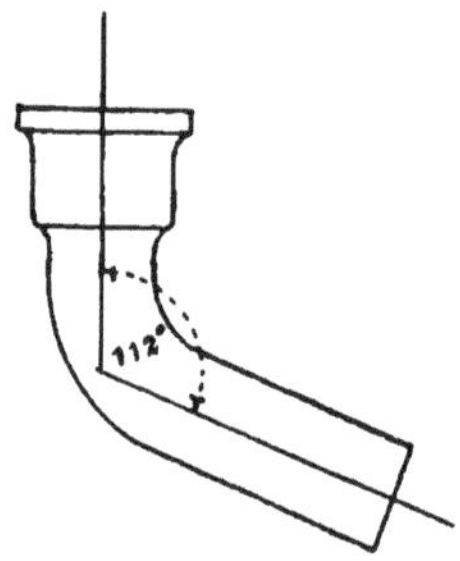

Fig. 380.

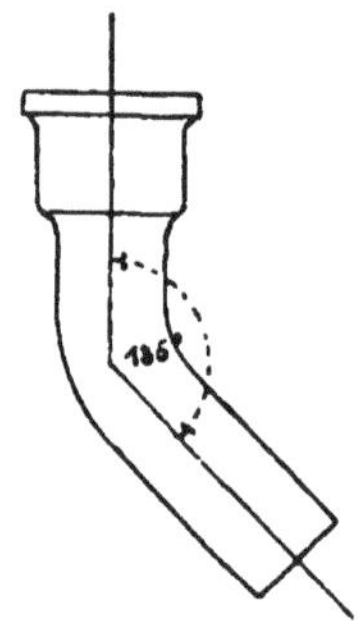

Fig. 381.

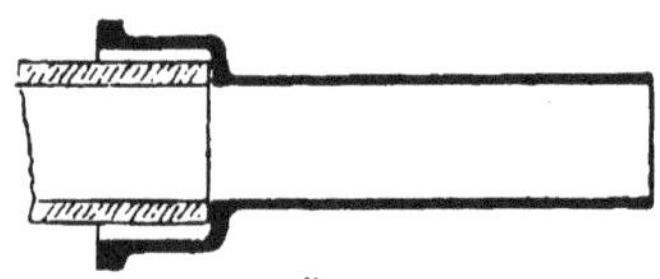

Fig. 383. Übergangsrohr.

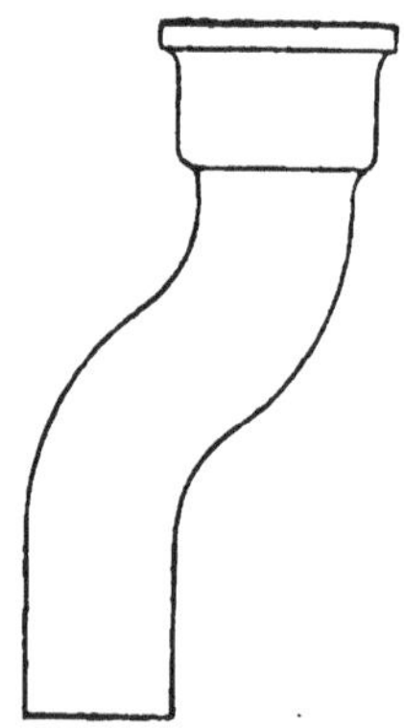

Fig. 382. Etagenrohr.

für Leitungen im Innern der Häuser ist dieser Krümmungsradius jedoch zu grofs, und verwendet man dort aufser den rechtwinkeligen kurzen Bogenstücken Krümmerröhren mit kleineren Halbmessern und einem Innenwinkel von 112° und 135°, wie dieselben in den Figuren 380 und 381 dargestellt sind.

Als besondere Formstücke für Entwässerungsleitungen treten auf

1. die Etagenröhren, Fig. 382, und

2. die Übergangsröhren für Thonrohrleitungen, Fig. 383.

Die Etagenröhren haben eine seitliche Verschiebung der Rohrachse zum Zweck, welche letztere sich infolge der Verschiedenheit von Mauerstärken zweier Stockwerke notwendig macht. Die Achsenverschiebung beträgt in der Regel 130 mm = 1/2 Steinstärke.

Die Übergangsröhren bilden das Formstück zur Überführung einer gufseisernen Rohrleitung in eine Thonrohrleitung.

Die gufseisernen Röhren finden Anwendung für Fallrohrstränge gröfserer Durchmesser (80 mm und mehr), sowie für alle horizontal liegenden Leitungen innerhalb der Gebäude. Sie sind ferner dort zu empfehlen, wo für eine Thonrohrleitung die überdeckende Erdschicht keinen genügenden Schutz gegen ein Eindrücken der Leitung durch äufsere Lasten bieten würde.

Alle Röhren und Formstücke sind vor ihrer Verwendung zur möglichsten Verhinderung der Rostbildung sorgfältig zu asphaltieren.

2. Die Bleiröhren.

Die Bleiröhren werden nur zu vertikal liegenden Rohrsträngen, sogen. Fallsträngen und kurzen Seitenverbindungen verwendet und für diese Zwecke dünnwandig und mit einem Durchmesser von 40 bis 100 mm hergestellt. Diese bleiernen Abfallröhren kommen als Rohrstangen in den Handel, und sind die Wandstärken und Gewichte derselben aus folgender Zusammenstellung zu entnehmen:

Lichter Durchmesser des Rohres in mm	40	50	60	65	70	80	100
Wandstärke in mm	2	2,5	2,5	2,5	3	3	3,5
Gewicht eines Rohres von 1 m Länge in kg	3,0	4,7	5,6	6,0	7,8	8,8	12,7

Für die Ableitungen kleinerer Zapfstellen (Toiletten, Einzelpissoire etc.) benutzt man gewöhnliches Bleirohr von geringem Einheitsgewichte.

3. Die Thonröhren.

Die Thonröhren finden wegen ihrer grofsen Dauerhaftigkeit gegen die Einwirkungen des Erdreichs die ausgebreitetste Verwendung für Bodenleitungen und sind in dieser Beziehung den gufseisernen Röhren vorzuziehen. Im Innern der Häuser werden dieselben nur zu Fallleitungen für Klosettwässer verwendet, während sie für horizontalliegende Hausleitungen ausgeschlossen sind.

Die Thonröhren müssen gut durchgebrannt sein und beim Anschlagen einen hellen Klang geben. Sie werden innen und aufsen mit einem Glasurüberzuge versehen, welcher die Widerstandsfähigkeit der Röhren erhöht und das Anhaften von wegzuführenden Stoffen verhindert. Die Enden der Röhren und das Innere der einfach cylinderförmigen Muffen sind schwach gerieft, damit dieselben dem zur Verwendung kommenden Dichtungsmateriale einen besseren Halt bieten

Die im Handel vorkommenden geraden Thonröhren, Fig. 384, haben in der Regel eine Baulänge von 1,0 m. Bei dieser Länge der einzelnen Röhren und den hier in Betracht kommenden Durchmessern bis zu 200 mm ist man nicht im stande, die Fuge im Innern des Rohres mit der Hand zu verstreichen. Will man diesen Vorteil erreichen, so darf man dem einzelnen Rohre nur die Länge

Fig. 384.

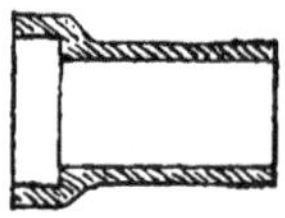

Fig. 385.

Fig 386.

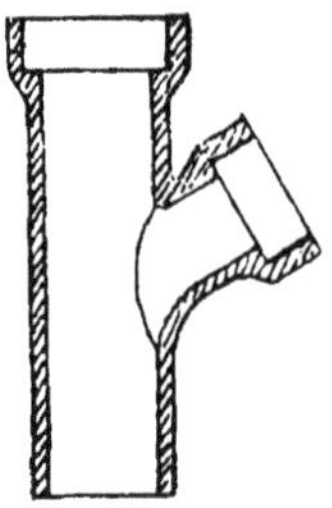

Fig. 387.

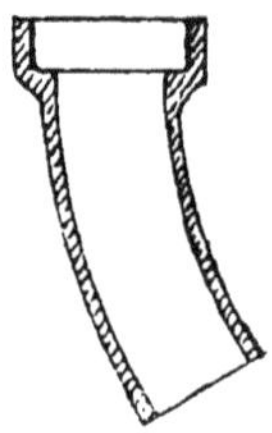

Fig 388

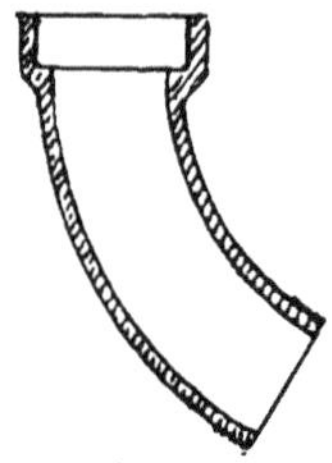

Fig. 389

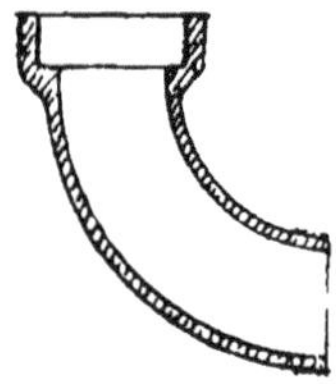

Fig 390.

Formstücke für Thonrohrleitungen

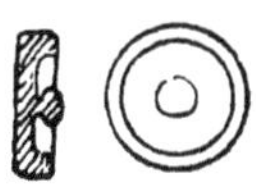

Fig. 391.

eines menschlichen Armes (60 bis 70 cm) geben. Die für die Stuttgarter Entwässerungsanlage vorgeschriebenen Thonröhren besitzen nur eine Baulänge von 60 cm. Mit der Verminderung der Baulänge wächst aber die Anzahl der Dichtungsstellen, und, da dieselben zumeist die Veranlassung zu Undichtheiten geben, auch die Möglichkeit des leichteren Defektwerdens der Leitung Man gibt daher zumeist den Vorteil, die Fugen im Innern mit der Hand verstreichen zu können, auf und verwendet Röhren von 1,0 m Baulänge. Nichtsdestoweniger sind für eine Rohrleitung auch einzelne Röhren von kürzerer Baulänge als Paſsstücke erforderlich, und da ein glattes Durchhauen ganzer Röhren wegen der Sprödigkeit des Materials auf Schwierigkeiten stöſst, so stellt man Teilröhren, Fig. 385, her, welche in Baulängen von 20, 40, 60 und 80 cm zur Verwendung kommen.

Zur Herstellung einer Thonrohrleitung dienen auſser den geraden Röhren noch folgende Formstücke:

1. das Übergangsrohr, auch Taper genannt, Fig. 386, als gerades Vermittlungsstück zwischen zwei Rohrleitungen verschiedenen Durchmessers;
2. das Abzweigstück, Fig. 387, ein gerades Rohrstück mit einem schrägen Muffenabzweig; doch kommen auch Stücke mit zwei schrägen Abzweigen zur Verwendung;
3. die Bogenröhren, von denen die Figuren 388—390 drei Beispiele für die Centriwinkel von 30^0, 60^0 und 90^0 geben;
4. der Verschlufsstöpsel, Fig. 391, zum Verschliefsen einer Endmuffe oder eines Reserveabzweigs;
5. der Überschieber, ein kurzes cylindrisches Rohrstück.

Für die gute Ausführung einer Leitung ist es unbedingtes Erfordernis, dafs sowohl die geraden Röhren unter sich, als auch die geraden Röhren mit den Formstücken gut zusammenpassen, d. h. dafs die Rohrenden stets bis auf den Grund der Muffe reichen, und ein für die Dichtung genügender Zwischenraum verbleibt. Die Röhren laufen nämlich beim Brennen Gefahr, unrund zu werden, und können diese Abweichungen von der kreisrunden Querschnittsform die Veranlassung zum Nichtpassen der Röhren geben. Man mufs daher besonders darauf achten, dafs nur Röhren mit kreisrundem Querschnitt zur Verwendung kommen, und mufs alle Röhren, welche bemerkbare Abweichungen in dieser Richtung zeigen, unter allen Umständen von einer Verwendung für diese Zwecke ausschliefsen.

Kapitel 2.

Die Herstellung der Leitungen.

Die Röhren für eine Entwässerungsleitung sind in einer Weise zu verbinden, dafs nicht allein dem Abwasser, sondern auch der Kanalluft der Austritt in die von der Leitung durchzogenen Räume verwehrt ist. Die Art der Dichtung ist von dem Materiale der Rohrleitung abhängig.

Gufseiserne Leitungen werden in derselben Weise mittels Hanfstrick und eingegossenem Bleiringe hergestellt, wie dies für gufseiserne Wasserleitungsröhren im I. Teile, Kapitel 7, beschrieben worden ist. Es kann jedoch die Breite des bleiernen Dichtungsringes verringert werden, da ein innerer Druck bei diesen Leitungen nicht vorhanden ist. Nur für Fallleitungen ist es zulässig, von dieser Art der Dichtung insofern abzugehen, als man statt des Bleies Mennige- oder Eisenkitt verwendet.

Die Bleiröhren werden behufs einer Verbindung ineinander gesteckt und verlötet. Die Herstellung der Lötung eines gewöhnlichen Bleirohres ist im I. Teil, Kapitel 9, dargelegt worden. Auch hier ist für Fallleitungen die Anwendung von Hanf und Mennigekitt zulässig. Das zu verlängernde Rohr wird zu diesem Zwecke mittels eines Auftreibers schwach erweitert, das einzusteckende Rohrende mit Hanf und Kitt umgeben und in die Erweiterung fest eingedrückt und die Fuge schliefslich mit Kitt glatt verstrichen. Ist ein Bleirohr in eine Eisenrohrleitung einzuführen, so ist es am zweckmäfsigsten, an das Ende des Bleirohres einen Metallring anzulöten und diesen in die Muffe des Eisenrohres einzudichten. Mufs in Rücksicht auf die Kosten von dieser Art der Verbindung abgesehen werden, so ist bei einem direkten Eindichten des Bleirohres wegen der Weichheit des Bleies besondere Vorsicht anzuwenden.

Die Thonröhren werden entweder mit fettem Thone oder mit Cement gedichtet.

Zur Herstellung einer Thondichtung wird das Ende des Rohres mit einer Lage von gethontem Hanfstrick umwickelt, hierauf dasselbe in die Rohrmuffe eingedreht, die Dichtung mit dem Strickeisen festgetrieben, die Fuge mit Thon ausgefüllt und verstrichen und schliefslich mit einem glatt gestrichenen Thonwulst umgeben.

In anderer Ausführung steckt man die Röhren bis auf den Boden der Muffe ineinander und füllt den hinteren Teil der Muffe mit geteertem Hanfstrick aus, während mit dem vorderen Muffenteile in derselben Weise wie vorstehend verfahren wird.

Erfolgt die Dichtung mittels Cement, so wird ebenfalls der hintere Teil der Muffe mit geteertem Hanfstrick ausgefüllt, in den vorderen Teil derselben aber ein Gemisch von ein Teil Cement und ein Teil Sand eingebracht, und die Fuge mit einem Wulst aus gleichem Material umgeben. Hierbei ist unbedingt darauf zu achten, dafs der Cement keine treibende Eigenschaft besitzt, da andernfalls ein Auseinandersprengen der Muffe unvermeidlich ist.

Thonrohrleitungen, mit Cement abgedichtet, sind den mit Thon gedichteten unter sonst gleichen Verhältnissen vorzuziehen, da die Verbindung eine sicherere und festere ist, welche selbst das Auftreten einer inneren Druckspannung zuläfst. Das Abdichten mit Thon ist aber dann zu empfehlen, wenn eine geringe Bewegung des Untergrundes infolge der Beschaffenheit des Bodens oder infolge von in der Nachbarschaft auszuführenden Arbeiten nicht ausgeschlossen ist. Die weiche Beschaffenheit des Thones gestattet geringe Senkungen der Leitung, ohne dafs hierdurch eine Undichtheit derselben herbeigeführt wird. Bei Thonrohrleitungen, welche mit Cement gedichtet und daher starr in ihrer Verbindung sind, mufs eine Bewegung im Untergrunde unbedingt zum Bruche führen. Eine mit Thon gedichtete Leitung läfst sich schliefslich leicht wieder auseinandernehmen und weiter verwenden, was bei einer mit Cement gedichteten Leitung nicht möglich ist. Man verwendet daher als Dichtungsmaterial auch einen Kitt, welcher ein Mittelding bildet zwischen Thon und Cement, indem er fester ist als Thon, aber nicht so vollständig starr erhärtet, als dafs er nicht kleine Bewegungen zulassen sollte. Dieser Kitt wird dadurch hergestellt, dafs man

38 Teile Thonmehl,
24 » Ziegelmehl,
19 » Chamottemehl,
12 » Hammerschlag und
8 » Kalkmehl

sorgfältig gemischt und mit dickem Firnifssatz zu einer plastischen Masse verrührt.

Beim Verlegen der Thonröhren ist darauf zu achten, dafs dieselben in ihrer ganzen Länge fest auf dem gewachsenen Boden aufliegen, andernfalls sind dieselben sorgfältig mit Kies zu unterstopfen. Beim Einfüllen des Rohrgrabens ist insofern mit gröfserer Vorsicht vorzugehen, als vermieden werden mufs, steiniges Bodenmaterial direkt auf das Rohr zu werfen, sobald dasselbe noch frei liegt oder noch nicht genügend hoch mit Erdreich überdeckt ist. Man stellt daher zum Schutze oft Bretter über die Rohrleitung, auf welchen das einzufüllende Erdreich abrollt und seitlich der Rohre sorgfältig festgestampft wird. Das Erdreich ist schichtenweise in Stärken von 20 cm einzubringen und einzuschlemmen. Beim Stampfen des Erdreichs über den Röhren ist Vorsicht anzuwenden und diese Arbeit nicht eher zu beginnen, als bis das Rohr mit einer Erdschicht von 50 cm Stärke überdeckt ist.

Die Rohrleitungen im Innern der Gebäude werden, sofern sie nicht im Boden unter der Kellersohle zu liegen kommen, an den Wänden befestigt. Für bleierne Fallstränge verwendet man hierzu breite Rohrhaken, für gufseiserne Fallstränge schmiedeiserne Schellen (Fig. 28). Horizontale Rohrleitungen legt man auf Pfeiler oder befestigt dieselben durch Stützen, welche den Rohrhaken gleichen

(Fig. 27), an der Wand, oder hängt dieselben mittels Schelle an der Decke auf.

Die Entwässerungsröhren werden in vielen Fällen mit den Wasserleitungs- resp. Lüftungsröhren gemeinschaftlich an der Wand befestigt oder in eine ausgesparte Rinne eingelegt. Bleierne Fallleitungen sind unter allen Umständen zum Schutze gegen äufsere Beschädigung mit einer Umkleidung zu versehen. Näheres hierüber findet sich im I. Teile, Kap. 13.

Die Leitungen sind mit gleichmäfsigem Gefälle und vom tiefsten Punkte ausgehend zu verlegen. Bei der Ausführung sind auch für die Einmündung später auszuführender Zweigleitungen Formstücke vorzusehen, da deren spätere Einschaltung nur mit verhältnismäfsig hohen Kosten und Betriebsstörung verbunden ist. Diese Abzweige sind mittels Endstöpsel zu verschliefsen und, sofern sie im Boden liegen, durch genaue Abmessungen zur späteren leichten Wiederauffindung festzulegen.

Kapitel 3.

Allgemeine Regeln für die Anlage von Entwässerungen.

Es ist bei der Anlage einer zweckmäfsigen Entwässerung vor allem von dem Gesichtspunkte auszugehen, dafs die Abwässer, wie sie von den einzelnen Einlaufpunkten an die Leitungen abgegeben werden, ohne weiteren Aufenthalt auf dem kürzesten Wege nach dem Strafsenkanale geführt werden. Durch die an den Einlaufpunkten angebrachten Siebe, Sandfänge und Fettfänge werden alle diejenigen Stoffe zurückgehalten, welche nicht in die Ableitung gelangen sollen, was aber durch diese Vorrichtungen hindurchgeht, soll ohne weiteres weggeführt und nicht erst durch besondere Schlammfänge am Wegfliefsen gehindert werden.

Man wird bei jeder Entwässerungsanlage zu unterscheiden haben:

1. Die Fallstränge, welche die Abwässer der verschiedenen Stockwerke aufnehmen und in vertikaler Richtung nach abwärts führen,

2. die Zweigleitungen, welche die Abwässer der Fallstränge aufnehmen und in horizontaler Richtung weiterführen, und

3. die Hauptleitung, welche die einzelnen Zweigleitungen aufnimmt und die vereinigten Abwässer an den Strafsenkanal abgibt. Derjenige Teil der Hauptleitung, welcher vom Hauptwasserverschlufs nach dem Strafsenkanale führt, wird auch mit dem Namen der

Anschlufsleitung bezeichnet. Dieser Teil der Leitung wird in vielen Fällen durch die Gemeindeverwaltung ausgeführt, weicht aber im übrigen von der Hauptleitung in keiner Weise ab.

Während die Fallstränge ausnahmslos im Innern der Gebäude an den Wänden befestigt werden, können die Zweigleitungen und die Hauptleitung sowohl frei an den Wänden, als auch im Boden zu liegen kommen.

Nicht allein aus geldlichen, sondern auch aus technischen Gründen wird man die Anzahl der Fallstränge und Zweigleitungen auf das geringste Mafs beschränken und daher möglichst viele Ausgüsse in einen Fallstrang einführen, zumal es für die Reinhaltung der Leitung von Vorteil ist, dafs die letztere möglichst oft von Wassermengen durchlaufen wird. Die Hauptleitung suche man in einer Weise anzuordnen, dafs die Zweigleitungen nur möglichst kurze sind.

Wenn auch für die Fallstränge eine absolut frostfreie Lage nicht unbedingtes Erfordernis ist, da die Röhren mit Wasser nicht gefüllt bleiben, so empfiehlt es sich doch, dieselben an wärmere Zwischenwände des Gebäudes zu legen. Das Letztere wird zur Notwendigkeit, wenn das Wasserleitungsrohr und das Entwässerungsrohr nebeneinander zu liegen kommen, da dann das Wasserleitungsrohr mafsgebend auftritt. Regenröhren als Entwässerungsröhren für Hauswässer zu benutzen, ist unzulässig.

Der Durchmesser der Entwässerungsleitungen.

Der Durchmesser des Hauptstranges richtet sich nach der Gröfse der zu entwässernden Grundfläche und dem Gefälle, welches der Rohrleitung gegeben werden kann. Befinden sich in dem Grundstücke gewerbliche Anlagen mit gröfserem Wasserverbrauche, so ist bei der Bemessung des Durchmessers der Entwässerungsleitung selbstverständlich hierauf Rücksicht zu nehmen. Im Übrigen verschwindet aber die Menge des Hauswassers gegenüber den bei heftigen Gewitterregen abzuführenden Wassermengen, wie folgendes Beispiel beweist.

Ein Grundstück von 400 qm zu entwässernder Dach- und Hoffläche wird von 50 Menschen bewohnt, deren Wasserverbrauch für den Kopf und Tag 100 l beträgt. Diese Verbrauchszahl ist eine hohe, jedoch ist angenommen, dafs in dem Gebäude Bade- und Wasserklosetteinrichtungen vorhanden sind. Von der Gesamtfläche von 400 qm kommen 100 qm in Abzug, deren Abwässer direkt durch Regenröhren nach dem Strafsenkanale geführt werden, so dafs durch die

Hausleitung nur 300 qm zu entwässern sind. Auf diese Fläche fallen bei einem sehr heftigen Gewitterregen in der Stunde und auf die Flächeneinheit ca. 25 l Wasser (25 mm Regenhöhe), mithin insgesamt 7500 l, während die aus dem Wasserverbrauche der Bewohner herrührende Abwassermenge unter der Annahme, dafs der Abflufs innerhalb 18 Stunden geschieht, nur stündlich 278 l, d. i. 1/27 der Regenwassermenge beträgt.

Für kleine Grundstücke genügt ein Hauptrohr von 100 mm Durchmesser, um alle Abwässer derselben abzuführen, für gröfsere Grundstücke mit einer Grundfläche von 500 bis 1000 qm gibt man dem Hauptrohre einen Durchmesser von 125 mm, für Grundstücke von 1000—3000 qm Grundfläche einen Durchmesser von 150 mm, während ein Rohr von 200 mm Durchmesser nur für die Entwässerung sehr grofser Grundstücke und von Fabrikanlagen zur Anwendung kommt.

Dem Fallrohre von zwei übereinander angeordneten Küchenausgüssen gibt man einen Durchmesser von 40 mm. Liegen 5—6 Ausgüsse übereinander, so wähle man ein Rohr von 50 mm Durchmesser, münden in dasselbe auch Badewässer ein, einen Durchmesser von 60 mm. Das letztere Rohr ist dann auch zur Aufnahme von 10—12 Ausgüssen ausreichend. Den Zuleitungen einzelner Ausgufsstellen zu diesen Fallsträngen für Wirtschaftswasser gibt man selten einen gröfseren Durchmesser als 40 mm. Bleiröhren von 25 und 30 mm Durchmesser kommen nur zur Entwässerung kleiner Zapfstellen, z. B. von Toiletten, zur Wasserabführung von Zimmerfontänen, Einzelpissoiren etc. zur Anwendung.

Dem Abfallrohre für Klosettwässer ist ein Durchmesser von mindestens 100 mm zu geben, und können durch dasselbe bis zu 5 Klosetts entwässert werden. Für mehr als 5 Klosetts ist der Durchmesser der Leitung auf 125 mm zu vergröfsern. Den Klosetleitungen können auch Abwässer von Küchen- und Badeanlagen zugeführt werden, ohne dafs hierdurch der Durchmesser vergröfsert zu werden braucht.

Die Fallleitungen von 40—80 mm Durchmesser werden in der Regel aus Bleiröhren hergestellt, sie münden aber an der Stelle, wo sie in die Zweigleitung übergeführt werden, in ein gufseisernes Bogenstück ein. Für Fallleitungen von mehr als 80 mm Durchmesser sind gufseiserne Röhren und Thonröhren die geeigneteren Materialien. Die letzteren werden ebenfalls an ihrem Fufsende in gufseiserne Röhren übergeführt, wie überhaupt für die Zweigleitungen und

Hauptleitungen innerhalb der Gebäude die gufseisernen Röhren die geeignetsten sind.

Im allgemeinen gebe man den Entwässerungsleitungen nicht zu grofse Durchmesser, da hierdurch leicht das Gegenteil von dem, was man durch die Vergröfserung der Rohrweite beabsichtigt, erreicht wird. Ein zu grofser Durchmesser der Haupt- und Zweigleitungen wirkt schädlich auf die Funktion der Anlage und wird die Veranlassung sein, dafs das Abwasser nur in einer flachen Schicht sich im Rohre bewegt, und daher Sinkstoffe (Papier aus Klosettanlagen) an den Rohrwandungen haften bleiben. Ein Rohr von geringem Durchmesser wird die Wassermenge zusammenhalten, bei heftigen Regengüssen nahezu oder ganz voll fliefsen und dadurch das Anhaften von Sinkstoffen verhindern.

Das Verhältnis des Durchmessers der Ableitung nach dem Fallstrange zum Fallstrange selbst wähle man derartig, dafs das Abfallrohr von der zugeführten Wassermenge nie ganz gefüllt wird und zwar aus dem Grunde, damit nicht durch grofse, dem Fallrohr plötzlich zugeführte Wassermengen, wie etwa durch das Ablassen einer Badewanne, Spannungen der im Rohre vorhandenen Luft hervorgerufen werden, welche ein Durchbrechen oder Leersaugen anderer Wasserverschlüsse desselben Fallstranges zur Folge haben können. Man gebe daher den Ableitungen nach dem Fallstrange niemals einen grofsen Durchmesser, wenn man nicht anderseits auch dem Fallstrange eine entsprechende Weite geben will und ziehe daher vor, die Dauer der Ablaufszeit durch die Wahl eines engeren Verbindungsrohres etwas zu verlängern, als der Gefahr des Eindringens von Kanalgasen in die Wohnräume sich auszusetzen. In welcher Weise der letzteren Gefahr, und zwar durch Lüftung der Wasserverschlüsse begegnet werden kann, ist bei den einzelnen Wasserleitungseinrichtungen näher angegeben worden.

Das Gefälle der Rohrleitungen.

Dem Hauptrohre und den Zweigleitungen ist zur Erzielung eines schnellen Abflusses der Wässer ein Gefälle zu geben. Die Gröfse des Gefälles des Hauptrohres ist abhängig von der Tieflage des Strafsenkanales, von der Länge der Leitung und der Höhenlage des Wasserspiegels des entferntesten Entwässerungspunktes im Terrain. Im allgemeinen wird die gerade Verbindungslinie des Einmündungspunktes und des entferntesten Wasserspiegels das der Rohrleitung zu gebende Gefälle darstellen. Dieses Ergebnis ist jedoch nur bedingungsweise richtig, und können örtliche Verhältnisse abändernd auf dasselbe einwirken. Liegt z. B. der Strafsenkanal sehr tief, so würde die Hauptleitung unter Umständen sehr tief unter der Kellersohle zu liegen kommen, was nicht zweckmäfsig ist. Man gibt unter diesen Verhältnissen der Anschlufsleitung ein stärkeres Gefälle, so dafs man in geringerer Tiefe mit der Rohrleitung in das Grundstück eintritt. Anderseits wird man einer Leitung ein geringeres Gefälle geben müssen, wenn Kellerausgüsse vorhanden sind, die eben angeführte Gefällslinie aber über der Kellersohle zu liegen kommt.

Gröfsere Gefälle, als 1 : 20, sind zu vermeiden, da dann das Wasser zu schnell durch die Rohrleitung fliefst, und mitgeführte Stoffe, Papierreste etc. dem Wasser nicht zu folgen vermögen. Gefälle von 1 : 30 bis 1 : 40 sind die günstigsten, während ein Gefälle

Fig. 392.

von 1 : 100 als die äufserste Grenze für Hausentwässerungen hinzustellen ist.

Zweigleitungen erhalten in der Regel ein stärkeres Gefälle als Hauptleitungen.

Dem Hauptrohre ist auf seiner ganzen Länge ein gleichmäfsiges Gefälle zu geben und sind Gefällwechsel, hauptsächlich der Übergang von gutem Gefälle in schlechteres Gefälle, zu vermeiden. Nur in besonderen Fällen, wie z. B. in dem oben angeführten Falle, wird man ein schwächeres Gefälle in ein stärkeres überführen. Ein gleichmäfsiges Gefälle und sonstige Vorteile der Ausführung kann man auch dadurch erreichen, dafs man einen Teil des Gefälles an einem Punkte vereinigt und die Leitung daselbst um dieses Mafs senkrecht abfallen läfst, wie dies in Fig. 392 zur Darstellung gebracht ist.

Der Betrieb einer Entwässerungsanlage ist gegen Einflüsse von aufsen, und zwar von der Seite des Strafsenkanals her und gegen störende Vorgänge im Innern der Hausleitung sicher zu stellen.

Die Hausleitung ist nach der Seite des Strafsenkanals zu mit Schutzvorrichtungen zu versehen, um einesteils der Kanalluft, andernteils unter bestimmten Umständen dem Kanalwasser selbst den

Eintritt in die Leitung zu verwehren. Es geschieht dies durch die Hauptwasserverschlüsse und die Rückstauklappen.

Zur Sicherung des inneren Betriebes dienen:

1. die Reinigungsöffnungen, deren Zweck durch den Namen gekennzeichnet ist,
2. die Spülvorrichtungen und
3. die Lüftungseinrichtungen, welche letzteren den Zweck haben, nicht nur die sich entwickelnden übelriechenden Gase abzuleiten, sondern auch frische Luft dem Rohrsystem ununterbrochen zuzuführen.

Das Nähere über die vorstehenden Einrichtungen findet sich in den Kapiteln 8 und 9.

Die einer Entwässerungsanlage zufliefsenden Abwässer werden sein:

1. Wirtschafts- und Gewerbewässer,
2. Wässer aus Spülaborten und
3. Regenwässer.

Die Aufnahme derselben in die Entwässerungsleitung soll, sofern sie nicht schon bei den entsprechenden Bewässerungsanlagen dargelegt worden ist, in den nachfolgenden Kapiteln näher besprochen werden.

Kap. 4.

Die Ableitung der Wirtschafts- und Gewerbewässer.

Zu den Wirtschaftswässern gehören die Küchen-, Bade- und Waschwässer. Die Einrichtungen für die Aufnahme dieser Wässer und die Überführung derselben in die Fallleitungen sind bereits im I. Teile Kap. 15 und 16 in Gemeinschaft mit den Bewässerungseinrichtungen vorgeführt worden und bleiben hier nur diejenigen zur Besprechung übrig, welche mit der Bewässerung nicht in einem unmittelbaren Zusammenhang stehen. Die Ausgüsse für gewerbliche Abwässer gleichen den Wirtschaftsausgüssen, so dafs dieselben einer besonderen Erwähnung nicht bedürfen.

Alle Aufnahmevorrichtungen dieser Abwässer haben die gemeinsame Aufgabe, einesteils feste Stoffe von gewisser Gröfse durch die Anbringung von Sieben vom Eintritte in die Abflufsleitung zurückzuhalten, andrerseits aber den Austritt von übelriechenden Gasen aus der Kanalleitung in die Wohnräume durch Anordnung von Wasserverschlüssen zu verhindern. Diese Wasserverschlüsse müssen eine Reinigungsöffnung besitzen, mit deren Hilfe kleinere Sinkstoffe, welche sich nebst Fasern, Haaren etc. in dem Wassersacke des Verschlusses festlagern und demzufolge Verstopfungen verursachen, beseitigt werden können. Eine Reinigung dieser Verschlüsse ist öfter vorzunehmen und hierbei nicht erst zu warten, bis die Notwendigkeit sich durch eine Abflufsverhinderung bemerklich macht.

Von den Ausgüssen sind noch die Bodenausgüsse in nähere Betrachtung zu ziehen. Wie der Name besagt, sind dies Abflufsöffnungen im Fufsboden eines Raumes, nach welchen sich die Abwässer zufolge des Gefälles des Bodens hinbewegen oder in welche die Abwässer direkt ausgegossen werden. Auch hier mufs ein Sieb die Öffnung verschliefsen und gröbere Unreinigkeiten zurückhalten, während ein Wasserverschlufs den Austritt von Kanalgasen verhindert.

Die Fig. 393 zeigt einen gufseisernen Bodenausgufs für kleineren Wasserabflufs. Der um ein Charnier bewegliche Deckel besitzt nach unten einen Rand, welcher in eine ringförmige Vertiefung des Gehäuses eintaucht und dadurch den Wasserverschlufs herbeiführt. Sand und sonstige kleinere Sinkstoffe sammeln sich in dieser Vertiefung und können nach dem Aufheben des Deckels leicht entfernt werden. Das in der Mitte liegende Abflufsrohr ist nochmals durch ein festes Sieb geschützt. Auch für die Ableitung von Pissoirwässern findet diese Konstruktion vielfach Anwendung.

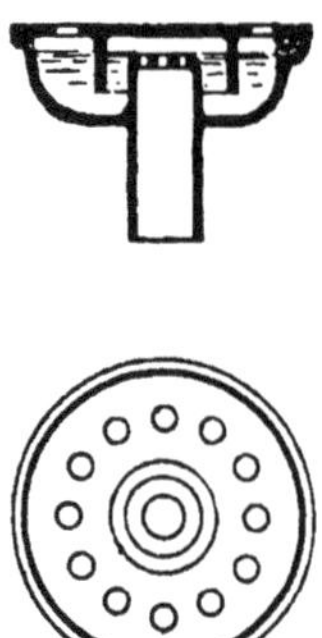

Fig. 393. Bodenausgufs. $^1/_{10}$ d. nat. Gröfse.

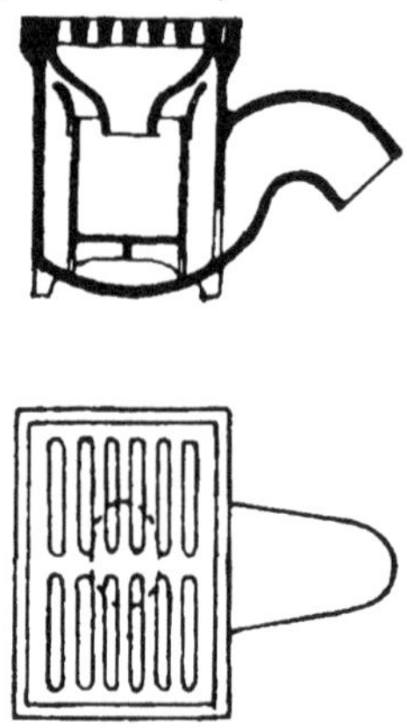

Fig. 394. Waschküchenausgufs. $^1/_{20}$ d. nat. Gröfse.

Zur Abführung gröfserer Wassermengen dienen die sogen. Waschküchenausgüsse oder Sinkkästen, Fig. 394. Der mit Einfallschlitzen versehene Deckel besitzt einen trichterförmigen Ansatz, welcher das Abwasser in einen, in das Gehäuse eingesetzten Eimer führt. Hier können sich etwaige Sinkstoffe ablagern, während das Wasser über den Rand des Eimers in das Gehäuse und durch einen seitlichen Abzweig, welcher durch seine Form den Wasserverschlufs bildet, zum Abflusse gelangt.

Die Bodenausgüsse in Höfen fallen mit den Einrichtungen für die Aufnahme von Regenwasser zusammen (siehe II. Teil Kap. 6).

Die Entwässerung von Hofbrunnen ist in mehreren Beispielen bei Besprechung der Brunnenkonstruktionen (I. Teil Kap. 15d) vorgeführt worden.

Für Abwässer, welche gröfsere Mengen von fettigen und klebrigen Stoffen mit sich führen, wie dies bei grofsen Volksküchen und einigen Gewerbebetrieben der Fall ist, tritt die Notwendigkeit auf, diese Fettstoffe vom Eintritt in die Hauptleitung resp. in den Strafsenkanal abzuhalten, da dieselben sich an den Wandungen festsetzen und nicht allein das Anhaften anderer Stoffe begünstigen, sondern auch durch ihre Verwesung den üblen Geruch der Kanalluft wesentlich vermehren werden.

In Fig. 395 ist ein Grove'scher Fettfang zur Darstellung gebracht. Das Abwasser mufs im langsamen Durchflufs ein gelochtes Gefäfs passieren, bei welcher Gelegenheit sich die Fettteile an die Wandungen desselben ansetzen. Das Wasser tritt dann vom Boden des Gefäfses aus in den Ablauf. Durch eine Scheidewand wird ein Wasserverschlufs erzielt. Der Deckel wird mittels Hebelverschlufs festgehalten. Je nach der Qualität der Abwässer ist dieser Fettfang in entsprechenden Zeitabschnitten von den abgelagerten Fettstoffen zu reinigen.

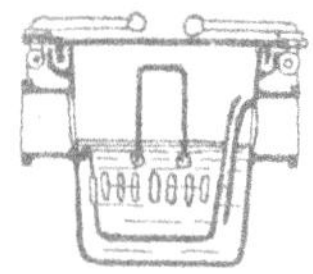

Fig. 395.
Fettfang von Grove.
1/20 d. nat. Gröfse.

Diese Fettfänge werden am zwekmäfsigsten unmittelbar neben den Ausgüssen oder Aufwaschtischen angeordnet, d. h. ehe die fetthaltigen Wässer an die Fallleitung abgegeben werden. Es geschieht dies in der Absicht, die Länge der Rohrleitung, welche von diesen fettigen Wässern durchflossen wird, möglichst zu verringern. Bedingen jedoch die Verhältnisse die Aufstellung eines Fettfanges am Fufse einer Fallleitung, so ist derselbe nicht unmittelbar unter dem Fallrohre anzuordnen, sondern in einiger Entfernung von demselben in die Zweigleitung einzuschalten, da andernfalls die Geschwindigkeit des durch das Fallrohr einstürzenden Wassers die Wirkung des Fettfanges verhindern würde.

Kapitel 5.

Die Ableitung der Wässer von Spülaborten.

Die Einrichtungen, welche die Klosettwässer liefern und die Ableitung der letzteren bis zum Abfallrohr sind im I. Teile Kap. 16e vorgeführt worden. Die weitere Ableitung dieser Wässer unterscheidet sich in keiner Weise von derjenigen der übrigen Hauswässer, sofern die öffentliche Kanalanlage darauf angelegt ist, auch die menschlichen Abfallstoffe direkt abzuführen. Die Fallstränge für Klosettwässer können dann auch zweckmäſsiger Weise andere Abwässer aufnehmen. Gestattet jedoch die Beschaffenheit der öffentlichen Kanalanlage die direkte Einleitung dieser Abfallstoffe nicht, so sind Vorkehrungen zu treffen, um diese Abwässer in einen Zustand überzuführen, welcher die Einleitung als minder bedenklich erscheinen läſst. Die Einleitung von anderen Abwässern in die Fallleitung für Klosettwässer wird dann aus Zweckmäſsigkeitsgründen zu unterbleiben haben.

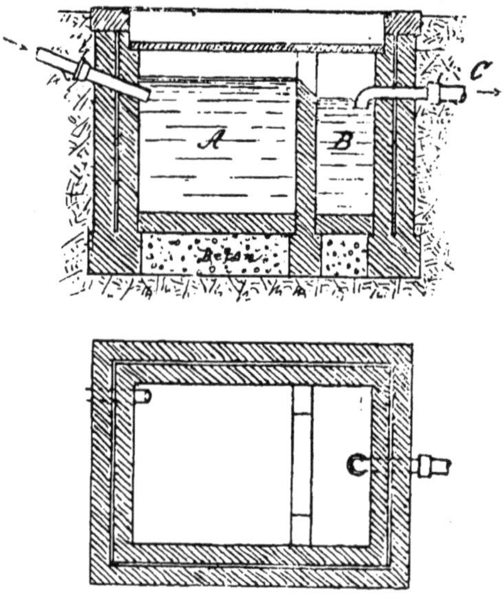

Fig. 396.
Separationsgrube. $^1/_{100}$ d. nat. Gröſse.

Zur einfachen Trennung der festen Bestandteile von den flüssigen dienen die Separationsgruben. Dieselben bestehen nach Fig. 396 aus einem gemauerten Grubenschachte, welcher durch eine Zwischenwand in einen gröſseren Raum *A* und einen kleineren Raum *B* geteilt ist. Diese Zwischenwand dient als Überfall für die flüssigen Bestandteile, welche von *B* aus durch ein Ableitungsrohr *C* nach dem Kanale abflieſsen, während die festen Bestandteile in der Grube *A* zurückbleiben. Die letzteren müssen durch Räumung der Grube von Zeit zu Zeit entfernt werden.

Gröſsere Anlagen, denen die Klosettwässer mit Desinfektionsmitteln gemischt zugeführt werden, bestehen in einer Anzahl nebeneinander angeordneter Gruben, welche durch Öffnungen in der Höhe des Wasserspiegels miteinander in Verbindung stehen. Die Klosettwässer durchflieſsen langsam diese Gruben, indem sie von der einen in die andere treten und gelangen abgeklärt und von Sinkstoffen befreit von der letzten Grube aus in den Kanal.

Wie bereits bei Besprechung der Klosettanlagen erwähnt wurde, leiden die Einrichtungen, bei welchen dem Klosettspülwasser vor dem Gebrauche Desinfektionsstoffe beigemischt werden, an dem Übelstande, daſs diese Desinfektionsmittel zerstörend und verstopfend auf

Mechanismen, Wandungen und Röhren einwirken, so dafs die Gebrauchsdauer der letzteren nur eine verhältnismäfsig kurze ist. Man desinfiziert die Klosettwässer daher oft erst vor ihrem Eintritt in die Klärgrube, indem man eine besondere Desinfektionsgrube anlegt, in welche die Klosettwässer vom Fallstrange aus gelangen und wo sie mit einem Desinfektionsmittel in Berührung kommen. Fig. 397 zeigt eine derartige Einrichtung. Der Desinfektionstrog *A*, dessen Abmessungen ca. 1,0 m Länge und 0,8 m Breite bei 0,60 m Wasserhöhe betragen, nimmt die Klosettwässer vom Fallrohre aus

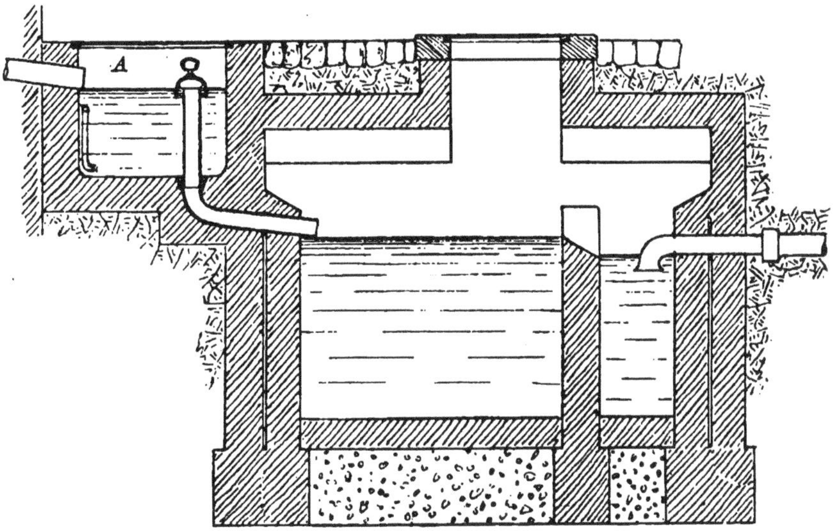

Fig. 397.
Separationsgrube mit Desinfektionstrog. 1/50 d. nat. Gröfse.

auf. Dieser Trog ist mit der Lösung eines Desinfektionsmittels bis zur Höhe eines Überlaufes gefüllt, so dafs bei jedem Zuflusse eine entsprechende desinfizierte Wassermenge nach der Hauptklärgrube abfliefst, die festen Bestandteile aber in dem Desinfektionsschachte zurückbleiben. In Zwischenräumen von drei bis vier Tagen wird durch Ausheben des Überlaufs der ganze Troginhalt nach dem Klärbassin entleert, der Trog selbst mit Hilfe eines von der Druckwasserleitung gespeisten Rohres sorgfältig ausgespült, die neue Desinfektionsmasse eingeschüttet und das Bassin bis zur Höhe des Überlaufes wieder mit Wasser gefüllt. Aus der Klärgrube fliefst das abgeklärte Wasser durch den Überlauf in den Vorschacht und von dort in die Kanalleitung. Die Überlaufkante hält wie bei der Separationsgrube alle festen Bestandteile zurück, so dafs weitere

Vorkehrungen hierfür überflüssig sind. Die Sinkstoffe werden von Zeit zu Zeit durch Räumung der Grube entfernt. Die Gröſse der Klärgrube richtet sich nach der Anzahl der einmündenden Klosetts in der Weise, daſs jedem Klosett ein Rauminhalt von 0,5 cbm entspricht.

Unterliegt die Ausführung der Desinfektion einer behördlichen Kontrole, so ist eine Einrichtung zu treffen, um die Beschaffenheit des nach der Kanalleitung abflieſsenden Wassers prüfen zu können. Unter Vermeidung eines besonderen, leicht zugänglichen Schachtes neben der Klärgrube wird man diesen Zweck am einfachsten durch die in Fig. 398 dargestellte Einrichtung erreichen,

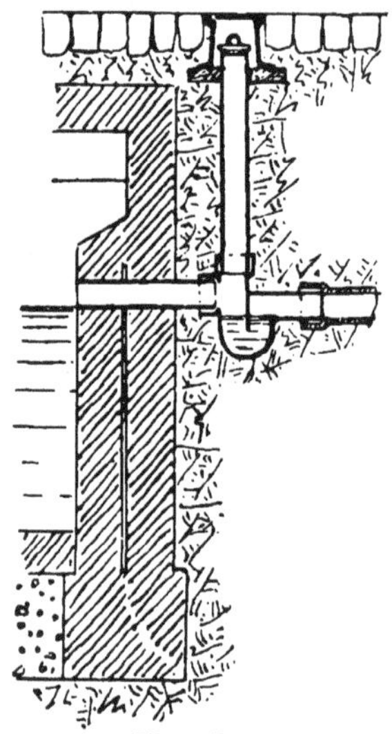

Fig. 398.
Kontroleinrichtung für desinfizierte Klosettwässer. 1/50 d. nat. Gröſse.

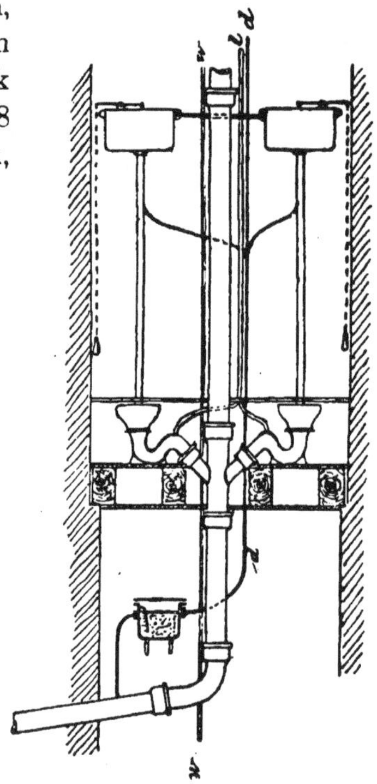

Fig. 399.
Klosettanlage mit Desinfektion. 1/50 d nat. Gröſse.

welche in diesem Falle gleichzeitig als Wasserverschluſs dient. Das aufsteigende Rohr gestattet, mittels eines Gefässes eine Probe des im Wassersacke stehenden Wassers zur Prüfung entnehmen zu können.

Schlieſslich gibt es eine Anzahl mehr oder weniger komplizierte Einrichtungen, um diesen Desinfektionstrog zu vermeiden, indem man das Desinfektionsmittel den Klosettwässern kurz vor deren Eintritt in das Klärbassin beigefügt und zwar jedesmal dann, wenn die Spülung eines Abortes erfolgt. Eine einfache Einrichtung dieser Art zeigt die Klosettanlage Fig. 399. In dem Fallrohre vom Spülkasten nach dem Klosett wird ein kleines, nach aufwärts gerichtetes Kupferröhrchen eingelötet, in welches beim Ziehen des Ventils ein Teil des Wassers eintritt und durch eine besondere Rohrleitung *d* nach einem im Keller aufgestellten Gefäfse fliefst, in welchem sich die Desinfektionsmasse befindet. An der dem Einlauf entgegengesetzten Seite dieses Gefäfses beginnt der Ablauf, welcher sein Wasser vom Boden des Gefäfses aus bezieht, so dafs das Wasser vorher die Desinfektionsmasse passieren mufs. Bei jeder Spülung des Klosetts fliefst so viel Wasser aus dem Desinfektionsgefäfs in die Klosettleitung, als durch die Leitung *d* zugeführt wird. Der Inhalt des Gefäfses mufs in mehrtägigen Zwischenräumen ergänzt werden. Von den übrigen Leitungen in Fig. 399 bezeichnet *w* die Druckwasserleitung für die Spülkästen und *l* die Lüftungsleitung der Klosetts. Selbstverständlich kann die Desinfektionsleitung *d* auch die betreffenden Wassermengen mehrerer Stockwerke aufnehmen.

Bezüglich der baulichen Ausführung dieser Gruben ist zu erwähnen, dafs dieselben zur Erreichung einer möglichst vollkommenen Wasserdichtheit doppelwandig in Cementmörtel auszuführen sind und der 2 cm breite Zwischenraum zwischen den beiden Wandungen mit Cement oder Asphalt auszugiefsen ist. Das Innere der Grube erhält überdies einen sorgfältig auszuführenden Cementputz. Als Baumaterial sind Klinkersteine (scharf gebrannte Mauersteine) allen anderen Materialien vorzuziehen.

Als Desinfektionsmittel werden verwendet:

Aluminiumchlorid, Alaun,
Eisenvitriol
Gyps und Kalkmilch,
Thonerdehydrat, Eisenoxydhydrat,
Chlormagnesium.

In vielen Fällen bilden die Desinfektionsmittel ein Gemisch von mehreren dieser Stoffe und zwar ist

die Süvern'sche Desinfektionsmasse:
eine Lösung von salicylsäurehaltigem Chlorkalcium mit geringem Zusatze von Carbolsäure, Kalk und Wasser;

die Desinfektionsmasse von Hartmann:
eine Mischung von Eisenoxydhydrat, Thonerdehydrat, Carbolsäure, Ätzkalk und Chlormagnesium;

die Desinfektionsmasse von Friedrich:
eine Mischung von Carbolsäure, Thonerdehydrat, Eisenoxyd, und Kalk.

Schliefslich mufs noch ein Wort über die Wirkung der Desinfektion im allgemeinen hinzugefügt werden. Die Desinfektion hat bekanntlich den Zweck, die kleinsten Lebewesen, die Bakterien zu töten. Diese Aufgabe ist eine ungemein schwierige, und es ist nur dann von einem Erfolg in dieser Richtung die Rede, wenn hierbei mit der peinlichsten Sorgfalt, wie z. B. bei aseptischen Operationen, vorgegangen wird. Dafs das einfache Einschütten einer geringen Desinfektionsmasse in eine Abortgrube diesen Erfolg nicht haben kann, dürfte ohne weiteres klar sein. Wenn auch der Fäulnisprozefs in der Abortgrube durch diese Mittel einigermafsen zurückgehalten wird, da die Bakterien in einen gewissen Grad der Erstarrung versetzt werden, so wird dieser Zustand doch wieder gelöst, sobald die desinfizierten Klosettwässer mit anderen Wässern zusammengebracht, d. h. verdünnt werden, wie dies im Strafsenkanal geschieht. Der zurückgehaltene Fäulnisprozefs wird sich dann weiter entwickeln und mit demselben Geruche begleitet sein, als wenn eine Desinfektion nicht vorangegangen wäre. Die Desinfektion hat daher nur eine Geruchlosmachung der Fäkalien für die nächste Umgebung der Grube zur Folge, etwas weiteres, insbesondere die Tötung der schädlichen Bakterien, wird hierdurch nicht erzielt werden. Überdies vermindert sich hierdurch der Wert der Fäkalmassen für die Landwirtschaft ganz bedeutend, was auf die Abfuhr erschwerend einwirkt. Nach allem ist der Wert der Desinfektion nur ein geringer und die Ausführung derselben mehr dazu angethan, ängstliche Gemüter und das eigene Gewissen zu beruhigen, als einen thatsächlichen Erfolg zu erzielen.

Kap. 6.

Die Ableitung der Regenwässer.

Je nach dem Orte, wo das Regenwasser niederfällt, wird man Dachregenwasser und Hofregenwasser zu unterscheiden haben.

Das Dachregenwasser findet seine Aufnahme in den Dachrinnen, welche dasselbe an die Fallröhren zur Abwärtsleitung nach dem Terrain abgeben. Mit der Gewinnung der Terrainhöhe beginnt für das Dachwasser erst die Ableitung durch die Entwässerunganlage und zwar in der Weise, dafs entweder das Regenwasser frei auf die Hoffläche austritt und mit dem übrigen Regenwasser vereinigt von dort abgeleitet wird, oder dafs das Regenrohr in eine gufseiserne Leitung übergeführt wird, welche in einem nahegelegenen Regenwasserschacht (siehe Fig. 400) mündet. Die gufseiserne Leitung läfst man bereits ca. 1,0 m über dem Terrain beginnen, da der untere Teil der Regenröhre einer Beschädigung leicht ausgesetzt ist.

Das Regenwasser von Dachflächen wird Sinkstoffe mit sich führen, welche durch Verwitterung oder Abbröcklung des Deckmaterials erzeugt werden, oder welche durch direkten Einwurf in die Dachrinne gelangen. Ist ein nahegelegener Regenwasserschacht nicht vorhanden, in welchem diese Stoffe zur Abscheidung gelangen können, oder steht die Bodenleitung direkt mit dem Strafsenkanal in Verbindung, so mufs eine Vorkehrung getroffen werden, um diese gröberen Sinkstoffe aufzufangen. Es geschieht dies durch die Spezialkonstruktion der Regenwasserfänge.

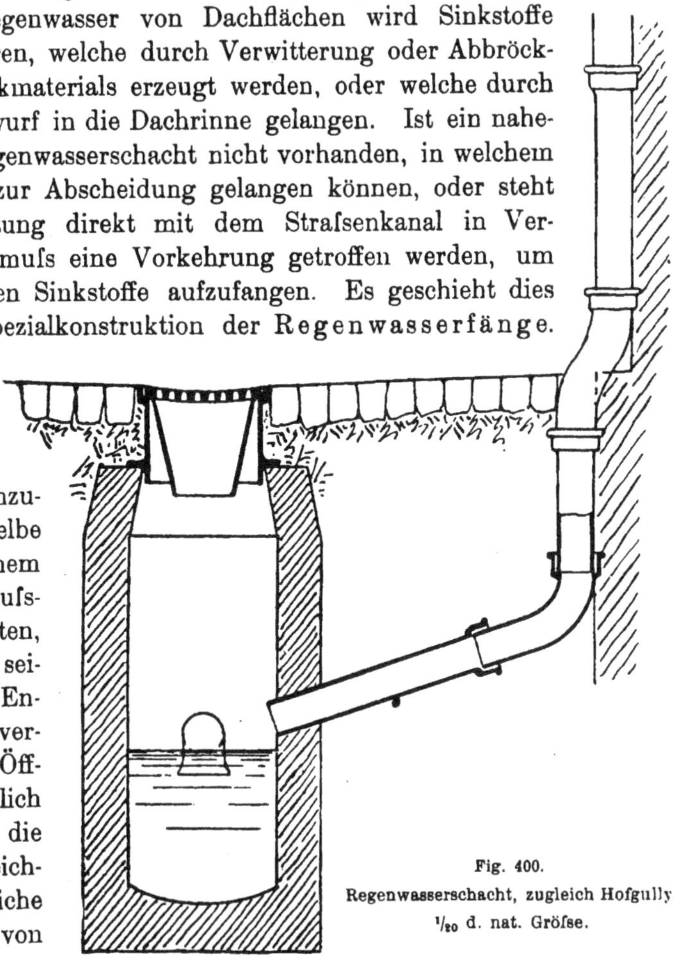

Fig. 400.
Regenwasserschacht, zugleich Hofgully.
$^{1}/_{20}$ d. nat. Gröfse.

Der Regenwasserfang, Fig. 401, ist über dem Fufsboden anzuordnen. Derselbe besteht aus einem viereckigen gufseisernen Kasten, welcher an seinem unteren Ende durch eine verschliefsbare Öffnung zugänglich ist. Durch die aus der Zeichnung ersichtliche Anordnung von Scheidewänden gelangen die Regenwässer mit den Sinkstoffen in den zugänglichen, nach vorn gelegenen Raum, wo die letzteren zurückgehalten werden, während das Regenwasser durch sieb- oder schlitzförmige Öffnungen seinen Weg fortsetzt.

Dieser Regenwasserfang besitzt jedoch die üble Eigenschaft, dafs er nicht frostfrei liegt und das Wasser beim Durchfliefsen gröfserer Mengen von Sinkstoffen im Winter Zeit findet, zu gefrieren und den Abflufs zu verstopfen. Man wird daher denjenigen Regenwasserfängen, welche unter Terrain angeordnet werden und daher frostfrei liegen, den Vorzug geben müssen.

Die Fig. 402 zeigt einen .gufseisernen Regenwasserfang von zweckmäfsiger Konstruktion. Das einfallende Wasser durchströmt ein gelochtes Blechgefäfs, bei welcher Gelegenheit die gröberen Sinkstoffe in demselben zurückbleiben. Das Blechgefäfs kann herausgehoben und entleert werden.

Dieser Regenwasserfang besitzt keinen Geruchverschlufs. Er findet deshalb in dem Falle Verwendung, dafs die nach der Strafse

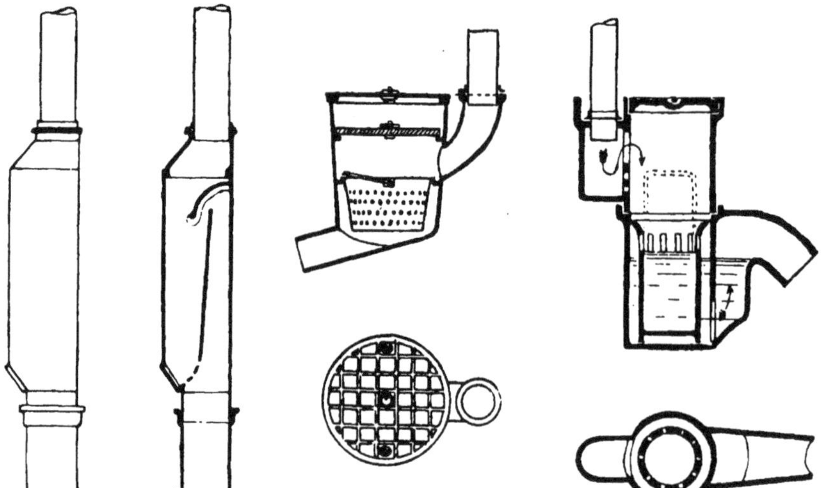

Fig. 401. Fig. 402. Regenwasserfänge. $^1/_{20}$ d. nat. Gröfse. Fig. 403.

zu gelegenen Regenröhren zur Ventilation des öffentlichen Kanalnetzes benutzt werden sollen. Auch zur Lüftung der Hausentwässerungsanlage können in diesem Falle die Regenröhren herangezogen werden, doch ist beides nur dann statthaft, wenn Dachfenster in der Nähe der Regenrohrmündungen nicht vorhanden sind oder diese Röhren nur zum Einsaugen frischer Luft benutzt werden. Ist es hingegen erforderlich, die Regenröhre gegen den Kanal abzuschliefsen, so mufs man den Regenwasserfang mit einem Wasserverschlufs versehen, wie dies in Fig. 403 geschehen ist. Das Wasser fällt dieser Konstruktion zufolge in einen kleinen Vorschacht und verliert hierdurch seine Hauptgeschwindigkeit. Gröfsere Steine etc. bleiben in diesem Raume zurück, während das Wasser durch Öffnungen in der Seitenwand in das Hauptgefäfs übertritt, kleinere Sinkstoffe in dem eingesetzten Gefäfs ablagert und schliefslich vom Boden aus durch einen Syphon abfliefst, welcher die Aufgabe hat, die Kanalgase vom Eintritt in den Schacht abzuhalten. Nach dem Aufheben des Deckels können sowohl die Steine aus dem Vorraum mit der Hand entfernt, als auch das eingesetzte Gefäfs herausgehoben und gereinigt werden. Dieser Regenwasserfang eignet sich auch als Fettfang am Fufse eines Fallstranges für Küchenwässer.

Die Regenwasserschächte oder Gully zur Entwässerung von Hofflächen bestehen in der Hauptsache aus einem durch Gitter verschlossenen Wassereinlauf und einem schachtartigen Unterbau,

Regenwasserschächte oder Gullys. $^1/_{30}$ d. nat. Gröfse.

Fig. 404.

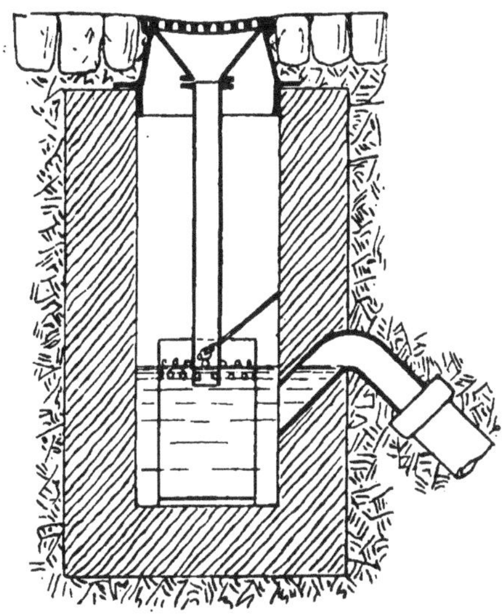

Fig. 405.

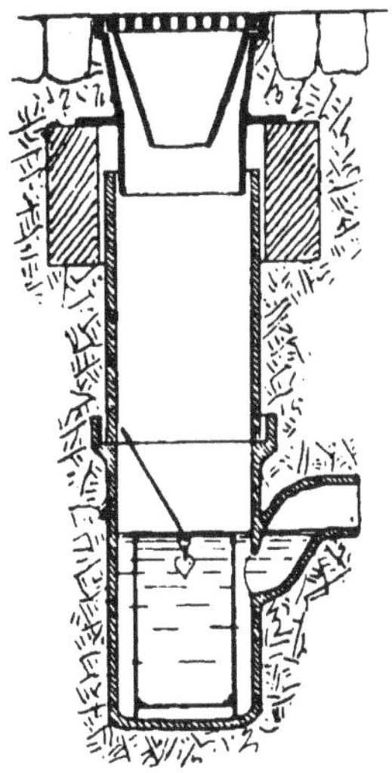

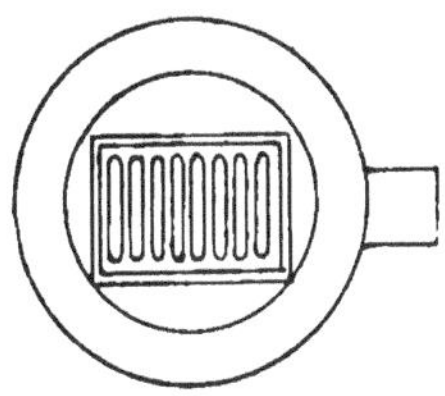

in welchem das Wasser alle diejenigen Sinkstoffe, welche nicht in die Kanalleitung gelangen dürfen, d. s. Sand und Schlamm, absetzen soll. Der Ablauf erfolgt unter Wasserverschlufs. Die Figuren 404 bis 406 zeigen drei verschiedene Formen und zwar ist in Fig. 404 der Schacht aus Cementmauerwerk hergestellt, während in Fig. 405 Steinzeugröhren zu demselben verwendet worden sind. Der Regenwasserschacht, Fig. 406 hingegen ist ganz aus Gufseisen hergestellt. In neuerer Zeit findet auch Stampfbeton für diesen Zweck vielfach Anwendung. Die aus gewöhnlichen Mauersteinen hergestellten Schächte von 52 oder 65 cm lichter Weite erhalten quadratische Grundrifsform, während zu runden Schächten

Formsteine benutzt werden müssen. Die Schächte aus Stampfbeton sind stets rund.

Um das Herabrieseln des Wassers an dem Mauerwerk zu verhindern und den Sinkstoffen die Richtung nach dem eingestellten Gefäfs zu geben, besitzt der Einlaufdeckel in den Figuren 404 und 405 einen trichterförmigen Ansatz, welcher in Fig. 404 bis in die Tiefe des Schlammkastens durch ein Rohr verlängert ist und daselbst unter Wasser ausmündet. Hierdurch, sowie in ähnlicher Weise in Fig. 406, wird ein zweimaliger Wasserverschlufs herbeigeführt.

Fig. 406.
Regenwasserschacht oder Gully.
$^1/_{80}$ d. nat. Gröfse.

Der Wasserspiegel ist in eine Tiefe von mindestens 1,0 m unter dem Terrain zu verlegen, damit ein Einfrieren des Wassers verhindert wird.

Wenn auch ein grofser Teil der Sinkstoffe von dem eingesetzten Blecheimer zurückgehalten wird, so ist doch nicht zu vermeiden, dafs auch in dem Raum um den Eimer herum sich Schlammablagerungen bilden, welche, wenn dieselben ein gröfseres Mafs erreichen, der leichten Herausnahme des Eimers hinderlich sind. Es ist daher eine öftere Herausnahme des Eimers und eine innere Reinigung des Schachtes anzuempfehlen. In vielen Fällen verzichtet man auch auf die Einstellung eines Eimers und entfernt von Zeit zu Zeit die Ablagerungen im Schachte mittels Baggerschaufel.

Wie bereits am Eingange dieses Kapitels angeführt wurde, können auch Dachregenwässer direkt in einen Hofschacht eingeführt werden, wenn derselbe in geringer Entfernung von dem Abfallrohr gelegen ist. In gleicher Weise verbindet man auch den Ablauf eines Hofbrunnens mit einem Regenwasserschachte, wie dies in Fig. 169 geschehen ist. Soll der Schacht zur alleinigen Abführung des Überwassers eines Hofhahnes oder Hofbrunnens dienen, so ordnet man das Einfallgitter und den Schacht direkt unter dem Auslaufe an, wie in Fig. 168, oder man legt den Schacht seitwärts, schliefst aber denselben durch einen Deckel dicht ab und führt das Wasser mittels einer Rohrleitung in denselben ein.

Es stehen keine Bedenken entgegen, diese Schachtkonstruktionen auch für die Bodenentwässerung von Innenräumen, Kellern etc. zur

Anwendung zu bringen, doch wird man in diesem Falle den Wasserspiegel in Hinsicht auf die verminderte Gefahr des Einfrierens in geringere Tiefe unter dem Fuſsboden legen können.

Die Wasserverschlüsse der Schächte.

Die Ableitungen von Schächten, Cisternen und Grubenanlagen sind mit einem Wasserverschluſs zu versehen, welcher unmittelbar am Ablaufpunkt anzuordnen ist und die Aufgabe hat, die Kanalgase vom Eintritt in den Schacht abzuhalten. Bei den Schachtkonstruktionen aus Guſseisen und Steinzeug sind diese Geruchverschlüsse mit dem Schachtkörper selbst in eines verbunden, für gemauerte Schächte etc. hingegen sind besondere Konstruktionsteile hierzu erforderlich.

Wasserverschlüsse. 1/20 d. nat Gröſse

Fig 407

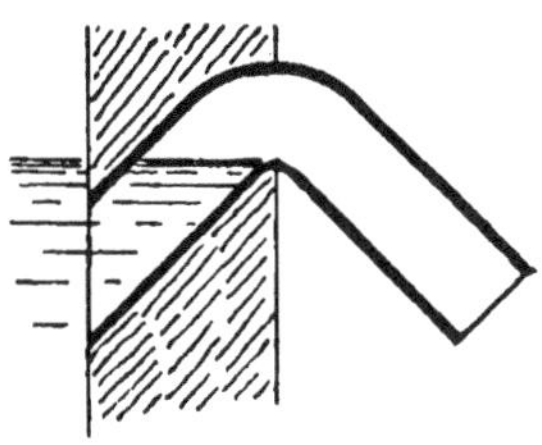

Fig 408

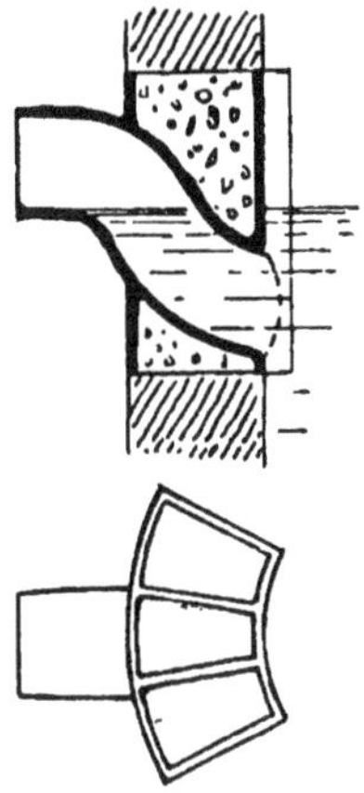

In den Figuren 407 und 408 wird der Wasserverschluſs dadurch erreicht, daſs die Rohrleitung nach aufwärts steigt und die obere Kante der Eintrittsöffnung mindestens 8 cm unter dem durch die Abflusskante normierten Wasserstand liegt. Das Winkelrohr, Fig. 407

Fig. 409. Wasserverschlüsse 1/20 d. nat. Gröſse. Fig. 410

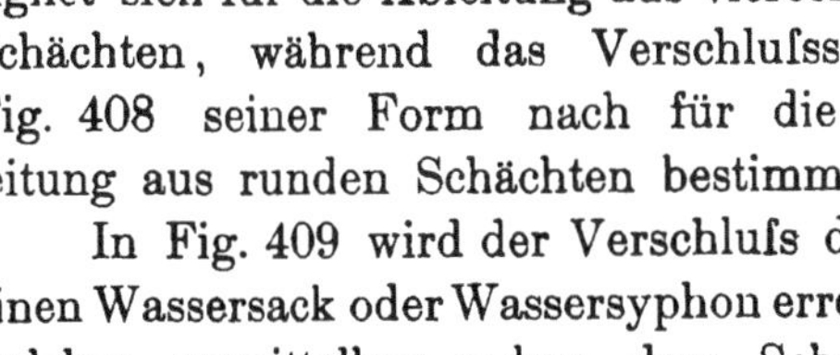

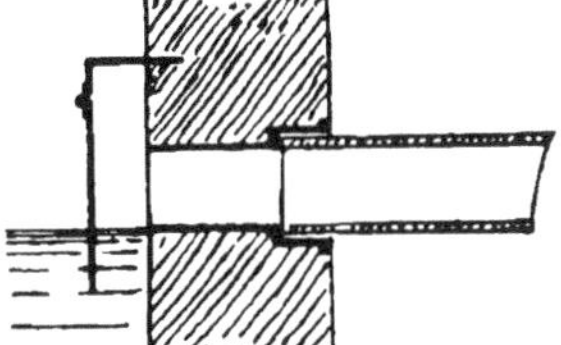

eignet sich für die Ableitung aus viereckigen Schächten, während das Verschluſsstück, Fig. 408 seiner Form nach für die Ableitung aus runden Schächten bestimmt ist.

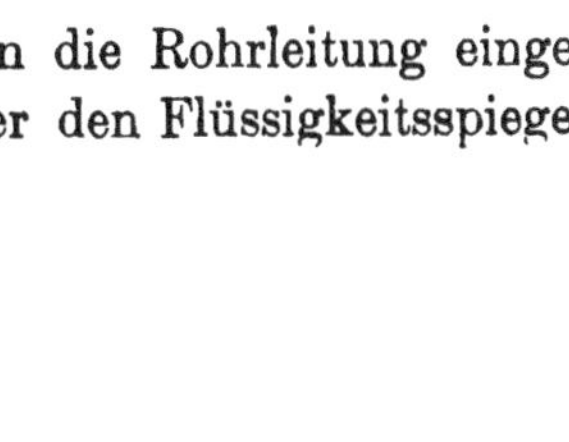

Fig. 411.

In Fig. 409 wird der Verschluſs durch einen Wassersack oder Wassersyphon erreicht, welcher unmittelbar neben dem Schachte eingebaut ist, während in Fig. 410 ein in die Rohrleitung eingestecktes, nach abwärts gebogenes Rohr unter den Flüssigkeitsspiegel eintaucht und den Abschluſs bewirkt. Das letztere Rohr kann mit Hilfe eines Handgriffes aus der Rohrleitung herausgezogen und die letztere hierdurch zum Zwecke einer Revision freigelegt werden. Dieselbe Möglichkeit bietet auch die Konstruktion Fig. 411, bei welcher ein guſseiserner Kasten mit einer beweglichen Klappe über der Rohrmündung eingemauert ist. Durch das Hochheben der Klappe wird die Rohrleitung zugänglich.

Kap. 7.

Die Schutzvorrichtungen in der Richtung gegen den Straſsenkanal.

Es ist aus gesundheitlichen Rücksichten ein unbedingtes Erfordernis, daſs den in der öffentlichen Kanalleitung sich entwickelnden schädlichen Gasen der Eintritt in die Hausentwässerungsanlagen verwehrt wird. Es geschieht dies durch einen Wasserverschluſs, welcher in jede Hauptleitung nach Aufnahme sämtlicher Zweigleitungen kurz

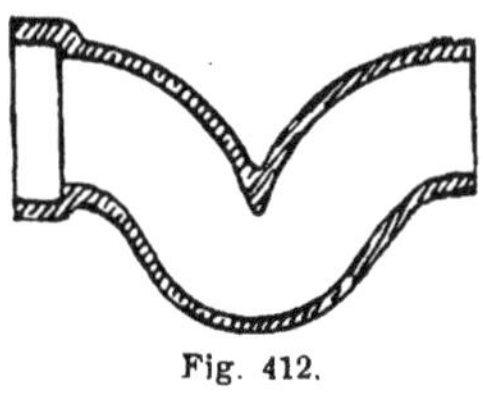

Fig. 412.

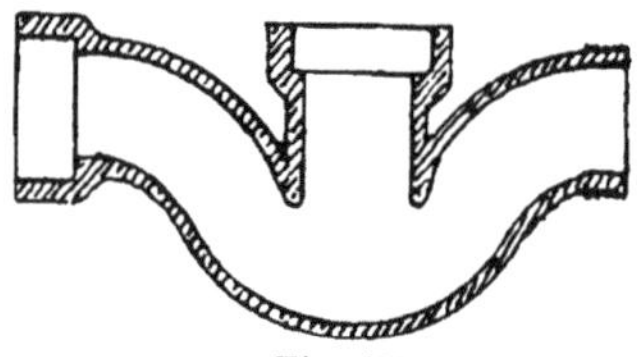

Fig. 413.

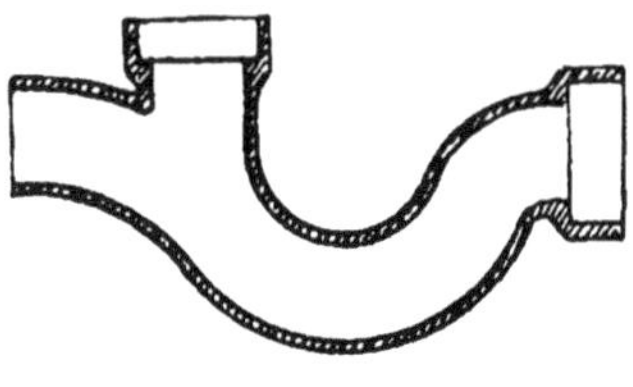

Fig. 414.

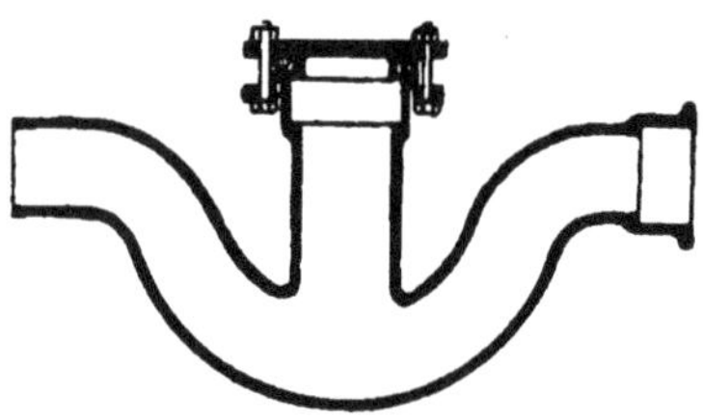

Fig. 415.

Hauptwasserverschlüsse. $^1/_{30}$ d. nat. Gröſse.

vor dem Austritt aus dem Grundstück einzuschalten ist. Dieser Wasserverschluſs führt den Namen Hauptwasserverschluſs und wird als ein einfacher bezeichnet, wenn nur ein Wasserverschluſs vorhanden ist, hingegen als ein doppelter, wenn zwei Wasserverschlüsse hintereinander mit zwischenliegendem Luftrohre angeordnet sind. Diese letztere Anordnung (siehe Fig. 422 u. 434) ist dann erforderlich, wenn das öffentliche Kanalnetz nicht mit genügenden Entlüftungseinrichtungen versehen ist, so daſs bei plötzlichem Einlauf gröſserer Wassermengen bei heftigen Regengüssen Druckspannungen der Kanalluft auftreten, welche die Veranlassung zu einem

Durchbrechen des Wasserverschlusses geben. Findet ein solcher statt, so entweicht die eintretende Kanalluft durch das Luftrohr, während der zweite Wasserschlufs unverletzt bleibt.

Die gebräuchlichsten Formen dieser Wasserverschlüsse sind in den Figuren 412 bis 415 zur Darstellung gebracht.

Fig. 412 zeigt ein einfach geschwungenes Rohr aus Steinzeug, während die Wasserverschlüsse der Figuren 413 bis 415 mit nach oben gerichteten Abzweigen zum Zwecke einer Reinigung versehen sind. Die beiden Wasserverschlüsse Fig. 413 und Fig. 415 sind konstruktiv einander gleich und nur im Ausführungsmateriale verschieden. Selbstverständlich können die als in Steingut ausgeführt dargestellten Verschlüsse auch aus Gufseisen hergestellt werden. Der Rohrstutzen in Fig. 414 kann auch als Anschlufs für ein Lüftungsrohr dienen.

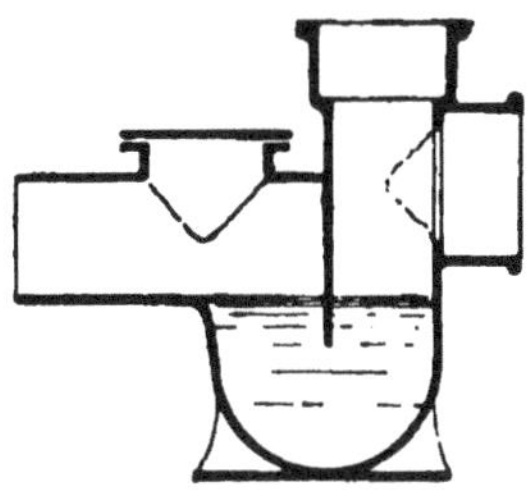

Fig. 416.
Hauptwasserverschlufs.
$^1/_{20}$ d. nat. Gröfse.

Die Aufeinanderfolge von zwei Wasserverschlüssen der vorstehenden Konstruktion ergiebt mit den erforderlichen Abzweigen für die Lüftungsrohre eine ziemlich grofse Baulänge, welche unter Umständen auf räumliche Schwierigkeiten stofsen kann, besonders dann, wenn das Ganze in einen Schacht gelegt werden mufs und auch die Kosten desselben in Betracht kommen. Man wird dann dem Wasserverschlufs die gedrängtere Form geben, welche durch Fig 416 veranschaulicht ist.

Die durch Einschaltung eines Hauptwasserverschlusses erreichte Abtrennung der Hausentwässerungsanlage vom Strafsenkanal dient jedoch nicht dem eingangs angeführten Zweck allein, sondern gleichzeitig indirekt einem nicht minder wichtigen Zweck und zwar der Lüftung der Hausentwässerungsanlage. Eine solche ist in rationeller Weise nur dann möglich, wenn der Luftraum der Hauskanäle in sich abgeschlossen, mithin von der öffentlichen Kanalanlage luftdicht abgetrennt ist. Das Nähere über die Lüftung der Entwässerungsleitungen findet sich in Kap. 9.

Die Hausleitung ist ferner unter bestimmten Verhältnissen auch gegen den Eintritt von Kanalwässern aus der öffentlichen Leitung zu sichern. Dieser Fall tritt ein, wenn die öffentliche Kanalanlage im Verhältnis zu den im Keller befindlichen Entwässerungsstellen so hoch liegt, dafs bei heftigen Regengüssen der Wasserstand im Kanal über diese Ausgufsstellen steigt und daher ein Ausfliefsen der Kanalwässer an diesen Stellen zu befürchten steht. Sind Ausgüsse unter Terrainhöhe nicht vorhanden, so entfällt selbst bei flach liegendem Straſsenkanal diese Befürchtung.

Dem Rückstauen von Kanalwässern wird durch Einschaltung einer Klappe entgegengetreten, welche den Namen Rückstauklappe führt. Dieselbe ist entweder lose beweglich (siehe Fig. 417) und in diesem Falle an zwei messingenen Ösen frei aufgehängt, oder sie ist mit der Hand stellbar, wie aus Fig. 418 zu ersehen ist. Bei der losen Klappe hebt der Stoſs des abflieſsenden Kanalwassers dieselbe, während rückwärtstretendes Wasser die Klappe selbstthätig schlieſst. Der Umstand jedoch, daſs Fett- und Schlammteilchen sich leicht an der Klappe festsetzen, ist die Ursache, daſs auf ein dichtes Abschlieſsen nicht mit Sicherheit zu rechnen ist. Aus diesem Grunde ist der mit der Hand stellbaren Klappe der Vorzug zu geben, da dieselbe über dies dem durchflieſsenden Wasser kein Hindernis bietet. Selbstverständlich muſs das Schlieſsen und

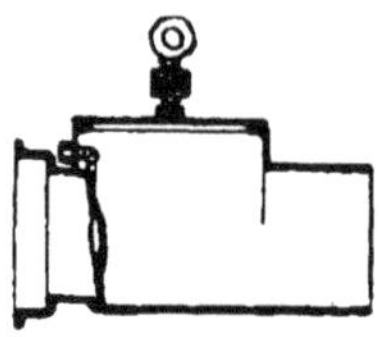

Fig. 417.

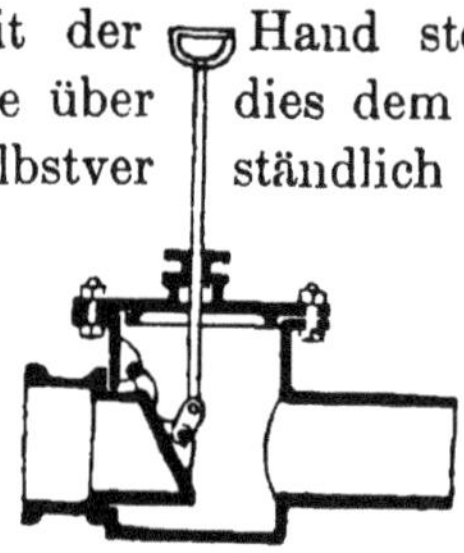

Fig. 418.

Rückstauklappen. $^1/_{20}$ d. nat Gröſse

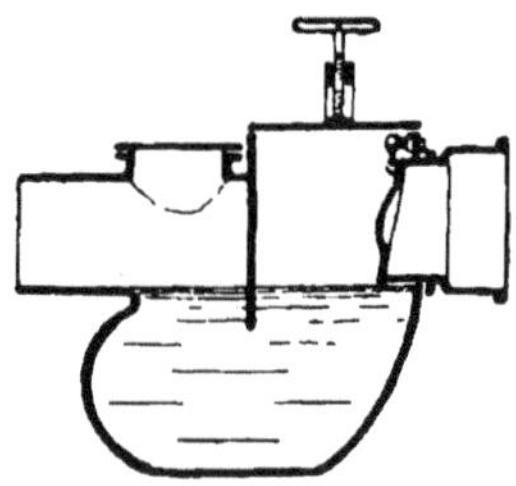

Fig 419.
Hauptwasserverschluſs mit Rückstauklappe. $^1/_{20}$ d. n Gr

Wiederöffnen der Klappe rechtzeitig geschehen Das Wasser wir sich nach dem Schlieſsen der Klappe in der Hausleitung so lange aufstauen, bis der Abfluſs wieder frei ist. Werden durch die Hausleitung gröſsere Mengen von Regenwasser abgeführt, so können dieselben die Leitung soweit füllen, daſs ein Wasseraustritt aus den Kellerentwässerungen erfolgt. In diesem Falle ist jeder Bodenausguſs im Keller noch mit einer besonderen Rückstauklappe, jeder Wandausguſs daselbst mit einem Kegelhahn zu versehen, welcher letztere für gewöhnlich geschlossen gehalten und nur dann geöffnet wird, wenn ein Ausgieſsen von Wasser stattfindet.

Die Rückstauklappen sind durch verschlieſsbare Öffnungen zugänglich zu machen, auch ist eine Reinigung derselben regelmäſsig und in kurzen Zeiträumen vorzunehmen.

Um die Baulänge dieser Einrichtungen möglichst einzuschränken, hat man auch das Klappenventil direkt mit einem Wasserverschluſs in Verbindung gebracht und hierdurch die in Fig. 419 dargestellte Konstruktion erhalten.

Die Wasserverschlüsse und Rückstauklappen sind in einem gemauerten Schachte unterzubringen, wenn sie aufserhalb eines Gebäudes zu liegen kommen. Können dieselben innerhalb der Kellerräume Aufstellung finden, so ist ein Schacht nur dann anzulegen, wenn die Leitung unter der Kellersohle liegt. Diese Schächte führen

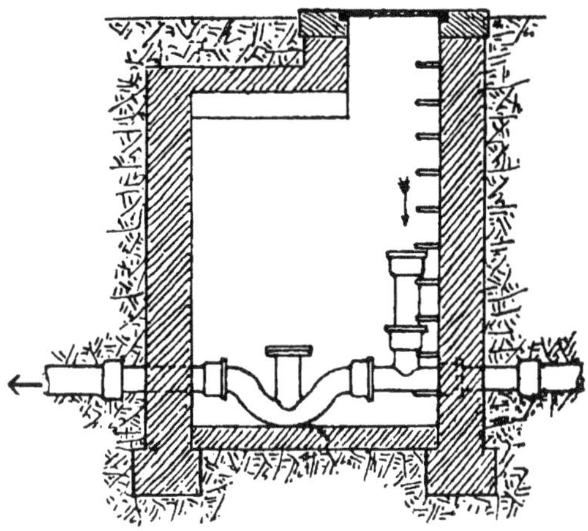

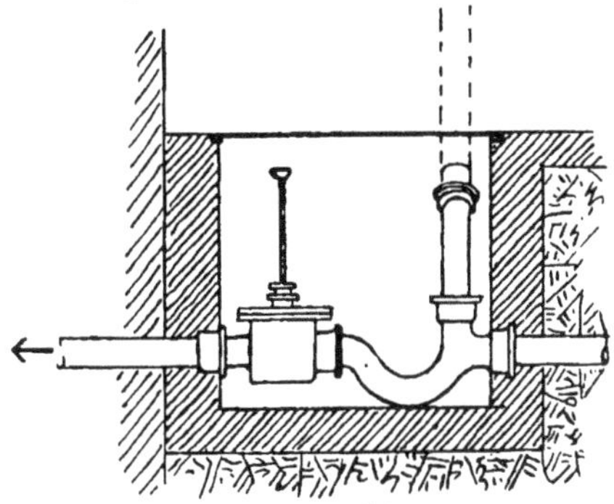

Fig. 421

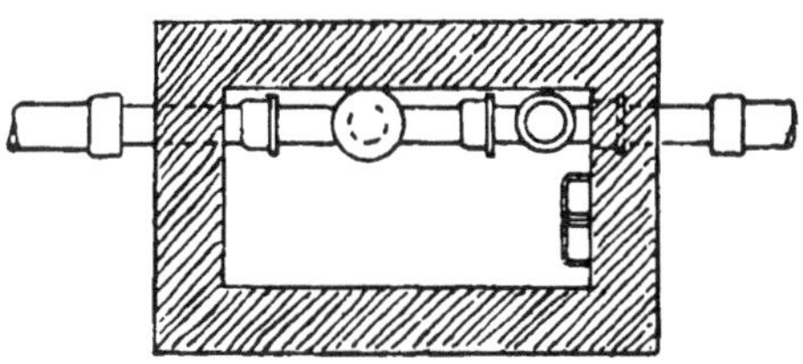

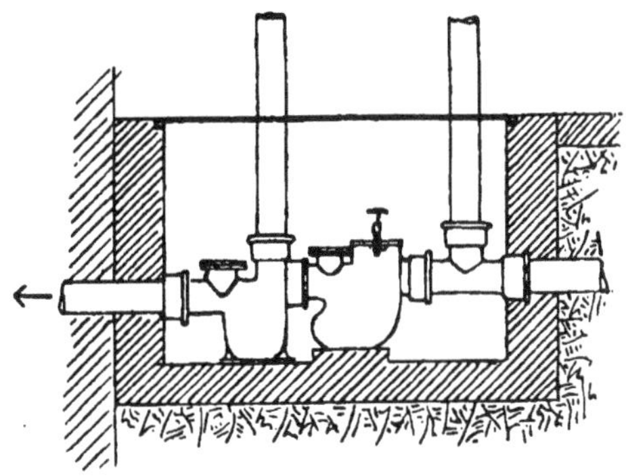

Fig. 420. Revisionsschächte. $^1/_{50}$ d nat. Gröfse Fig. 422.

auch den Namen **Revisionsschächte**, welcher Name die Erklärung für ihren Zweck gibt.

Die Figuren 420 bis 422 zeigen Revisionsschächte mit verschiedenen Anordnungen der inneren Einrichtung.

Der Schacht Fig. 420 ist aufserhalb eines Gebäudes im Terrain eingebaut und daher verhältnismäfsig tief angelegt. Eine Einsteigöffnung, welche in dem vorliegenden Falle zur Einführung von Luft mit einer durchbrochenen gufseisernen Platte abgedeckt ist, sowie eine Anzahl Steigeisen machen den Schacht leicht zugänglich. Die Schächte in den Figuren 421 und 422 sind von geringerer Tiefe, da sie sich in den Kellerräumen eines Gebäudes befinden. Dieselben werden mit eisernen Platten oder Holzbohlen abgedeckt.

Dem Vorstehenden zufolge sind daher zur Sicherung der Hausleitungen gegen das Eindringen von Luft und Abwässern aus der öffentlichen Kanalanlage folgende Einrichtungen zu treffen:

1. Ist die öffentliche Kanalanlage gut ventiliert und liegt dieselbe entweder genügend tief, oder befinden sich im Keller keine Ausgüsse, so genügt die Anbringung eines einfachen Wasserverschlusses. Siehe Fig. 431.
2. Ist hingegen die öffentliche Kanalanlage nicht oder nicht genügend ventiliert, infolge der Tieflage des Kanals gegenüber den tiefsten Ausgufsstellen aber ein Rückstau der Kanalwasser nicht zu befürchten, so sind zwei Wasserverschlüsse hintereinanderliegend anzuordnen, zwischen welchen ein Luftrohr anzuschliefsen ist. Siehe Fig. 434.
3. Ist ein Rückstau von Kanalwässern zu erwarten, so sind bei gut ventilierten Strafsenkanälen ein Wasserverschlufs und ein Rückstauklappe (Fig. 421 und 432), bei nicht oder nicht genügend ventilierten Strafsenkanälen zwei Wasserverschlüsse mit zwischenliegendem Luftrohre und eine Rückstauklappe (Fig. 422 und 435) erforderlich.

Der von diesen Einrichtungen bis zum Strafsenkanal führende Teil der Entwässerungsanlage wird mit dem Namen der Anschlufsleitung belegt und in vielen Fällen seitens der Behörde hergestellt.

Kap. 8.

Die Vorkehrungen zur Sicherung des inneren Betriebes.

Um die innere Beschaffenheit der Leitungen jederzeit untersuchen und etwaige, den Abflufs hindernde Ablagerungen leicht entfernen zu können, sind in den Haupt- und Zweigleitungen an geeigneten Punkten verschliefsbare Öffnungen anzuordnen, welche den Namen Reinigungsöffnungen führen. Diese Öffnungen sind hauptsächlich an denjenigen Punkten anzubringen, wo eine Verstopfung der Leitung am ersten eintreten kann, mithin neben allen Knien, bei Richtungswechseln der Hauptröhren und an Zusammenführungspunkten mehrerer Leitungen. Jedoch wird man auch längere, geradlinige Strecken mit Reinigungsöffnungen versehen und zwar für Rohrleitungen im Terrain in Entfernungen von nicht über 30 m, für Rohrleitungen in Kellerräumen in der Weise, dafs in jedem Kellerraum sich mindestens eine Reinigungsöffnung befindet, in grofsen Kellerräumen aber der Abstand zweier Öffnungen nicht mehr als 6 m beträgt.

Das in eine Kellerleitung einzuschaltende Formstück ist entweder ein kurzes Rohrstück mit rechtwinkligem Flanschabzweig (**A**-Stück) Fig. 423, oder ein solches mit schrägem Flanschabzweig, Fig. 424. Der rechtwinklige Abzweig gestattet eine Reinigung der Kanalleitung nach beiden Richtungen, während der schräge Abzweig nur die Reinigung nach einer Seite hin gestattet, durch seine schräge Richtung dieselbe aber erleichtert. Die Verschlufsdeckel

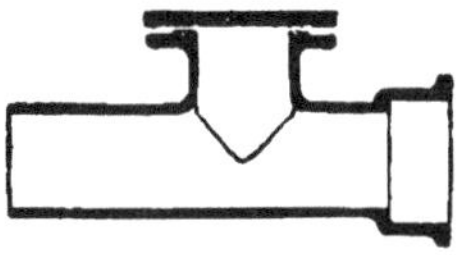

Fig. 423.

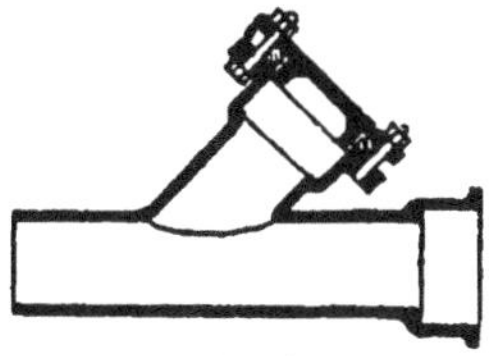

Fig. 424

Reinigungsstutzen. $^{1}/_{20}$ d. nat. Gröfse.

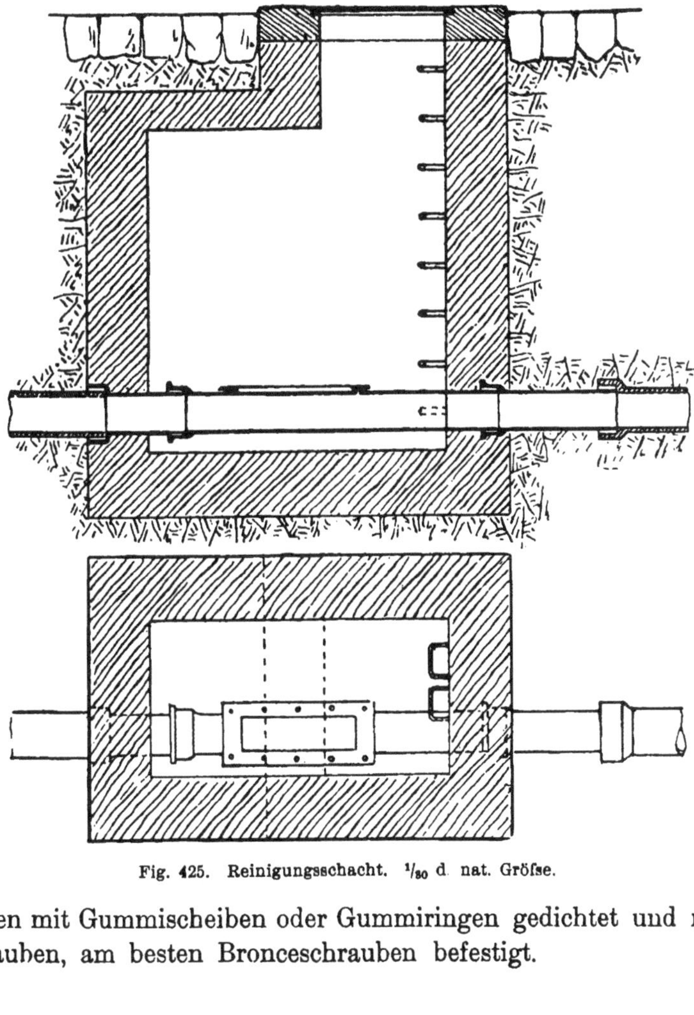

Fig. 425. Reinigungsschacht. $^{1}/_{80}$ d. nat. Gröfse.

werden mit Gummischeiben oder Gummiringen gedichtet und mittels Schrauben, am besten Bronceschrauben befestigt.

Reinigungsöffnungen für längere, im Boden liegende Rohrstrecken umgibt man mit einem gemauerten, mit Hilfe von Steigeisen zugänglichen Schacht nach Angabe der Fig. 425. Die Rohrleitung wird auf dieser Strecke in Gufseisen ausgeführt und für die Reinigungsvorrichtung mit Vorteil ein sogen. Schlammrohr in Anwendung gebracht, wie dasselbe für Wasserleitungen zu gleichem

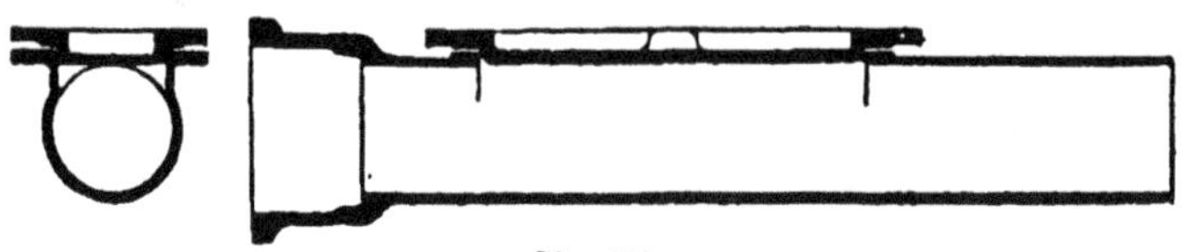

Fig. 426.
Schlammrohr $^1/_{15}$ d. nat. Gröfse

Zweck gebräuchlich ist. Dasselbe besitzt eine längere Öffnung in der Breite des Rohrdurchmessers (siehe Fig. 426) und erleichtert dadurch wesentlich die Reinigung längerer Strecken.

Die Fig. 427 zeigt eine Reinigungsvorrichtung für eine Bodenleitung unter Vermeidung eines gemauerten Schachtes. Ein nach oben gerichteter und durch ein Rohr verlängerter schräger Abzweig führt in einen kleinen, durch eine Strafsenkappe abgeschlossenen Raum und ist hier durch einen mit Thon abgedichteten Deckel geschlossen. Nach Entfernung des letzteren kann man eine Rohrbürste leicht einführen und auf diese Weise die Reinigung der Leitung nach der durch den Abzweig angegebenen Richtung vornehmen.

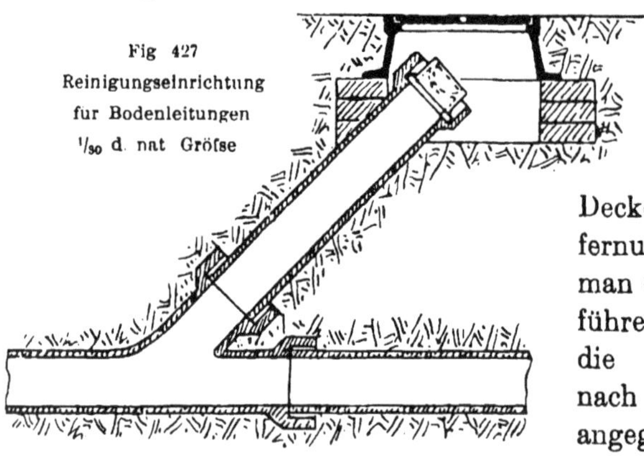

Fig 427
Reinigungseinrichtung fur Bodenleitungen
$^1/_{30}$ d. nat Gröfse

In manchen Fällen errichtet man an dem Vereinigungspunkte mehrerer Leitungen einen Schacht, doch ist hierbei darauf zu achten, dafs das Wasser in demselben nicht stagnieren und Ablagerungen bilden kann, und dafs die Deckplatte des Schachtes dicht schliefst. Andernfalls macht sich in Gemeinschaft mit einer ungenügenden Lüftung der Kanalleitung ein derartiger Schacht leicht durch Verbreitung von üblem Geruch bemerklich und wirkt mehr schädlich als nützlich. Zur Vermeidung der Ablagerungen spart man in der

Sohle des Schachtes Rinnen aus, welche die Fortsetzung der Rohrleitung bilden, so daſs das Wasser ohne Aufenthalt den Schacht durchflieſst.

Für längere Kanalleitungen mit geringem Gefälle, ferner für Rohrleitungen, welchen Wässer von besonders unreiner Beschaffenheit zugeführt werden, empfiehlt es sich, dieselben zur Reinerhaltung

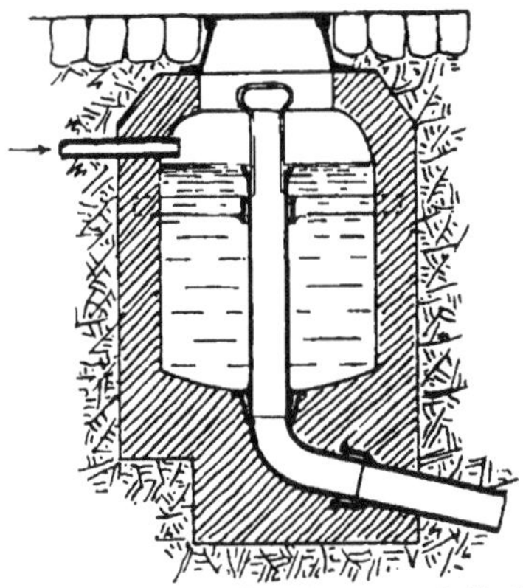

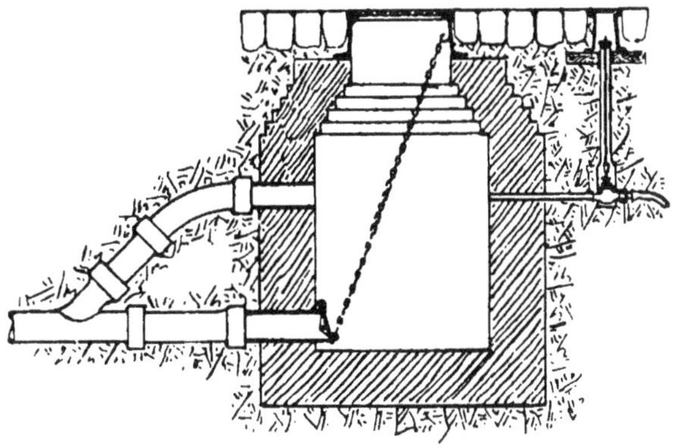

Fig. 429.

Fig. 428. Spülschächte. 1/40 d. nat. Gröſse.

in Zwischenräumen mit einer gröſseren Menge reinen Wassers durchzuspülen. Zu diesem Zwecke sind am Ende der zu spülenden Leitungen Spülschächte anzuordnen.

Die Figuren 428—430 zeigen drei verschiedene Arten der Ausführung von Spülschächten. Die Spüleinrichtung wird entweder von auſsen durch Öffnen eines Ablaſsventils oder einer Klappe in Thätigkeit gesetzt (Fig. 428 u. 429) oder sie wirkt selbstthätig mit Hilfe eines Glockenhebers (Fig. 430). Als Zuflüsse können die Abwässer von Fontänen, Wassermotoren, Ventilatoren, das Überwasser von Hofbrunnen, kurz alle Wässer benutzt werden, welche eine wesentliche Verunreinigung nicht erfahren haben. Sind derartige Abwässer nicht vorhanden, so muſs direkt Wasser aus der Druckleitung eingeführt werden, wie dies in Fig. 429 dargestellt ist.

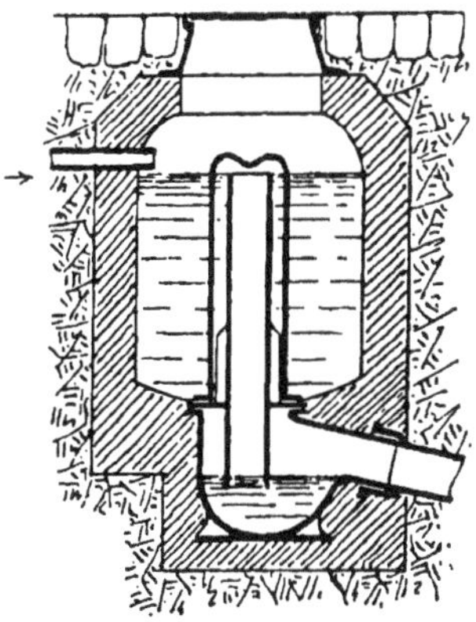

Fig. 430.
Spülschacht. 1/40 d. nat. Gröſse.

Die Schächte in Fig. 428 und 430 sind aus Stampfbeton, der Schacht in Fig. 429 aus Mauerwerk in Cementmörtel hergestellt, sämtliche Schächte jedoch bis in eine Höhe von 20 cm über dem durch den Überlauf normierten Wasserstand im Innern mit einem Cementputze versehen. Die Anordnung, Fig. 429, kann auch als Eintrittspunkt der Luft behufs Lüftung der Leitung dienen und ist dann die Deckplatte des Schachtes mit Öffnungen zu versehen.

Kap. 9.

Die Lüftung der Entwässerungsanlagen.

Durch die Verwesung der an den Rohrwandungen haften bleibenden organischen Substanzen werden sich in der Hausentwässerungsanlage übelriechende Gase entwickeln, deren geregelte Abführung in gesundheitlicher Beziehung dringend erforderlich ist.

Das zumeist angewendete Mittel, die Fallröhren bis über die Dachfläche zu verlängern und dadurch mit der atmosphärischen Luft in Verbindung zu bringen, erfüllt seinen Zweck nur ungenügend, da die sich entwickelnden Dünste wohl entweichen können, eine Zufuhr von frischer Luft aber nicht stattfindet. Diese Zuführung von frischer Luft ist aber für eine zweckmäfsige Lüftung eine unbedingte Notwendigkeit und zwar mufs dieselbe in der Weise erfolgen, dafs die an bestimmten Punkten eintretende frische Luft die Kanalanlage durchstreicht und an bestimmten Punkten dieselbe wieder verläfst, dafs mithin eine ununterbrochene Luftströmung in der Anlage stattfindet. Diese Luftströmung wird hervorgerufen entweder

durch den Höhenunterschied der Ein- und Austrittsöffnungen, oder

bei nahezu gleicher Höhenlage beider Gattungen von Öffnungen

durch die auf die Mündungen der über Dach geführten Röhren aufgesetzten Luftsauger oder Luftfänger.

Die Figuren 431 und 432 zeigen in schematischer Form eine Hausentwässerungsanlage, bestehend in zwei Fallröhren f_1 und f_2 und einem Regenrohr *r*. Durch den Wasserverschlufs *w* ist die Anlage von dem Strafsenkanal luftdicht abgetrennt und dadurch die Möglichkeit geschaffen, dafs innerhalb derselben eine geregelte Luftbewegung stattfinden kann. Die Luftbewegung wird in beiden Fällen durch den Höhenunterschied der Rohrmündungen erzielt, indem die frische Luft in der Höhe des Terrains eintritt, durch eine Rohrleitung unmittelbar vor dem Hauptwasserverschlufs der Kanalanlage zugeführt wird, dieselbe durchströmt und aus den über Dach geführten Fallsträngen wieder austritt. Während die Anlage Fig. 431

nur eine Luftzuführung besitzt, sind in der Anlage Fig. 432 zwei Luftzuführungen vorhanden und soll damit der Gedanke aus-

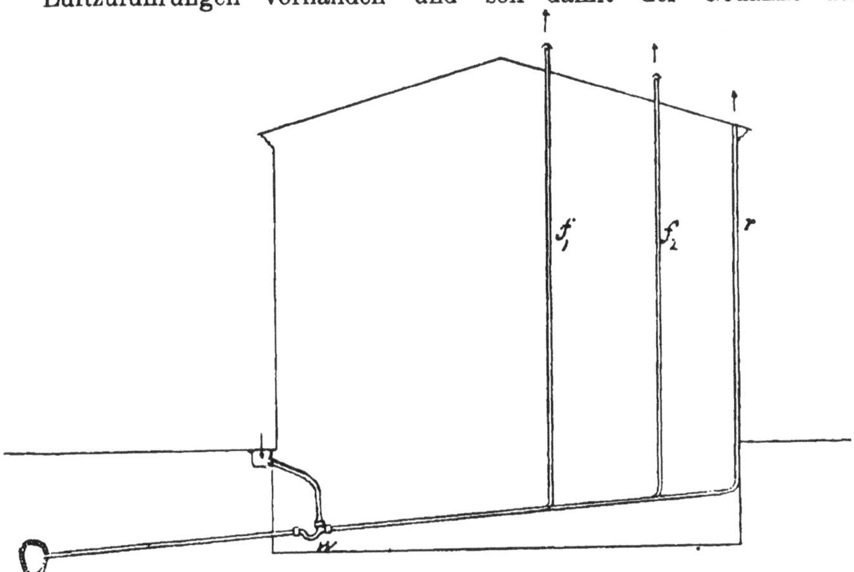

Fig. 431.

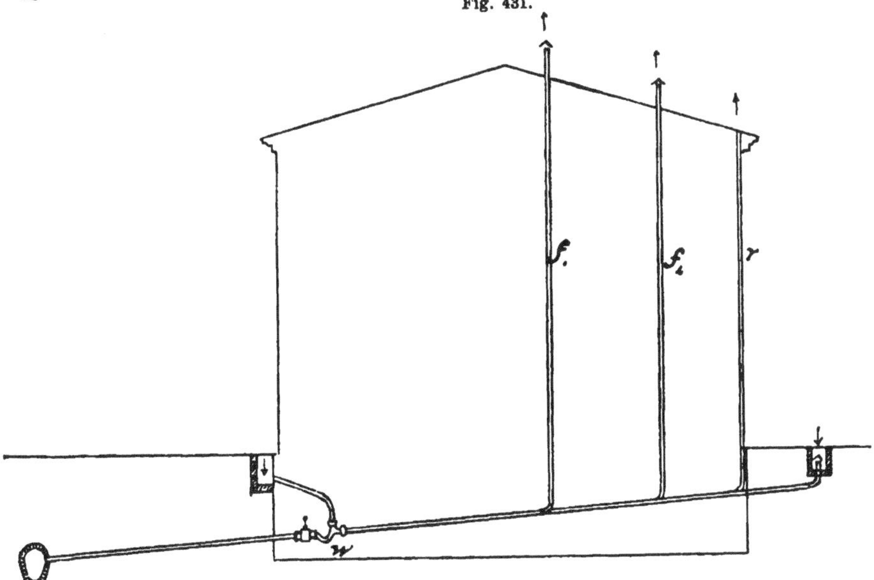

Fig. 432.

gesprochen sein, dafs sich an die Entwässerung des Hauptgebäudes noch eine Zweigleitung anschliefst, welche Hofwässer oder die Abwässer von Hintergebäuden aufnimmt.

Das Regenrohr *r* als Austrittsrohr für Kanalluft zu benutzen, ist nur dann zuläfsig, wenn der Dachraum nicht zu Wohnungszwecken ausgebaut ist, oder die Mündung sich an einer Stelle befindet, von welcher aus der Eintritt der ausströmenden Kanalluft in die nächstgelegenen Dachfenster als ausgeschlossen zu betrachten ist. Befindet sich hingegen die Austrittsöffnung in der Nähe von Dachfenstern, so ist das Regenrohr durch Einschaltung eines Wasserverschlusses am Fufse desselben von der Lüftungsanlage abzutrennen, was um so unbedenklicher geschehen kann, als das Regenwasser die Fallleitung nicht wesentlich verunreinigt, sich in derselben daher auch übelriechende Gase nicht entwickeln werden.

Der Lufteintritt erfolgt in Fig. 431 mit Hilfe eines aufserhalb der Gebäudemauer in das Trottoir eingebauten gufseisernen Kastens, dessen Konstruktion aus Fig. 433 näher zu ersehen ist. Ein gelochter Deckel schliefst denselben in Fufsbodenhöhe ab, während der Boden ebenfalls mit einer Anzahl von Löchern versehen ist, um eindringendes Tagewasser an das Erdreich abzugeben. In Fig. 432 vermitteln gemauerte Schächte, welche mit gelochten Platten abgedeckt sind, den Lufteintritt.

Fig. 433.
Luftzuführungskasten.
1/20 d. nat. Gröfse.

Liegt der Wasserverschlufs aufserhalb eines Kellerraumes in einem gemauerten Schacht, so vereinfacht sich die Luftzuführung in der aus Fig. 420 ersichtlichen Weise.

Zwei andere Anordnungen zur Lüftung derselben Entwässerungsanlage zeigen die Figuren 434 und 435. Das unmittelbar vor dem Wasserverschlufs *w* abzweigende Luftrohr l_1 ist bis über das Dach geführt und dient in dem Beispiele Fig. 434 der Luftabführung, wodurch es notwendig wird, dasselbe zur Erzeugung des Luftzuges mit einem Luftsauger zu versehen. Überdies empfiehlt es sich, das Luftrohr l_1 in die Nähe der Schornsteinröhren zu legen, damit die von denselben ausgehende Wärme den Luftzug vermehrt. In Fig. 435 hingegen dient das Rohr l_1 in Gemeinschaft mit der Regenröhre *r* der Luftzuführung und sind daher die Fallstränge f_1 und f_2 mit Luftsaugern versehen.

Die Anordnung Fig. 434 bietet den Vorteil, dafs die Richtung des Wasserabflusses mit der Richtung der Luftströmung zusammenfällt, andrerseits müssen aber die in den Fallröhren sich bildenden Gase die ganze Kanalanlage durchströmen, ehe sie zum Austritt gelangen, was bei der Anlage Fig. 435 hingegen auf dem kürzesten Weg geschieht.

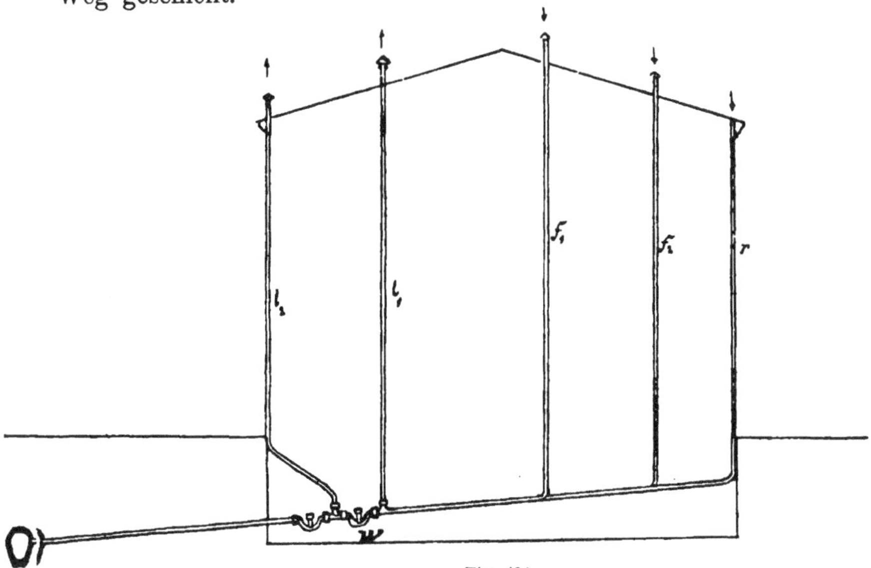

Fig. 434.

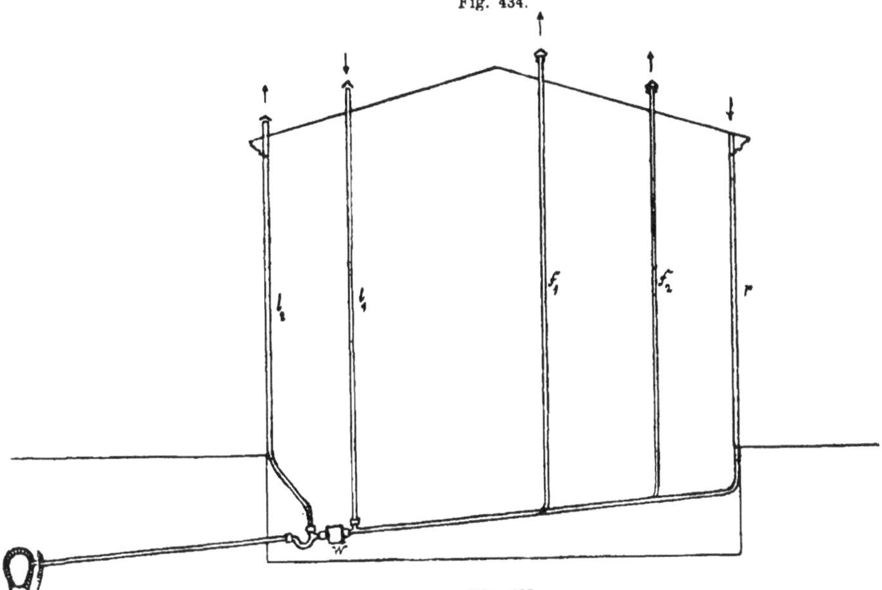

Fig. 435.

Die einfachste Form eines Luftsaugers ist aus Fig. 436 zu ersehen. Die Luftleitung l_1, welche einen lichten Durchmesser von mindestens 10 cm erhält, ist in einer Mauerecke des Gebäudes hochzuführen, am besten aber in die Mauer einzulassen. Kanäle, welche zur Ventilation von Räumen dienen, sind für diese Benutzung unbedingt ausgeschlossen. Das Luftrohr ist in möglichst gerader Richtung hochzuführen und ein längeres Seitwärtsziehen desselben zu vermeiden, da hierdurch die Luftbewegung gehindert wird. Wie bereits erwähnt, ist die Nähe von Schornsteinröhren erwünscht, wenn das Luftrohr als Austrittsrohr dient, andernfalls ist die Nähe dieser Röhren zu meiden, da sie der Zugkraft entgegenwirken werden.

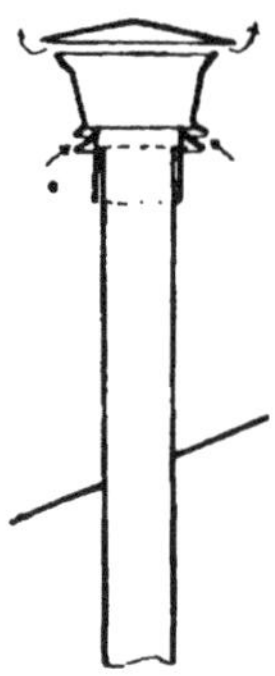

Fig. 436. Luftsauger. 1/25 d. nat. Gröfse.

Ist der Hauptwasserverschlufs ein doppelter, so tritt noch eine zweite Luftleitung hinzu, welche in den beiden vorgeführten Beispielen, Figuren 434 und 435 an die Aufsenseite des Gebäudes gelegt worden ist, während sie jedoch ebenfalls im Innern desselben und zwar neben dem Luftrohr der Hausentwässerungsanlage ihren Platz finden kann. Die Benutzung von Regenröhren zu diesem Zweck ist nicht zu empfehlen, da bei heftigen Regengüssen, wo ein Durchbrechen des Wasserverschlusses zu befürchten steht, das einstürzende Wasser den Luftaustritt hindern wird. Auch hier ist darauf Rücksicht zu nehmen, dafs die Mündung des Rohres sich nicht in der Nähe von Dachfenstern befindet.

Die vorerwähnten Einrichtungen dienen wohl zur Lüftung der gesamten Entwässerungsanlage, sie genügen aber noch nicht, um ein Durchbrechen der in der Hausleitung verteilten Wasserverschlüsse unter allen Umständen zu verhindern. Durch das Niederstürzen gröfserer Wassermengen in den Fallröhren wird die Luft in denselben plötzlich zusammengeprefst, da sie nicht Zeit findet, schnell genug durch die Luftröhren zu entweichen. Andrerseits bildet sich hinter der abstürzenden Wassermenge ein luftverdünnter Raum. Beide Druckspannungen geben die Veranlassung zu einem Durchbrechen der benachbarten Wasserverschlüsse und zwar der erstere Fall zu einem Austreten von Kanalgasen in die betreffenden Räume, der zweite Fall zu einem Ansaugen von Luft und infolge dessen zu einem Leersaugen der Wasserverschlüsse. Diesem Übelstande ist durch Lüftung der einzelnen Wasserverschlüsse zu begegnen, welche darin besteht, dafs man die höchsten Punkte derselben an ein besonderes Luftrohr von mindestens 25 mm Durchmesser anschliefst und der Luft auf diese Weise einen Aus- resp. Zugang verschafft. Dieses Nebenluftrohr mündet entweder über dem höchsten

Ausgufspunkte in das Lüftungsrohr des Fallstranges ein, oder es wird selbstständig über die Dachfläche hinausgeführt und durch eine Regenkappe abgedeckt.

Da diese Einrichtung bereits bei Besprechung der Bewässerungsanlagen mehrfach vorgeführt worden ist, so dürfte ein Hinweis auf die in den Figuren 160, 272 und 399 dargestellten Anordnungen an dieser Stelle genügen.

Schlufsbemerkung.

Der Verfasser hat es unterlassen, spezielle Angaben über die Preise der einzelnen Teile der Be- und Entwässerungsanlagen zu geben. Es hat dies darin seinen Grund, dafs derartige Preise nur einen relativen Wert haben, da Schwankungen im Materialpreise und Arbeitslohne in gewissen Zeiträumen eintreten, auch an verschiedenen Orten zufolge der verschiedenen gewerblichen und Lebensverhältnisse die Preise verschieden sein werden. Die letzteren sind auch ferner von der Gröfse der auszuführenden Anlage abhängig, da bei gröfseren Anlagen der Materialeinkauf und die Generalunkosten sich günstiger stellen, als bei kleineren Anlagen oder einzelnen Stücken. Bei der grofsen Verschiedenheit der Ausführung einzelner Teile, z. B. der Bade- und Klosetteinrichtungen, könnten die Preisangaben sich entweder nur auf ganz spezielle Konstruktionen beziehen oder es müfsten derartig weite Grenzen gestellt werden, dafs damit dem Fragenden nicht gedient sein kann. Schliefslich lassen sich die Kosten einer Anlage nicht soweit in allgemein giltige Einheitspreise zergliedern, dafs es dem Nichtfachmanne mit Hilfe derselben möglich ist, die Höhe der Gesamtkosten auf Grund derselben genau festzustellen. Es betrifft dies in der Hauptsache die baulichen Arbeiten und die lokalen Schwierigkeiten, welche die Ausführung bietet.

Man wende sich daher behufs Aufstellung eines Kostenanschlages an einen zuverlässigen, in seinem Fache erfahrenen Unternehmer, welchem man auch die Ausführung zu übertragen gewillt ist. Soll die Anlage jedoch in öffentlicher oder beschränkter Submission vergeben werden, so empfiehlt es sich dringend, das Projekt von einem erfahrenen Ingenieur, welcher nicht Unternehmer ist, aufstellen und die Blanketts für die Submission ausarbeiten zu lassen, die Ausschreibung aber lediglich auf dieser Grundlage vorzunehmen, statt, wie dies leider oft geschieht, diese Arbeiten ganz oder zum Teil dem

Unternehmer zu überlassen, welcher oft hierfür nicht die genügende Zeit besitzt oder gröfsere Mühe und Kosten scheut. Der Ausschreibende gewinnt dadurch nicht allein eine sichere Basis für die Beurteilung der eingehenden Angebote, sondern vermeidet auch Mängel in der Anlage, welche durch die leidige Konkurrenz oft veranlafst werden. Die durch die Ausarbeitung des Projektes verursachten Kosten verschwinden gegenüber dem Vorteile, eine in allen Teilen zweckentsprechende Anlage zu erhalten. Schliefslich gilt auch hier der Erfahrungssatz, dafs das Beste das Billigste ist.

Berichtigungen.

Seite 7 Zeile 6 v. o. lies »desselben« statt »derselben«.
» 7 » 10 v. u. » »gefunden haben« statt »gefunden hat«.
» 19 » 6 v. o. » »versieht« statt »überzieht«.
» 96 » 12 v. u. » »der Richtungsänderungen« statt »den Richtungsänderungen«.
» 111 » 10 v. u. » »dem Ventilkolben« statt »den Ventilkolben«.
» 122 » 20 v. u. » »Fig. 167« statt »Fig. 165«.
» 140 » 1 v. u. » »dieselben« statt »dieselbe«.
» 152 u. Seite 208 » »Schäffer & Walcker« statt »Schäffer & Walker«.
» 173 Zeile 8 v. u. » »derselben« statt »desselben«.
» 176 » 19 v. u. » »o'« statt »O«.
» 191 » 4 v. u. » »Abflufsrohre« statt »Abschlufsrohre«.
» 200 » 8 v. o. » »sie« statt »es«.
» 211 » 16 v. o. » »einen« statt »einem«.
» 220 » 3 v. o. » »an die« statt »an der«.
» 222 » 1 u. 2 v. u. » »in das im Keller liegende Fafs« statt »in dem im Keller liegenden Fasse«.

www.ingramcontent.com/pod-product-compliance
Lightning Source LLC
LaVergne TN
LVHW081329011026
849161LV00013BB/2880